U0272399

国家自然科学基金资助专著

Gap Phenomenon of Submanifolds

子流形间隙现象

刘进 刘煜◆著

国防科技大学出版社

·长沙·

内容简介

子流形几何是微分几何的重要分支，在自然科学和工程技术中有重要应用。子流形的性质与其上的泛函有密切关系。本书通过对子流形全曲率、迹零全曲率、平均曲率等几何量的研究，构造了几类具有鲜明几何意义的泛函，计算了它们的第一变分公式，通过代数方程和微分方程构造了它们的临界点例子，通过精巧的估计，建立了临界点的众多积分不等式，以此为基础，发展了一系列子流形几何中非常奇异的点态与全局间隙定理。本书行文追求抽象与具体的有机统一，论述精确严密，可供纯粹数学以及理论物理特别是变分力学方向的研究生及科研工作者参考。

图书在版编目（CIP）数据

子流形间隙现象/刘进，刘煜著．一长沙：国防科技大学出版社，2020.12（2022.12重印）

ISBN 978-7-5673-0569-4

I．①子··· II．①刘··· ②刘··· III．①子流形一研究 IV．①O189.3

中国版本图书馆CIP数据核字(2020)第251762号

子流形间隙现象

ZILIUXING JIANXI XIANXIANG

国防科技大学出版社出版发行

电话：(0731)87027729 邮政编码：410073

责任编辑：刘璟珺 责任校对：欧 珊

新华书店总店北京发行所经销

国防科技大学印刷厂印刷

*

开本：787×1092 1/16 印张：16.75 字数：397千字

2020年12月第1版2022年12月第2次印刷 印数：501－1500册

ISBN 978-7-5673-0569-4

定价：62.00元

前 言

子流形几何是微分几何的一个重要分支，早期主要是借助微积分的方法展开对曲线曲面等对象的研究，现在综合集成分析、拓扑、代数的技术实现了对多维度几何对象的全方位研究，在数学的各个子类别分支中处于比较中心的位置。

子流形几何之所以受到数学家及其他科学家、工程师的热爱，主要基于如下三个理由。理由一：古典曲线曲面论启发人们对空间形态的认识取决于两个因素，即内蕴因素与外蕴因素，也就是说，曲面在三维空间的形态不仅由内蕴度量性质的第一基本型决定，也由曲面的嵌入方式即外蕴度量性质的第二基本型决定。理由二：诺贝尔经济学奖、阿贝尔数学奖获得者，著名数学家纳什在20世纪50年代创造的嵌入定理使任何一个完备的黎曼流形都可嵌入高维的欧氏空间成为一个子流形，在此意义上，黎曼流形内蕴的研究本质上可以归结于欧式空间的子流形内蕴和外蕴性质的研究，因此，曲线曲面论的基本思想有了用武之地。理由三：在自然科学和工程技术中的成功应用，特别是在图形图像处理领域，科学家已经成功应用子流形曲率流的方法从根本上改进了医学图像、影视动画等领域的基础模型和算法。因此，一门有助于人们理解空间形态、简化数学对象、有效有用的学问能受到数学家及其他科学家、工程师的热爱也就非常自然了。

通过研究几何对象上的泛函的性质来研究几何对象的几何与拓扑性质是当前微分几何研究的一个基本方法。子流形作为一种特殊的几何对象，自然也遵循这样的规律。实际上，从伯努利的最速下降线、高斯的测地线到极小曲面方程，都反映了子流形上的泛函和变分法对于子流形几何拓扑性质研究的重要意义。变分法历史悠久，核心思想基于微积分中的一个简单事实，即费马定理：光滑函数在极小点的一阶导数为0，二阶导数大于等于0。如果将这种思想推广到定义在一般函数空间上的抽象泛函的话，就是现代意义上的变分法，这是数学中的一个重要方法，具有基础地位。

子流形涉及流形的浸入、嵌入问题，所以子流形几何除了研究流形的第一基本型外，更重要的是研究浸入、嵌入方式所导致的第二基本型。从第二基本型出发，按照代数的方法，可以构造出很多具有几何、物理意义的曲率，其中最为学者所关注的低阶曲率有三类。一是子流形的平均曲率，反映了子流形体积泛函的极小程度，当平均曲率恒等于零时，就是著名的极小子流形。二是子流形第二基本型模长的平方，又称为全曲率模长，反映了子流形浸入、嵌入方式的平直程度，当全曲率模长恒等于零时，就是著名的全测地子流形。三是子流形第二基本型经过迹零处理后得到的迹零第二基本型模长的平方，又称为迹零全曲率模长，反映了子流形浸入、嵌入的各向同性程度，当迹零全曲率模长恒等于零时，就是著名的全脐子流形。极小、全测地、全脐是微分几何学家比较关注和喜欢的子流形。

本书就是变分法在子流形这三类曲率上的应用，基本的思路是：首先构造子流形上以平均曲率、全曲率、迹零全曲率为对象的比较简单但是有意义的泛函，然后计算其变分公式并通过代数方程、微分方程构造临界点的例子，通过设计特别的微分算子和实验函数估计临界点的间隙现象。这一直以来都是数学家关注的非常奇异、非常有趣、非常重要的一个研究热点。

全书共分12章，整体上可以归纳为以下四部分：简介综述篇、基础理论篇、主体内容篇和总结展望篇。

第一部分为简介综述篇，包括第1章，主要利用子流形的第二基本型构造了最为一般的基本对称不变量类型泛函，简单介绍了几类典型的泛函如体积泛函、平均曲率泛函、全曲率模长泛函、迹零全曲率泛函的国内外研究现状，是一个综述性质的内容，限于作者的水平，概括不足之处请方家包涵。

第二部分为基础理论篇，包括第2~4章。各章的目的和作用不一。第2章精炼介绍微分几何的基本方程和定理，为后面各章提供预备知识；第3章推导子流形几何的基本方程和变分法基本公式，是本书的理论基础；自伴算子和不等式是子流形间隙现象研究的有效工具，第4章列举了几种典型的自伴算子，并对几种典型函数做了精细的计算，同时还归纳了子流形研究常用的不等式。

第三部分为主体内容篇，包括第5~11章，研究了体积泛函、全曲率模长泛函、迹零全曲率泛函、平均曲率泛函等四类最重要的泛函，计算其第一变分公式，并依据第一变分公式构造了临界点的例子，通过精巧的不等式估计建立了众多的积分不等式，进而发展了一系列在子流形几何中非常奇异的间隙定理，并定出了间隙端点所对应的特殊子流形。从历史来看，间隙定理发端于极小子流形，其内容是：单位球面中的极小子流形如果其全曲率模长落在一定的区间，那么只能取值为区间端点，并且可以决定出端点对应的特殊子流形。本书中关于平均曲率泛函、全曲率模长泛函、迹零全曲率泛函的研究表明，间隙现象不是极小子流形独有的现象，而是一大类子流形所共有的现象，所以间隙定理并不那么特殊。但是由于间隙定理涉及非负几何不变量的构造，这对高阶基本对称不变量是一个挑战，因此目前看来，对于高阶不变量的泛函仍然需要大力研究。关于间隙定理的论证是本书最精华的部分。

第四部分为总结展望篇，包括第12章，总结了本书的主要内容，展望了子流形上特殊泛函的研究前景，给出了几个研究方向的建议。

本书由两位作者联合完成。刘进负责第1～10章的撰写，刘煜负责第11～12章的撰写，全书由刘进统稿。本书的出版得到国家自然科学基金课题“子流形共形不变泛函的构造、变分与间隙现象研究”（编号：11701565）的资助，在此表示感谢。限于作者水平，书中难免有不足之处，请各位专家批评指正。

刘 进

2020年8月于长沙

目 录

第1章　子流形上的特殊泛函

子流形上的特殊泛函的研究对于中国学者而言一般遵循三篇基本的文献.第一篇为Simons的文章[1]，这是极小子流形在一般框架下的第一篇重量级的研究文献. 第二篇为陈省身先生的Kansas讲义[2]，陈省身用活动标架法对文章[1] 中的内容进行了简化和深化，并提出了很多著名的猜想，推导了子流形的基本结构方程；计算了体积泛函的第一变分；对欧式空间的极小子流形进行了微分刻画，推导了著名的函数图极小方程，介绍了Bernstein定理的演化进程；用复变函数（等温坐标、黎曼曲面）对欧式空间的可定向2维极小曲面进行了刻画；对单位球面之中的极小子流形的结构方程进行了推导，给出了几个典型例子，特别是Clifford 超曲面与Veronese 曲面；用拉普拉斯算子计算了第二基本型模长；利用此计算结合精巧的不等式分析导出了Simons积分不等式；在第一变分公式的基础上计算了第二变分公式；最后讨论了锥子流形的稳定性的特征值刻画问题.第三篇为Chern、do Carmo、Kobayashi三人合写的文章[3]，研究了极小子流形的间隙现象，利用结构方程和Frobenius定理定出了间隙端点对应的特殊子流形，这篇文章引领了一种学术主题的发展，是子流形变分法理论、间隙现象研究方面的重量级参考资料.

20世纪70年代左右，陈省身先生的学生Robert Reilly致力于统一、推广体积泛函到更一般的泛函，其在文章[4]中利用欧式空间超曲面第二基本型张量自然构造了n个基本对称不变曲率函数，并将其作为一个抽象多元函数的自变量，构造了一个极其抽象的泛函，现在一般称为基本对称张量泛函，亦可称为Reilly泛函，在下文中将介绍一些特殊的张量泛函.

1.1 子流形张量泛函

假设$x: M^n \to N^{n+p}$是子流形，$e_1, \cdots, e_n, \cdots, e_{n+p}$是局部活动标架，使得$e_1, \cdots, e_n$是子流形$M$的切空间的标架，而$e_{n+1}, \cdots, e_{n+p}$ 是子流形M的法空间的标架.其对偶标架记为$\theta^1, \cdots, \theta^n$，子流形一个基本的事实是$\theta^{n+1} = \cdots = \theta^{n+p} = 0$.在经典微分几何中，子流形的形态不仅由它的第一基本形式即度量结构决定，而且依赖它在原流形中的浸入方式即第二基本型

$$B = h_{ij}^{\alpha} \theta^i \otimes \theta^j \otimes e_{\alpha}.$$

从上面的第二基本型出发，可以定义几个重要的过渡张量

$$H^\alpha = \frac{1}{n}\sum_i h^\alpha_{ii}, \boldsymbol{H} = H^\alpha e_\alpha, \hat{h}^\alpha_{ij} = h^\alpha_{ij} - H^\alpha\delta_{ij},$$

$$B_{ij} = h^\alpha_{ij}e_\alpha, \hat{B}_{ij} = \hat{h}^\alpha_{ij}e_\alpha = (h^\alpha_{ij} - H^\alpha\delta_{ij})e_\alpha.$$

利用上面的过渡张量，可以构造一些重要的对称的不变函数和向量场，分余维数为1和余维数大于1两种情况进行讨论.

- $p=1$时，超曲面情形

$$S_r = \frac{1}{r!}\delta^{i_1\dots i_r}_{j_1\dots j_r}h_{i_1j_1}\dots h_{i_rj_r}, r=1,\cdots,n;$$

$$\hat{S}_r = \frac{1}{r!}\delta^{i_1\dots i_r}_{j_1\dots j_r}\hat{h}_{i_1j_1}\dots \hat{h}_{i_rj_r}, r=2,\cdots,n, \hat{S}_1 = 0.$$

- $p>1$时，子流形情形

$$S_r = \frac{1}{r!}\delta^{i_1\dots i_r}_{j_1\dots j_r}\langle B_{i_1j_1}, B_{i_2j_2}\rangle\dots\langle B_{i_{r-1}j_{r-1}}, B_{i_rj_r}\rangle, r\equiv 0(\mathrm{mod}2);$$

$$\hat{S}_r = \frac{1}{r!}\delta^{i_1\dots i_r}_{j_1\dots j_r}\langle \hat{B}_{i_1j_1}, \hat{B}_{i_2j_2}\rangle\dots\langle \hat{B}_{i_{r-1}j_{r-1}}, \hat{B}_{i_rj_r}\rangle, r\equiv 0(\mathrm{mod}2);$$

$$\boldsymbol{S}_r = \frac{1}{r!}\delta^{i_1\dots i_r}_{j_1\dots j_r}\langle B_{i_1j_1}, B_{i_2j_2}\rangle\dots\langle B_{i_{r-2}j_{r-2}}, B_{i_{r-1}j_{r-1}}\rangle B_{i_rj_r}, r\equiv 1(\mathrm{mod}2);$$

$$\hat{\boldsymbol{S}}_r = \frac{1}{r!}\delta^{i_1\dots i_r}_{j_1\dots j_r}\langle \hat{B}_{i_1j_1}, \hat{B}_{i_2j_2}\rangle\dots\langle \hat{B}_{i_{r-2}j_{r-2}}, \hat{B}_{i_{r-1}j_{r-1}}\rangle \hat{B}_{i_rj_r}, r\equiv 1(\mathrm{mod}2), \hat{\boldsymbol{S}}_1 = 0.$$

20世纪70年代左右，Reilly考虑了欧式空间超曲面的泛函

$$\int_M F(S_1,\cdots,S_n)\mathrm{d}v.$$

式中，函数F是一个可微的抽象的n元函数，Reilly计算了它的第一变分公式并做了一些应用.受Reilly思想的启发，可以定义如下的四类重要泛函：

$$R_{(n,p=1,I)}(x) = \int_M F(S_1,\cdots,S_n)\mathrm{d}v;$$

$$R_{(n,p=1,II)}(x) = \int_M F(\hat{S}_2,\cdots,\hat{S}_n)\mathrm{d}v;$$

$$R_{(n,p>1,I)}(x) = \int_M F(|\boldsymbol{S}_1|^2, S_2,\cdots,\underbrace{|\boldsymbol{S}_r|^2}_{\text{odd}},\underbrace{S_r}_{\text{even}},\cdots)\mathrm{d}v;$$

$$R_{(n,p>1,II)}(x) = \int_M F(\hat{S}_2,\cdots,\underbrace{|\hat{\boldsymbol{S}}_r|^2}_{\text{odd}},\underbrace{\hat{S}_r}_{\text{even}},\cdots)\mathrm{d}v.$$

这四类泛函统称为基本对称张量泛函，是相当广泛的一类泛函，很多简单泛函都是这四类泛函的特殊情形.然而，虽然这四类泛函具有广泛的概括性，但是计算特别复杂，而且也难以得到几何物理鲜明的结果，所以一般不直接研究这四类泛函，而是尽可能研究低阶情形的泛函.

1.2 高阶极小泛函

基本对称张量泛函同样包括高阶极小泛函作为特殊情形.为了描述清晰，先介绍高阶极小的代数定义.

定义 1.1 (代数刻画，见文献[5]) 假设$x: M^n \to N^{n+1}$是子流形，称其为r极小子流形，如果

$$\boldsymbol{S}_{r+1} = 0, \forall r = 0, 1, \cdots, n-1.$$

显然，0极小就是经典意义上的极小.

定义 1.2 (代数刻画，见文献[5]) 假设$x: M^n \to N^{n+p}, p \geqslant 2$是子流形，$r \in \{0, 1, \cdots, n\}$且为偶数，称其为$r$极小子流形，如果

$$\boldsymbol{S}_{r+1} = 0.$$

显然，0极小就是经典意义上的极小.

设$R^{n+p}(c)$是空间形式，当$c = 1$时，是单位球面；当$c = 0$时，是欧氏空间；当$c = -1$时，是双曲空间.下面做一些约定：

- $0 \leqslant r_1 < r_2 < \cdots < r_s \leqslant n-1$，所有$r_i$都是偶数，且

$$\overrightarrow{r+1} = (r_s + 1, \cdots, r_1 + 1), \overrightarrow{r} = (r_s, \cdots, r_1).$$

- $\lambda_1, \cdots, \lambda_s \in \mathbf{R}$都是实常数，$\lambda_s = 1$，且

$$\overrightarrow{\lambda} = (\lambda_s, \cdots, \lambda_1).$$

定义 1.3 (代数刻画，见文献[5]) 称$x: M \to R^{n+p}(c)$是一个$(\overrightarrow{r+1}, \overrightarrow{\lambda})$平行子流形，如果满足

$$\boldsymbol{S}_{(\overrightarrow{r+1}, \overrightarrow{\lambda})} =: \sum_{i=1}^{s} (r_i + 1)\lambda_i \boldsymbol{S}_{r_i+1} = 0.$$

显然，$(\overrightarrow{r+1}, \overrightarrow{\lambda})$平行子流形概念是极小和$r$极小概念的推广.

一个自然的问题是，如何用泛函来刻画上文所定义的r阶极小和$(\overrightarrow{r+1}, \overrightarrow{\lambda})$平行子流形.通过猜想和计算，可以构造出所需要的泛函，称为高阶极小泛函.

对于r阶极小子流形，引进所谓的J_r泛函，其中，$r \in \{0, 1, \cdots, n-1\}$且是偶数.首先归纳定义函数

$$F_0 = 1, F_r = S_r + \frac{(n-r+1)c}{r-1} F_{r-2}, 2 \leqslant r \leqslant n-1.$$

然后定义J_r泛函

$$J_r = \int_M F_r(S_0, S_2, \cdots, S_r)\mathrm{d}v.$$

对任意的向量场$\boldsymbol{V} = V^{\top} + V^{\perp} = V^i e_i + V^{\alpha} e_{\alpha}$，在文献[5]中有以下结果：

$$J_r^{'}(t) = -\int_{M_t} \langle (r+1)\boldsymbol{S}_{r+1}, \boldsymbol{V}\rangle.$$

因此，可以根据该结果给出r极小子流形的一个变分刻画方面的定义.

定义 1.4 (变分刻画，见文献[5]) 假设$x: M^n \to R^{n+p}(c)$是子流形，$r \in \{0, 1, \cdots, n\}$且为偶数，称其为$r$极小子流形，如果子流形$M$是泛函$J_r$的临界点.

对于$(\overrightarrow{r+1}, \overrightarrow{\lambda})$平行子流形，研究的泛函是$J_r$泛函的线性组合.定义泛函

$$A_{\overrightarrow{r}, \overrightarrow{\lambda}} = \sum_{i=1}^{s} \lambda_i J_{r_i}.$$

对任意的向量场$\boldsymbol{V} = V^{\top} + V^{\perp} = V^i e_i + V^{\alpha} e_{\alpha}$，有

$$\frac{\mathrm{d}}{\mathrm{d}t} A_{\overrightarrow{r}, \overrightarrow{\lambda}} = -\int_{M_t} \langle \boldsymbol{S}_{(\overrightarrow{r+1}, \overrightarrow{\lambda})}, \boldsymbol{V}\rangle.$$

因此，可以根据该结果给出$(\overrightarrow{r+1}, \overrightarrow{\lambda})$平行子流形的一个变分刻画方面的定义.

定义 1.5 (变分刻画，见文献[5]) 假设$x: M^n \to R^{n+p}(c)$是子流形，称其为$(\overrightarrow{r+1}, \overrightarrow{\lambda})$平行子流形，如果子流形$M$是泛函$A_{\overrightarrow{r}, \overrightarrow{\lambda}}$的临界点.

综上，通过了解J_r泛函和$A_{\overrightarrow{r}, \overrightarrow{\lambda}}$泛函的具体构造，可知高阶极小泛函是基本对称张量泛函的一种特殊情形.

1.3 经典体积泛函

当抽象函数$F \equiv 1$时，前文构造的四类基本对称张量泛函变为一个形式非常简单的泛函

$$Vol(x) = \int_M \mathrm{d}v.$$

称为体积泛函.体积泛函与极小子流形关系密切.

如果仔细追寻历史，可以知道极小子流形与面积泛函有极大的联系.实际上，假设$D \subseteq \mathbf{R}^2$是平面上的一个区域，∂D是平面上的一条Jordan 封闭曲线，在∂D 上可以定义一条3维欧式空间$\mathbf{R}^3$中的封闭Jordan曲线Γ：

$$\Gamma: \partial D \to \mathbf{R}^3.$$

那么，以封闭的3维空间中的Jordan曲线为边界张成的曲面，什么时候面积最小？这个问题的物理意义在于，自然界中各种液相和气相交界的曲面形状往往满足最小面积原理.回答这个问题的思路在于利用变分法原理推导面积泛函的临界点方程.实际上，假设曲面可用一个显式表

达.

$$f : D \to \mathbf{R}^1, (x, y) \to f(x, y).$$

同时满足约束条件

$$(x, y, f(x, y))|_{\partial D} = \Gamma.$$

曲面的面积微元表达为

$$\sqrt{1 + |\nabla f|^2} \mathrm{d}x\mathrm{d}y.$$

因此，问题的目标函数是

$$A(f) = \int_D \sqrt{1 + |\nabla f|^2} \mathrm{d}x\mathrm{d}y.$$

定义函数空间

$$H_\Gamma = \{f : f \in C^2(D), (x, y, f(x, y))|_{\partial D} = \Gamma\}.$$

为了获得具有线性结构的函数空间，定义

$$H_0 = \{f : f \in C^2(D), (x, y, f(x, y))|_{\partial D} = 0\}.$$

函数空间H_0和H_Γ之间是一个线性平移关系

$$\forall f \in H_\Gamma, H_\Gamma = f + H_0.$$

因此问题可以描述为

$$\min_{f \in H_\Gamma} A(f) = \min_{f \in H_\Gamma} \int_D \sqrt{1 + |\nabla f|^2} \mathrm{d}x\mathrm{d}y.$$

利用H_0空间可以表示为

$$\min_{\phi \in H_0} = A(f + \phi) = \min_{\phi \in H_0} \int_D \sqrt{1 + |\nabla f + \nabla \phi|^2} \mathrm{d}x\mathrm{d}y.$$

如果f就是泛函的极小点，那么必须满足

$$\frac{\mathrm{d}}{\mathrm{d}t} A(f + t\phi)|_{t=0} = 0.$$

经过简单的计算得到

$$div \frac{\nabla f}{\sqrt{1 + |\nabla f|^2}} = 0.$$

在微分几何中，函数图$(x, y, f(x, y))$的平均曲率可以表示为

$$H = \frac{1}{2} div \frac{\nabla f}{\sqrt{1 + |\nabla f|^2}}$$

因此面积泛函的极小点就是函数图极小.

将上面的思想进行抽象可以得到子流形的体积泛函

$$Vol(x) = \int_M \theta^1 \wedge \cdots \wedge \theta^n = \int_x \mathrm{d}v.$$

体积泛函是子流形最简单、最自然的泛函.假设$\boldsymbol{V} = V^\alpha e_\alpha$是法向的变分向量场，在诸多经典文献中有这样的计算结果

$$\frac{\mathrm{d}}{\mathrm{d}t}|_{t=0}Vol(x) = -\int_M n\langle \boldsymbol{H}, \boldsymbol{V}\rangle \mathrm{d}v.$$

因此，体积泛函的临界点是极小子流形.

1.4 全曲率模长泛函

全曲率模长泛函也是一类特殊的基本对称张量泛函.通过第二基本型可以构造一类重要的几何量，即全曲率模长

$$S = \sum_{\alpha ij}(h_{ij}^\alpha)^2.$$

全曲率模长S满足如下几条性质：(1)非负性：$S(Q) \geqslant 0, \forall Q \in M$；(2)零点即测地点：$S(Q) = 0$当且仅当$Q$是$M$的测地点；(3)有界性：因为$M$是紧致无边流形，所以全曲率模长$S$可被一个与流形$M$ 有关的正常数C_2控制，即$0 \leqslant S \leqslant C_2$.

定义函数F满足

$$F : [0, \infty) \to \mathbf{R}, u \to F(u), F \in C^3[0, \infty).$$

利用函数F来定义$GD_{(n,F)}$泛函为

$$GD_{(n,F)}(x) = \int_M F(H^2)\mathrm{d}v.$$

泛函的临界点称为$GD_{(n,F)}$子流形.

一般而言，抽象函数F有几类比较典型的特殊函数：

$$F(u) = u^r, r \in \mathbf{R}; F(u) = (u+\epsilon)^r, \epsilon > 0, r \in \mathbf{R};$$

$$F(u) = \exp(u); F(u) = \exp(-u);$$

$$F(u) = \log(u); F(u) = \log(u+\epsilon), \epsilon > 0.$$

函数$F(u) = (u+\epsilon)^r, F(u) = \log(u+\epsilon)$中出现正参数$\epsilon > 0$是为了避免全曲率模长函数$S$的零点导致运算规则失效.因此对于这些特殊的函数$F$，可以定义特殊的全曲率泛函

$$GD_{(n,r)}(x) = \int_M S^r \mathrm{d}v, GD_{(n,r,\epsilon)}(x) = \int_M (S+\epsilon)^r \mathrm{d}v, \epsilon > 0, r \in \mathbf{R};$$

$$GD_{(n,E,+)}(x) = \int_M \exp(S)\mathrm{d}v, GD_{(n,E,-)}(x) = \int_M \exp(-S)\mathrm{d}v;$$

$$GD_{(n,\log)}(x) = \int_M \log(S)\mathrm{d}v, GD_{(n,\log,\epsilon)}(x) = \int_M \log(S+\epsilon)\mathrm{d}v, \epsilon > 0.$$

由于

$$S = |\boldsymbol{S}_1|^2 - 2S_2.$$

因此，全曲率模长泛函

$$GD_{(n,F)}(x) = \int_M F(S)\mathrm{d}v$$

本质上是一种基本对称张量泛函

$$GD_{(n,F)}(x) = \int_M F(|\boldsymbol{S}_1|^2 - 2S_2)\mathrm{d}v.$$

1.5 迹零全曲率模长泛函

迹零全曲率模长泛函是基本对称张量泛函的特殊情形.从第二基本型出发可以构造一类重要的几何量，即迹零全曲率模长

$$\rho = S - nH^2.$$

其中，S表示基本型全模长，H^2表示平均曲率模长.迹零全曲率模长的另一种计算方法为

$$\rho = \sum_{ij\alpha}(\hat{h}_{ij}^{\alpha})^2.$$

其中，$\hat{h}_{ij}^{\alpha} = h_{ij}^{\alpha} - H^{\alpha}\delta_{ij}$. 此计算方法表明，迹零全曲率模长具有较好的共形性质，实际上可以构造出一个共形不变量

$$W_{(n,\frac{n}{2})} = \int_M \rho^{\frac{n}{2}}\mathrm{d}v.$$

此泛函即为微分几何中著名的Willmore泛函.显然，迹零全曲率模长ρ满足如下三条性质：(1)非负性：$\rho(Q) \geqslant 0, \forall Q \in M$；(2)零点即全脐点：$\rho(Q) = 0$当且仅当$Q$是$M$的全脐点；(3)有界性：因为$M$是紧致无边流形，所以迹零全曲率模长$\rho$可被一个与流形$M$有关的正常数$C_3$控制，即$0 \leqslant \rho \leqslant C_3$.

定义函数F满足

$$F : [0,\infty) \to \mathbf{R}, u \to F(u), F \in C^3[0,\infty).$$

利用函数F来定义$W_{(n,F)}$泛函为

$$W_{(n,F)}(x) = \int_M F(\rho)\mathrm{d}v,$$

泛函的临界点称为$W_{(n,F)}$子流形.

一般而言，抽象函数F有几类比较典型的特殊函数：

$$F(u) = u^r, r \in \mathbf{R}; F(u) = (u+\epsilon)^r, \epsilon > 0, r \in \mathbf{R};$$

$$F(u) = \exp(u); F(u) = \exp(-u);$$

$$F(u) = \log(u); F(u) = \log(u+\epsilon), \epsilon > 0.$$

函数$F(u) = (u+\epsilon)^r, F(u) = \log(u+\epsilon)$中出现正参数$\epsilon > 0$是为了避免迹零全曲率模长函

数ρ的零点导致运算规则失效.因此对于这些特殊的函数F，可以定义特殊的全曲率泛函

$$W_{(n,r)}(x)=\int_M \rho^r \mathrm{d}v, W_{(n,r,\epsilon)}(x)=\int_M (\rho+\epsilon)^r \mathrm{d}v, \epsilon>0, r\in \mathbf{R};$$

$$W_{(n,E,+)}(x)=\int_M \exp(\rho)\mathrm{d}v, W_{(n,E,-)}(x)=\int_M \exp(-\rho)\mathrm{d}v;$$

$$W_{(n,\log)}(x)=\int_M \log(\rho)\mathrm{d}v, W_{(n,\log,\epsilon)}(x)=\int_M \log(\rho+\epsilon)\mathrm{d}v, \epsilon>0.$$

由于

$$\hat{S}_2=-\frac{1}{2}\rho.$$

因此，迹零全曲率模长泛函

$$W_{(n,F)}(x)=\int_M F(\rho)\mathrm{d}v$$

本质上是一种基本对称张量泛函

$$W_{(n,F)}(x)=\int_M F(-2\hat{S}_2)\mathrm{d}v.$$

1.6 平均曲率模长泛函

平均曲率模长泛函是一种特殊的基本对称张量泛函.通过第二基本型可以构造一类重要的几何量，即平均曲率模长

$$H^2=\sum_\alpha (H^\alpha)^2.$$

如前文所述，一个子流形称为极小子流形当且仅当$H^2=0$. 显然，平均曲率模长H^2满足如下几条性质：(1)非负性：$H^2(Q)\geqslant 0, \forall Q\in M$；(2)零点即极小点：$H^2(Q)=0$当且仅当$Q$是$M$的极小点；(3)有界性：因为$M$是紧致无边流形，所以平均曲率模长$H^2$可被一个与流形$M$有关的正常数$C_1$控制，即$0\leqslant H^2\leqslant C_1$.

定义函数F满足

$$F:[0,\infty)\to \mathbf{R}, u\to F(u), F\in C^3[0,\infty).$$

利用函数F来定义$MC_{(n,F)}$泛函为

$$MC_{(n,F)}(x)=\int_M F(H^2)\mathrm{d}v.$$

泛函的临界点称为$MC_{(n,F)}$子流形.

一般而言，抽象函数F有几类比较典型的特殊函数：

$$F(u)=u^r, r\in \mathbf{R}; F(u)=(u+\epsilon)^r, \epsilon>0, r\in \mathbf{R};$$

$$F(u)=\exp(u); F(u)=\exp(-u);$$

$$F(u) = \log(u); F(u) = \log(u+\epsilon), \epsilon > 0.$$

函数$F(u) = (u+\epsilon)^r, F(u) = \log(u+\epsilon)$中出现正参数$\epsilon > 0$是为了避免平均曲率模长函数$H^2$的零点导致运算规则失效.因此对于这些特殊的函数$F$，可以定义特殊的平均曲率泛函

$$MC_{(n,r)}(x) = \int_M (H^2)^r \mathrm{d}v, MC_{(n,r,\epsilon)}(x) = \int_M ((H^2)+\epsilon)^r \mathrm{d}v, \epsilon > 0, r \in \mathbf{R};$$

$$MC_{(n,E,+)}(x) = \int_M \exp(H^2)\mathrm{d}v, MC_{(n,E,-)}(x) = \int_M \exp(-H^2)\mathrm{d}v;$$

$$MC_{(n,\log)}(x) = \int_M \log(H^2)\mathrm{d}v, MC_{(n,\log,\epsilon)}(x) = \int_M \log(H^2+\epsilon)\mathrm{d}v, \epsilon > 0.$$

由于

$$H^2 = \frac{1}{n^2}|\boldsymbol{S}_1|^2.$$

因此，平均曲率模长泛函

$$MC_{(n,F)}(x) = \int_M F(H^2)\mathrm{d}v$$

本质上是一种基本对称张量泛函

$$MC_{(n,F)}(x) = \int_M F(\frac{1}{n^2}|\boldsymbol{S}_1|^2)\mathrm{d}v.$$

1.7 低阶曲率组合泛函

低阶几何量(ρ, H^2)和(S, H^2)可以互相表达，因此可选择(S, H^2)作为最重要的低阶曲率.

为了定义好两个低阶曲率的泛函，需要二元函数

$$F: [0,\infty)\times[0,\infty) \to \mathbf{R}^2, (u,v) \to F(u,v), \text{s.t. } F \in C^3[0,\infty)\times[0,\infty).$$

利用函数F可以定义低阶曲率组合泛函

$$LCR_{(n,F)} = \int_M F(S, H^2)\mathrm{d}v,$$

此泛函的临界点称为$LCR_{(n,F)}$子流形.

前文已经定义了平均曲率泛函、全曲率泛函、迹零全曲率泛函

$$MC_{(n,F)} = \int_M F(H^2)\mathrm{d}v, GD_{(n,F)} = \int_M F(S)\mathrm{d}v, W_{(n,F)} = \int_M F(\rho)\mathrm{d}v.$$

又因为不变量满足

$$\rho = S - nH^2.$$

因此，上面的三大类泛函可以归结于低阶曲率组合泛函.

从上面的抽象泛函出发，可以构造不同于Willmore、全曲率模长、平均曲率泛函的新型泛函.

- 抽象线性组合型泛函

$$LRC_{(n,F(au+bv))}=\int_M F(aS+bH^2)\mathrm{d}v,\forall a,b\in\mathbf{R};$$

- 抽象幂函数组合型泛函

$$LRC_{(n,F(u^a v^b)}=\int_M F(S^a(H^2)^b)\mathrm{d}v,\forall a,b\in\mathbf{R}.$$

由于

$$S=|\boldsymbol{S}_1|^2-2S_2,H^2=\frac{1}{n^2}|\boldsymbol{S}_1|^2,\rho=-2\hat{S}_2.$$

因此，本质上低阶曲率泛函

$$LCR_{(n,F)}=\int_M F(S,H^2)\mathrm{d}v$$

是一种特殊的基本对称张量泛函

$$LCR_{(n,F)}=\int_M F(|\boldsymbol{S}_1|^2-2S_2,\frac{1}{n^2}|\boldsymbol{S}_1|^2)\mathrm{d}v.$$

1.8 泛函研究的综述

子流形上的特殊泛函和子流形的几何拓扑性质密切相关，因此，对泛函的精细研究也就是对子流形的精细研究，这样的研究已经形成了一定的规范.下面以Willmore泛函或者叫迹零全曲率泛函的研究历史和现状来阐释这样的研究规范.

微分几何中有著名的关于Willmore泛函$W_{(n,\frac{n}{2})}$的系统性猜想，现在学术界冠以英国数学家Willmore猜想的名称，参见论文[6~9]，实际往历史上追溯与Gauss 有关.Chen，B.Y.在文章[10]中指出其是共形不变泛函.北京大学（福建师范大学）王长平教授在文章[11]中从Moebius几何的角度出发，定义了其完全的不变量谱系，同样指出Willmore 泛函是共形不变泛函，并且与团队的李同柱、马翔、王鹏、聂圣智等成员按照Moebius几何的纲领对Willmore子流形特别是Willmore 曲面进行了全方位的研究，可见系列论文[12~23].Pinkall在文章[24]中对Willmore类型的子流形推导了一些不等式，对讨论间隙现象有一定用处.清华大学李海中教授在系列文章[25~27]中按照欧式不变量体系分别计算了Willmore 泛函的第一变分公式，推导了Simons类积分不等式，定出了间隙端点对应的特殊子流形，提出了Clifford环面对偶的Willmore环面的概念.郭震教授利用郑绍远、丘成桐在文章[28] 中发明的一种自伴算子研究Willmore 泛函得到相似的间隙现象的结论.

在曲面情形，李海中教授和德国的Udo Simon教授在文章[29]中讨论了多种曲面的间隙现象.在Willmore子流形的构造方面，李海中教授、胡泽军教授和Luc Vranken 三人合作在文章[30, 31]中，分别利用复欧式空间Lagrange球面和两条曲线的张量乘法实现了不平凡例子.唐梓洲教授与严文娇等在系列文章[32, 33]中利用等参函数、Clifford 代数与代数拓扑构造了Willmore超曲面的例子.华南师范大学魏国新教授在文章[34, 35]中利用常微分方程关于旋转超曲面的研究可用于Willmore 类型子流形的构造.

为了研究经典Willmore子流形的稳定性，Palmer在文章[36, 37]对Willmore曲面的共形Gauss映射和稳定性之间的关系进行了研究，并计算了第二变分公式，李海中教授、王长平教授以及云南师范大学的郭震教授在文章[38]中对于高维情形计算了第二变分公式，在此基础上证明了经典Willmore环面的稳定性.Willmore 泛函的重要性，使得对其有很多的推广.Cai M.在文章[39]中对曲面情形研究了所谓的L_p-Willmore泛函，在一定条件下证明了一些重要的关于积分下界的估计.郭震教授、李海中教授、浙江大学许洪伟教授在文章[40, 107]中分别对extreme-Willmore泛函进行了研究，郭震、李海中计算了第一变分公式，建立了积分不等式，讨论了点态间隙现象，刻画了Clifford环面和Veronese曲面，许洪伟从全局间隙现象出发讨论了类似的结论.中国人民大学吴兰教授在文章[41]中对幂函数形式的Willmore 泛函做了同样的研究流程.胡泽军和李海中教授在文章[42]中对各类型Willmore泛函的研究方法进行了系统性总结.受上面的启发，刘进在系列论文[98~106]中提出了F-Willmore 泛函的概念，得到了抽象的第一变分公式和Simons类积分不等式，抽象讨论了间隙现象，定出了间隙端点的特殊子流形，以上结果在某种意义上统一了前面的结果.在文章[43]中，郭震教授通过子流形共形变换构造了高阶的共形不变泛函对此展开了系统的研究，一方面计算了变分公式，另一方面利用曲线张量乘法和旋转超曲面实现了某些临界子流形例子的构造，是值得注意的工作.

其他方面，周家足教授发表的系列论文[44~47]基于凸几何理论，对凸的闭的超曲面Willmore泛函的下界进行了估计，特别是等式成立的特殊超曲面的决定.浙江大学许洪伟教授利用特殊的薛定谔算子的特征值刻画了Willmore子流形.李海中教授与吴兰教授在文章[48]中建立了Willmore泛函与子流形的Weyl泛函的关系，决定了等号成立的特殊子流形，这是一项很有创造性的工作.四川师范大学的马志圣在文章[49~52]中探讨了各阶Willmore泛函与Betti数的关系.李海中教授与魏国新教授在文章[53]中对6维带有近kaehler结构（Caley数定义）的单位曲面中的Lagrange-Willmore子流形进行了分类，罗勇在文章[54]中对5维单位球面中的Legendrian稳定曲面和Legendrian-Willmore曲面建立了Simons类积分不等式，讨论了间隙现象.文章[55~65]对具体的空间，比如4 维欧式空间、4维单位球面、Whitney球面、复射影空间、乘积空间和Lagrangian环面之中的Willmore泛函或者Willmore子流形进行了具体的研究.文章[66~72]是对Willmore子流形的几何性质特别是对称性或者不变量的研究，如Peter-Li和丘成桐定义的共形不变量对Willmore猜想下界的估计有重要作用.Willmore曲面的对偶性、可比较性，共形不变Gauss映射，Bernstain性质都是子流形的典型特征描述，多篇论文对其进行了系统研究.文章[73~79]回归到对泛函本身的几何测度论或者变分法的研究，特别是文章[79]，利用Min-Max 方法解决了2维的Willmore猜想，这一结果是子流形几何研究的一个里程碑式成果.

从这些参考文献可以看出，对于运用变分法来研究子流形的几何与拓扑性质，遵循如下步骤：一是构造泛函，要求这些泛函在形式上比较简单，同时具有鲜明的几何拓扑物理意义；二是利用第二基本型的变分公式来计算构造泛函的第一变分，得到欧拉-拉格朗日方程，这是泛函临界点的偏微分方程；三是根据欧拉-拉格朗日方程，在特殊的几何空间利用代数与分析技巧，将偏微分方程转化为比较简单的代数方程或者常微分方程，然后求解得到泛函临界点的例子；四是利用郑绍远、丘成桐在文章[28] 中介绍的方法构造特殊的自伴算子，比如拉普拉斯算子等；五是利用泛函的表达式和观察构造出特殊的实验函数，要求这些实验函数通过微分后与临界点子流形有密切的耦合关系；六是利用自伴算子作用实验函数，再利用临界点的欧拉-拉格朗日方程以及Stokes定理进行积分化简；七是利用精巧的不等式估计进一步化简积分不等式，考察等式成立的条件，结合子流形结构方程决定出端点对应的特殊子流形；八是在第一变分的基础上，计算泛函的第二变分，考察临界点的稳定性。本专著将继续遵循这样的思路对平均曲率、全曲率、迹零全曲率泛函进行研究，重点是前七个步骤，特别关注点态和全局间隙现象.

第2章　黎曼几何基本理论

本章列出需要的预备知识，包括：微分流形的定义、黎曼度量的存在性、黎曼几何的基本方程等.

2.1 微分流形的定义

本节回顾微分流形与黎曼几何基本方程.可以参见陈省身的Kansas讲义[2]、教材[110]或者丘成桐的著名教材[111].

流形的概念是欧式空间的推广.粗略地说，流形在其上每一点的附近与欧式空间的一个开集是同胚的，因此在每一点的附近可以引进局部坐标系.流形可以说是一块一块的“欧式空间”粘起来的结果.流形之内的坐标是局部的，本身没有多大的意义；流形研究的主要目的是讨论经过坐标卡的变换而保持不变的性质.这是与一般的数学对象不同的地方.

为了描述清楚流形的定义，需要拓扑空间和欧式空间的概念.

定义 2.1　假设X是任意一个集合，符号$2^X = \mathcal{P}(X)$表示集合X的所有子集组成的集合，$\mathcal{A}$是空间2^X的一个子集，也就是X上的一个子集族$\mathcal{A} \subset 2^X$.如果子集族$\mathcal{A}$满足如下性质，就称$\mathcal{A}$为X上的拓扑结构.

(1) $\varnothing, X \in \mathcal{A}$;

(2) $\forall O_i \in \mathcal{A}, i \in I, \bigcup_{i\in I} O_i \in \mathcal{A}$;

(3) $\forall O_i \in \mathcal{A}, i = 1, 2, \cdots, n, \bigcap_{i=1}^{n} O_i \in \mathcal{A}$.

集合族$\mathcal{A}$中的元素称为开集.对于一个点$x \in X$和一个开集O，如果$x \in O$，就称开集O为点x的领域.

定义 2.2　假设$(X, \mathcal{A})$是任意一个拓扑空间，任取集合X中的两个元素x, y，如果存在开集O_1, O_2，满足如下条件称空间$(X, \mathcal{A})$是Hausdorff的.

$$x \in O_1, y \in O_2, O_1 \bigcap O_2 = \varnothing.$$

用$\mathbf{R}$表示实数域.用$\mathbf{R}^m$表示m维的实数空间.

$$\mathbf{R}^m = \{x = (x_1, \cdots, x_m) | x_i \in \mathbf{R}, 1 \leqslant i \leqslant m\},$$

即$\mathbf{R}^m$是全体有序的m个实数所形成的数组的集合，实数x_i表示点$x \in \mathbf{R}^m$的第i个坐标.对于任意的$x, y \in \mathbf{R}^m, a \in \mathbf{R}$，定义

$$(x + y)_i = x_i + y_i; (ax)_i = ax_i.$$

于是在$\mathbf{R}^m$上，定义了线性结构，从而$\mathbf{R}^m$成为m维向量空间.

$\mathbf{R}^m$上除了有线性结构以外，还有距离结构或者说拓扑结构.对于$\mathbf{R}^m$中的两个点$x, y \in \mathbf{R}^m$，定义

$$|x| = \sqrt{\sum_{i=1}^{n}(x_i)^2}, |x-y| = \sqrt{\sum_{i=1}^{n}(x_i-y_i)^2};$$

$$d(x,y) = |x-y| = \sqrt{\sum_{i=1}^{n}(x_i-y_i)^2}.$$

可以验证，函数$d(x,y)$满足距离定义的三个公理：

(1) $d(x,y) \geqslant 0, d(x,y) = 0$当且仅当$x = y$；

(2) $d(x,y) = d(y,x)$；

(3) $d(x,y) + d(y,z) \geqslant d(x,z), \forall x,y,z \in \mathbf{R}^m$.

所以，函数$d(x,y)$是$\mathbf{R}^m$之中的距离函数.可以定义距离空间$\mathbf{R}^m$的拓扑基

$$B(x,r) = \{y : d(y,x) < r\}, \forall x \in \mathbf{R}^m, r > 0.$$

空间$\mathbf{R}^m$中的开集为任意多个开球的并集.于是，定义了线性结构与距离结构的空间$\mathbf{R}^m$被称为欧式空间.

定义 2.3 假设M是Hausdorff空间，若对任意一点$x \in M$，都有x在M中的一个领域U同胚于m维欧式空间$\mathbf{R}^m$的一个开集，则称M是一个m维拓扑流形.

假设上面定义中提到的同胚映射是

$$\phi_U : U \to \phi_U(U),$$

这里$\phi_U(U)$ 是欧式空间中的开集，称$(U, \phi_U(U))$是拓扑流形M的一个坐标卡.因为ϕ_U是同胚，所以对任意一点$y \in U$，可以把$\phi_U(y) \in \mathbf{R}^m$的坐标定义为$y$的坐标，即令

$$u_i = (\phi_U(y))_i, y \in U, i = 1, \cdots, m,$$

称$u_i, i = 1, \cdots, m$为点$y \in U$的局部坐标.

设(U_α, ϕ_α)和(U_β, ϕ_β)是流形中的两个坐标卡，设$V_\alpha = \phi_\alpha(U_\alpha), V_\beta = \phi_\beta(U_\beta)$为欧式空间中对应的开集.那么两个坐标卡之间的关系可能出现以下情形：

情形1：$U_\alpha \bigcap U_\beta = \varnothing$，此时称坐标卡$(U_\alpha, \phi_\alpha)$和$(U_\beta, \phi_\beta)$是任意相容的.

情形2：$U_\alpha \bigcap U_\beta \neq \varnothing$，此时$V_{\alpha;\beta} =: \phi_\alpha(U_\alpha \bigcap U_\beta)$和$V_{\beta;\alpha} = \phi_\beta(U_\beta \bigcap U_\alpha)$是欧式空间中的非空开集；显然下面两个映射是同胚

$$\phi_\beta . \phi_\alpha^{-1} : \phi_\alpha(U_\alpha \bigcap U_\beta) \to \phi_\beta(U_\beta \bigcap U_\alpha);$$

$$\phi_\alpha . \phi_\beta^{-1} : \phi_\beta(U_\alpha \bigcap U_\beta) \to \phi_\alpha(U_\beta \bigcap U_\alpha).$$

如果上面的映射都是C^r（r次连续可微）或者C^∞（光滑）或者C^ω（解析）的，则称坐标卡(U_α,ϕ_α)和(U_β,ϕ_β) 是C^r 或者C^∞ 或者C^ω相容的.

定义 2.4 假设M是一个m维的拓扑流形.如果在M上给定坐标卡集合$\mathcal{C}=\{(U_\alpha,\phi_\alpha)\}_{\alpha\in\mathcal{A}}$，满足如下条件，则称$\mathcal{C}$为$M$上的一个$C^r(C^\infty,C^\omega)$微分结构：

(1) $\{U_\alpha\}_{\alpha\in\mathcal{A}}$是流形$M$的一个开覆盖；

(2) $\mathcal{C}$中的任意两个坐标卡都是$C^r(C^\infty,C^\omega)$相容的；

(3) $\mathcal{C}$是极大的，即M的任意一个坐标卡(U,ϕ_U)，如果与$\mathcal{C}$中的任意一个坐标卡都是$C^r(C^\infty,C^\omega)$相容的，那么此坐标卡$(U,\phi_U)\in\mathcal{C}$.

在光滑流形之上，光滑函数的定义是有意义的.设函数f是定义在m维光滑流形M上的实函数.若点$x\in M$，(U_α,ϕ_α)是包含点x的容许坐标卡，那么函数

$$f\cdot\phi_\alpha^{-1}:\phi_\alpha(U_\alpha)\to\mathbf{R}$$

是定义在欧式空间$\mathbf{R}^m$上的开集$\phi_\alpha(U_\alpha)$中的实函数.如果函数$f\cdot\phi_\alpha^{-1}$是光滑的，那么称函数f在点x是光滑的；如果函数在流形M上的每一点都是光滑的，那么称函数f在整个流形上都是光滑的.

函数f在一点x的光滑性实际上与点x的容许坐标卡的选择无关.设点x有两个容许坐标卡

$$(U_\alpha,\phi_\alpha),(U_\beta,\phi_\beta)$$

那么有

$$U_\alpha\bigcap U_\beta\neq\varnothing,\phi_\alpha\cdot\phi_\beta^{-1}:\phi_\beta(U_\alpha\bigcap U_\beta)\to\phi_\alpha(U_\alpha\bigcap U_\beta)\in C^\infty.$$

于是

$$f\cdot\phi_\beta^{-1}=f\cdot\phi_\alpha^{-1}\cdot\phi_\alpha\cdot\phi_\beta^{-1}$$

在点x也是光滑的，因此光滑性的定义与局部容许坐标卡的选择无关.

对于光滑流形M上的每一点x，都有很多通过它的光滑曲线，通过容许坐标卡，可以知道，通过点x的光滑曲线在局部上就是空间$\mathbf{R}^m$的曲线，于是可以微分计算曲线的切线，并且满足坐标卡的变化规律.此类切线集合起来，可以认为是点x的切空间，记为T_xM.所有的切空间集合起来，可以认为是切丛，记为TM.

在每一点x的切空间T_xM，定义其上的正定对称二次型，记为G，在局部标架之下，可以表示为

$$\mathrm{d}s^2(x)=G_x=g_{ij}(x)\mathrm{d}u^i\otimes\mathrm{d}u^j.$$

如果可以整体光滑地定义于整个流形上，那么G是流形M的黎曼度量.

通过单位分解函数，可以构造出整个流形上的黎曼度量.实际上，有下面的著名定理.

定理 2.1 任意的m维光滑流形上必有黎曼度量.

2.2 黎曼几何结构方程

有了流形上的黎曼度量，就可以开始黎曼几何的基本方程.

设$(N, \mathrm{d}s^2)$是黎曼流形，$S = (s_1, \cdots, s_N)^t$和$\sigma = (\sigma^1, \cdots, \sigma^N)$分别是$TN$, T^*N的局部正交标架，显然有

$$S \cdot S^t = I,\ \sigma^t \cdot \sigma = I.$$

设D是联络，ω, τ, Ω分别是联络形式、挠率形式和曲率形式，那么有以下方程.

- 运动方程

$$DS = \omega \otimes S,\ DS_A = \omega_A^B \otimes S_B = \Gamma_{AC}^B \sigma^C \otimes S_B,$$
$$D\sigma = -\sigma \otimes \omega,\ D\sigma^A = -\sigma^B \otimes \omega_B^A.$$

- 挠率方程

$$D(\sigma \otimes S) = \mathrm{d}\sigma \otimes S - \sigma \wedge \omega \otimes S = (\mathrm{d}\sigma - \sigma \wedge \omega) \otimes S = \tau \otimes S,$$
$$\tau = \mathrm{d}\sigma - \sigma \wedge \omega,\ \tau^A = \mathrm{d}\sigma^A - \sigma^B \wedge \omega_B^A.$$

- 曲率方程

$$D^2 S = D(\omega \otimes S) = (\mathrm{d}\omega - \omega \wedge \omega) \otimes S = \Omega \otimes S,$$
$$D^2 S_A = \frac{1}{2} R_{ACD}^B \sigma^C \wedge \sigma^D \otimes S_B,$$
$$D^2 \sigma = D(-\sigma \otimes \omega) = -\sigma \otimes (\mathrm{d}\omega - \omega \otimes \omega) = -\sigma \otimes \Omega.$$

- 第一Bianchi 方程

$$D^2(\sigma \otimes S) = \sigma \wedge D^2 S = (\sigma \wedge \Omega) \otimes S,$$
$$D^2(\sigma \otimes S) = D(D(\sigma \otimes S)) = D(\tau \otimes S) = (d\tau + \tau \wedge \omega) \otimes S,$$
$$\mathrm{d}\tau + \tau \wedge \omega = \sigma \wedge \Omega.$$

- 第二Bianchi 方程

$$D^3 S = D(D^2(S)) = D(\Omega \otimes S) = (\mathrm{d}\Omega + \Omega \wedge \omega) \otimes S,$$
$$D^3 S = D^2(\omega \otimes S) = \omega \wedge \Omega \otimes S,$$
$$\mathrm{d}\Omega = \omega \wedge \Omega - \Omega \wedge \omega.$$

- 相容方程

$$0 = DI = D(S\cdot S^t) = \omega\otimes S\cdot S^t + S\cdot S^t\otimes\omega^t = \omega+\omega^t,$$

$$0 = D^2I = D^2(S\cdot S^t) = \Omega\otimes S\cdot S^t + S\cdot S^t\otimes\Omega^t = \Omega+\Omega^t.$$

注释 2.1 在本书中采用活动标架法，故约定：$S_A = S^A$，$\sigma^A = \sigma_A$，$\tau^A = \tau_A$，$\omega_A^B = \omega_{AB}$，$\Gamma_{AC}^B = \Gamma_{ABC}$，$\Omega_A^B = \Omega_{AB}$，$R_{ACD}^B = R_{ABCD}$.

黎曼联络由相容方程和挠率为零唯一决定，这就是著名的黎曼联络存在唯一定理.

定理 2.2 设$(N, \mathrm{d}s^2)$是黎曼流形，σ是局部正交余标架，那么黎曼联络ω由以下方程唯一决定.

$$\omega+\omega^t = 0,\ \mathrm{d}\sigma - \sigma\wedge\omega = 0.$$

对于黎曼流形上的任意张量$\boldsymbol{T}$,

$$\boldsymbol{T} = T_{j_1\dots j_s}^{i_1\dots i_r}\sigma^{j_1}\otimes\dots\otimes\sigma^{j_s}\otimes S_{i_1}\otimes\dots\otimes S_{i_r}.$$

定义其协变导数为

$$\begin{aligned}
DT_{j_1\dots j_s}^{i_1\dots i_r} &= \sum_k T_{j_1\dots j_s,k}^{i_1\dots i_r}\sigma^k\\
&= dT_{j_1\dots j_s}^{i_1\dots i_r} - \sum_{1\leqslant a\leqslant s} T_{j_1\dots p\dots j_s}^{i_1\dots i_r}\omega_{j_a}^p + \sum_{1\leqslant b\leqslant r} T_{j_1\dots j_s}^{i_1\dots p\dots i_r}\omega_p^{i_b},\\
DT_{j_1\dots j_s,k}^{i_1\dots i_r} &= \sum_l T_{j_1\dots j_s,kl}^{i_1\dots i_r}\sigma^l\\
&= dT_{j_1\dots j_s,k}^{i_1\dots i_r} - \sum_{1\leqslant a\leqslant s} T_{j_1\dots p\dots j_s,k}^{i_1\dots i_r}\omega_{j_a}^p - T_{j_1\dots j_s,p}^{i_1\dots i_r}\omega_k^p + \sum_{1\leqslant b\leqslant r} T_{j_1\dots j_s,k}^{i_1\dots p\dots i_r}\omega_p^{i_b}.
\end{aligned}$$

有Ricci恒等式

$$T_{j_1\dots j_s,kl}^{i_1\dots i_r} - T_{j_1\dots j_s,lk}^{i_1\dots i_r} = \sum_a T_{j_1\dots p\dots j_s}^{i_1\dots i_r}R_{j_akl}^p - \sum_b T_{j_1\dots j_s,k}^{i_1\dots p\dots i_r}R_{pkl}^{i_b}.$$

特别地，从曲率张量出发，可以定义新的张量和函数

$$Ric = R_{ij}\sigma^i\otimes\sigma^j = (\sum_p R_{ipj}^p)\sigma^i\otimes\sigma^j,$$

$$R = \sum_i R_{ii} = \sum_{ij} R_{ijji}.$$

从Bianchi方程、相容方程出发可以得到下面的定理.

定理 2.3 设$(N, \mathrm{d}s^2)$是黎曼流形，其上的曲率张量、Ricci张量、数量曲率满足

$$R_{ijkl} = -R_{jikl} = -R_{ijlk} = R_{klij},$$

$$R_{ijkl} + R_{iklj} + R_{iljk} = 0,$$

$$R_{ijkl,h} + R_{ijlh,k} + R_{ijhk,l} = 0,$$

$$\sum_j R_{ij,j} = \frac{1}{2} R_{,i}.$$

特别地，完备、单连通、常截面曲率c的黎曼流形，称为空间形式，记为$R^n(c)$，满足以下简单关系：

$$R_{ABCD} = -c(\delta_{AC}\delta_{BD} - \delta_{AD}\delta_{BC}),$$

$$R_{AB} = (n-1)c\delta_{AB}, R = n(n-1)c.$$

第3章　子流形基本理论

本章主要研究子流形的基本方程，包括结构方程、变分公式，同时也列出了很多子流形的例子，大部分内容都是新的.本章的指标采用如下两个约定. (1) 爱因斯坦约定：重复指标表示求和；(2) 指标范围：

$$1 \leqslant A, B, C, D, \cdots \leqslant n+p, 1 \leqslant i, j, k, l, \cdots \leqslant n, n+1 \leqslant \alpha, \beta, \gamma, \delta, \cdots \leqslant n+p.$$

本章的主要内容可以参考陈省身的Kansas讲义[2]或者教材[110]，也可以参考丘成桐的教材[111].本章的主要符号采用了胡泽军、李海中的综述文章[42]中的.

3.1 子流形结构方程

设$x:(M^n, \mathrm{d}s^2) \to (N^{n+p}, \mathrm{d}\bar{s}^2)$是子流形，$x$是等距浸入，即$x^*\mathrm{d}\bar{s}^2 = \mathrm{d}s^2$.设$S = (S_{\mathcal{I}}, S_{\mathcal{A}})^t$是$TN$的局部正交标架，对偶地，设$\sigma = (\sigma^{\mathcal{I}}, \sigma^{\mathcal{A}})$是$T^*N$的局部正交标架.那么，$e = x^*S = x^*(S_{\mathcal{I}}, S_{\mathcal{A}}) = (e_{\mathcal{I}}, e_{\mathcal{A}})$是$M$上的拉回向量从$x^*TN = TM \oplus T^{\perp}M$局部正交标架，对偶地，$\theta^{\mathcal{I}} = x^*\sigma^{\mathcal{I}}$是$T^*M$的局部正交标架. 在子流形几何中一个基本的重要事实是

$$\theta^{\mathcal{A}} = x^*\sigma^{\mathcal{A}} = 0.$$

有等式

$$\mathrm{d}s^2 = \sum_i (\theta^i)^2, \mathrm{d}\bar{s}^2 = \sum_A (\sigma^A)^2.$$

设ω, Ω是TN上的联络和曲率形式，在不致混淆的情况下，设D是联络.

$$\begin{aligned}
&x^*\omega = \phi, x^*\Omega = \Phi,\\
&DS = \omega S = D\begin{pmatrix} S_{\mathcal{I}} \\ S_{\mathcal{A}} \end{pmatrix} = \begin{pmatrix} \omega_{\mathcal{I}}^{\mathcal{I}} & \omega_{\mathcal{I}}^{\mathcal{A}} \\ \omega_{\mathcal{A}}^{\mathcal{I}} & \omega_{\mathcal{A}}^{\mathcal{A}} \end{pmatrix} \times \begin{pmatrix} S_{\mathcal{I}} \\ S_{\mathcal{A}} \end{pmatrix},\\
&D^2S = \Omega S = D^2\begin{pmatrix} S_{\mathcal{I}} \\ S_{\mathcal{A}} \end{pmatrix} = \begin{pmatrix} \Omega_{\mathcal{I}}^{\mathcal{I}} & \Omega_{\mathcal{I}}^{\mathcal{A}} \\ \Omega_{\mathcal{A}}^{\mathcal{I}} & \Omega_{\mathcal{A}}^{\mathcal{A}} \end{pmatrix} \times \begin{pmatrix} S_{\mathcal{I}} \\ S_{\mathcal{A}} \end{pmatrix},\\
&De = x^*(\omega)e = \phi e = D\begin{pmatrix} e_{\mathcal{I}} \\ e_{\mathcal{A}} \end{pmatrix} = \begin{pmatrix} \phi_{\mathcal{I}}^{\mathcal{I}} & \phi_{\mathcal{I}}^{\mathcal{A}} \\ \phi_{\mathcal{A}}^{\mathcal{I}} & \phi_{\mathcal{A}}^{\mathcal{A}} \end{pmatrix} \times \begin{pmatrix} e_{\mathcal{I}} \\ e_{\mathcal{A}} \end{pmatrix},\\
&D^2e = x^*(\Omega)e = \Phi e = D^2\begin{pmatrix} e_{\mathcal{I}} \\ e_{\mathcal{A}} \end{pmatrix} = \begin{pmatrix} \Phi_{\mathcal{I}}^{\mathcal{I}} & \Phi_{\mathcal{I}}^{\mathcal{A}} \\ \Phi_{\mathcal{A}}^{\mathcal{I}} & \Phi_{\mathcal{A}}^{\mathcal{A}} \end{pmatrix} \times \begin{pmatrix} e_{\mathcal{I}} \\ e_{\mathcal{A}} \end{pmatrix}.
\end{aligned}$$

从而$(D, e_{\mathcal{I}}, \phi_{\mathcal{I}}^{\mathcal{I}})$ 是TM的联络，$(D, e_{\mathcal{A}}, \phi_{\mathcal{A}}^{\mathcal{A}})$ 是$T^{\perp}M$的联络，$\phi_{\mathcal{I}}^{\mathcal{A}}, \phi_i^{\alpha} = h_{ij}^{\alpha}\theta^j$ 是M的第二基本型，记为

$$B = \sum_{ij\alpha} h_{ij}^{\alpha}\theta^i \otimes \theta^j \otimes e_{\alpha}, B_{ij} = \sum_{\alpha} h_{ij}^{\alpha} e_{\alpha}.$$

从第二基本型出发，可以定义很多的基本符号，这些符号在下文中反复应用，可以简化表述和计算.

当子流形的余维数$p=1$时，即子流形是超曲面时，从第二基本型出发，可以构造如下的基本几何量：

$$B=h_{ij}\theta^i\otimes\theta^j, A=(h_{ij})_{n\times n}, H=\frac{1}{n}\sum_i h_{ii}, S=\sum_{ij}(h_{ij})^2,$$

$$\hat{h}_{ij}=h_{ij}-H\delta_{ij}, \hat{B}=\hat{h}_{ij}\theta^i\otimes\theta^j=B-H\mathrm{d}s^2,$$

$$\hat{A}=(\hat{h}_{ij})_{n\times n}=A-HI, \hat{S}=\sum_{ij}(\hat{h}_{ij})^2=S-nH^2,$$

$$P_k=\mathrm{tr}(A^k), P_1=\sum_i h_{ii}, P_2=\sum_{ij}(h_{ij})^2=S, P_3=\sum_{ijk}h_{ij}h_{jk}h_{ki},$$

$$\hat{P}_k=\mathrm{tr}(\hat{A}^k), \hat{P}_1=0, \hat{P}_2=\sum_{ij}(\hat{h}_{ij})^2=P_2-\frac{1}{n}(P_1)^2=\hat{S}, \hat{P}_3=\sum_{ijk}\hat{h}_{ij}\hat{h}_{jk}\hat{h}_{ki},$$

$$\rho=S-nH^2=\hat{S}.$$

当子流形的余维数$p\geqslant 2$时，即子流形是高余维时，从第二基本型出发，可以构造如下的基本几何量：

$$B=h_{ij}^{\alpha}\theta^i\otimes\theta^j\otimes e_{\alpha}, B_{ij}=\sum_{\alpha}h_{ij}^{\alpha}e_{\alpha}, \boldsymbol{A}_{\alpha}=\boldsymbol{A}^{\alpha}=(h_{ij}^{\alpha})_{n\times n},$$

$$H^{\alpha}=\frac{1}{n}\sum_i h_{ii}^{\alpha}, \boldsymbol{H}=\sum_{\alpha}H^{\alpha}e_{\alpha}, H=\sqrt{\sum_{\alpha}(H^{\alpha})^2}, S=\sum_{ij\alpha}(h_{ij}^{\alpha})^2,$$

$$\hat{h}_{ij}^{\alpha}=h_{ij}^{\alpha}-H^{\alpha}\delta_{ij}, \hat{B}=\hat{h}_{ij}^{\alpha}\theta^i\otimes\theta^j\otimes e_{\alpha}=B-\boldsymbol{H}\otimes\mathrm{d}s^2,$$

$$\hat{B}_{ij}=\hat{h}_{ij}^{\alpha}\otimes e_{\alpha}=\sum_{\alpha}(h_{ij}^{\alpha}-H^{\alpha}\delta_{ij})e_{\alpha}=B_{ij}-\boldsymbol{H}\delta_{ij},$$

$$\hat{\boldsymbol{A}}_{\alpha}=\hat{\boldsymbol{A}}^{\alpha}=(\hat{h}_{ij}^{\alpha})_{n\times n}=(h_{ij}^{\alpha}-H^{\alpha}\delta_{ij})=\boldsymbol{A}_{\alpha}-H^{\alpha}I=\boldsymbol{A}^{\alpha}-H^{\alpha}I,$$

$$\hat{S}=\sum_{ij\alpha}(\hat{h}_{ij}^{\alpha})^2=\sum_{ij\alpha}(h_{ij}^{\alpha}-H^{\alpha}\delta_{ij})^2=S-nH^2=\rho.$$

以矩阵$\boldsymbol{A}_{\alpha}$为基本元素，利用迹算子，可以进行如下构造.

$$\begin{aligned} S_{\alpha\beta} &= \mathrm{tr}(\boldsymbol{A}_{\alpha}\boldsymbol{A}_{\beta})=\sum_{ij}h_{ij}^{\alpha}h_{ij}^{\beta}, S=\sum_{\alpha}S_{\alpha\alpha}, \\ S_{\alpha\beta\gamma} &= \mathrm{tr}(\boldsymbol{A}_{\alpha}\boldsymbol{A}_{\beta}\boldsymbol{A}_{\gamma})=\sum_{ijk}h_{ij}^{\alpha}h_{jk}^{\beta}h_{ki}^{\gamma}, \\ S_{\alpha\beta\gamma\delta} &= \mathrm{tr}(\boldsymbol{A}_{\alpha}\boldsymbol{A}_{\beta}\boldsymbol{A}_{\gamma}\boldsymbol{A}_{\delta})=\sum_{ijkl}h_{ij}^{\alpha}h_{jk}^{\beta}h_{kl}^{\gamma}h_{li}^{\delta}. \end{aligned}$$

以矩阵$\hat{\boldsymbol{A}}_{\alpha}$为基本元素，利用迹算子，可以进行如下构造，还可以探索和$\boldsymbol{A}_{\alpha}$算子对应的几何量的关系.

$$\hat{S}_{\alpha\beta} = \mathrm{tr}(\hat{\boldsymbol{A}}_{\alpha}\hat{\boldsymbol{A}}_{\beta})=\mathrm{tr}((\boldsymbol{A}_{\alpha}-H^{\alpha})(\boldsymbol{A}_{\beta}-H^{\beta}))=S_{\alpha\beta}-nH^{\alpha}H^{\beta},$$

$$\begin{aligned}
\hat{S}_{\alpha\beta\gamma} &= \operatorname{tr}(\hat{\boldsymbol{A}}_\alpha\hat{\boldsymbol{A}}_\beta\hat{\boldsymbol{A}}_\gamma) = \operatorname{tr}((\boldsymbol{A}_\alpha - H^\alpha I)(\boldsymbol{A}_\beta - H^\beta I)(\boldsymbol{A}_\gamma - H^\gamma I)) \\
&= S_{\alpha\beta\gamma} + 2nH^\alpha H^\beta H^\gamma - S_{\alpha\beta}H^\gamma - S_{\alpha\gamma}H^\beta - S_{\beta\gamma}H^\alpha, \\
\hat{S}_{\alpha\beta\gamma\delta} &= \operatorname{tr}(\hat{\boldsymbol{A}}_\alpha\hat{\boldsymbol{A}}_\beta\hat{\boldsymbol{A}}_\gamma\hat{\boldsymbol{A}}_\delta) = \operatorname{tr}((\boldsymbol{A}_\alpha - H^\alpha I)(\boldsymbol{A}_\beta - H^\beta I)(\boldsymbol{A}_\gamma - H^\gamma I)(\boldsymbol{A}_\delta - H^\delta I)) \\
&= S_{\alpha\beta\gamma\delta} - 3nH^\alpha H^\beta H^\gamma H^\delta - H^\alpha S_{\beta\gamma\delta} - H^\beta S_{\alpha\gamma\delta} - H^\gamma S_{\alpha\beta\delta} - H^\delta S_{\alpha\beta\gamma} + \\
&\quad S_{\alpha\beta}H^\gamma H^\delta + S_{\alpha\gamma}H^\beta H^\delta + S_{\alpha\delta}H^\beta H^\gamma + S_{\beta\gamma}H^\alpha H^\delta + S_{\beta\delta}H^\alpha H^\gamma + S_{\gamma\delta}H^\alpha H^\beta.
\end{aligned}$$

在后文的间隙现象中，矩阵$\boldsymbol{A}_\alpha, \hat{\boldsymbol{A}}_\alpha$的Frobenius范数发挥了重要作用，其基本的定义为

$$\begin{aligned}
N(\boldsymbol{A}_\alpha) &= \operatorname{tr}(\boldsymbol{A}_\alpha\boldsymbol{A}_\alpha^t) = \sum_{ij}(h_{ij}^\alpha)^2 = S_{\alpha\alpha}, \\
N(\boldsymbol{A}_\alpha\boldsymbol{A}_\beta - \boldsymbol{A}_\beta\boldsymbol{A}_\alpha) &= \operatorname{tr}((\boldsymbol{A}_\alpha\boldsymbol{A}_\beta - \boldsymbol{A}_\beta\boldsymbol{A}_\alpha)(\boldsymbol{A}_\alpha\boldsymbol{A}_\beta - \boldsymbol{A}_\beta\boldsymbol{A}_\alpha)^t) \\
&= 2(S_{\alpha\alpha\beta\beta} - S_{\alpha\beta\alpha\beta}), \\
N(\hat{\boldsymbol{A}}_\alpha) &= \operatorname{tr}(\hat{\boldsymbol{A}}_\alpha\hat{\boldsymbol{A}}_\alpha^t) = \sum_{ij}(\hat{h}_{ij}^\alpha)^2 = \hat{S}_{\alpha\alpha}, \\
N(\hat{\boldsymbol{A}}_\alpha\hat{\boldsymbol{A}}_\beta - \hat{\boldsymbol{A}}_\beta\hat{\boldsymbol{A}}_\alpha) &= \operatorname{tr}((\hat{\boldsymbol{A}}_\alpha\hat{A}_\beta - \hat{\boldsymbol{A}}_\beta\hat{\boldsymbol{A}}_\alpha)(\hat{\boldsymbol{A}}_\alpha\hat{\boldsymbol{A}}_\beta - \hat{\boldsymbol{A}}_\beta\hat{\boldsymbol{A}}_\alpha)^t) \\
&= 2(\hat{S}_{\alpha\alpha\beta\beta} - \hat{S}_{\alpha\beta\alpha\beta}).
\end{aligned}$$

显然地，对于子流形最重要的三类元素S, ρ, H^2，可以建立如下的关系：

$$\rho = S - nH^2 = \sum_\alpha S_{\alpha\alpha} - n(H^\alpha)^2 = \sum_\alpha \hat{S}_{\alpha\alpha} = \hat{S}.$$

同时上面的某些几何量有如下的非负性质：

$$S_{\alpha\alpha} \geqslant 0, S \geqslant 0, \hat{S}_{\alpha\alpha} \geqslant 0, \hat{S} \geqslant 0, \rho \geqslant 0.$$

记$TN, TM, T^\perp M$上的微分算子、Christoffel和黎曼曲率符号分别为

$$d, d_M; \bar{\Gamma}_{AC}^B, \omega, \bar{R}_{ABCD}, \Omega; \Gamma_{ik}^j, \phi_i^j, R_{ijkl}, \Omega^\top; \Gamma_{\alpha i}^\beta, \phi_\alpha^\beta, R^\perp{}_{\alpha\beta ij}, \Omega^\perp.$$

于是

$$\omega + \omega^t = 0, \mathrm{d}\sigma - \sigma \wedge \omega = 0, \tag{3.1}$$

$$\Omega + \Omega^t = 0, \mathrm{d}\omega - \omega \wedge \omega = \Omega, \tag{3.2}$$

$$\sigma \wedge \Omega = 0, \sigma \wedge \Omega^t = 0, \mathrm{d}\Omega = \omega \wedge \Omega - \Omega \wedge \omega. \tag{3.3}$$

对式(3.1)拉回

$$\begin{aligned}
&\phi + \phi^t = 0, \phi_A^B = \Gamma_{Ai}^B\theta^i, x^*\bar{\Gamma}_{Ai}^B = \Gamma_{Ai}^B, \\
&\Gamma_{ik}^j = -\Gamma_{jk}^i, \Gamma_{ij}^\alpha = -\Gamma_{\alpha j}^i =: h_{ij}^\alpha, \Gamma_{\alpha i}^\beta = -\Gamma_{\beta i}^\alpha, \\
&\mathrm{d}_M\theta - \theta \wedge \phi = 0, \mathrm{d}_M\theta^{\mathcal{I}} - \theta^{\mathcal{I}} \wedge \phi_{\mathcal{I}}^{\mathcal{I}} - \theta^{\mathcal{A}} \wedge \phi_{\mathcal{A}}^{\mathcal{I}} = \mathrm{d}_M\theta^{\mathcal{I}} - \theta^{\mathcal{I}} \wedge \phi_{\mathcal{I}}^{\mathcal{I}} = 0,
\end{aligned}$$

$$d_M\theta^{\mathcal{A}} - \theta^{\mathcal{I}} \wedge \phi_{\mathcal{I}}^{\mathcal{A}} - \theta^{\mathcal{A}} \wedge \phi_{\mathcal{A}}^{\mathcal{A}} = -\theta^{\mathcal{I}} \wedge \phi_{\mathcal{I}}^{\mathcal{A}} = 0, h_{ij}^{\alpha} = h_{ji}^{\alpha}.$$

对式(3.2)拉回

$$\begin{aligned} \Phi + \Phi^t &= 0, \Phi_{AB} = \frac{1}{2}x^*(\bar{R}_{ABij})\theta^i \wedge \theta^j, \\ R_{ijkl} &= x^*\bar{R}_{ijkl} = -R_{jikl} = -R_{ijlk}, \\ R^{\perp}{}_{\alpha\beta ij} &= x^*\bar{R}_{\alpha\beta ij} = -R^{\perp}{}_{\beta\alpha ij} = -R^{\perp}{}_{\alpha\beta ji}. \end{aligned}$$

对矩阵的第一部分

$$\begin{aligned} &\Phi = d_M\phi - \phi \wedge \phi, \Phi_{\mathcal{I}\mathcal{I}} = \Omega^{\top} - \phi_{\mathcal{I}}^{\mathcal{A}} \wedge \phi_{\mathcal{A}}^{\mathcal{I}}, \\ &\frac{1}{2}\bar{R}_{ijkl}\theta^k \wedge \theta^l = \frac{1}{2}R_{ijkl}\theta^k \wedge \theta^l + \sum_{\alpha} h_{ik}^{\alpha}h_{jl}^{\alpha}\theta^k \wedge \theta^l \\ &= \frac{1}{2}(R_{ijkl} + \sum_{\alpha} h_{ik}^{\alpha}h_{jl}^{\alpha} - h_{jk}^{\alpha}h_{il}^{\alpha})\theta^k \wedge \theta^l, \\ &\bar{R}_{ijkl} = R_{ijkl} + \sum_{\alpha} h_{ik}^{\alpha}h_{jl}^{\alpha} - h_{jk}^{\alpha}h_{il}^{\alpha}. \end{aligned}$$

对矩阵的第二部分

$$\begin{aligned} &\Phi_{\mathcal{I}}^{\mathcal{A}} = d_M\phi_{\mathcal{I}}^{\mathcal{A}} - \phi_{\mathcal{I}}^{\mathcal{I}} \wedge \phi_{\mathcal{I}}^{\mathcal{I}} - \phi_{\mathcal{I}}^{\mathcal{A}} \wedge \phi_{\mathcal{A}}^{\mathcal{I}}, \\ &\frac{1}{2}\bar{R}_{ijk}^{\alpha}\theta^j \wedge \theta^k = \Phi_i^{\alpha} \\ &= d_M h_{ik}^{\alpha} \wedge \theta^k - h_{ip}\phi_k^p \wedge \theta^k - h_{pk}^{\alpha}\phi_i^p \wedge \theta^k + h_{ik}^{\beta}\phi_{\beta}^{\alpha}\theta^k \\ &= \frac{1}{2}(h_{ik,j}^{\alpha} - h_{ij,k}^{\alpha})\theta^j \wedge \theta^k, \\ &\bar{R}_{ijk}^{\alpha} = h_{ik,j}^{\alpha} - h_{ij,k}^{\alpha}. \end{aligned}$$

对矩阵的第四部分

$$\begin{aligned} &\Phi_{\mathcal{A}\mathcal{A}} = d_M\phi_{\mathcal{A}}^{\mathcal{A}} - \phi_{\mathcal{A}}^{\mathcal{A}} \wedge \phi_{\mathcal{A}}^{\mathcal{A}} - \phi_{\mathcal{A}}^{\mathcal{I}} \wedge \phi_{\mathcal{I}}^{\mathcal{A}} = \Omega^{\perp} - \phi_{\mathcal{A}}^{\mathcal{I}} \wedge \phi_{\mathcal{I}}^{\mathcal{A}}, \\ &\frac{1}{2}\bar{R}_{\alpha\beta ij}\theta^i \wedge \theta^j = \frac{1}{2}R^{\perp}{}_{\alpha\beta ij}\theta^i \wedge \theta^j + \sum_p h_{ip}^{\alpha}h_{pj}^{\beta}\theta^i \wedge \theta^j \\ &= \frac{1}{2}(R^{\perp}{}_{\alpha\beta ij} + \sum_p h_{ip}^{\alpha}h_{pj}^{\beta} - h_{ip}^{\beta}h_{pj}^{\alpha}) \\ &\bar{R}_{\alpha\beta ij} = R^{\perp}{}_{\alpha\beta ij} + \sum_p h_{ip}^{\alpha}h_{pj}^{\beta} - h_{ip}^{\beta}h_{pj}^{\alpha}. \end{aligned}$$

对式(3.3)拉回

$$\begin{aligned} &\theta \wedge \Omega = 0, \theta \wedge \Omega^t = 0, \theta^{\mathcal{I}} \wedge (\Omega_{\mathcal{I}}^{\mathcal{I}})^t = 0, \theta^{\mathcal{I}} \wedge (\Omega_{\mathcal{I}}^{\mathcal{A}}) = 0, \\ &\frac{1}{2}\bar{R}_{ijkl}\theta^j \wedge \theta^k \wedge \theta^l = 0, \bar{R}_{ijkl} + \bar{R}_{iklj} + \bar{R}_{iljk} = 0, \\ &\frac{1}{2}\bar{R}_{ijk}^{\alpha}\theta^i \wedge \theta^j \wedge \theta^k = 0, \bar{R}_{ijk}^{\alpha} + \bar{R}_{jki}^{\alpha} + \bar{R}_{kij}^{\alpha} = 0. \end{aligned}$$

对于矩阵的第一部分

$$\mathrm{d}_M\Phi = \phi\wedge\Phi - \Phi\wedge\phi,$$

$$\mathrm{d}_M\Phi_{\mathcal{I}\mathcal{I}} = \phi^{\mathcal{I}}_{\mathcal{I}}\wedge\Phi^{\mathcal{I}}_{\mathcal{I}} + \phi^{\mathcal{A}}_{\mathcal{I}}\wedge\Phi^{\mathcal{I}}_{\mathcal{A}} - \Phi^{\mathcal{I}}_{\mathcal{I}}\wedge\phi^{\mathcal{I}}_{\mathcal{I}} - \Phi^{\mathcal{A}}_{\mathcal{I}}\wedge\phi^{\mathcal{I}}_{\mathcal{A}},$$

$$\frac{1}{2}\mathrm{d}_M\bar{R}_{ijkl}\theta^k\wedge\theta^l - \frac{1}{2}\bar{R}_{ijpl}\phi^p_k\theta^k\wedge\theta^l - \frac{1}{2}\bar{R}_{ijkp}\phi^p_l\theta^k\wedge\theta^l -$$
$$\frac{1}{2}\bar{R}_{pjkl}\phi^p_i\theta^k\wedge\theta^l - \frac{1}{2}\bar{R}_{ipkl}\phi^p_j\theta^k\wedge\theta^l +$$
$$\frac{1}{2}\sum_\alpha(h^\alpha_{im}\bar{R}^\alpha_{jkl} - h^\alpha_{jm}\bar{R}^\alpha_{ikl})\theta^k\wedge\theta^l\wedge\theta^m = 0,$$

$$\frac{1}{2}(\bar{R}_{ijkl,m} - \sum_\alpha(\bar{R}^\alpha_{ikl}h^\alpha_{jm} - \bar{R}^\alpha_{jkl}h^\alpha_{im}))\theta^k\wedge\theta^l\wedge\theta^m = 0,$$

$$\bar{R}_{ijkl,m} + \bar{R}_{ijlm,k} + \bar{R}_{ijmk,l} - \sum_\alpha(\bar{R}^\alpha_{ikl}h^\alpha_{jm} - \bar{R}^\alpha_{jkl}h^\alpha_{im}) -$$
$$\sum_\alpha(\bar{R}^\alpha_{ilm}h^\alpha_{jk} - \bar{R}^\alpha_{jlm}h^\alpha_{ik}) - \sum_\alpha(\bar{R}^\alpha_{imk}h^\alpha_{jl} - \bar{R}^\alpha_{jmk}h^\alpha_{il}) = 0.$$

对于矩阵的第二部分

$$\mathrm{d}_M\Phi^{\mathcal{A}}_{\mathcal{I}} = \phi^{\mathcal{I}}_{\mathcal{I}}\wedge\Phi^{\mathcal{A}}_{\mathcal{I}} + \phi^{\mathcal{A}}_{\mathcal{I}}\wedge\Phi^{\mathcal{A}}_{\mathcal{A}} - \Phi^{\mathcal{I}}_{\mathcal{I}}\wedge\phi^{\mathcal{A}}_{\mathcal{I}} - \Phi^{\mathcal{A}}_{\mathcal{I}}\wedge\phi^{\mathcal{A}}_{\mathcal{A}},$$

$$\frac{1}{2}(\bar{R}^\alpha_{ijk,l} + (\sum_p\bar{R}_{ipjk}h^\alpha_{pl} - \sum_\beta\bar{R}^\alpha_{\beta jk}h^\beta_{il}))\theta^j\wedge\theta^k\wedge\theta^l = 0,$$

$$\bar{R}^\alpha_{ijk,l} + \bar{R}^\alpha_{ikl,j} + \bar{R}^\alpha_{ilj,k} + (\sum_p\bar{R}_{ipjk}h^\alpha_{pl} - \sum_\beta\bar{R}^\alpha_{\beta jk}h^\beta_{il}) +$$
$$(\sum_p\bar{R}_{ipkl}h^\alpha_{pj} - \sum_\beta\bar{R}^\alpha_{\beta kl}h^\beta_{ij}) + (\sum_p\bar{R}_{iplj}h^\alpha_{pk} - \sum_\beta\bar{R}^\alpha_{\beta lj}h^\beta_{ik}) = 0.$$

对于矩阵的第四部分

$$\mathrm{d}_M\Phi^{\mathcal{A}}_{\mathcal{A}} = \phi^{\mathcal{I}}_{\mathcal{A}}\wedge\Phi^{\mathcal{A}}_{\mathcal{I}} + \phi^{\mathcal{A}}_{\mathcal{A}}\wedge\Phi^{\mathcal{A}}_{\mathcal{A}} - \Phi^{\mathcal{I}}_{\mathcal{A}}\wedge\phi^{\mathcal{A}}_{\mathcal{I}} - \Phi^{\mathcal{A}}_{\mathcal{A}}\wedge\phi^{\mathcal{A}}_{\mathcal{A}},$$

$$\frac{1}{2}(\bar{R}_{\alpha\beta ij,k} - \sum_p(\bar{R}^\alpha_{pij}h^\beta_{pk} - \bar{R}^\beta_{pij}h^\alpha_{pk}))\theta^i\wedge\theta^j\wedge\theta^k = 0,$$

$$\bar{R}_{\alpha\beta ij,k} + \bar{R}_{\alpha\beta jk,i} + \bar{R}_{\alpha\beta ki,j} - \sum_p(\bar{R}^\alpha_{pij}h^\beta_{pk} - \bar{R}^\beta_{pij}h^\alpha_{pk}) -$$
$$\sum_p(\bar{R}^\alpha_{pjk}h^\beta_{pi} - \bar{R}^\beta_{pjk}h^\alpha_{pi}) - \sum_p(\bar{R}^\alpha_{pki}h^\beta_{pj} - \bar{R}^\beta_{pki}h^\alpha_{pj}) = 0.$$

对于第二基本型，下面的Ricci恒等式是重要的.

$$\begin{aligned}
& h^\alpha_{ij,kl} - h^\alpha_{ij,lk} \\
= & \sum_p h^\alpha_{pj}R_{ipkl} + \sum_p h^\alpha_{ip}R_{jpkl} + \sum_\beta h^\beta_{ij}R^\perp_{\alpha\beta kl} \\
= & \sum_p h^\alpha_{pj}(\bar{R}_{ipkl} - \sum_\beta(h^\beta_{ik}h^\beta_{pl} - h^\beta_{il}h^\beta_{pk})) + \\
& \sum_p h^\alpha_{ip}(\bar{R}_{jpkl} - \sum_\beta(h^\beta_{jk}h^\beta_{pl} - h^\beta_{jl}h^\beta_{pk})) +
\end{aligned}$$

$$\begin{aligned}
&\sum_{\beta} h_{ij}^{\beta}(\bar{R}_{\alpha\beta kl}-\sum_{p}(h_{kp}^{\alpha}h_{pl}^{\beta}-h_{lp}^{\alpha}h_{pk}^{\beta}))\\
=\ &\sum_{p} h_{pj}^{\alpha}\bar{R}_{ipkl}+\sum_{p} h_{ip}^{\alpha}\bar{R}_{jpkl}+\sum_{\beta} h_{ij}^{\beta}\bar{R}_{\alpha\beta kl}+\\
&\sum_{p\beta}(h_{il}^{\beta}h_{jp}^{\alpha}h_{pk}^{\beta}-h_{ik}^{\beta}h_{jp}^{\alpha}h_{pl}^{\beta})+\sum_{p\beta}(h_{ip}^{\alpha}h_{pk}^{\beta}h_{jl}^{\beta}-h_{ip}^{\alpha}h_{pl}^{\beta}h_{jk}^{\beta})+\\
&\sum_{p\beta}(h_{ij}^{\beta}h_{kp}^{\beta}h_{pl}^{\alpha}-h_{ij}^{\beta}h_{kp}^{\alpha}h_{pl}^{\beta}).
\end{aligned}$$

综上，得到了子流形的结构方程定理.

定理 3.1 设$x:M\to N$是子流形，张量的变化规律为

$$\begin{aligned}
&h_{ij}^{\alpha}=h_{ji}^{\alpha},\bar{R}_{ijkl}=R_{ijkl}+\sum_{\alpha} h_{ik}^{\alpha}h_{jl}^{\alpha}-h_{jk}^{\alpha}h_{il}^{\alpha},\\
&\bar{R}_{ijk}^{\alpha}=h_{ik,j}^{\alpha}-h_{ij,k}^{\alpha},\bar{R}_{\alpha\beta ij}=R^{\perp}{}_{\alpha\beta ij}+\sum_{p} h_{ip}^{\alpha}h_{pj}^{\beta}-h_{ip}^{\beta}h_{pj}^{\alpha},\\
&R_{ij}=\sum_{p}\bar{R}_{ippj}-\sum_{p\alpha} h_{ip}^{\alpha}h_{pj}^{\alpha}+\sum_{\alpha} nH^{\alpha}h_{ij}^{\alpha},\\
&R=\sum_{ij}\bar{R}_{ijji}-S+n^2H^2,\\
&\bar{R}_{ijkl,m}+\bar{R}_{ijlm,k}+\bar{R}_{ijmk,l}-\sum_{\alpha}(\bar{R}_{ikl}^{\alpha}h_{jm}^{\alpha}-\bar{R}_{jkl}^{\alpha}h_{im}^{\alpha})-\\
&\sum_{\alpha}(\bar{R}_{ilm}^{\alpha}h_{jk}^{\alpha}-\bar{R}_{jlm}^{\alpha}h_{ik}^{\alpha})-\sum_{\alpha}(\bar{R}_{imk}^{\alpha}h_{jl}^{\alpha}-\bar{R}_{jmk}^{\alpha}h_{il}^{\alpha})=0,\\
&\bar{R}_{ijk,l}^{\alpha}+\bar{R}_{ikl,j}^{\alpha}+\bar{R}_{ilj,k}^{\alpha}+(\sum_{p}\bar{R}_{ipjk}h_{pl}^{\alpha}-\sum_{\beta}\bar{R}_{\beta jk}^{\alpha}h_{il}^{\beta})+\\
&(\sum_{p}\bar{R}_{ipkl}h_{pj}^{\alpha}-\sum_{\beta}\bar{R}_{\beta kl}^{\alpha}h_{ij}^{\beta})+(\sum_{p}\bar{R}_{iplj}h_{pk}^{\alpha}-\sum_{\beta}\bar{R}_{\beta lj}^{\alpha}h_{ik}^{\beta})=0,\\
&\bar{R}_{\alpha\beta ij,k}+\bar{R}_{\alpha\beta jk,i}+\bar{R}_{\alpha\beta ki,j}-\sum_{p}(\bar{R}_{pij}^{\alpha}h_{pk}^{\beta}-\bar{R}_{pij}^{\beta}h_{pk}^{\alpha})-\\
&\sum_{p}(\bar{R}_{pjk}^{\alpha}h_{pi}^{\beta}-\bar{R}_{pjk}^{\beta}h_{pi}^{\alpha})-\sum_{p}(\bar{R}_{pki}^{\alpha}h_{pj}^{\beta}-\bar{R}_{pki}^{\beta}h_{pj}^{\alpha})=0.
\end{aligned}$$

注释 3.1 在定理3.1中，前三行等式是经典的结果，后面的Bianchi等式是新推导的结果，当然也可以由Gauss、Codazzi、Ricci等式协变导数得到.

设N是空间形式$R^{n+p}(c)$，那么有如下关系：

$$\bar{R}_{ABCD}=-c(\delta_{AC}\delta_{BD}-\delta_{AD}\delta_{BC}).$$

代入定理3.1，可得如下推论.

推论 3.1 设N是空间形式$R^{n+p}(c)$，子流形$x:M\to R^{n+p}(c)$有以下结构方程.

$$\begin{aligned}
&\mathrm{d}x=\theta^i e_i,\mathrm{d}e_i=\phi_i^j e_j+\phi_i^{\alpha}e_{\alpha}-c\theta^i x,\mathrm{d}e_{\alpha}=\phi_{\alpha}^i e_i+\phi_{\alpha}^{\beta}e_{\beta},\\
&h_{ij}^{\alpha}=h_{ji}^{\alpha},R_{ijkl}=-c(\delta_{ik}\delta_{jl}-\delta_{il}\delta_{jk})-\sum_{\alpha}(h_{ik}^{\alpha}h_{jl}^{\alpha}-h_{jk}^{\alpha}h_{il}^{\alpha}),
\end{aligned}$$

$$R_{ij}=c(n-1)\delta_{ij}-\sum_{p\alpha}h^\alpha_{ip}h^\alpha_{pj}+\sum_\alpha nH^\alpha h^\alpha_{ij},$$
$$R=cn(n-1)-S+n^2H^2,$$
$$h^\alpha_{ik,j}=h^\alpha_{ij,k}, R^\perp{}_{\alpha\beta ij}=-\sum_p(h^\alpha_{ip}h^\beta_{pj}-h^\beta_{ip}h^\alpha_{pj}),$$
$$\bar{R}_{ijkl,m}+\bar{R}_{ijlm,k}+\bar{R}_{ijmk,l}=0, \bar{R}^\alpha_{ijk,l}+\bar{R}^\alpha_{ikl,j}+\bar{R}^\alpha_{ilj,k}=0,$$
$$\bar{R}_{\alpha\beta ij,k}+\bar{R}_{\alpha\beta jk,i}+\bar{R}_{\alpha\beta ki,j}=0.$$

注释 3.2 在定理3.1和推论3.1之中，对$\bar{R}_{ABCD}$的协变导数都是在拉回丛上进行的.

定理 3.2 设$x:M\to N$是子流形，有如下Ricci恒等式.

- $p\geqslant 2$，一般子流形

$$h^\alpha_{ij,kl}-h^\alpha_{ij,lk}=\sum_p h^\alpha_{pj}\bar{R}_{ipkl}+\sum_p h^\alpha_{ip}\bar{R}_{jpkl}+\sum_\beta h^\beta_{ij}\bar{R}_{\alpha\beta kl}+$$
$$\sum_{p\beta}(h^\beta_{il}h^\alpha_{jp}h^\beta_{pk}-h^\beta_{ik}h^\alpha_{jp}h^\beta_{pl})+\sum_{p\beta}(h^\alpha_{ip}h^\beta_{pk}h^\beta_{jl}-h^\alpha_{ip}h^\beta_{pl}h^\beta_{jk})+$$
$$\sum_{p\beta}(h^\beta_{ij}h^\beta_{kp}h^\alpha_{pl}-h^\beta_{ij}h^\alpha_{kp}h^\beta_{pl}).$$

- $p\geqslant 2$，空间形式中子流形

$$h^\alpha_{ij,kl}-h^\alpha_{ij,lk}=c(\delta_{il}h^\alpha_{jk}-\delta_{ik}h^\alpha_{jl}+\delta_{jl}h^\alpha_{ik}-\delta_{jk}h^\alpha_{il})+$$
$$\sum_{p\beta}(h^\beta_{il}h^\alpha_{jp}h^\beta_{pk}-h^\beta_{ik}h^\alpha_{jp}h^\beta_{pl})+\sum_{p\beta}(h^\alpha_{ip}h^\beta_{pk}h^\beta_{jl}-h^\alpha_{ip}h^\beta_{pl}h^\beta_{jk})+$$
$$\sum_{p\beta}(h^\beta_{ij}h^\beta_{kp}h^\alpha_{pl}-h^\beta_{ij}h^\alpha_{kp}h^\beta_{pl}).$$

- $p=1$，一般超曲面

$$h_{ij,kl}-h_{ij,lk}=\sum_p h_{pj}\bar{R}_{ipkl}+\sum_p h_{ip}\bar{R}_{jpkl}+$$
$$\sum_p(h_{il}h_{jp}h_{pk}-h_{ik}h_{jp}h_{pl}+h_{ip}h_{pk}h_{jl}-h_{ip}h_{pl}h_{jk}).$$

- $p=1$，空间形式中超曲面

$$h_{ij,kl}-h_{ij,lk}=c(\delta_{il}h_{jk}-\delta_{ik}h_{jl}+\delta_{jl}h_{ik}-\delta_{jk}h_{il})+$$
$$\sum_p(h_{il}h_{jp}h_{pk}-h_{ik}h_{jp}h_{pl}+h_{ip}h_{pk}h_{jl}-h_{ip}h_{pl}h_{jk}).$$

3.2 子流形的例子

例 3.1 全测地子流形$B=0$.欧氏空间中的超平面，球面中的赤道.

例 3.2 欧氏空间E^{n+1}中的单位球面$S^n(1)$，显然，$k_1=k_2=\cdots=k_n=1$.

例 3.3 假设$x:M^n\to S^{n+1}(1)$是单位球面中的全脐但不是全测地超曲面, 根据定义, 所

有的主曲率都是常数

$$k_1 = k_2 = \cdots = k_n = \lambda = \text{const} \neq 0.$$

通过直接计算, 得到

$$H = \lambda, S = n\lambda^2, P_3 = n\lambda^3, \rho = S - nH^2 = 0.$$

例 3.4 维数为偶数$n \equiv 0(\text{mod}2)$的一个特殊超曲面定义为

$$C_{\frac{n}{2},\frac{n}{2}} = S^{\frac{n}{2}}(\frac{1}{\sqrt{2}}) \times S^{\frac{n}{2}}(\frac{1}{\sqrt{2}}) \to S^{n+1}(1).$$

所有的主曲率为

$$k_1 = \cdots = k_{\frac{n}{2}} = 1, k_{\frac{n}{2}+1} = \cdots = k_n = -1.$$

简单计算可得$H = 0, S = n, P_3 = 0, \rho = S - nH^2 = n.$

例 3.5 设$0 < r < 1$，$M : S^m(r) \times S^{n-m}(\sqrt{1-r^2}) \to S^{n+1}(1)$.计算如下：

$$\begin{aligned}
&S^m(r) = \{rx_1 : |x_1| = 1\} \hookrightarrow E^{m+1},\\
&S^{n-m}(\sqrt{1-r^2}) = \{\sqrt{1-r^2}x_2 : |x_2| = 1\} \hookrightarrow E^{n-m+1},\\
&M := \{x = (rx_1, \sqrt{1-r^2}x_2)\} \hookrightarrow S^{n+1}(1) \hookrightarrow E^{n+2},\\
&\mathrm{d}s^2 = (r\mathrm{d}x_1)^2 + (\sqrt{1-r^2}\mathrm{d}x_2)^2, e_{n+1} = (-\sqrt{1-r^2}x_1, rx_2),\\
&h_{ij}\theta^i \otimes \theta^j = -\langle \mathrm{d}x, \mathrm{d}e_{n+1}\rangle = \frac{\sqrt{1-r^2}}{r}(r\mathrm{d}x_1)^2 - \frac{r}{\sqrt{1-r^2}}(\sqrt{1-r^2}\mathrm{d}x_2)^2,\\
&k_1 = \cdots = k_m = \frac{\sqrt{1-r^2}}{r}, k_{m+1} = \cdots = k_n = -\frac{r}{\sqrt{1-r^2}}.
\end{aligned}$$

例 3.6 对于单位球面中具有两个不同主曲率的超曲面，寻求满足$H = 0$的所有环面.已知

$$\lambda,\ \mu, 0 < \lambda, \mu < 1, \lambda^2 + \mu^2 = 1,$$

$$S^m(\lambda) \times S^{n-m}(\mu) \to S^{n+1}(1),\ 1 \leqslant m \leqslant n-1.$$

所有的主曲率为

$$k_1 = \cdots = k_m = \frac{\mu}{\lambda},\ k_{m+1} = \cdots = k_n = -\frac{\lambda}{\mu}.$$

简单计算可得

$$H = \frac{m\frac{\mu}{\lambda} - (n-m)\frac{\lambda}{\mu}}{n}.$$

设定$\frac{\mu}{\lambda} = x > 0$, 那么

$$H = \frac{mx - (n-m)\frac{1}{x}}{n}.$$

如果$H=0$, 即

$$mx=(n-m)\frac{1}{x}.$$

求解方程可得

$$x=\sqrt{\frac{n-m}{m}},1\leqslant m\leqslant n-1.$$

因此

$$C_{m,n-m}:S^m(\sqrt{\frac{m}{n}})\times S^{n-m}(\sqrt{\frac{n-m}{n}})\to S^{n+1}(1),1\leqslant m\leqslant n-1$$

是满足$H=0$的环面，称为Clifford环面.

例 3.7 对于单位球面中具有两个不同主曲率的超曲面，寻求满足$S=n$的所有环面.已知

$$\lambda,\ \mu,0<\lambda,\mu<1,\lambda^2+\mu^2=1,$$

$$S^m(\lambda)\times S^{n-m}(\mu)\to S^{n+1}(1),\ 1\leqslant m\leqslant n-1.$$

所有的主曲率为

$$k_1=\cdots=k_m=\frac{\mu}{\lambda},\ k_{m+1}=\cdots=k_n=-\frac{\lambda}{\mu}.$$

简单计算可得

$$S=m\frac{\mu^2}{\lambda^2}+(n-m)\frac{\lambda^2}{\mu^2}.$$

设定$\frac{\mu}{\lambda}=x>0$, 那么

$$S=\frac{m(n-m)}{n}[x^2+\frac{1}{x^2}+2].$$

如果$S=n$, 即

$$n=mx^2+(n-m)\frac{1}{x^2}.$$

求解方程可得

$$x_1=\sqrt{\frac{n-m}{m}},x_2=1,1\leqslant m\leqslant n-1.$$

因此

$$C_{m,n-m}:S^m(\sqrt{\frac{m}{n}})\times S^{n-m}(\sqrt{\frac{n-m}{n}})\to S^{n+1}(1),1\leqslant m\leqslant n-1$$

和

$$S^m(\sqrt{\frac{1}{2}})\times S^{n-m}(\sqrt{\frac{1}{2}})\to S^{n+1}(1),1\leqslant m\leqslant n-1$$

都是满足$S=n$的环面.

例 3.8 对于单位球面中具有两个不同主曲率的超曲面，寻求满足$\rho=n$的所有环面.已知

$$\lambda,\ \mu,0<\lambda,\mu<1,\lambda^2+\mu^2=1,$$

$$S^m(\lambda)\times S^{n-m}(\mu)\to S^{n+1}(1),\ 1\leqslant m\leqslant n-1.$$

所有的主曲率为

$$k_1=\cdots=k_m=\frac{\mu}{\lambda},\ k_{m+1}=\cdots=k_n=-\frac{\lambda}{\mu}.$$

于是曲率函数ρ为

$$\rho=\frac{m(n-m)}{n}[\frac{\mu^2}{\lambda^2}+\frac{\lambda^2}{\mu^2}+2].$$

假设$\frac{\mu}{\lambda}=x>0$，于是

$$\rho=\frac{m(n-m)}{n}[x^2+\frac{1}{x^2}+2].$$

如果$\rho=n$，即

$$n=\frac{m(n-m)}{n}[x^2+\frac{1}{x^2}+2].$$

解这个方程得到

$$x_1=\sqrt{\frac{n-m}{m}},x_2=\sqrt{\frac{m}{n-m}},\forall m\in N,1\leqslant m\leqslant n-1.$$

所以

$$C_{m,n-m}:S^m(\sqrt{\frac{m}{n}})\times S^{n-m}(\sqrt{\frac{n-m}{n}})\to S^{n+1}(1),1\leqslant m\leqslant n-1$$

和

$$W_{m,n-m}:S^m(\sqrt{\frac{n-m}{n}})\times S^{n-m}(\sqrt{\frac{m}{n}})\to S^{n+1}(1),1\leqslant m\leqslant n-1$$

是满足$\rho=n$的所有环面.

例 3.9 设M是$S^{n+1}(1)$中的闭的等参超曲面，设$k_1>\cdots>k_g$是常主曲率，重数分别为$m_1,\cdots,m_g,n=m_1+\cdots+m_g$.有：

(1) g只能取1,2,3,4,6；

(2) 当$g=1$时，M是全脐；

(3) 当$g=2$时，$M=S^m(r)\times S^{n-m}(\sqrt{1-r^2})$；

(4) 当$g=3$时，$m_1=m_2=m_3=2^k,k=0,1,2,3$；

(5) 当$g=4$时，$m_1=m_3,m_2=m_4$. $(m_1,m_2)=(2,2)$或$(4,5)$或$m_1+m_2+1\equiv 0(\mathrm{mod}\ 2^{\phi(m_1-1)})$，函数$\phi(m)=\#\{s:1\leqslant s\leqslant m,s\equiv 0,1,2,4(\mathrm{mod}8)\}$；

(6) 当$g=6$时，$m_1=m_2=\cdots=m_6=1$或者2；

(7) 存在一个角度$\theta,0<\theta<\frac{\pi}{g}$，使得$k_\alpha=\cot(\theta+\frac{\alpha-1}{g}\pi),\alpha=1,\cdots,g$.

上面的七种情形可以参见文献[80~92].

例 3.10 Nomizu等参超曲面.令$S^{n+1}(1)=\{(x_1,\cdots,x_{2r+1},x_{2r+2})\in\mathbf{R}^{n+2}=\mathbf{R}^{2r+2}:$

$|x|=1\}$，其中$n=2r\geqslant 4$.定义函数：

$$F(x)=(\sum_{i=1}^{r+1}(x_{2i-1}^2-x_{2i}^2))^2+4(\sum_{i=1}^{r+1}x_{2i-1}x_{2i})^2.$$

考虑由函数$F(x)$定义的超曲面

$$M_t^n=\{x\in S^{n+1}:F(x)=\cos^2(2t)\},\ 0<t<\frac{\pi}{4}.$$

M_t^n对固定参数t的主曲率为

$$k_1=\cdots=k_{r-1}=\cot(-t),k_r=\cot(\frac{\pi}{4}-t),$$
$$k_{r+1}=\cdots=k_{n-1}=\cot(\frac{\pi}{2}-t),k_n=\cot(\frac{3\pi}{4}-t).$$

例 3.11 Veronese曲面.假设(x,y,z)是$\mathbf{R}^3$的自然坐标，(u_1,u_2,u_3,u_4,u_5)是$\mathbf{R}^5$的自然坐标，考察如下映射：

$$u_1=\frac{1}{\sqrt{3}}yz,u_2=\frac{1}{\sqrt{3}}xz,u_3=\frac{1}{\sqrt{3}}xy,$$
$$u_4=\frac{1}{2\sqrt{3}}(x^2-y^2),u_5=\frac{1}{6}(x^2+y^2-2z^2),$$
$$x^2+y^2+z^2=3.$$

这个映射定义了浸入$x:RP^2=S^2(\sqrt{3})/Z_2\to S^4(1)$，称之为Veronese曲面. 从文献[13]可知第二基本型为

$$\boldsymbol{A}_3=\begin{pmatrix}0&\frac{1}{\sqrt{3}}\\\frac{1}{\sqrt{3}}&0\end{pmatrix},\boldsymbol{A}_4=\begin{pmatrix}-\frac{1}{\sqrt{3}}&0\\0&\frac{1}{\sqrt{3}}\end{pmatrix}.$$

经过简单计算可得

$$H^3=H^4=0,S_{333}=S_{344}=S_{433}=S_{444}=0.$$

例 3.12 假设$x:M^n\to S^{n+p}(1),n\geqslant 3$是单位球面中极小子流形，如果$x:M^n\to S^{n+p}(1)$还是爱因斯坦子流形，那么其有可能是很多泛函的临界点.

例 3.13 假设

$$S^m\left(\sqrt{\frac{2(m+1)}{m}}\right)=\left\{(x_0,x_1,\cdots,x_m)|\sum_{i=0}^m x_i^2=\frac{2(m+1)}{m}\right\},$$

并且E是满足$\sum_{i=1}^m u_{ii}=0$的对称矩阵$(u_{ij})_{m\times m}$组成的空间，显然E是维数为$\frac{1}{2}m(m+3)$的线性空间. 定义E中元素的模长为

$$\|(u_{ij})\|^2=\sum_{ij}u_{ij}^2.$$

假设$S^{m+p}(1),p=\frac{1}{2}(m-1)(m+2)$是$E$中的单位球面，定义$S^m\left(\sqrt{\frac{2(m+1)}{m}}\right)$到$S^{m+p}(1)$的

映射

$$u_{ij}=\frac{1}{2}\sqrt{\frac{m}{m+1}}(x_ix_j-\frac{2}{m}\delta_{ij}),$$

这是一个极小的等距浸入，同时还知道$S^m\left(\sqrt{\frac{2(m+1)}{m}}\right)$满足爱因斯坦条件.

例 3.14 将维数为m, 全纯截面曲率为$\frac{2m}{m+1}$的复投影空间$CP^m_{\frac{2m}{m+1}}$极小浸入单位球面$S^{m(m+2)-1}(1)$, 使得空间$\mathbf{R}^{m(m+2)}$的自然坐标函数限制在$CP^m_{\frac{2m}{m+1}}$上度为1的赫米特全纯函数，同时知道$CP^m_{\frac{2m}{m+1}}$是爱因斯坦流形.

例 3.15 假设$M=S^{n_1}(a_1)\times\cdots\times S^{n_p}(a_p)$是典范嵌入$S^{n+p-1}$中的子流形, 涉及的参数满足

$$\sum_{i=1}^p n_i=n,\sum_{i=1}^p a_i^2=1.$$

考虑

$$\mathbf{R}^{n+p}=\mathbf{R}^{n_i+1}\times\cdots\times\mathbf{R}^{n_p+1},\sum_{i=1}^p n_i=n$$

和

$$S^{n_1}(a_1)\times\cdots\times S^{n_p}(a_p)=\{x=(a_1x_1,\cdots,a_px_p)|\, x_i\in\mathbf{R}^{n_i+1},|x_i|=1,i=1,\cdots,p\},$$

其中

$$x=(a_1x_1,\cdots,a_px_p):S^{n_1}(a_1)\times\cdots\times S^{n_p}(a_p)\to S^{n+p-1}(1)$$

是典范嵌入. 假设M上的$p-1$个单位正交标架为

$$e_{m+\lambda}=(a_{\lambda1}x_1,\cdots,a_{\lambda p}x_p),1\leqslant\lambda\leqslant p-1,$$

此处$(a_{\lambda1},\cdots,a_{\lambda p})$构成的$p\times p$矩阵

$$\boldsymbol{A}=\begin{pmatrix} a_1 & \cdots & a_p\\ a_{11} & \cdots & a_{1p}\\ \vdots & & \vdots\\ a_{(p-1)1} & \cdots & a_{(p-1)p}\end{pmatrix}$$

是正交方阵,因此

$$\sum_{\lambda=1}^{p-1}a_{\lambda i}a_{\lambda j}=\delta_{ij}-a_ia_j,\forall i,j=1,\cdots,p.$$

直接计算可得M的第一基本型和第二基本型分别为

$$I=\mathrm{d}x\cdot\mathrm{d}x=\sum_{i=1}^p a_i^2\mathrm{d}x_i\cdot\mathrm{d}x_i,$$

$$II=-\sum_{\lambda=1}^{p-1}[\sum_{i=1}^p a_ia_{\lambda i}\mathrm{d}x_i\cdot\mathrm{d}x_i]e_{n+\lambda}.$$

特别地, 第二基本型的分量为

$$(h_{ij}^{n+\lambda})=\begin{pmatrix} -\frac{a_{\lambda 1}}{a_1}E_1 & & \\ & \ddots & \\ & & -\frac{a_{\lambda p}}{a_p}E_p \end{pmatrix},\lambda=1,\cdots,p-1,$$

其中，E_i表示$n_i\times n_i$的单位方阵, 通过直接计算可得

$$H^{m+\lambda}=\frac{1}{n}\sum_{i=1}^{p}\frac{a_{\lambda i}}{a_i}n_i, 1\leqslant\lambda\leqslant p-1; S=\sum_{i=1}^{p}n_i\frac{1-a_i^2}{a_i^2},$$

$$\sum_{n+\mu}S_{(n+\lambda)(n+\mu)(n+\mu)}=-\sum_{i=1}^{p}\frac{n_i}{a_i^3}a_{\lambda i}(1-a_i^2), S_{(n+\lambda)(n+\mu)}=\sum_{i=1}^{p}n_i\frac{a_{\lambda i}a_{\mu i}}{a_i^2}.$$

3.3 子流形变分公式

本节主要讨论子流形的变分公式.沿用前面的符号，主要思想来自文献[2, 42].

设$x:(M,\mathrm{d}s^2)\to(N,\mathrm{d}\bar{s}^2)$是子流形，$X:(M,\mathrm{d}s^2)\times(-\epsilon,\epsilon)\to(N,\mathrm{d}\bar{s}^2)$是其变分. 定义：

$$x_t:=X(.,t):M\times\{t\}\to N,\ t\in(-\epsilon,\epsilon).$$

那么每个x_t都是等距浸入，而且$x_0=x$.

设d, d_M, $\mathrm{d}_{M\times(-\epsilon,\epsilon)}=\mathrm{d}_M+\mathrm{d}t\wedge\frac{\partial}{\partial t}$是$N,M,M\times(-\epsilon,\epsilon)$上的微分算子.

设变分向量场为$\boldsymbol{V}=\sum_A V^A e_A$，即$\frac{\partial X}{\partial t}=\boldsymbol{V}$.通过拉回映射

$$X^*\sigma=\theta+\mathrm{d}tV, X^*\sigma^A=\theta^A+\mathrm{d}tV^A,$$

$$X^*\sigma^i=\theta^i+\mathrm{d}tV^i, X^*\sigma^\alpha=\mathrm{d}tV^\alpha,$$

$$X^*\omega=\phi+\mathrm{d}tL, X^*\omega_A^B=\phi_A^B+\mathrm{d}tL_A^B,$$

$$X^*\omega_i^j=\phi_i^j+\mathrm{d}tL_i^j, X^*\omega_i^\alpha=\phi_i^\alpha+\mathrm{d}tL_i^\alpha, X^*\omega_\alpha^\beta=\phi_\alpha^\beta+\mathrm{d}tL_\alpha^\beta,$$

$$X^*\Omega=\Phi+\mathrm{d}t\wedge P, X^*\Omega_A^B=\Phi_A^B+\mathrm{d}t\wedge P_A^B,$$

$$X^*\Omega_i^j=\Phi_i^j+\mathrm{d}t\wedge P_i^j, X^*\Omega_i^\alpha=\Phi_i^\alpha+\mathrm{d}t\wedge P_i^\alpha,$$

$$X^*\Omega_\alpha^\beta=\Phi_\alpha^\beta+\mathrm{d}t\wedge P_\alpha^\beta.$$

其中

$$\begin{aligned} X^*\omega_A^B &= \phi_A^B+\mathrm{d}tL_A^B=\bar{\Gamma}_{Ai}^B\theta^i+\mathrm{d}t\sum_C\bar{\Gamma}_{AC}^BV^C, \\ \phi_A^B &= \bar{\Gamma}_{Ai}^B\theta^i, L_A^B=\sum_C\bar{\Gamma}_{AC}^BV^C, \\ X^*\Omega_A^B &= \frac{1}{2}\bar{R}_{ABCD}(\theta^C+\mathrm{d}tV^C)\wedge(\theta^D+\mathrm{d}tV^D) \end{aligned}$$

$$
\begin{aligned}
&= \frac{1}{2}\bar{R}_{ABCD}(\theta^C \wedge \theta^D + \mathrm{d}t \wedge (V^C\theta^D - \theta^C V^D)) \\
&= \frac{1}{2}\bar{R}_{ABij}\theta^i \wedge \theta^j + \mathrm{d}t \wedge (\bar{R}_{ABCi}V^C\theta^i), \\
\Phi_A^B &= \frac{1}{2}\bar{R}_{ABij}\theta^i \wedge \theta^j, P_A^B = \bar{R}_{ABCi}V^C\theta^i.
\end{aligned}
$$

定义 3.1 定义张量

$$
\bar{\boldsymbol{Z}}_{ABi} = \bar{R}_{ABCi}V^C, \boldsymbol{P}_{AB} = \bar{Z}_{ABi}\theta^i.
$$

对于以下三个方程，通过拉回运算，可以得到变分公式

$$
\omega + \omega^t = 0, \mathrm{d}\sigma - \sigma \wedge \omega = 0, \tag{3.4}
$$

$$
\Omega + \Omega^t = 0, \mathrm{d}\omega - \omega \wedge \omega = \Omega, \tag{3.5}
$$

$$
\sigma \wedge \Omega = 0, \sigma \wedge \Omega^t = 0, \mathrm{d}\Omega = \omega \wedge \Omega - \Omega \wedge \omega. \tag{3.6}
$$

对式(3.4)拉回

$$
\begin{aligned}
&\phi + \phi^t + \mathrm{d}t(L + L^t) = 0, \\
&(\mathrm{d}_M + \mathrm{d}t \wedge \frac{\partial}{\partial t})(\theta + \mathrm{d}tV) - (\theta + dtV) \wedge (\phi + \mathrm{d}tL) = 0, \\
&\phi + \phi^t = 0, L + L^t = 0, \\
&\mathrm{d}_M\theta - \theta \wedge \phi + \mathrm{d}t \wedge (\frac{\partial\theta}{\partial t} - \mathrm{d}_M V - V\phi + \theta L) = 0, \\
&\mathrm{d}_M\theta - \theta \wedge \phi = 0, \frac{\partial\theta}{\partial t} = \mathrm{d}_M V + V\phi - \theta L, \\
&\frac{\partial\theta^{\mathcal{I}}}{\partial t} = \mathrm{d}_M V^{\mathcal{I}} + V^{\mathcal{I}}\phi_{\mathcal{I}}^{\mathcal{I}} + V^{\mathcal{A}}\phi_{\mathcal{A}}^{\mathcal{I}} - \theta^{\mathcal{I}}L_{\mathcal{I}}^{\mathcal{I}} - \theta^{A}L_{\mathcal{A}}^{\mathcal{I}} \\
&= DV^{\mathcal{I}} + V^{\mathcal{A}}\phi_{\mathcal{A}}^{\mathcal{I}} - \theta^{\mathcal{I}}L_{\mathcal{I}}^{\mathcal{I}}, \\
&\frac{\partial\theta^i}{\partial t} = \sum_j (V_{,j}^i - \sum_\alpha h_{ij}^\alpha V^\alpha - L_j^i)\theta^j, \\
&\frac{\partial\theta^{\mathcal{A}}}{\partial t} = \mathrm{d}_M V^{\mathcal{A}} + V^{\mathcal{A}}\phi_{\mathcal{A}}^{\mathcal{A}} + V^{\mathcal{I}}\phi_{\mathcal{I}}^{\mathcal{A}} - \theta^{\mathcal{I}}L_{\mathcal{I}}^{\mathcal{A}} - \theta^{A}L_{\mathcal{A}}^{\mathcal{A}} \\
&= DV^{\mathcal{A}} + V^{\mathcal{I}}\phi_{\mathcal{I}}^{\mathcal{A}} - \theta^{\mathcal{I}}L_{\mathcal{I}}^{\mathcal{A}}, \\
&L_i^\alpha = V_{,i}^\alpha + \sum_j h_{ij}^\alpha V^j, \\
&L_{i,j}^\alpha = V_{,ij}^\alpha + \sum_p h_{ip}^\alpha V_{,j}^p + \sum_p h_{ij,p}^\alpha V^p + \sum_p \bar{R}_{ijp}^\alpha V^p.
\end{aligned}
$$

对式(3.5)拉回

$$
\Phi + \Phi^t + \mathrm{d}t(P + P^t) = 0, \Phi + \Phi^t = 0, P + P^t = 0,
$$

$$\Phi + \mathrm{d}t \wedge P = (\mathrm{d}_M + \mathrm{d}t \wedge \frac{\partial}{\partial t})(\phi + \mathrm{d}tL) - (\phi + \mathrm{d}tL) \wedge (\phi + \mathrm{d}tL),$$

$$\Phi = \mathrm{d}_M\phi - \phi \wedge \phi, \frac{\partial \phi}{\partial t} = \mathrm{d}_M L + L\phi - \phi L + P.$$

对于矩阵的第一部分，L_i^j不是张量，但是可以形式地记为

$$\begin{aligned}\frac{\partial \theta_{\mathcal{I}}^{\mathcal{I}}}{\partial t} =&\mathrm{d}_M L_{\mathcal{I}}^{\mathcal{I}} + L_{\mathcal{I}}^{\mathcal{I}}\phi_{\mathcal{I}}^{\mathcal{I}} + L_{\mathcal{I}}^{\mathcal{A}}\phi_{\mathcal{A}}^{\mathcal{I}} - \phi_{\mathcal{I}}^{\mathcal{I}}L_{\mathcal{I}}^{\mathcal{I}} - \phi_{\mathcal{I}}^{\mathcal{A}}L_{\mathcal{A}}^{\mathcal{I}} + P_{\mathcal{I}}^{\mathcal{I}}\\ =&DL_{\mathcal{I}}^{\mathcal{I}} + L_{\mathcal{I}}^{\mathcal{A}}\phi_{\mathcal{A}}^{\mathcal{I}} - \phi_{\mathcal{I}}^{\mathcal{A}}L_{\mathcal{A}}^{\mathcal{I}} + P_{\mathcal{I}}^{\mathcal{I}},\\ \frac{\partial \Gamma_{ik}^j}{\partial t} =&L_{i,k}^j + \sum_\alpha h_{ik}^\alpha L_j^\alpha - \sum_\alpha L_i^\alpha h_{jk}^\alpha + \bar{Z}_{ijk} -\\ &\sum_p \Gamma_{ip}^j V_{,k}^p + \sum_{p\alpha} \Gamma_{ip}^j h_{pk}^\alpha V^\alpha + \sum_p \Gamma_{ip}^j L_k^p.\end{aligned}$$

对于矩阵的第二部分，L_i^α是张量，记为

$$\begin{aligned}\frac{\partial \theta_{\mathcal{I}}^{\mathcal{A}}}{\partial t} =&\mathrm{d}_M L_{\mathcal{I}}^{\mathcal{A}} + L_{\mathcal{I}}^{\mathcal{I}}\phi_{\mathcal{I}}^{\mathcal{A}} + L_{\mathcal{I}}^{\mathcal{A}}\phi_{\mathcal{A}}^{\mathcal{A}} - \phi_{\mathcal{I}}^{\mathcal{I}}L_{\mathcal{I}}^{\mathcal{A}} - \phi_{\mathcal{I}}^{\mathcal{A}}L_{\mathcal{A}}^{\mathcal{A}} + P_{\mathcal{I}}^{\mathcal{A}}\\ =&DL_{\mathcal{I}}^{\mathcal{A}} + L_{\mathcal{I}}^{\mathcal{I}}\phi_{\mathcal{I}}^{\mathcal{A}} - \phi_{\mathcal{I}}^{\mathcal{A}}L_{\mathcal{A}}^{\mathcal{A}} + P_{\mathcal{I}}^{\mathcal{A}},\\ \frac{\partial h_{ij}^\alpha}{\partial t} =&L_{i,j}^\alpha + \sum_p L_i^p h_{pj}^\alpha - \sum_\beta h_{ij}^\beta L_\beta^\alpha + \bar{Z}_{ij}^\alpha -\\ &\sum_p h_{ip}^\alpha V_{,j}^p + \sum_{p\beta} h_{ip}^\alpha h_{pj}^\beta V^\beta + \sum_p h_{ip}^\alpha L_j^p\\ =&V_{,ij}^\alpha + \sum_p h_{ij,p}^\alpha V^p + \sum_p h_{pj}^\alpha L_i^p + \sum_p h_{ip}^\alpha L_j^p - \sum_\beta h_{ij}^\beta L_\beta^\alpha +\\ &\sum_{p\beta} h_{ip}^\alpha h_{pj}^\beta V^\beta - \sum_\beta \bar{R}_{ij\beta}^\alpha V^\beta.\end{aligned}$$

对于矩阵的第四部分，L_α^β不是张量，但是可以形式地记为

$$\begin{aligned}\frac{\partial \theta_{\mathcal{A}}^{\mathcal{A}}}{\partial t} =&\mathrm{d}_M L_{\mathcal{A}}^{\mathcal{A}} + L_{\mathcal{A}}^{\mathcal{A}}\phi_{\mathcal{A}}^{\mathcal{A}} + L_{\mathcal{A}}^{\mathcal{I}}\phi_{\mathcal{I}}^{\mathcal{A}} - \phi_{\mathcal{A}}^{\mathcal{A}}L_{\mathcal{A}}^{\mathcal{A}} - \phi_{\mathcal{A}}^{\mathcal{I}}L_{\mathcal{I}}^{\mathcal{A}} + P_{\mathcal{A}}^{\mathcal{A}}\\ =&DL_{\mathcal{A}}^{\mathcal{A}} + L_{\mathcal{A}}^{\mathcal{I}}\phi_{\mathcal{I}}^{\mathcal{A}} - \phi_{\mathcal{A}}^{\mathcal{I}}L_{\mathcal{I}}^{\mathcal{A}} + P_{\mathcal{A}}^{\mathcal{A}},\\ \frac{\partial \Gamma_{\alpha i}^\beta}{\partial t} =&L_{\alpha,i}^\beta + \sum_p L_p^\beta h_{pi}^\alpha - \sum_p L_p^\alpha h_{pi}^\beta + \bar{Z}_{\alpha\beta i} -\\ &\sum_p \Gamma_{\alpha p}^\beta V_{,i}^p + \sum_p \Gamma_{\alpha p}^\beta h_{pi}^\gamma V^\gamma + \sum_p \Gamma_{\alpha p}^\beta L_i^p.\end{aligned}$$

对式(3.6)拉回

$$(\theta + \mathrm{d}tV) \wedge (\Phi + \mathrm{d}t \wedge P) = 0, \theta \wedge \Phi = 0, V\Phi - \theta \wedge P = 0.$$

上式是Bianchi恒等式，对于式(3.6)的后半部分，有

$$\begin{aligned}LHS =&(\mathrm{d}_M + \mathrm{d}t \wedge \frac{\partial}{\partial t})(\Phi + \mathrm{d}tP) = \mathrm{d}_M\Phi + \mathrm{d}t \wedge (\frac{\partial \Phi}{\partial t} - \mathrm{d}_M P),\\ RHS =&(\phi + \mathrm{d}tL) \wedge (\Phi + \mathrm{d}tP) - (\Phi + \mathrm{d}tP) \wedge (\phi + \mathrm{d}tL)\\ =&\phi \wedge \Phi - \Phi \wedge \phi + \mathrm{d}t(L\Phi - \phi P - P\phi - \Phi L),\end{aligned}$$

$$\mathrm{d}_M\Phi = \phi\wedge\Phi - \Phi\wedge\phi,\ \frac{\partial\Phi}{\partial t} = \mathrm{d}_M P + L\Phi - \phi P - P\phi - \Phi L.$$

对于矩阵的第一部分

$$\begin{aligned}\frac{\partial\Phi^{\mathcal{I}}_{\mathcal{I}}}{\partial t} =& \mathrm{d}_M P^{\mathcal{I}}_{\mathcal{I}} - \phi^{\mathcal{I}}_{\mathcal{I}}P^{\mathcal{I}}_{\mathcal{I}} - P^{\mathcal{I}}_{\mathcal{I}}\phi^{\mathcal{I}}_{\mathcal{I}} - \phi^{\mathcal{A}}_{\mathcal{I}}P^{\mathcal{I}}_{\mathcal{A}} - P^{\mathcal{A}}_{\mathcal{I}}\phi^{\mathcal{I}}_{\mathcal{A}} + \\ & L^{\mathcal{I}}_{\mathcal{I}}\Phi^{\mathcal{I}}_{\mathcal{I}} + L^{\mathcal{A}}_{\mathcal{I}}\Phi^{\mathcal{I}}_{\mathcal{A}} - \Phi^{\mathcal{I}}_{\mathcal{I}}L^{\mathcal{I}}_{\mathcal{I}} - \Phi^{\mathcal{A}}_{\mathcal{I}}L^{\mathcal{I}}_{\mathcal{A}}, \\ \frac{\partial\Phi_{ij}}{\partial t} =& \bar{Z}_{ijl,k}\theta^k\wedge\theta^l + \sum_\alpha h^\alpha_{ik}\bar{Z}^\alpha_{jl}\theta^k\wedge\theta^l + \\ & \sum_\alpha \bar{Z}^\alpha_{ik}h^\alpha_{jl}\theta^k\wedge\theta^l + \sum_p L_{ip}\Phi_{pj} - \sum_p \Phi_{ip}L_{pj} + \\ & \sum_\alpha \Phi^\alpha_i L^\alpha_j - \sum_\alpha L^\alpha_i\Phi^\alpha_j, \\ \frac{\partial\bar{R}_{ijkl}}{\partial t} =& (\bar{Z}_{ijl,k} - \bar{Z}_{ijk,l}) + \sum_\alpha (h^\alpha_{ik}\bar{Z}^\alpha_{jl} - h^\alpha_{il}\bar{Z}^\alpha_{jk} + \bar{Z}^\alpha_{ik}h^\alpha_{jl} - \bar{Z}^\alpha_{il}h^\alpha_{jk}) + \\ & \sum_A (\bar{R}^A_{ikl}L^A_j - L^A_i\bar{R}^A_{jkl}) - \sum_p (\bar{R}_{ijpl}V^p_{,k} + \bar{R}_{ijkp}V^p_{,l}) + \\ & \sum_{p\alpha} (\bar{R}_{ijpl}h^\alpha_{pk}V^\alpha + \bar{R}_{ijkp}h^\alpha_{pl}V^\alpha) + \sum_p (\bar{R}_{ijpl}L^p_k + \bar{R}_{ijkp}L^p_l).\end{aligned}$$

对于矩阵的第二部分

$$\begin{aligned}\frac{\partial\Phi^{\mathcal{A}}_{\mathcal{I}}}{\partial t} =& \mathrm{d}_M P^{\mathcal{A}}_{\mathcal{I}} - \phi^{\mathcal{I}}_{\mathcal{I}}P^{\mathcal{A}}_{\mathcal{I}} - P^{\mathcal{A}}_{\mathcal{I}}\phi^{\mathcal{A}}_{\mathcal{A}} - P^{\mathcal{I}}_{\mathcal{I}}\phi^{\mathcal{A}}_{\mathcal{I}} - \phi^{\mathcal{A}}_{\mathcal{I}}P^{\mathcal{A}}_{\mathcal{A}} + \\ & L^{\mathcal{I}}_{\mathcal{I}}\Phi^{\mathcal{A}}_{\mathcal{I}} + L^{\mathcal{A}}_{\mathcal{I}}\Phi^{\mathcal{A}}_{\mathcal{A}} - \Phi^{\mathcal{I}}_{\mathcal{I}}L^{\mathcal{A}}_{\mathcal{I}} - \Phi^{\mathcal{A}}_{\mathcal{I}}L^{\mathcal{A}}_{\mathcal{A}}, \\ \frac{\partial\Phi^\alpha_i}{\partial t} =& DP^\alpha_i - \sum_p P_{ip}\phi^\alpha_p - \sum_\beta \phi^\beta_i P^\alpha_\beta + \sum_A (L^A_i\Phi^\alpha_A - \Phi^A_i L^\alpha_A), \\ \frac{\partial\bar{R}^\alpha_{ijk}}{\partial t} =& (\bar{Z}^\alpha_{ik,j} - \bar{Z}^\alpha_{ij,k}) + \sum_p (\bar{Z}_{ipk}h^\alpha_{pj} - \bar{Z}_{ipj}h^\alpha_{pk}) + \\ & \sum_\beta (h^\beta_{ik}\bar{Z}^\alpha_{\beta j} - h^\beta_{ij}\bar{Z}^\alpha_{\beta k}) + \sum_A (L^A_i\bar{R}^\alpha_{Ajk} - \bar{R}^A_{ijk}L^\alpha_A) - \\ & \sum_p (\bar{R}^\alpha_{ipk}V^p_{,j} + \bar{R}^\alpha_{ijp}V^p_{,k}) + \sum_{p\beta} (\bar{R}^\alpha_{ipk}h^\beta_{pj}V^\beta + \bar{R}^\alpha_{ijp}h^\beta_{pk}V^\beta) + \\ & \sum_p (\bar{R}^\alpha_{ipk}L^p_j + \bar{R}^\alpha_{ijp}L^p_k).\end{aligned}$$

对于矩阵的第四部分

$$\begin{aligned}\frac{\partial\Phi^{\mathcal{A}}_{\mathcal{A}}}{\partial t} =& \mathrm{d}_M P^{\mathcal{A}}_{\mathcal{A}} - \phi^{\mathcal{A}}_{\mathcal{A}}P^{\mathcal{A}}_{\mathcal{A}} - P^{\mathcal{A}}_{\mathcal{A}}\phi^{\mathcal{A}}_{\mathcal{A}} - P^{\mathcal{I}}_{\mathcal{A}}\phi^{\mathcal{A}}_{\mathcal{I}} - \phi^{\mathcal{I}}_{\mathcal{A}}P^{\mathcal{A}}_{\mathcal{I}} \\ & + L^{\mathcal{A}}_{\mathcal{A}}\Phi^{\mathcal{A}}_{\mathcal{A}} + L^{\mathcal{I}}_{\mathcal{A}}\Phi^{\mathcal{A}}_{\mathcal{I}} - \Phi^{\mathcal{I}}_{\mathcal{A}}L^{\mathcal{A}}_{\mathcal{I}} - \Phi^{\mathcal{A}}_{\mathcal{A}}L^{\mathcal{A}}_{\mathcal{A}}, \\ \frac{\partial\Phi^\beta_\alpha}{\partial t} =& DP^\beta_\alpha + \sum_p P^\alpha_p\phi^\beta_p + \sum_p \phi^\alpha_p P^\beta_p + \sum_A (L^A_\alpha\Phi^\beta_A - \Phi^A_\alpha L^\beta_A), \\ \frac{\partial\bar{R}_{\alpha\beta ij}}{\partial t} =& (\bar{Z}_{\alpha\beta j,i} - \bar{Z}_{\alpha\beta i,j}) + \sum_p (\bar{Z}^\alpha_{pi}h^\beta_{pj} - \bar{Z}^\alpha_{pj}h^\beta_{pi} + h^\alpha_{ip}\bar{Z}^\beta_{pj} - h^\alpha_{jp}\bar{Z}^\beta_{pi}) +\end{aligned}$$

$$\sum_A(\bar{R}^\alpha_{Aij}L^\beta_A - L^\alpha_A\bar{R}^\beta_{Aij}) - \sum_p(\bar{R}_{\alpha\beta pj}V^p_{,i} + \bar{R}_{\alpha\beta ip}V^p_{,j}) +$$
$$\sum_{p\gamma}(\bar{R}_{\alpha\beta pj}h^\gamma_{ip}V^\gamma + \bar{R}_{\alpha\beta ip}h^\gamma_{jp}V^\gamma) + \sum_p(\bar{R}_{\alpha\beta pj}L^p_i + \bar{R}_{\alpha\beta ip}L^p_j).$$

综上，证明了以下变分基本公式.

定理 3.3 设$x: M \to N$是子流形，$\boldsymbol{V} = V^ie_i + V^\alpha e_\alpha$是变分向量场，令$\bar{Z}_{ABi} =: \sum_C \bar{R}_{ABCi}V^C$，张量的变分公式为

$$\frac{\partial\theta^i}{\partial t} = \sum_j(V^i_{,j} - \sum_\alpha h^\alpha_{ij}V^\alpha - L^i_j)\theta^j, \frac{\partial \mathrm{d}v}{\partial t} = (divV^\top - n\sum_\alpha H^\alpha V^\alpha)\mathrm{d}v,$$

$$\frac{\partial\Gamma^j_{ik}}{\partial t} = L^j_{i,k} + \sum_\alpha h^\alpha_{ik}L^\alpha_j - \sum_\alpha L^\alpha_i h^\alpha_{jk} + \bar{Z}_{ijk} -$$
$$\sum_p \Gamma^j_{ip}V^p_{,k} + \sum_{p\alpha}\Gamma^j_{ip}h^\alpha_{pk}V^\alpha + \sum_p \Gamma^j_{ip}L^p_k,$$

$$\frac{\partial h^\alpha_{ij}}{\partial t} = V^\alpha_{,ij} + \sum_p h^\alpha_{ij,p}V^p + \sum_p h^\alpha_{pj}L^p_i + \sum_p h^\alpha_{ip}L^p_j - \sum_\beta h^\beta_{ij}L^\alpha_\beta +$$
$$\sum_{p\beta} h^\alpha_{ip}h^\beta_{pj}V^\beta - \sum_\beta \bar{R}^\alpha_{ij\beta}V^\beta,$$

$$\frac{\partial\Gamma^\beta_{\alpha i}}{\partial t} = L^\beta_{\alpha,i} + \sum_p L^\beta_p h^\alpha_{pi} - \sum_p L^\alpha_p h^\beta_{pi} + \bar{Z}_{\alpha\beta i} -$$
$$\sum_p \Gamma^\beta_{\alpha p}V^p_{,i} + \sum_p \Gamma^\beta_{\alpha p}h^\gamma_{pi}V^\gamma + \sum_p \Gamma^\beta_{\alpha p}L^p_i,$$

$$\frac{\partial\bar{R}_{ijkl}}{\partial t} = (\bar{Z}_{ijl,k} - \bar{Z}_{ijk,l}) + \sum_\alpha(h^\alpha_{ik}\bar{Z}^\alpha_{jl} - h^\alpha_{il}\bar{Z}^\alpha_{jk} + \bar{Z}^\alpha_{ik}h^\alpha_{jl} - \bar{Z}^\alpha_{il}h^\alpha_{jk}) +$$
$$\sum_A(\bar{R}^A_{ikl}L^A_j - L^A_i\bar{R}^A_{jkl}) - \sum_p(\bar{R}_{ijpl}V^p_{,k} + \bar{R}_{ijkp}V^p_{,l}) +$$
$$\sum_{p\alpha}(\bar{R}_{ijpl}h^\alpha_{pk}V^\alpha + \bar{R}_{ijkp}h^\alpha_{pl}V^\alpha) + \sum_p(\bar{R}_{ijpl}L^p_k + \bar{R}_{ijkp}L^p_l),$$

$$\frac{\partial\bar{R}^\alpha_{ijk}}{\partial t} = (\bar{Z}^\alpha_{ik,j} - \bar{Z}^\alpha_{ij,k}) + \sum_p(\bar{Z}_{ipk}h^\alpha_{pj} - \bar{Z}_{ipj}h^\alpha_{pk}) + \sum_\beta(h^\beta_{ik}\bar{Z}^\alpha_{\beta j} - h^\beta_{ij}\bar{Z}^\alpha_{\beta k}) +$$
$$\sum_A(L^A_i\bar{R}^\alpha_{Ajk} - \bar{R}^A_{ijk}L^\alpha_A) - \sum_p(\bar{R}^\alpha_{ipk}V^p_{,j} + \bar{R}^\alpha_{ijp}V^p_{,k}) +$$
$$\sum_{p\beta}(\bar{R}^\alpha_{ipk}h^\beta_{pj}V^\beta + \bar{R}^\alpha_{ijp}h^\beta_{pk}V^\beta) + \sum_p(\bar{R}^\alpha_{ipk}L^p_j + \bar{R}^\alpha_{ijp}L^p_k),$$

$$\frac{\partial\bar{R}_{\alpha\beta ij}}{\partial t} = (\bar{Z}_{\alpha\beta j,i} - \bar{Z}_{\alpha\beta i,j}) + \sum_p(\bar{Z}^\alpha_{pi}h^\beta_{pj} - \bar{Z}^\alpha_{pj}h^\beta_{pi} + h^\alpha_{ip}\bar{Z}^\beta_{pj} - h^\alpha_{jp}\bar{Z}^\beta_{pi}) +$$
$$\sum_A(\bar{R}^\alpha_{Aij}L^\beta_A - L^\alpha_A\bar{R}^\beta_{Aij}) - \sum_p(\bar{R}_{\alpha\beta pj}V^p_{,i} + \bar{R}_{\alpha\beta ip}V^p_{,j}) +$$
$$\sum_{p\gamma}(\bar{R}_{\alpha\beta pj}h^\gamma_{ip}V^\gamma + \bar{R}_{\alpha\beta ip}h^\gamma_{jp}V^\gamma) + \sum_p(\bar{R}_{\alpha\beta pj}L^p_i + \bar{R}_{\alpha\beta ip}L^p_j).$$

注释 3.3 关于余标架、体积与第二基本型的变分公式见文献[42]，其余的公式都是新推导的.

特别地，做如下记号

$$\bar{R}_{AB}=\sum_C \bar{R}_{ACCB}, \bar{R}^{\top}_{AB}=\sum_i \bar{R}_{AiiB}, \bar{R}^{\perp}_{AB}=\sum_\alpha \bar{R}_{A\alpha\alpha B}.$$

分别称为流形N的Ricci曲率、切Ricci曲率和法Ricci曲率.

观察上面的定理可以发现，黎曼张量$\bar{R}_{i\alpha jk}, \bar{R}_{\alpha ijk}, \bar{R}_{\alpha\beta ij}$的变分公式已经获得，但是其他类型的黎曼张量比如$\bar{R}_{ijk\alpha}$的变分公式并没有获得，实际上可以通过更加一般的方式获得.首先定义流形N上的黎曼张量$\bar{R}_{ABCD}$的协变导数为

$$\bar{R}_{ABCD;E}\sigma^E=\mathrm{d}\bar{R}_{ABCD}-\bar{R}_{FBCD}\omega_A^F-\bar{R}_{AFCD}\omega_B^F-\bar{R}_{ABFD}\omega_C^F-\bar{R}_{ABCF}\omega_D^F.$$

通过拉回映射，可知

$$\begin{aligned}
&x^*(\bar{R}_{ABCD;E}\sigma^E)=(T1)x^*(\mathrm{d}\bar{R}_{ABCD})-(T2)x^*(\bar{R}_{FBCD}\omega_A^F)-\\
&(T3)x^*(\bar{R}_{AFCD}\omega_B^F)-(T4)x^*(\bar{R}_{ABFD}\omega_C^F)-(T5)x^*(\bar{R}_{ABCF}\omega_D^F),\\
&RHS=x^*(\bar{R}_{ABCD;E}\sigma^E)=\sum_i \bar{R}_{ABCD;i}\theta^i+\mathrm{d}t\wedge(\sum_E \bar{R}_{ABCD;E}V^E),\\
&T1=x^*(\mathrm{d}\bar{R}_{ABCD})=\mathrm{d}_M\bar{R}_{ABCD}+\mathrm{d}t\wedge\frac{\partial}{\partial t}\bar{R}_{ABCD},\\
&T2=x^*(\bar{R}_{FBCD}\omega_A^F)=\sum_F \bar{R}_{FBCD}(\phi_A^F+\mathrm{d}tL_A^F),\\
&T3=x^*(\bar{R}_{AFCD}\omega_B^F)=\sum_F \bar{R}_{AFCD}(\phi_B^F+\mathrm{d}tL_B^F),\\
&T4=x^*(\bar{R}_{ABFD}\omega_C^F)=\sum_F \bar{R}_{ABFD}(\phi_C^F+\mathrm{d}tL_C^F),\\
&T5=x^*(\bar{R}_{ABCF}\omega_D^F)=\sum_F \bar{R}_{ABCF}(\phi_D^F+\mathrm{d}tL_D^F),\\
&LHS=d_M\bar{R}_{ABCD}-\sum_F \bar{R}_{FBCD}\phi_A^F-\sum_F \bar{R}_{AFCD}\phi_B^F-\\
&\sum_F \bar{R}_{ABFD}\phi_C^F-\sum_F \bar{R}_{ABCF}\phi_D^F+\\
&\mathrm{d}t\wedge(\frac{\partial}{\partial t}\bar{R}_{ABCD}-\sum_F \bar{R}_{FBCD}L_A^F-\sum_F \bar{R}_{AFCD}L_B^F-\\
&\sum_F \bar{R}_{ABFD}L_C^F-\sum_F \bar{R}_{ABCF}L_D^F),\\
&RHS=LHS,\\
&\sum_i \bar{R}_{ABCD;i}\theta^i=\mathrm{d}_M\bar{R}_{ABCD}-\sum_F \bar{R}_{FBCD}\phi_A^F-\sum_F \bar{R}_{AFCD}\phi_B^F-\\
&\sum_F \bar{R}_{ABFD}\phi_C^F-\sum_F \bar{R}_{ABCF}\phi_D^F,
\end{aligned}$$

$$\frac{\partial}{\partial t}\bar{R}_{ABCD} = \sum_E \bar{R}_{ABCD;E}V^E + \sum_F \bar{R}_{FBCD}L_A^F + \sum_F \bar{R}_{AFCD}L_B^F + \sum_F \bar{R}_{ABFD}L_C^F + \sum_F \bar{R}_{ABCF}L_D^F.$$

因此，可以总结以上的变分公式，即得如下定理.

定理 3.4 设$x : M \to N$是子流形，$\boldsymbol{V} = V^i e_i + V^\alpha e_\alpha$是变分向量场，则有

$$\begin{aligned}\sum_i \bar{R}_{ABCD;i}\theta^i =& \mathrm{d}_M \bar{R}_{ABCD} - \sum_F \bar{R}_{FBCD}\phi_A^F - \sum_F \bar{R}_{AFCD}\phi_B^F - \\ & \sum_F \bar{R}_{ABFD}\phi_C^F - \sum_F \bar{R}_{ABCF}\phi_D^F, \\ \frac{\partial}{\partial t}\bar{R}_{ABCD} =& \sum_E \bar{R}_{ABCD;E}V^E + \sum_F \bar{R}_{FBCD}L_A^F + \sum_F \bar{R}_{AFCD}L_B^F + \\ & \sum_F \bar{R}_{ABFD}L_C^F + \sum_F \bar{R}_{ABCF}L_D^F.\end{aligned}$$

从定理3.4的第一个公式出发，可以得到张量$\bar{R}_{ABCD}$在流形N上的协变导数$\bar{R}_{ABCD;i}$与其在流形M的拉回从x^*TN上的协变导数$\bar{R}_{ABCD,i}$之间的差异，对于不同的指标集合$ABCD$，差异公式也不相同，做如下推导.

当指标集合为$ABCD = ijkl$时，可得协变导数差异公式

$$\begin{aligned}\bar{R}_{ijkl;p}\theta^p =& \mathrm{d}_M \bar{R}_{ijkl} - \sum_A \bar{R}_{Ajkl}\phi_i^A - \sum_A \bar{R}_{iAkl}\phi_j^A - \sum_A \bar{R}_{ijAl}\phi_k^A - \sum_A \bar{R}_{ijkA}\phi_l^A \\ =& \mathrm{d}_M \bar{R}_{ijkl} - \sum_q \bar{R}_{qjkl}\phi_i^q - \sum_q \bar{R}_{iqkl}\phi_j^q - \sum_q \bar{R}_{ijql}\phi_k^q - \sum_q \bar{R}_{ijkq}\phi_l^q - \\ & \sum_\alpha \bar{R}_{\alpha jkl}\phi_i^\alpha - \sum_\alpha \bar{R}_{i\alpha kl}\phi_j^\alpha - \sum_\alpha \bar{R}_{ij\alpha l}\phi_k^\alpha - \sum_\alpha \bar{R}_{ijk\alpha}\phi_l^\alpha \\ =& \bar{R}_{ijkl,p}\theta^p - \sum_\alpha \bar{R}_{\alpha jkl}h_{ip}^\alpha\theta^p - \sum_\alpha \bar{R}_{i\alpha kl}h_{jp}^\alpha\theta^p - \\ & \sum_\alpha \bar{R}_{ij\alpha l}h_{kp}^\alpha\theta^p - \sum_\alpha \bar{R}_{ijk\alpha}h_{lp}^\alpha\theta^p.\end{aligned}$$

当指标集合为$ABCD = ijk\alpha$时，可得协变导数差异公式

$$\begin{aligned}\bar{R}_{ijk\alpha;p}\theta^p =& \mathrm{d}_M \bar{R}_{ijk\alpha} - \sum_A \bar{R}_{Ajk\alpha}\phi_i^A - \sum_A \bar{R}_{iAk\alpha}\phi_j^A - \sum_A \bar{R}_{ijA\alpha}\phi_k^A - \sum_A \bar{R}_{ijkA}\phi_\alpha^A \\ =& \mathrm{d}_M \bar{R}_{ijk\alpha} - \sum_q \bar{R}_{qjk\alpha}\phi_i^q - \sum_q \bar{R}_{iqk\alpha}\phi_j^q - \sum_q \bar{R}_{ijq\alpha}\phi_k^q - \sum_\beta \bar{R}_{ijk\beta}\phi_\alpha^\beta - \\ & \sum_\beta \bar{R}_{\beta jk\alpha}\phi_i^\beta - \sum_\beta \bar{R}_{i\beta k\alpha}\phi_j^\beta - \sum_\beta \bar{R}_{ij\beta\alpha}\phi_k^\beta - \sum_q \bar{R}_{ijkq}\phi_\alpha^q \\ =& \bar{R}_{ijk\alpha,p}\theta^p - \sum_\beta \bar{R}_{\beta jk\alpha}h_{ip}^\beta\theta^p - \sum_\beta \bar{R}_{i\beta k\alpha}h_{jp}^\beta\theta^p - \\ & \sum_\beta \bar{R}_{ij\beta\alpha}h_{kp}^\beta\theta^p + \sum_q \bar{R}_{ijkq}h_{qp}^\alpha\theta^p.\end{aligned}$$

当指标集合为$ABCD=ij\alpha\beta$时，可得协变导数差异公式

$$\begin{aligned}\bar{R}_{ij\alpha\beta;p}\theta^p=&\mathrm{d}_M\bar{R}_{ij\alpha\beta}-\sum_A\bar{R}_{Aj\alpha\beta}\phi_i^A-\sum_A\bar{R}_{iA\alpha\beta}\phi_j^A-\sum_A\bar{R}_{ijA\beta}\phi_\alpha^A-\sum_A\bar{R}_{ij\alpha A}\phi_\beta^A\\=&\mathrm{d}_M\bar{R}_{ij\alpha\beta}-\sum_q\bar{R}_{qj\alpha\beta}\phi_i^q-\sum_q\bar{R}_{iq\alpha\beta}\phi_j^q-\sum_\gamma\bar{R}_{ij\gamma\beta}\phi_\alpha^\gamma-\sum_\gamma\bar{R}_{ij\alpha\gamma}\phi_\beta^\gamma-\\&\sum_\gamma\bar{R}_{\gamma j\alpha\beta}\phi_i^\gamma-\sum_\gamma\bar{R}_{i\gamma\alpha\beta}\phi_j^\gamma+\sum_q\bar{R}_{ijq\beta}\phi_q^\alpha-\sum_q\bar{R}_{ij\alpha q}\phi_q^\beta\\=&\bar{R}_{ij\alpha\beta,p}\theta^p-\sum_\gamma\bar{R}_{\gamma j\alpha\beta}h_{ip}^\gamma\theta^p-\sum_\gamma\bar{R}_{i\gamma\alpha\beta}h_{jp}^\gamma\theta^p+\\&\sum_q\bar{R}_{ijq\beta}h_{qp}^\alpha\theta^p+\sum_q\bar{R}_{ij\alpha q}h_{qp}^\beta\theta^p.\end{aligned}$$

当指标集合为$ABCD=i\alpha k\beta$时，可得协变导数差异公式

$$\begin{aligned}\bar{R}_{i\alpha j\beta;p}\theta^p=&\mathrm{d}_M\bar{R}_{i\alpha j\beta}-\sum_A\bar{R}_{A\alpha j\beta}\phi_i^A-\sum_A\bar{R}_{iAj\beta}\phi_\alpha^A-\sum_A\bar{R}_{i\alpha A\beta}\phi_j^A-\sum_A\bar{R}_{i\alpha jA}\phi_\beta^A\\=&\mathrm{d}_M\bar{R}_{i\alpha j\beta}-\sum_q\bar{R}_{q\alpha j\beta}\phi_i^q-\sum_\gamma\bar{R}_{i\gamma j\beta}\phi_\alpha^\gamma-\sum_q\bar{R}_{i\alpha q\beta}\phi_j^q-\sum_\gamma\bar{R}_{i\alpha j\gamma}\phi_\beta^\gamma-\\&\sum_\gamma\bar{R}_{\gamma\alpha j\beta}\phi_i^\gamma+\sum_q\bar{R}_{iqj\beta}\phi_q^\alpha-\sum_\gamma\bar{R}_{i\alpha\gamma\beta}\phi_j^\gamma+\sum_q\bar{R}_{i\alpha jq}\phi_q^\beta\\=&\bar{R}_{i\alpha j\beta,p}\theta^p-\sum_\gamma\bar{R}_{\gamma\alpha j\beta}h_{ip}^\gamma\theta^p+\sum_q\bar{R}_{iqj\beta}h_{qp}^\alpha\theta^p-\\&\sum_\gamma\bar{R}_{i\alpha\gamma\beta}h_{jp}^\gamma\theta^p+\sum_q\bar{R}_{i\alpha jq}h_{qp}^\beta\theta^p.\end{aligned}$$

当指标集合为$ABCD=i\alpha\beta\gamma$时，可得协变导数差异公式

$$\begin{aligned}\bar{R}_{i\alpha\beta\gamma;p}\theta^p=&\mathrm{d}_M\bar{R}_{i\alpha\beta\gamma}-\sum_A\bar{R}_{A\alpha\beta\gamma}\phi_i^A-\sum_A\bar{R}_{iA\beta\gamma}\phi_\alpha^A-\sum_A\bar{R}_{i\alpha A\gamma}\phi_\beta^A-\sum_A\bar{R}_{i\alpha\beta A}\phi_\gamma^A\\=&\mathrm{d}_M\bar{R}_{i\alpha\beta\gamma}-\sum_q\bar{R}_{q\alpha\beta\gamma}\phi_i^q-\sum_\delta\bar{R}_{i\delta\beta\gamma}\phi_\alpha^\delta-\sum_\delta\bar{R}_{i\alpha\delta\gamma}\phi_\beta^\delta-\sum_\delta\bar{R}_{i\alpha\beta\delta}\phi_\gamma^\delta-\\&\sum_\delta\bar{R}_{\delta\alpha\beta\gamma}\phi_i^\delta-\sum_q\bar{R}_{iq\beta\gamma}\phi_\alpha^q-\sum_q\bar{R}_{i\alpha q\gamma}\phi_\beta^q-\sum_q\bar{R}_{i\alpha\beta q}\phi_\gamma^q\\=&\bar{R}_{i\alpha\beta\gamma,p}\theta^p-\sum_\delta\bar{R}_{\delta\alpha\beta\gamma}h_{ip}^\delta\theta^p+\sum_q\bar{R}_{iq\beta\gamma}h_{qp}^\alpha\theta^p+\\&\sum_q\bar{R}_{i\alpha q\gamma}h_{qp}^\beta\theta^p+\sum_q\bar{R}_{i\alpha\beta q}h_{qp}^\gamma\theta^p.\end{aligned}$$

当指标集合为$ABCD=\alpha\beta\gamma\delta$时，可得协变导数差异公式

$$\begin{aligned}\bar{R}_{\alpha\beta\gamma\delta;p}\theta^p=&\mathrm{d}_M\bar{R}_{\alpha\beta\gamma\delta}-\sum_A\bar{R}_{A\beta\gamma\delta}\phi_\alpha^A-\sum_A\bar{R}_{\alpha A\gamma\delta}\phi_\beta^A-\sum_A\bar{R}_{\alpha\beta A\delta}\phi_\gamma^A-\sum_A\bar{R}_{\alpha\beta\gamma A}\phi_\delta^A\\=&\mathrm{d}_M\bar{R}_{\alpha\beta\gamma\delta}-\sum_\eta\bar{R}_{\eta\beta\gamma\delta}\phi_\alpha^\eta-\sum_\eta\bar{R}_{\alpha\eta\gamma\delta}\phi_\beta^\eta-\sum_\eta\bar{R}_{\alpha\beta\eta\delta}\phi_\gamma^\eta-\sum_\eta\bar{R}_{\alpha\beta\gamma\eta}\phi_\delta^\eta-\\&\sum_q\bar{R}_{q\beta\gamma\delta}\phi_\alpha^q-\sum_q\bar{R}_{\alpha q\gamma\delta}\phi_\beta^q-\sum_q\bar{R}_{\alpha\beta q\delta}\phi_\gamma^q-\sum_q\bar{R}_{\alpha\beta\gamma q}\phi_\delta^q\end{aligned}$$

$$
\begin{aligned}
&=\bar{R}_{\alpha\beta\gamma\delta,p}\theta^p+\sum_q \bar{R}_{q\beta\gamma\delta}h^{\alpha}_{qp}\theta^p+\sum_q \bar{R}_{\alpha q\gamma\delta}h^{\beta}_{qp}\theta^p+\\
&\sum_q \bar{R}_{\alpha\beta q\delta}h^{\gamma}_{qp}\theta^p+\sum_q \bar{R}_{\alpha\beta\gamma q}h^{\delta}_{qp}\theta^p.
\end{aligned}
$$

综上，可得到协变导数的差异公式，即如下定理.

定理 3.5 设$x: M\to N$是子流形，协变导数的差异公式为

$$
\begin{aligned}
\bar{R}_{ijkl;p}=&\bar{R}_{ijkl,p}-\sum_\alpha \bar{R}_{\alpha jkl}h^{\alpha}_{ip}-\sum_\alpha \bar{R}_{i\alpha kl}h^{\alpha}_{jp}-\\
&\sum_\alpha \bar{R}_{ij\alpha l}h^{\alpha}_{kp}-\sum_\alpha \bar{R}_{ijk\alpha}h^{\alpha}_{lp},\\
\bar{R}_{ijk\alpha;p}=&\bar{R}_{ijk\alpha,p}-\sum_\beta \bar{R}_{\beta jk\alpha}h^{\beta}_{ip}-\sum_\beta \bar{R}_{i\beta k\alpha}h^{\beta}_{jp}-\\
&\sum_\beta \bar{R}_{ij\beta\alpha}h^{\beta}_{kp}+\sum_q \bar{R}_{ijkq}h^{\alpha}_{qp},\\
\bar{R}_{ij\alpha\beta;p}=&\bar{R}_{ij\alpha\beta,p}-\sum_\gamma \bar{R}_{\gamma j\alpha\beta}h^{\gamma}_{ip}-\sum_\gamma \bar{R}_{i\gamma\alpha\beta}h^{\gamma}_{jp}+\\
&\sum_q \bar{R}_{ijq\beta}h^{\alpha}_{qp}+\sum_q \bar{R}_{ij\alpha q}h^{\beta}_{qp},\\
\bar{R}_{i\alpha j\beta;p}=&\bar{R}_{i\alpha j\beta,p}-\sum_\gamma \bar{R}_{\gamma\alpha j\beta}h^{\gamma}_{ip}+\sum_q \bar{R}_{iqj\beta}h^{\alpha}_{qp}-\\
&\sum_\gamma \bar{R}_{i\alpha\gamma\beta}h^{\gamma}_{jp}+\sum_q \bar{R}_{i\alpha jq}h^{\beta}_{qp},\\
\bar{R}_{i\alpha\beta\gamma;p}=&\bar{R}_{i\alpha\beta\gamma,p}-\sum_\delta \bar{R}_{\delta\alpha\beta\gamma}h^{\delta}_{ip}+\sum_q \bar{R}_{iq\beta\gamma}h^{\alpha}_{qp}+\\
&\sum_q \bar{R}_{i\alpha q\gamma}h^{\beta}_{qp}+\sum_q \bar{R}_{i\alpha\beta q}h^{\gamma}_{qp},\\
\bar{R}_{\alpha\beta\gamma\delta;p}=&\bar{R}_{\alpha\beta\gamma\delta,p}+\sum_q \bar{R}_{q\beta\gamma\delta}h^{\alpha}_{qp}+\sum_q \bar{R}_{\alpha q\gamma\delta}h^{\beta}_{qp}+\\
&\sum_q \bar{R}_{\alpha\beta q\delta}h^{\gamma}_{qp}+\sum_q \bar{R}_{\alpha\beta\gamma q}h^{\delta}_{qp}.
\end{aligned}
$$

注释 3.4 特别注意，符号$\bar{R}_{ABCD;E}$表示张量$\bar{R}_{ABCD}$在流形N上的协变导数，而$\bar{R}_{ABCD,i}$表示张量$\bar{R}_{ABCD}$在流形M的拉回从x^*TN上的协变导数，其意义是不一样的.

设N是空间形式$R^{n+p}(c)$，则黎曼曲率满足

$$
\bar{R}_{ABCD}=-c(\delta_{AC}\delta_{BD}-\delta_{AD}\delta_{BC}).
$$

将上面的关系式代入定理3.3，得到如下推论.

推论 3.2 设$x: M\to R^{n+p}(c)$是子流形，$\boldsymbol{V}=V^ie_i+V^\alpha e_\alpha$是变分向量场，则

$$
\frac{\partial\theta^i}{\partial t}=\sum_j(V^i_{,j}-\sum_\alpha h^{\alpha}_{ij}V^\alpha-L^i_j)\theta^j,\ \frac{\partial \mathrm{d}v}{\partial t}=(divV^\top-n\sum_\alpha H^\alpha V^\alpha)\mathrm{d}v,
$$

$$\frac{\partial}{\partial t}h_{ij}^{\alpha} =V_{,ij}^{\alpha}+\sum_{p}h_{ij,p}^{\alpha}V^{p}+\sum_{p}h_{pj}^{\alpha}L_{i}^{p}+\sum_{p}h_{ip}^{\alpha}L_{j}^{p}-\sum_{\beta}h_{ij}^{\beta}L_{\beta}^{\alpha}+$$
$$\sum_{p\beta}h_{ip}^{\alpha}h_{pj}^{\beta}V^{\beta}+c\delta_{ij}V^{\alpha}.$$

推论 3.3 设$x: M\to R^{n+1}(c)$是超曲面，$\boldsymbol{V}=V^{i}e_{i}+fN$是变分向量场，则

$$\frac{\partial\theta^{i}}{\partial t}=\sum_{j}(V_{,j}^{i}-h_{ij}f-L_{j}^{i})\theta^{j},\ \frac{\partial \mathrm{d}v}{\partial t}=(\mathrm{div}V^{\top}-nHf)\mathrm{d}v,$$

$$\frac{\partial h_{ij}}{\partial t}=f_{,ij}+\sum_{p}h_{ij,p}V^{p}+\sum_{p}h_{pj}L_{i}^{p}+\sum_{p}h_{ip}L_{j}^{p}+\sum_{p}h_{ip}h_{pj}f+c\delta_{ij}f.$$

上面给出了第二基本型和余标架的变分公式，对于由第二基本型组合而成的其他典型张量，可以给出变分公式，这些公式在后文大有用处.

推论 3.4 设$x: M\to N^{n+p}$是子流形，$\boldsymbol{V}=V^{i}e_{i}+V^{\alpha}e_{\alpha}$是变分向量场，则

$$\frac{\partial S}{\partial t}=\sum 2h_{ij}^{\alpha}V_{,ij}^{\alpha}+\sum_{i}S_{,i}V^{i}+\sum 2S_{\alpha\alpha\beta}V^{\beta}-\sum 2h_{ij}^{\alpha}\bar{R}_{ij\beta}^{\alpha}V^{\beta},$$

$$\frac{\partial}{\partial t}H^{\alpha}=\frac{1}{n}\Delta V^{\alpha}+\sum_{i}H_{,i}^{\alpha}V^{i}-H^{\beta}L_{\beta}^{\alpha}+\frac{1}{n}S_{\alpha\beta}V^{\beta}+\frac{1}{n}\bar{R}_{\alpha\beta}^{\top}V^{\beta},$$

$$\frac{\partial\rho}{\partial t}=\sum_{ij\alpha}2h_{ij}^{\alpha}V_{,ij}^{\alpha}-\sum_{\alpha}2H^{\alpha}\Delta V^{\alpha}+\sum_{i}\rho_{,i}V^{i}+\sum_{\alpha\beta}2(S_{\alpha\alpha\beta}-S_{\alpha\beta}H^{\alpha})V^{\beta}-$$
$$\sum_{ij\alpha\beta}2h_{ij}^{\alpha}\bar{R}_{ij\beta}^{\alpha}V^{\beta}-\sum_{\alpha\beta}2H^{\alpha}\bar{R}_{\alpha\beta}^{\top}V^{\beta},$$

$$\frac{\partial S_{\alpha\beta}}{\partial t}=V_{,ij}^{\alpha}h_{ij}^{\beta}+h_{ij}^{\alpha}V_{,ij}^{\beta}+S_{\alpha\beta,i}V^{i}+S_{\alpha\gamma}L_{\beta}^{\gamma}+S_{\beta\gamma}L_{\alpha}^{\gamma}+$$
$$2S_{\alpha\beta\gamma}V^{\gamma}-(\bar{R}_{ij\gamma}^{\alpha}h_{ij}^{\beta}+h_{ij}^{\alpha}\bar{R}_{ij\gamma}^{\beta})V^{\gamma},$$

$$\frac{\partial S_{\alpha\beta\beta}}{\partial t}=V_{,ij}^{\alpha}h_{jk}^{\beta}h_{ki}^{\beta}+h_{ij}^{\alpha}V_{,jk}^{\beta}h_{ki}^{\beta}+h_{ij}^{\alpha}h_{jk}^{\beta}V_{,ki}^{\beta}+$$
$$S_{\alpha\beta\beta,i}V^{i}+S_{\gamma\beta\beta}L_{\alpha}^{\gamma}+S_{\alpha\gamma\beta\beta}V^{\gamma}+S_{\alpha\beta\gamma\beta}V^{\gamma}+S_{\alpha\beta\beta\gamma}V^{\gamma}-$$
$$(\bar{R}_{ij\gamma}^{\alpha}h_{jk}^{\beta}h_{ki}^{\beta}+h_{ij}^{\alpha}\bar{R}_{jk\gamma}^{\beta}h_{ki}^{\beta}+h_{ij}^{\alpha}h_{jk}^{\beta}\bar{R}_{ki\gamma}^{\beta})V^{\gamma},$$

$$\frac{\partial\bar{R}_{i\beta j\alpha}}{\partial t}=\sum_{\gamma}\bar{R}_{i\beta j\alpha;\gamma}V^{\gamma}+\sum_{p}\bar{R}_{i\beta j\alpha;p}V^{p}+$$
$$\sum_{q}\bar{R}_{q\beta j\alpha}L_{i}^{q}+\sum_{\gamma}\bar{R}_{\gamma\beta j\alpha}(V_{,i}^{\gamma}+h_{ip}^{\gamma}V^{p})-$$
$$\sum_{q}\bar{R}_{iqj\alpha}(V_{,q}^{\beta}+h_{qp}^{\beta}V^{p})+\sum_{\gamma}\bar{R}_{i\gamma j\alpha}L_{\beta}^{\gamma}+$$
$$\sum_{q}\bar{R}_{i\beta q\alpha}L_{j}^{q}+\sum_{\gamma}\bar{R}_{i\beta\gamma\alpha}(V_{,j}^{\gamma}+h_{jp}^{\gamma}V^{p})-$$
$$\sum_{q}\bar{R}_{i\beta jq}(V_{,q}^{\alpha}+h_{qp}^{\alpha}V^{p})+\sum_{\gamma}\bar{R}_{i\beta j\gamma}L_{\alpha}^{\gamma}$$
$$=\sum_{\gamma}\bar{R}_{i\beta j\alpha;\gamma}V^{\gamma}+\sum_{p}(\,\bar{R}_{i\beta j\alpha,p}-\sum_{\gamma}\bar{R}_{\gamma\beta j\alpha}h_{ip}^{\gamma}+\sum_{q}\bar{R}_{iqj\alpha}h_{qp}^{\beta}-$$

$$\sum_{\gamma}\bar{R}_{i\beta\gamma\alpha}h^{\gamma}_{jp}+\sum_{q}\bar{R}_{i\beta jq}h^{\alpha}_{qp})V^{p}+$$
$$\sum_{q}\bar{R}_{q\beta j\alpha}L^{q}_{i}+\sum_{\gamma}\bar{R}_{\gamma\beta j\alpha}(V^{\gamma}_{,i}+h^{\gamma}_{ip}V^{p})-$$
$$\sum_{q}\bar{R}_{iqj\alpha}(V^{\beta}_{,q}+h^{\beta}_{qp}V^{p})+\sum_{\gamma}\bar{R}_{i\gamma j\alpha}L^{\gamma}_{\beta}+$$
$$\sum_{q}\bar{R}_{i\beta q\alpha}L^{q}_{j}+\sum_{\gamma}\bar{R}_{i\beta\gamma\alpha}(V^{\gamma}_{,j}+h^{\gamma}_{jp}V^{p})-$$
$$\sum_{q}\bar{R}_{i\beta jq}(V^{\alpha}_{,q}+h^{\alpha}_{qp}V^{p})+\sum_{\gamma}\bar{R}_{i\beta j\gamma}L^{\gamma}_{\alpha},$$

$$\begin{aligned}\frac{\partial\bar{R}^{\top}_{\alpha\beta}}{\partial t}=&\sum_{i\gamma}\bar{R}_{\alpha ii\beta;\gamma}V^{\gamma}+\sum_{ip}\bar{R}_{\alpha ii\beta;p}V^{p}-\\&\sum_{iq}\bar{R}_{qii\beta}(V^{\alpha}_{,q}+h^{\alpha}_{qp}V^{p})+\sum_{i\gamma}\bar{R}_{\gamma ii\beta}L^{\gamma}_{\alpha}+\\&\sum_{i\gamma}(\bar{R}_{\alpha\gamma i\beta}+\bar{R}_{\alpha i\gamma\beta})(V^{\gamma}_{,i}+h^{\gamma}_{ip}V^{p})-\\&\sum_{iq}\bar{R}_{\alpha iiq}(V^{\beta}_{,q}+h^{\beta}_{qp}V^{p})+\sum_{i\gamma}\bar{R}_{\alpha ii\gamma}L^{\gamma}_{\beta}\\=&\sum_{i\gamma}\bar{R}_{\alpha ii\beta;\gamma}V^{\gamma}+\sum_{ip}(\bar{R}_{\alpha ii\beta,p}+\sum_{q}\bar{R}_{qii\beta}h^{\alpha}_{qp}-\sum_{\gamma}\bar{R}_{\alpha\gamma i\beta}h^{\gamma}_{ip}-\\&\quad\sum_{\gamma}\bar{R}_{\alpha i\gamma\beta}h^{\gamma}_{ip}+\sum_{q}\bar{R}_{\alpha iiq}h^{\beta}_{qp})V^{p}-\\&\sum_{iq}\bar{R}_{qii\beta}(V^{\alpha}_{,q}+h^{\alpha}_{qp}V^{p})+\sum_{i\gamma}\bar{R}_{\gamma ii\beta}L^{\gamma}_{\alpha}+\\&\sum_{i\gamma}(\bar{R}_{\alpha\gamma i\beta}+\bar{R}_{\alpha i\gamma\beta})(V^{\gamma}_{,i}+h^{\gamma}_{ip}V^{p})-\\&\sum_{iq}\bar{R}_{\alpha iiq}(V^{\beta}_{,q}+h^{\beta}_{qp}V^{p})+\sum_{i\gamma}\bar{R}_{\alpha ii\gamma}L^{\gamma}_{\beta}.\end{aligned}$$

推论 3.5 设$x:M\to N^{n+1}$是超曲面，$\boldsymbol{V}=V^{i}e_{i}+fN$是变分向量场，则

$$\begin{aligned}\frac{\partial S}{\partial t}&=\sum 2h_{ij}f_{,ij}+\sum S_{,i}V^{i}+2P_{3}f+\sum 2h_{ij}\bar{R}_{i(n+1)(n+1)j}f,\\\frac{\partial H}{\partial t}&=\frac{1}{n}(\Delta f+\sum_{i}nH_{,i}V^{i}+Sf+\bar{R}_{(n+1)(n+1)}f),\\\frac{\partial\rho}{\partial t}&=\sum_{ij}2h_{ij}f_{,ij}-2H\Delta f+\sum_{i}\rho_{,i}V^{i}+2(P_{3}-HS)f+\\&\quad\sum_{ij}2h_{ij}\bar{R}_{i(n+1)(n+1)j}f-2H\bar{R}_{(n+1)(n+1)}f.\end{aligned}$$

推论 3.6 设$x:M\to R^{n+p}(c)$是子流形，$\boldsymbol{V}=V^{i}e_{i}+V^{\alpha}e_{\alpha}$是变分向量场，则

$$\frac{\partial S}{\partial t}=\sum 2h^{\alpha}_{ij}V^{\alpha}_{,ij}+\sum S_{,i}V^{i}+\sum_{\alpha\beta}2S_{\alpha\alpha\beta}V^{\beta}+\sum_{\alpha}2ncH^{\alpha}V^{\alpha},$$

$$\frac{\partial H^\alpha}{\partial t} = \frac{1}{n}\left(\Delta V^\alpha + \sum_i nH^\alpha_{,i}V^i - H^\beta L^\alpha_\beta + \sum_\beta S_{\alpha\beta}V^\beta + ncV^\alpha\right),$$

$$\frac{\partial \rho}{\partial t} = \sum_{ij\alpha} 2h^\alpha_{ij}V^\alpha_{,ij} - \sum_\alpha 2H^\alpha \Delta V^\alpha + \sum_i \rho_{,i}V^i + \sum_{\alpha\beta} 2(S_{\alpha\alpha\beta} - S_{\alpha\beta}H^\alpha)V^\beta.$$

推论 3.7 设$x : M \to R^{n+1}(c)$是超曲面，$\boldsymbol{V} = V^i e_i + fN$是变分向量场，则

$$\frac{\partial S}{\partial t} = \sum 2h_{ij}f_{,ij} + \sum S_{,i}V^i + \sum 2h_{ij}h_{ip}h_{pj}f + 2ncHf,$$

$$\frac{\partial H}{\partial t} = \frac{1}{n}(\Delta f + \sum_i nH_{,i}V^i + Sf + cnf),$$

$$\frac{\partial \rho}{\partial t} = \sum_{ij} 2h_{ij}f_{,ij} - 2H\Delta f + \sum_i \rho_{,i}V^i + (2P_3 - 2HS)f.$$

空间形式$R^{n+p}(c)$中的结构方程是

$$\mathrm{d}X = \sum_A \sigma^A s_A, \mathrm{d}s_i = \omega^A_i s_A - c\sigma^i X,$$

$$\mathrm{d}s_\alpha = \omega^j_\alpha s_j + \omega^\beta_\alpha s_\beta.$$

通过拉回运算，有

$$(\mathrm{d}_M + \mathrm{d}t \wedge \frac{\partial}{\partial t})x = (\theta^A + \mathrm{d}tV^A)e_A = \theta^i e_i + \mathrm{d}tV^A e_A,$$

$$\mathrm{d}_M x = \theta^i e_i, \frac{\mathrm{d}}{\mathrm{d}t}x = V^A e_A,$$

$$(\mathrm{d}_M + \mathrm{d}t \wedge \frac{\partial}{\partial t})e_i = (\phi^A_i + \mathrm{d}tL^A_i)e_A - c(\theta^i + \mathrm{d}tV^i)x,$$

$$\mathrm{d}_M e_i = \phi^A_i e_A - c\theta^i x, \frac{\mathrm{d}}{\mathrm{d}t}e_i = L^A_i e_A - cV^i x,$$

$$(\mathrm{d}_M + \mathrm{d}t \wedge \frac{\partial}{\partial t})e_\alpha = (\phi^A_\alpha + \mathrm{d}tL^A_\alpha)e_A,$$

$$\mathrm{d}_M e_\alpha = \phi^A_\alpha e_A, \frac{\mathrm{d}}{\mathrm{d}t}e_\alpha = L^A_\alpha e_A.$$

推论 3.8 设$x : M \to R^{n+p}(c)$是空间形式中的子流形，设$\boldsymbol{V} = V^i e_i + V^\alpha e_\alpha$是变分向量场，则

$$\frac{\mathrm{d}}{\mathrm{d}t}x = V^A e_A, \frac{\mathrm{d}}{\mathrm{d}t}e_i = L^A_i e_A - cV^i x, \frac{\mathrm{d}}{\mathrm{d}t}e_\alpha = L^A_\alpha e_A.$$

推论 3.9 设$x : M \to R^{n+1}(c)$是空间形式中的超曲面，设$\boldsymbol{V} = V^i e_i + fN$是变分向量场，则

$$\frac{\mathrm{d}}{\mathrm{d}t}x = V^i e_i + fN, \frac{\mathrm{d}}{\mathrm{d}t}e_i = L^j_i e_j + L^{n+1}_i N - cV^i x, \frac{\mathrm{d}}{\mathrm{d}t}N = L^i_{n+1}e_i.$$

第4章　微分算子以及不等式

从第二基本型出发，按一定的规则，可以构造新的张量，这些张量在刻画某些特殊子流形和简化某些泛函的计算方面有巨大的应用.除此之外，这些特殊张量可以构造一些二阶微分算子，特别是一些自伴的二阶微分算子，在子流形泛函临界点的研究中有重大价值.本章介绍一些重要的不等式，它们在子流形间隙现象的研究中具有重要作用，这些不等式包括陈省身矩阵不等式、李安民矩阵不等式、沈一兵类型方法、Huisken不等式和Okumura不等式等.

4.1 自伴算子的定义

设$\boldsymbol{\varphi}=\sum_{ij}\varphi_{ij}\theta^i\otimes\theta^j$是流形$(M,\mathrm{d}s^2)$上的对称张量.定义郑绍远-丘成桐微分算子:

$$\Box f=\sum_{ij}\varphi_{ij}f_{,ij}.$$

对于这个算子，容易得出如下命题.

命题 4.1　设$(M,\mathrm{d}s^2)$是紧致无边的，算子$\Box$是自伴随的(在L^2中)，当且仅当对任意i有

$$\sum_j\varphi_{ij,j}=0.$$

证明　假设函数f,g是光滑的，利用Stokes定理和分部积分公式，直接计算有

$$\begin{aligned}\int_M\Box f\,g\mathrm{d}v&=\int_M\varphi_{ij}f_{,ij}g\mathrm{d}v\\&=\int_M(\varphi_{ij}f_{,i})_{,j}g-\varphi_{ij,j}f_{,i}g\mathrm{d}v\\&=\int_M-\varphi_{ij}f_{,i}g_{,j}-\varphi_{ij,j}f_{,i}g\mathrm{d}v\\&=\int_M-(\varphi_{ij}f)_{,i}g_{,j}+\varphi_{ij,i}fg_{,j}-\varphi_{ij,j}f_{,i}g\mathrm{d}v\\&=\int_M\varphi_{ij}fg_{,ji}+\varphi_{ij,i}fg_{,j}-\varphi_{ij,j}f_{,i}g\mathrm{d}v\\&=\int_M\Box g\,f+\varphi_{ji,i}fg_{,j}-\varphi_{ij,j}f_{,i}g\mathrm{d}v.\end{aligned}$$

因此，根据函数和张量$f,f_{,i},g,g_{,j}$的任意性，算子$\Box$为自伴算子当且仅当

$$\sum_j\varphi_{ij,j}=0,\forall i.$$

由此命题得证.

下面列出一些自伴随算子的例子.

例 4.1　最著名的例子自然是Δ算子，即$\varphi_{ij}=\delta_{ij}$.

例 4.2 由第二Bianchi恒等式，有$\sum_j R_{ij,j}=\frac{1}{2}R_{,i}$，因此可以定义$\varphi_{ij}=\frac{1}{2}R\delta_{ij}-R_{ij}$. 实际上，可以给出一个简洁的证明.

证明 已知Bianchi等式和对称等式

$$R_{ijkl,h}+R_{ijlh,k}+R_{ijhk,l}=0, R_{ijkl}=R_{klij}.$$

根据定义和以上等式，有

$$\begin{aligned} I &= \sum_j R_{ij,j}=\sum_{jk} R_{ikkj,j}=\sum_{jk} R_{kjik,j} \\ &= \sum_{jk} -(R_{kjkj,i}+R_{kjji,k})=-R_{,i}-\sum_k R_{ik,k} \\ &= R_{,i}-I. \end{aligned}$$

故

$$I=\sum_j R_{ij,j}=\frac{1}{2}R_{,i}.$$

由此完成了例子的证明.

例 4.3 设对称张量$\boldsymbol{a}=\sum_{ij}a_{ij}\theta^i\otimes\theta^j$满足Codazzi方程$a_{ij,k}=a_{ik,j}$，则算子$\varphi_{ij}=(\sum_k a_{kk})\delta_{ij}-a_{ij}$ 是自伴算子，且有如下推导：

$$\begin{aligned} \sum_j \varphi_{ij,j} &= \sum_j(\sum_k a_{kk})_{,j}\delta_{ij}-\sum_j a_{ij,j} \\ &= (\mathrm{tr}(a))_{,i}-\sum_j a_{ji,j} \\ &= (\mathrm{tr}(a))_{,i}-\sum_j a_{jj,i} \\ &= (\mathrm{tr}(a))_{,i}-(\mathrm{tr}(a))_{,i}=0. \end{aligned}$$

例 4.4 设$x:M\to R^{n+1}(c)$是子流形，h_{ij}显然满足Codazzi方程，算子$\varphi_{ij}=nH\delta_{ij}-h_{ij}$是自伴算子，定义如下：

$$\begin{aligned} \square: \quad & C^\infty(M)\to C^\infty(M), \\ & f\to(nH\delta_{ij}-h_{ij})f_{ij}=nH\Delta f-\sum_{ij}h_{ij}f_{ij}. \end{aligned}$$

例 4.5 设$x:M\to R^{n+p}(c)$是子流形，h_{ij}^α显然满足Codazzi方程，算子$\varphi_{ij}^\alpha=nH^\alpha\delta_{ij}-h_{ij}^\alpha$对于固定的$\alpha$是自伴随的，定义如下：

$$\begin{aligned} \square^\alpha: \quad & C^\infty(M)\to C^\infty(TM), \\ & f\to(nH^\alpha\delta_{ij}-h_{ij}^\alpha)f_{ij}=nH^\alpha\Delta f-\sum_{ij}h_{ij}^\alpha f_{ij}, \\ \square: \quad & C^\infty(M)\to C^\infty(T^\perp M), \end{aligned}$$

$$f\to(nH^\alpha\delta_{ij}-h^\alpha_{ij})f_{ij}e_\alpha=n\Delta f\boldsymbol{H}-\sum_{ij}f_{ij}B_{ij},$$

$$\Box^*:\quad C^\infty(T^\perp M)\to C^\infty(TM),$$

$$\xi^\alpha e_\alpha\to\Delta(nH^\alpha\xi^\alpha)-(h^\alpha_{ij}\xi^\alpha)_{,ij}=nH^\alpha\Delta\xi^\alpha-h^\alpha_{ij}\xi^\alpha_{,ij}.$$

4.2 几何量的微分

子流形全曲率模长和迹零全曲率模长分别定义为$S=\sum_{ij\alpha}(h^\alpha_{ij})^2$和$\rho=S-nH^2$，它们的二阶协变导数的计算是非常有用的，分别计算如下.

在一般流形之中且当$p\geqslant 2$时，全曲率模长函数S的二阶协变和拉普拉斯分别为

$$\begin{aligned}
S_{,kl}&=\sum_{ijkl\alpha}2(h^\alpha_{ij}h^\alpha_{ij,k})_{,l}=\sum_{ij\alpha}2h^\alpha_{ij}h^\alpha_{ij,kl}+\sum_{ij\alpha}2h^\alpha_{ij,k}h^\alpha_{ij,l}\\
&=\sum_{ij\alpha}2h^\alpha_{ij}((h^\alpha_{ij,k}-h^\alpha_{ik,j})_{,l}+(h^\alpha_{ik,jl}-h^\alpha_{ik,lj})+(h^\alpha_{ki,l}-h^\alpha_{kl,i})_{,j}+\\
&\quad h^\alpha_{kl,ij})+2\sum_{ij\alpha}h^\alpha_{ij,k}h^\alpha_{ij,l}\\
&=\sum_{ij\alpha}-2h^\alpha_{ij}\bar{R}^\alpha_{ijk,l}+\sum_{ij\alpha}2h^\alpha_{ij}\bar{R}^\alpha_{kli,j}+\sum_{ij\alpha}2h^\alpha_{ij}h^\alpha_{kl,ij}+\sum_{ij\alpha}2h^\alpha_{ij,k}h^\alpha_{ij,l}+\\
&\quad 2\Bigg\{\sum_{ijp\alpha}h^\alpha_{ij}h^\alpha_{pk}\bar{R}_{ipjl}+\sum_{ijp\alpha}h^\alpha_{ij}h^\alpha_{ip}\bar{R}_{kpjl}+\sum_{ij\alpha\beta}h^\alpha_{ij}h^\beta_{ik}\bar{R}_{\alpha\beta jl}+\\
&\quad\sum_{ijp\alpha\beta}(h^\alpha_{ij}h^\beta_{il}h^\alpha_{kp}h^\beta_{pj}-h^\alpha_{ij}h^\beta_{ij}h^\alpha_{kp}h^\beta_{pl})+\sum_{ijp\alpha\beta}(h^\alpha_{ij}h^\alpha_{ip}h^\beta_{pj}h^\beta_{kl}-h^\alpha_{ij}h^\alpha_{ip}h^\beta_{pl}h^\beta_{jk})+\\
&\quad\sum_{ijp\alpha\beta}(h^\alpha_{ij}h^\beta_{ik}h^\beta_{jp}h^\alpha_{pl}-h^\alpha_{ij}h^\beta_{ik}h^\alpha_{jp}h^\beta_{pl})\Bigg\},\\
\Delta S&=\sum_k S_{,kk}=\sum_{ijk\alpha}-2h^\alpha_{ij}\bar{R}^\alpha_{ijk,k}+\sum_{ijk\alpha}2h^\alpha_{ij}\bar{R}^\alpha_{kki,j}+\sum_{ij\alpha}2nh^\alpha_{ij}H^\alpha_{,ij}+2|\nabla h|^2+\\
&\quad 2\Bigg\{\sum_{ijpk\alpha}h^\alpha_{ij}h^\alpha_{pk}\bar{R}_{ipjk}+\sum_{ijpk\alpha}h^\alpha_{ij}h^\alpha_{ip}\bar{R}_{kpjk}+\sum_{ijk\alpha\beta}h^\alpha_{ij}h^\beta_{ik}\bar{R}_{\alpha\beta jk}\Bigg\}-\\
&\quad\sum_{\alpha\neq\beta}2N(A_\alpha A_\beta-A_\beta A_\alpha)+\\
&\quad\sum_{\alpha\beta}2nS_{\alpha\alpha\beta}H^\beta-2(S_{\alpha\beta})^2.
\end{aligned}$$

在一般流形之中且当$p\geqslant 2$时，迹零全曲率模长函数ρ的二阶协变和拉普拉斯分别为

$$\begin{aligned}
\rho_{,kl}&=S_{,kl}-\sum_\alpha 2nH^\alpha_{,k}H^\alpha_{,l}-\sum_\alpha 2nH^\alpha H^\alpha_{,kl}\\
&=\sum_{ij\alpha}-2h^\alpha_{ij}\bar{R}^\alpha_{ijk,l}+\sum_{ij\alpha}2h^\alpha_{ij}\bar{R}^\alpha_{kli,j}+\sum_{ij\alpha}2h^\alpha_{ij}h^\alpha_{kl,ij}+\sum_{ij\alpha}2h^\alpha_{ij,k}h^\alpha_{ij,l}+
\end{aligned}$$

$$
\begin{aligned}
&2\left\{\sum_{ijp\alpha} h_{ij}^{\alpha}h_{pk}^{\alpha}\bar{R}_{ipjl}+\sum_{ijp\alpha} h_{ij}^{\alpha}h_{ip}^{\alpha}\bar{R}_{kpjl}+\sum_{ij\alpha\beta} h_{ij}^{\alpha}h_{ik}^{\beta}\bar{R}_{\alpha\beta jl}+\right.\\
&\sum_{ijp\alpha\beta}(h_{ij}^{\alpha}h_{il}^{\beta}h_{kp}^{\alpha}h_{pj}^{\beta}-h_{ij}^{\alpha}h_{ij}^{\beta}h_{kp}^{\alpha}h_{pl}^{\beta})+\sum_{ijp\alpha\beta}(h_{ij}^{\alpha}h_{ip}^{\alpha}h_{pj}^{\beta}h_{kl}^{\beta}-h_{ij}^{\alpha}h_{ip}^{\alpha}h_{pl}^{\beta}h_{jk}^{\beta})+\\
&\left.\sum_{ijp\alpha\beta}(h_{ij}^{\alpha}h_{ik}^{\beta}h_{jp}^{\beta}h_{pl}^{\alpha}-h_{ij}^{\alpha}h_{ik}^{\beta}h_{jp}^{\alpha}h_{pl}^{\beta})\right\}-\\
&\sum_{\alpha}2nH_{,k}^{\alpha}H_{,l}^{\alpha}-\sum_{\alpha}2nH^{\alpha}H_{,kl}^{\alpha},
\end{aligned}
$$

$$
\begin{aligned}
\Delta\rho \;=\;& \sum_{ijk\alpha}-2h_{ij}^{\alpha}\bar{R}_{ijk,k}^{\alpha}+\sum_{ijk\alpha}2h_{ij}^{\alpha}\bar{R}_{kki,j}^{\alpha}+\sum_{ij\alpha}2nh_{ij}^{\alpha}H_{,ij}^{\alpha}+2|\nabla h|^2+\\
&2\left\{\sum_{ijpk\alpha} h_{ij}^{\alpha}h_{pk}^{\alpha}\bar{R}_{ipjk}+\sum_{ijpk\alpha} h_{ij}^{\alpha}h_{ip}^{\alpha}\bar{R}_{kpjk}+\sum_{ijk\alpha\beta} h_{ij}^{\alpha}h_{ik}^{\beta}\bar{R}_{\alpha\beta jk}\right\}-\\
&\sum_{\alpha\neq\beta}2N(A_{\alpha}A_{\beta}-A_{\beta}A_{\alpha})+\sum_{\alpha\beta}2nS_{\alpha\alpha\beta}H^{\beta}-2(S_{\alpha\beta})^2-\\
&2n|\nabla \boldsymbol{H}|^2-\sum_{\alpha}2nH^{\alpha}\Delta H^{\alpha}\\
=\;& \sum_{ijk\alpha}-2h_{ij}^{\alpha}\bar{R}_{ijk,k}^{\alpha}+\sum_{ijk\alpha}2h_{ij}^{\alpha}\bar{R}_{kki,j}^{\alpha}+\sum_{ij\alpha}2nh_{ij}^{\alpha}H_{,ij}^{\alpha}+2|\nabla h|^2+\\
&2\left\{\sum_{ijpk\alpha} h_{ij}^{\alpha}h_{pk}^{\alpha}\bar{R}_{ipjk}+\sum_{ijpk\alpha} h_{ij}^{\alpha}h_{ip}^{\alpha}\bar{R}_{kpjk}+\sum_{ijk\alpha\beta} h_{ij}^{\alpha}h_{ik}^{\beta}\bar{R}_{\alpha\beta jk}\right\}-\\
&\sum_{\alpha\neq\beta}2N(\hat{A}_{\alpha}\hat{A}_{\beta}-\hat{A}_{\beta}\hat{A}_{\alpha})+\sum_{\alpha\beta}2nS_{\alpha\alpha\beta}H^{\beta}-2\sum_{\alpha\beta}\left\{(\hat{S}_{\alpha\beta})^2+2n\hat{S}_{\alpha\beta}H^{\alpha}H^{\beta}\right\}-\\
&2n^2H^4-2n|\nabla \boldsymbol{H}|^2-\sum_{\alpha}2nH^{\alpha}\Delta H^{\alpha}.
\end{aligned}
$$

在一般流形之中且$p=1$时，全曲率模长函数S的二阶协变和拉普拉斯分别为

$$
\begin{aligned}
S_{,kl} \;=\;& \sum_{ij}2h_{ij}\bar{R}_{(n+1)ijk,l}-\sum_{ij}2h_{ij}\bar{R}_{(n+1)kli,j}+\sum_{ij}2h_{ij}h_{kl,ij}+\sum_{ij}2h_{ij,k}h_{ij,l}+\\
&2\left\{\sum_{ijp}h_{ij}h_{pk}\bar{R}_{ipjl}+\sum_{ijp}h_{ij}h_{ip}\bar{R}_{kpjl}-S\sum_{p}h_{kp}h_{pl}+\right.\\
&\left.\sum_{ijp}(h_{ij}h_{il}h_{kp}h_{pj}+h_{ij}h_{ip}h_{pj}h_{kl}-h_{ij}h_{ip}h_{pl}h_{jk})\right\},\\
\Delta S \;=\;& \sum_{k}S_{,kk}\\
=\;& \sum_{ijk}2h_{ij}\bar{R}_{(n+1)ijk,k}-\sum_{ijk}2h_{ij}\bar{R}_{(n+1)kki,j}+\sum_{ij}2nh_{ij}H_{,ij}+2|\nabla h|^2+\\
&\sum_{ijkl}2h_{ij}h_{kl}\bar{R}_{iljk}+\sum_{ijkl}2h_{ij}h_{il}\bar{R}_{jkkl}-2S^2+2nP_3H.
\end{aligned}
$$

在一般流形之中且$p=1$时，迹零全曲率模长函数ρ的二阶协变和拉普拉斯分别为

$$
\begin{aligned}
\rho_{,kl} &= S_{,kl}-2nH_{,k}H_{,l}-2nHH_{,kl} \\
&= \sum_{ij}2h_{ij}\bar{R}_{(n+1)ijk,l}-\sum_{ij}2h_{ij}\bar{R}_{(n+1)kli,j}+\sum_{ij}2h_{ij}h_{kl,ij}+\sum_{ij}2h_{ij,k}h_{ij,l}+ \\
&\quad 2\left\{\sum_{ijp}h_{ij}h_{pk}\bar{R}_{ipjl}+\sum_{ijp}h_{ij}h_{ip}\bar{R}_{kpjl}-S\sum_{p}h_{kp}h_{pl}+\right. \\
&\quad \left.\sum_{ijp}(h_{ij}h_{il}h_{kp}h_{pj}+h_{ij}h_{ip}h_{pj}h_{kl}-h_{ij}h_{ip}h_{pl}h_{jk})\right\}- \\
&\quad 2nH_{,k}H_{,l}-2nHH_{,kl}, \\
\Delta\rho &= \Delta S-2n|\nabla H|^2-2nH\Delta H \\
&= \sum_{ijk}2h_{ij}\bar{R}_{(n+1)ijk,k}-\sum_{ijk}2h_{ij}\bar{R}_{(n+1)kki,j}+\sum_{ij}2nh_{ij}H_{,ij}+2|\nabla h|^2+ \\
&\quad \sum_{ijkl}2h_{ij}h_{kl}\bar{R}_{iljk}+\sum_{ijkl}2h_{ij}h_{il}\bar{R}_{jkkl}-2S^2+2nP_3H- \\
&\quad 2n|\nabla H|^2-2nH\Delta H.
\end{aligned}
$$

在空间形式之中且$p\geqslant 2$时，全曲率模长函数S的二阶协变和拉普拉斯分别为

$$
\begin{aligned}
S_{,kl} &= \sum_{ij\alpha}2h_{ij}^{\alpha}h_{kl,ij}^{\alpha}+\sum_{ij\alpha}2h_{ij,k}^{\alpha}h_{ij,l}^{\alpha}+ \\
&\quad 2\left\{\sum_{\alpha}-cnH^{\alpha}h_{kl}^{\alpha}+c\delta_{kl}S+\right. \\
&\quad \sum_{ijp\alpha\beta}(h_{ij}^{\alpha}h_{il}^{\beta}h_{kp}^{\alpha}h_{pj}^{\beta}-h_{ij}^{\alpha}h_{ij}^{\beta}h_{kp}^{\alpha}h_{pl}^{\beta})+ \\
&\quad \sum_{ijp\alpha\beta}(h_{ij}^{\alpha}h_{ip}^{\alpha}h_{pj}^{\beta}h_{kl}^{\beta}-h_{ij}^{\alpha}h_{ip}^{\alpha}h_{pl}^{\beta}h_{jk}^{\beta})+ \\
&\quad \left.\sum_{ijp\alpha\beta}(h_{ij}^{\alpha}h_{ik}^{\beta}h_{jp}^{\beta}h_{pl}^{\alpha}-h_{ij}^{\alpha}h_{ik}^{\beta}h_{jp}^{\alpha}h_{pl}^{\beta})\right\}, \\
\Delta S &= \sum_{k}S_{,kk}=\sum_{ij\alpha}2nh_{ij}^{\alpha}H_{,ij}^{\alpha}+2|\nabla h|^2+2ncS-2n^2cH^2- \\
&\quad \sum_{\alpha\neq\beta}2N(A_{\alpha}A_{\beta}-A_{\beta}A_{\alpha})+\sum_{\alpha\beta}2nS_{\alpha\alpha\beta}H^{\beta}-2(S_{\alpha\beta})^2.
\end{aligned}
$$

在空间形式之中且$p\geqslant 2$时，迹零全曲率模长函数ρ的二阶协变和拉普拉斯分别为

$$
\begin{aligned}
\rho_{,kl} &= S_{,kl}-\sum_{\alpha}2nH_{,k}^{\alpha}H_{,l}^{\alpha}-\sum_{\alpha}2nH^{\alpha}H_{,kl}^{\alpha} \\
&= \sum_{ij\alpha}2h_{ij}^{\alpha}h_{kl,ij}^{\alpha}+\sum_{ij\alpha}2h_{ij,k}^{\alpha}h_{ij,l}^{\alpha}+ \\
&\quad 2\left\{\sum_{\alpha}-cnH^{\alpha}h_{kl}^{\alpha}+c\delta_{kl}S+\right.
\end{aligned}
$$

$$
\begin{aligned}
& \sum_{ijp\alpha\beta}(h_{ij}^{\alpha}h_{il}^{\beta}h_{kp}^{\alpha}h_{pj}^{\beta}-h_{ij}^{\alpha}h_{ij}^{\beta}h_{kp}^{\alpha}h_{pl}^{\beta})+\\
& \sum_{ijp\alpha\beta}(h_{ij}^{\alpha}h_{ip}^{\alpha}h_{pj}^{\beta}h_{kl}^{\beta}-h_{ij}^{\alpha}h_{ip}^{\alpha}h_{pl}^{\beta}h_{jk}^{\beta})+\\
& \left.\sum_{ijp\alpha\beta}(h_{ij}^{\alpha}h_{ik}^{\beta}h_{jp}^{\beta}h_{pl}^{\alpha}-h_{ij}^{\alpha}h_{ik}^{\beta}h_{jp}^{\alpha}h_{pl}^{\beta})\right\}-\\
& \sum_{\alpha}2nH_{,k}^{\alpha}H_{,l}^{\alpha}-\sum_{\alpha}2nH^{\alpha}H_{,kl}^{\alpha},\\
\Delta\rho \;=\; & \Delta S-2n|\nabla\boldsymbol{H}|^2-\sum_{\alpha}2nH^{\alpha}\Delta H^{\alpha}\\
=\; & \sum_{ij\alpha}2nh_{ij}^{\alpha}H_{,ij}^{\alpha}+2|\nabla h|^2+2ncS-2n^2cH^2-\\
& \sum_{\alpha\neq\beta}2N(A_{\alpha}A_{\beta}-A_{\beta}A_{\alpha})+\sum_{\alpha\beta}2nS_{\alpha\alpha\beta}H^{\beta}-2(S_{\alpha\beta})^2-\\
& 2n|\nabla\boldsymbol{H}|^2-\sum_{\alpha}2nH^{\alpha}\Delta H^{\alpha}\\
=\; & \sum_{ij\alpha}2nh_{ij}^{\alpha}H_{,ij}^{\alpha}+2|\nabla h|^2+2nc\rho-\\
& \sum_{\alpha\neq\beta}2N(\hat{A}_{\alpha}\hat{A}_{\beta}-\hat{A}_{\beta}\hat{A}_{\alpha})+\sum_{\alpha\beta}2nS_{\alpha\alpha\beta}H^{\beta}-\\
& \sum_{\alpha\beta}2\left\{(\hat{S}_{\alpha\beta})^2+2n\hat{S}_{\alpha\beta}H^{\alpha}H^{\beta}\right\}-\\
& 4n^2H^4-2n|\nabla\boldsymbol{H}|^2-\sum_{\alpha}2nH^{\alpha}\Delta H^{\alpha}.
\end{aligned}
$$

在空间形式之中且$p=1$时，全曲率模长函数S的二阶协变和拉普拉斯分别为

$$
\begin{aligned}
S_{,kl} \;=\; & \sum_{ij}2h_{ij}h_{kl,ij}+\sum_{ij}2h_{ij,k}h_{ij,l}-\\
& 2cnHh_{kl}+2c\delta_{kl}S-2S\sum_{p}h_{kp}h_{pl}+\\
& \sum_{ijp}2(h_{ij}h_{il}h_{kp}h_{pj}+h_{ij}h_{ip}h_{pj}h_{kl}-h_{ij}h_{ip}h_{pl}h_{jk}),\\
\Delta S \;=\; & \sum_{k}S_{,kk}=\sum_{ij}2nh_{ij}H_{,ij}+2|\nabla h|^2-\\
& 2n^2cH^2+2ncS-2S^2+2nHP_3.
\end{aligned}
$$

在空间形式之中且$p=1$时，迹零全曲率模长函数S的二阶协变和拉普拉斯分别为

$$
\begin{aligned}
\rho_{,kl} \;=\; & S_{,kl}-2nH_{,k}H_{,l}-2nHH_{,kl}\\
=\; & \sum_{ij}2h_{ij}h_{kl,ij}+\sum_{ij}2h_{ij,k}h_{ij,l}-\\
& 2cnHh_{kl}+2c\delta_{kl}S-2S\sum_{p}h_{kp}h_{pl}+
\end{aligned}
$$

$$
\begin{aligned}
&\sum_{ijp} 2(h_{ij}h_{il}h_{kp}h_{pj} + h_{ij}h_{ip}h_{pj}h_{kl} - h_{ij}h_{ip}h_{pl}h_{jk}) - \\
&2nH_{,k}H_{,l} - 2nHH_{,kl}, \\
\Delta\rho \quad = \quad & \Delta S - 2n|\nabla H|^2 - 2nH\Delta H \\
= \quad & \sum_{ij} 2nh_{ij}H_{,ij} + 2|\nabla h|^2 - 2n^2cH^2 + \\
& 2ncS - 2S^2 + 2nHP_3 - 2n|\nabla H|^2 - 2nH\Delta H.
\end{aligned}
$$

4.3 陈省身矩阵不等式

陈省身矩阵不等式是关于矩阵的Frobenius范数的不等式，并决定了等号成立的条件.记所有的$n \times n$矩阵集合为$M(n \times n)$.在其上定义一个函数值

$$N : M(n \times n) \to \mathbf{R}_+, N(\boldsymbol{A}) = \sum_{ij}(a_{ij})^2.$$

显然，赋值函数N满足以下性质，在此不一一证明.

命题 4.2 矩阵集$M(n \times n)$上的赋值函数N可用迹表达为

$$N(\boldsymbol{A}) = \mathrm{tr}(\boldsymbol{A}\boldsymbol{A}^{\mathrm{T}}).$$

命题 4.3 矩阵集$M(n \times n)$上的赋值函数N非负，$N(\boldsymbol{A}) = 0$当且仅当矩阵$\boldsymbol{A} = 0$.

命题 4.4 假设矩阵$\boldsymbol{O}$是正交矩阵（$\boldsymbol{O}\boldsymbol{O}^{\mathrm{T}} = \boldsymbol{O}^{\mathrm{T}}\boldsymbol{O} = \boldsymbol{I}$），矩阵集$M(n \times n)$上的赋值函数$N$具有左正交作用、右正交作用、双边正交作用不变的性质，即

$$N(\boldsymbol{A}) = N(\boldsymbol{O}\boldsymbol{A}) = N(\boldsymbol{A}\boldsymbol{O}) = N(\boldsymbol{O}\boldsymbol{A}\boldsymbol{O}^{\mathrm{T}}).$$

进一步，假设$\boldsymbol{O}_1, \boldsymbol{O}_2$是两个正交矩阵，则有

$$N(\boldsymbol{A}) = N(\boldsymbol{O}_1\boldsymbol{A}\boldsymbol{O}_2).$$

命题 4.5 N作用在矩阵$\boldsymbol{A}, \boldsymbol{B}$的交换子$\boldsymbol{AB} - \boldsymbol{BA}$上有

$$N(\boldsymbol{AB} - \boldsymbol{BA}) = \mathrm{tr}(\boldsymbol{A}^{\mathrm{T}}\boldsymbol{A}\boldsymbol{B}\boldsymbol{B}^{\mathrm{T}} + \boldsymbol{B}^{\mathrm{T}}\boldsymbol{B}\boldsymbol{A}\boldsymbol{A}^{\mathrm{T}} - \boldsymbol{A}\boldsymbol{B}\boldsymbol{A}^{\mathrm{T}}\boldsymbol{B}^{\mathrm{T}} - \boldsymbol{A}^{\mathrm{T}}\boldsymbol{B}\boldsymbol{A}\boldsymbol{B}^{\mathrm{T}}).$$

进一步如果矩阵$\boldsymbol{A}, \boldsymbol{B}$都是对称矩阵，则有

$$N(\boldsymbol{AB} - \boldsymbol{BA}) = 2\mathrm{tr}(\boldsymbol{AABB} - \boldsymbol{ABAB}).$$

因此，赋值函数N可以刻画两个矩阵的交换程度.

命题 4.6 假设矩阵$\boldsymbol{O}$是正交矩阵，$\boldsymbol{A}, \boldsymbol{B}$是对称矩阵，赋值函数$N$对矩阵$\boldsymbol{A}, \boldsymbol{B}$的交换子具有同时左正交作用、同时右正交作用、同时双边正交作用不变的性质，即

$$N(\boldsymbol{OAOB} - \boldsymbol{OBOA}) = N(\boldsymbol{AB} - \boldsymbol{BA}); N(\boldsymbol{AOBO} - \boldsymbol{BOAO}) = N(\boldsymbol{AB} - \boldsymbol{BA});$$

$$N(\boldsymbol{OABO} - \boldsymbol{BOOA}) = N(\boldsymbol{AB} - \boldsymbol{BA}); N(\boldsymbol{AOOB} - \boldsymbol{OBAO}) = N(\boldsymbol{AB} - \boldsymbol{BA});$$

$$N(\boldsymbol{OAO}^{\mathrm{T}}\boldsymbol{OBO}^{\mathrm{T}}-\boldsymbol{OBO}^{\mathrm{T}}\boldsymbol{OAO}^{\mathrm{T}})=N(\boldsymbol{AB}-\boldsymbol{BA}).$$

命题 4.7　假设$C(\boldsymbol{A})$是可与$\boldsymbol{A}$交换的矩阵集合，$C(\boldsymbol{B})$是可与$\boldsymbol{B}$交换的矩阵集合（显然，$\alpha\boldsymbol{I}\in C(\boldsymbol{A}),\forall\alpha\in\mathbf{R}$；$\beta\boldsymbol{I}\in C(\boldsymbol{B}),\forall\beta\in\mathbf{R}$），赋值函数$N$ 对矩阵$\boldsymbol{A},\boldsymbol{B}$ 的交换子具有消去性质，即

$$N(\boldsymbol{AB}-\boldsymbol{BA})=N((\boldsymbol{A}-\boldsymbol{P})\boldsymbol{B}-\boldsymbol{B}(\boldsymbol{A}-\boldsymbol{P})),\forall\boldsymbol{P}\in C(\boldsymbol{B});$$

$$N(\boldsymbol{AB}-\boldsymbol{BA})=N(\boldsymbol{A}(\boldsymbol{B}-\boldsymbol{Q})-(\boldsymbol{B}-\boldsymbol{Q})\boldsymbol{A}),\forall\boldsymbol{Q}\in C(\boldsymbol{A});$$

$$N(\boldsymbol{AB}-\boldsymbol{BA})=N((\boldsymbol{A}-\boldsymbol{P})(\boldsymbol{B}-\boldsymbol{Q})-(\boldsymbol{B}-\boldsymbol{Q})(\boldsymbol{A}-\boldsymbol{P})),$$

$$\forall\boldsymbol{P}\in C(\boldsymbol{B}),\boldsymbol{Q}\in C(\boldsymbol{A}),\boldsymbol{PQ}=\boldsymbol{QP};$$

$$N(\boldsymbol{AB}-\boldsymbol{BA})=N((\boldsymbol{A}-\alpha\boldsymbol{I})(\boldsymbol{B}-\beta\boldsymbol{I})-(\boldsymbol{B}-\beta\boldsymbol{I})(\boldsymbol{A}-\alpha\boldsymbol{I})),\forall\alpha,\beta\in\mathbf{R};$$

$$N(\boldsymbol{AB}-\boldsymbol{BA})=N((\boldsymbol{A}-\mathrm{tr}(\boldsymbol{A})\boldsymbol{I})(\boldsymbol{B}-\mathrm{tr}(\boldsymbol{B})\boldsymbol{I})-(\boldsymbol{B}-\mathrm{tr}(\boldsymbol{B})\boldsymbol{I})(\boldsymbol{A}-\mathrm{tr}(\boldsymbol{A})\boldsymbol{I})).$$

命题 4.8　假设矩阵$\boldsymbol{O}$是$p\times p$正交矩阵，$\boldsymbol{A}_\alpha,1\leqslant\alpha\leqslant p$是$p$个$n\times n$对称矩阵，赋值函数$N$对矩阵$\boldsymbol{A}_\alpha,\boldsymbol{A}_\beta$的交换子具有正交系数组合不变性，即定义新的对称矩阵

$$\boldsymbol{A}_\alpha^*=\sum_\gamma o_{\alpha\gamma}\boldsymbol{A}_\gamma,$$

有

$$\sum_{\alpha\beta}N(\boldsymbol{A}_\alpha\boldsymbol{A}_\beta-\boldsymbol{A}_\beta\boldsymbol{A}_\alpha)=\sum_{\alpha\beta}N(\boldsymbol{A}_\alpha^*\boldsymbol{A}_\beta^*-\boldsymbol{A}_\beta^*\boldsymbol{A}_\alpha^*).$$

有了上面这些命题，就可以证明本节的主要定理.为了凸显作者的贡献，在此称这个不等式为陈省身矩阵不等式.

定理 4.1　设$\boldsymbol{A},\boldsymbol{B}$ 是对称方阵，那么

$$N(\boldsymbol{AB}-\boldsymbol{BA})\leqslant 2N(\boldsymbol{A})N(\boldsymbol{B})$$

等号成立当且仅当两种情形：

情形1：$\boldsymbol{A},\boldsymbol{B}$ 至少有一个为0.

情形2：如果$\boldsymbol{A}\neq 0,\boldsymbol{B}\neq 0$，那么$\boldsymbol{A},\boldsymbol{B}$可以同时正交化为下面的矩阵

$$\boldsymbol{A}=\lambda\begin{pmatrix}1&0&0&\dots\\0&-1&0&\dots\\0&0&0&\dots\\\vdots&\vdots&\vdots&\ddots\end{pmatrix},\boldsymbol{B}=\mu\begin{pmatrix}0&1&0&\dots\\1&0&0&\dots\\0&0&0&\dots\\\vdots&\vdots&\vdots&\ddots\end{pmatrix}.$$

如果$\boldsymbol{B}_1,\boldsymbol{B}_2,\boldsymbol{B}_3$为对称矩阵且满足

$$N(\boldsymbol{B}_i\boldsymbol{B}_j-\boldsymbol{B}_j\boldsymbol{B}_i)=2N(\boldsymbol{B}_i)N(\boldsymbol{B}_j),1\leqslant i,j\leqslant 3$$

那么三者中至少有一个为0.

证明　根据对称矩阵交换子的正交变换不变形，可以假设矩阵A,B通过正交变换转换为

对角阵

$$A=\begin{pmatrix} a_1 & 0 & \cdots & 0 \\ 0 & a_2 & \cdots & 0 \\ \vdots & \vdots & & \vdots \\ 0 & 0 & \cdots & a_n \end{pmatrix}, B=\begin{pmatrix} b_{11} & b_{12} & \cdots & b_{1n} \\ b_{21} & b_{22} & \cdots & b_{2n} \\ \vdots & \vdots & & \vdots \\ b_{n1} & b_{n2} & \cdots & b_{nn} \end{pmatrix}.$$

根据定义

$$N(\boldsymbol{A})=\sum_{i=1}^{n}(a_i)^2, N(\boldsymbol{B})=\sum_{ij}(b_{ij})^2, N(\boldsymbol{AB}-\boldsymbol{BA})=\sum_{i\neq j}(a_i-a_j)^2(b_{ij})^2.$$

根据简单的代数不等式

$$\sum_{i\neq j}(a_i-a_j)^2 \leqslant \sum_{i\neq j}2(a_i)^2+2(a_j)^2.$$

等号成立当且仅当

$$a_i+a_j=0, \forall i\neq j.$$

将不等式代入赋值等式，可得到

$$\begin{aligned} N(\boldsymbol{AB}-\boldsymbol{BA}) &= \sum_{i\neq j}(a_i-a_j)^2(b_{ij})^2 \\ &\leqslant 2\sum_{i\neq j}((a_i)^2+(a_j)^2)(b_{ij})^2 \\ &= 2\sum_{ij}((a_i)^2+(a_j)^2)(b_{ij})^2-4\sum_{i}(a_i)^2(b_{ii})^2 \\ &\leqslant 2\sum_{ij}(a_1^2+\cdots+a_i^2+\cdots+a_j^2+\cdots+a_n^2)(b_{ij})^2-4\sum_{i}(a_i)^2(b_{ii})^2 \\ &\leqslant 2N(\boldsymbol{A})N(\boldsymbol{B})-4\sum_{i}(a_i)^2(b_{ii})^2 \\ &\leqslant 2N(\boldsymbol{A})N(\boldsymbol{B}). \end{aligned}$$

针对不等式

$$N(\boldsymbol{AB}-\boldsymbol{BA})\leqslant 2N(\boldsymbol{A})N(\boldsymbol{B}).$$

显然，A, B至少有一个为0时等号成立.假设$A\neq 0, B\neq 0$，则有

$$\begin{aligned} &\sum_{i}(a_i)^2(b_{ii})^2=0; \\ &\sum_{ij}(N(\boldsymbol{A})-a_i^2-a_j^2)(b_{ij})^2=0; \\ &(a_i+a_j)b_{ij}=0, \forall i\neq j. \end{aligned}$$

第一个断言是：

$$b_{ii}=0, \forall i.$$

否则，假设存在某个i_0使得$b_{i_0i_0}\neq 0$，由上面的第一个等式，可知$a_{i_0}=0$，由第二个等式可

知$N(\boldsymbol{A})=0$，推出$\boldsymbol{A}=0$，这和$\boldsymbol{A}\neq 0$矛盾.

由第二个等式可以得到第二个断言是：

$$\text{如果}\exists i_0\neq j_0, b_{i_0j_0}\neq 0,\text{则}a_k=0,\forall k\neq i_0,j_0.$$

再由第三个等式，可得

$$a_{i_0}+a_{j_0}=0.$$

因此$a_{i_0}=-a_{j_0}\neq 0, a_k=0, k\neq i_0,j_0$. 代入第二式可得

$$\text{当}i\neq i_0\text{或者}j\neq j_0, b_{ij}=0,\text{因此只有}b_{i_0j_0}=b_{j_0i_0}\neq 0.$$

又因为矩阵$\boldsymbol{A},\boldsymbol{B}$地位对等，因此定理的第一部分得证.

对于定理的第二部分采用反证法，假设三个矩阵$\boldsymbol{B}_1,\boldsymbol{B}_2,\boldsymbol{B}_3$都不为0，则根据定理的第一部分得到，必定有两个矩阵是同一类型，这和第一部分的结论矛盾.由此定理得证.

陈省身矩阵不等式估计的一个直接应用是关于余维数大于1的子流形的第二基本型和迹零第二基本型的估计.已知与子流形相关的矩阵为

$$\boldsymbol{A}_\alpha=(h_{ij}^\alpha)_{n\times n}, n+1\leqslant\alpha\leqslant n+p; \hat{\boldsymbol{A}}_\alpha=\boldsymbol{A}_\alpha-\boldsymbol{H}^\alpha\boldsymbol{I}=(\hat{h}_{ij}^\alpha)_{n\times n}.$$

利用上面的赋值函数可以得到

$$N(\boldsymbol{A}_\alpha)=S_{\alpha\alpha},\sum_\alpha N(\boldsymbol{A}_\alpha)=S, N(\hat{\boldsymbol{A}}_\alpha)=\hat{S}_{\alpha\alpha},\sum_\alpha N(\hat{\boldsymbol{A}}_\alpha)=\rho.$$

因此直接利用上面的主定理可以得到

定理 4.2 设$x:M^n\to N^{n+p}, p\geqslant 2$ 是子流形，那么在某点$q\in M$，有

$$N(\boldsymbol{A}_\alpha\boldsymbol{A}_\beta-\boldsymbol{A}_\beta\boldsymbol{A}_\alpha)\leqslant 2S_{\alpha\alpha}S_{\beta\beta}$$

等号成立当且仅当两种情形：

情形1：$\boldsymbol{A}_\alpha,\boldsymbol{A}_\beta$ 至少有一个为0.

情形2：如果$\boldsymbol{A}_\alpha\neq 0,\boldsymbol{A}_\beta\neq 0$，那么$\boldsymbol{A}_\alpha,\boldsymbol{A}_\beta$在点$q\in M$ 可以同时正交化为下面的矩阵或者反过来.

$$\boldsymbol{A}_\alpha=\sqrt{\frac{S_{\alpha\alpha}}{2}}\begin{pmatrix}1&0&0&\dots\\0&-1&0&\dots\\0&0&0&\dots\\\vdots&\vdots&\vdots&\ddots\end{pmatrix},\boldsymbol{A}_\beta=\sqrt{\frac{S_{\beta\beta}}{2}}\begin{pmatrix}0&1&0&\dots\\1&0&0&\dots\\0&0&0&\dots\\\vdots&\vdots&\vdots&\ddots\end{pmatrix}$$

定理 4.3 设$x:M^n\to N^{n+p}, p\geqslant 2$ 是子流形，那么在某点$q\in M$，有

$$N(\hat{\boldsymbol{A}}_\alpha\hat{\boldsymbol{A}}_\beta-\hat{\boldsymbol{A}}_\beta\hat{\boldsymbol{A}}_\alpha)\leqslant 2\hat{S}_{\alpha\alpha}\hat{S}_{\beta\beta},$$

等号成立当且仅当两种情形：

情形1：$\hat{\boldsymbol{A}}_\alpha,\hat{\boldsymbol{A}}_\beta$ 至少有一个为0.

情形2：如果$\hat{\boldsymbol{A}}_\alpha \neq 0, \hat{\boldsymbol{A}}_\beta \neq 0$，那么$\hat{\boldsymbol{A}}_\alpha, \hat{\boldsymbol{A}}_\beta$ 在点$q \in M$ 可以同时正交化为下面的矩阵或者反过来.

$$\hat{\boldsymbol{A}}_\alpha = \sqrt{\frac{\hat{S}_{\alpha\alpha}}{2}} \begin{pmatrix} 1 & 0 & 0 & \dots \\ 0 & -1 & 0 & \dots \\ 0 & 0 & 0 & \dots \\ \vdots & \vdots & \vdots & \ddots \end{pmatrix}, \hat{\boldsymbol{A}}_\beta = \sqrt{\frac{\hat{S}_{\beta\beta}}{2}} \begin{pmatrix} 0 & 1 & 0 & \dots \\ 1 & 0 & 0 & \dots \\ 0 & 0 & 0 & \dots \\ \vdots & \vdots & \vdots & \ddots \end{pmatrix}$$

定理 4.4 设$x : M^n \to N^{n+p}, p \geqslant 2$ 是子流形，那么在某点$q \in M$，有

$$\sum_{\alpha\neq\beta} N(\boldsymbol{A}_\alpha \boldsymbol{A}_\beta - \boldsymbol{A}_\beta \boldsymbol{A}_\alpha) + \sum_{\alpha\beta} (S_{\alpha\beta})^2 \leqslant (2 - \frac{1}{p})S^2,$$

等号成立当且仅当两种情形：

情形1：$\boldsymbol{A}_\alpha$全部为0.

情形2：余维数$p = 2$，$\boldsymbol{A}_{n+1} \neq 0, \boldsymbol{A}_{n+2} \neq 0$，并且$\boldsymbol{A}_{n+1}, \boldsymbol{A}_{n+2}$在点$q \in M$ 可以同时正交化为下面的矩阵.

$$\boldsymbol{A}_{n+1} = \frac{\sqrt{S}}{2} \begin{pmatrix} 1 & 0 & 0 & \dots \\ 0 & -1 & 0 & \dots \\ 0 & 0 & 0 & \dots \\ \vdots & \vdots & \vdots & \ddots \end{pmatrix}, \boldsymbol{A}_{n+2} = \frac{\sqrt{S}}{2} \begin{pmatrix} 0 & 1 & 0 & \dots \\ 1 & 0 & 0 & \dots \\ 0 & 0 & 0 & \dots \\ \vdots & \vdots & \vdots & \ddots \end{pmatrix}$$

定理 4.5 设$x : M^n \to N^{n+p}, p \geqslant 2$ 是子流形，那么在某点$q \in M$，有

$$\sum_{\alpha\neq\beta} N(\hat{\boldsymbol{A}}_\alpha \hat{A}_\beta - \hat{\boldsymbol{A}}_\beta \hat{\boldsymbol{A}}_\alpha) + \sum_{\alpha\beta} (\hat{S}_{\alpha\beta})^2 \leqslant (2 - \frac{1}{p})\rho^2,$$

等号成立当且仅当两种情形：

情形1：$\hat{\boldsymbol{A}}_\alpha$全部为0.

情形2：余维数$p = 2$，$\hat{\boldsymbol{A}}_{n+1} \neq 0, \hat{\boldsymbol{A}}_{n+2} \neq 0$，并且$\hat{\boldsymbol{A}}_\alpha, \hat{\boldsymbol{A}}_\beta$ 在点$q \in M$ 可以同时正交化为下面的矩阵.

$$\hat{\boldsymbol{A}}_{n+1} = \frac{\sqrt{\rho}}{2} \begin{pmatrix} 1 & 0 & 0 & \dots \\ 0 & -1 & 0 & \dots \\ 0 & 0 & 0 & \dots \\ \vdots & \vdots & \vdots & \ddots \end{pmatrix}, \hat{\boldsymbol{A}}_{n+2} = \frac{\sqrt{\rho}}{2} \begin{pmatrix} 0 & 1 & 0 & \dots \\ 1 & 0 & 0 & \dots \\ 0 & 0 & 0 & \dots \\ \vdots & \vdots & \vdots & \ddots \end{pmatrix}$$

注释 4.1 以后把涉及以上不等式的估计称为陈省身类型估计.

4.4 沈一兵类型方法

沈一兵类型方法，指以下几种类型的估计，可以参见文献[95~97].假设$x : M^n \to N^{n+p}$是子流形，考虑两个向量丛，其一为子流形上的单位切丛，其二为子流形上的单位法丛. 首先在子流形上的点分别定义单位切空间和单位法空间为

$$UM_x = \{u : u \in TM_x, |u| = 1\}, U^\perp M_x = \{u : u \in T^\perp M_x, |u| = 1\}.$$

将单位切空间与单位法空间拼接起来构成单位切丛与单位法丛，分别为

$$UM=\bigcup_{x\in M}UM_x, U^{\perp}M=\bigcup_{x\in M}U^{\perp}M_x.$$

在单位切丛UM上面，对第二基本型和迹零第二基本型分别定义二次型函数为

$$f_{(\top,2)}(u)=\sum_{\alpha}(\sum_{ij}h_{ij}^{\alpha}u^iu^j)^2, \forall u=u^ie_i\in UM;$$

$$\hat{f}_{(\top,2)}(u)=\sum_{\alpha}(\sum_{ij}\hat{h}_{ij}^{\alpha}u^iu^j)^2, \forall u=u^ie_i\in UM.$$

在单位法丛$U^{\perp}M$上面，对第二基本型和迹零第二基本型分别定义二次型函数为

$$f_{(\perp,2)}(u)=\sum_{ij}(\sum_{\alpha}h_{ij}^{\alpha}u^{\alpha})^2, \forall u=u^{\alpha}e_{\alpha}\in U^{\perp}M;$$

$$\hat{f}_{(\perp,2)}(u)=\sum_{ij}(\sum_{\alpha}\hat{h}_{ij}^{\alpha}u^{\alpha})^2, \forall u=u^{\alpha}e_{\alpha}\in U^{\perp}M.$$

对以上四类二次型函数的估计可以和ΔS与$\Delta\rho$的估计联系起来，从而在极小子流形和Willmore子流形的间隙现象估计中发挥重要作用.

以$f_{(\top,2)}$为例，说明建立上文所述联系的方法.因为子流形M是紧致无边子流形，所以UM也是紧致流形.函数$f_{(\top,2)}$定义在单位切丛上面

$$f_{(\top,2)}:UM\to R.$$

显然是连续的，因此函数$f_{(\top,2)}$在某点$v=v^ie_i$取得最大值，不妨设$v\in UM_{x_0}$.对于任何一个单位向量$\boldsymbol{u}\in UM_{x_0}$，在子流形$M$上面按照下述条件建立测地线方程$\gamma_u(t)$.

$$\gamma_u(0)=x_0, \gamma_u'(0)=\boldsymbol{u}.$$

沿着这条测地线平行移动向量$\boldsymbol{v}$得到向量场$\boldsymbol{V}_u(t)=V(t)^ie_i$，显然满足

$$\boldsymbol{V}_u(0)=\boldsymbol{v}, \frac{\mathrm{d}V^i(t)}{\mathrm{d}t}+V^j(t)\Gamma_{jk}^i\frac{\mathrm{d}\gamma_u^k(t)}{\mathrm{d}t}=0.$$

令

$$f_{(\top,2,u)}(t)=f_{(\top,2)}(V_u(t)).$$

因为函数$f_{(\top,2,u)}$在0点取得最大值，所以根据最大值条件有

$$0=\frac{\mathrm{d}f_{(\top,2,u)}(t)}{\mathrm{d}t}|_{t=0}=2\sum_{\alpha}(\sum_{ij}h_{ij}^{\alpha}v^iv^j)(\sum_{ijk}h_{ij,k}^{\alpha}v^iv^ju^k).$$

$$0\geqslant\frac{\mathrm{d}^2f_{(\top,2,u)}(t)}{\mathrm{d}t^2}|_{t=0}=2\sum_{\alpha}(h_{ij,k}^{\alpha}v^iv^ju^k)^2+2\sum_{\alpha}(\sum_{ij}h_{ij}^{\alpha}v^iv^j)(\sum_{ijkl}h_{ij,kl}^{\alpha}v^iv^ju^ku^l).$$

上面的$\boldsymbol{u}$是任意选取的，实际上因为UM_{x_0}是一个球面，因此$\boldsymbol{u}$可以选取得特殊一些，假设$<\boldsymbol{u},\boldsymbol{v}>=0$，且$\alpha(s)$是单位球面$UM_{x_0}$上的一条曲线，满足

$$\alpha(0)=\boldsymbol{v}, \alpha'(0)=\boldsymbol{u}.$$

因为v是函数$f_{(\top,2,u)}(t)$的临界点，所以再次利用最大值条件，可以得到

$$\begin{aligned}0 &= \frac{\mathrm{d}}{\mathrm{d}s}(f\circ\alpha)(0)=4\sum_{\alpha}(\sum_{ij}h_{ij}^{\alpha}v^iv^j)(\sum_{ij}h_{ij}^{\alpha}v^iu^j),\\ 0 &\geqslant \frac{\mathrm{d}^2}{\mathrm{d}s^2}(f\circ\alpha)(0)=8\sum_{\alpha}(\sum_{ij}h_{ij}^{\alpha}v^iu^j)^2+\\ &\quad 4\sum_{\alpha}(\sum_{ij}h_{ij}^{\alpha}v^iv^j)(\sum_{ij}h_{ij}^{\alpha}u^iu^j+\sum_{ij}h_{ij}^{\alpha}v^i)\alpha^{j''}(0).\end{aligned}$$

因为$<\alpha(0),\alpha(0)>=1,<\alpha'(0),\alpha'(0)>=1$，所以经过简单的计算得到$<\alpha(0),\alpha''(0)>=-1$.因此可以假设

$$\alpha''(0)=-\boldsymbol{v}+\boldsymbol{X},<\boldsymbol{v},\boldsymbol{X}>=0.$$

等式

$$0=\frac{\mathrm{d}}{\mathrm{d}s}(f\circ\alpha)(0)=4\sum_{\alpha}(\sum_{ij}h_{ij}^{\alpha}v^iv^j)(\sum_{ij}h_{ij}^{\alpha}v^iu^j).$$

对于任意的$<\boldsymbol{u},\boldsymbol{v}>=0,|\boldsymbol{u}|=1$成立，因为表达式对$\boldsymbol{u}$的线性，所以等式对于任意的$X\in TM_{x_0},<\boldsymbol{X},\boldsymbol{v}>=0$成立.因此二阶条件可以改写为

$$0\geqslant 2\sum_{\alpha}(\sum_{ij}h_{ij}^{\alpha}v^iu^j)^2+\sum_{\alpha}(\sum_{ij}h_{ij}^{\alpha}v^iv^j)(\sum_{ij}h_{ij}^{\alpha}u^iu^j)-f_{(\top,2)}(\boldsymbol{v}).$$

记$b_{ij}=\sum_{\alpha}h_{11}^{\alpha}h_{ij}^{\alpha}$.不失一般性，可以假设$\boldsymbol{v}=e_1$，因此$v^1=1,v^2=v^3=\cdots=0$，分别令$u=e_2,e_3,\cdots,e_n$，代入最大值条件可以得到

$$b_{1k}=\sum_{\alpha}h_{11}^{\alpha}h_{1k}^{\alpha}=0,k=2,3,\cdots,n.$$

因为矩阵$\boldsymbol{b}_{ij}$的对称性，因此$\boldsymbol{v}=e_1$是矩阵$\boldsymbol{b}_{ij}$的特征向量，固定e_1补充完整$e_2,\cdots,e_n$使得$\boldsymbol{b}_{ij}$可以对角化，因此

$$\boldsymbol{b}_{ij}=\sum_{\alpha}h_{11}^{\alpha}h_{ij}^{\alpha}=0,\forall i\neq j.$$

总结以上的最大值条件和选择的特殊标架，可以得到下面的定理.

定理 4.6 在选择的特殊标架和点x_0处，有

$$\begin{aligned}&f(v)=\sum_{\alpha}(h_{11}^{\alpha})^2=\max_{u\in UM}|h(\boldsymbol{u},\boldsymbol{u})|^2,\\ &\sum_{\alpha}(h_{11i}^{\alpha})^2+\sum_{\alpha}h_{11}^{\alpha}h_{11ii}^{\alpha}\leqslant 0,\\ &\sum_{\alpha}h_{11}^{\alpha}h_{ij}^{\alpha}=0,\forall i\neq j,\\ &2\sum_{\alpha}(h_{1k}^{\alpha})^2+\sum_{\alpha}h_{11}^{\alpha}h_{kk}^{\alpha}-f(v)\leqslant 0,k\neq 1.\end{aligned}$$

注释 4.2 以后把涉及以上方法的估计称为沈一兵类型估计.

4.5 李安民矩阵不等式

李安民等人细致研究了上面的陈省身不等式，给出了更加精细的不等式和等式成立的条件，为了方便起见，本书称为李安民矩阵不等式，参见文献[94].

定理 4.7 假设$\boldsymbol{A}_1,\cdots,\boldsymbol{A}_p, p\geqslant 2$是对称的$(n\times n)$矩阵，令

$$L_{\alpha\beta}=\mathrm{tr}(\boldsymbol{A}_\alpha\boldsymbol{A}_\beta), L_{\alpha\alpha}=N(\boldsymbol{A}_\alpha), L=\sum_\alpha L_{\alpha\alpha}.$$

则有不等式

$$\sum_{\alpha\neq\beta}N(\boldsymbol{A}_\alpha\boldsymbol{A}_\beta-\boldsymbol{A}_\beta\boldsymbol{A}_\alpha)+\sum_{\alpha\beta}(L_{\alpha\beta})^2\leqslant\frac{3}{2}L^2.$$

等式成立当且仅当下面的条件之一成立：

(1) $\boldsymbol{A}_1=\boldsymbol{A}_2=\cdots=\boldsymbol{A}_p=0$;

(2) $\boldsymbol{A}_1\neq 0, \boldsymbol{A}_2\neq 0, \boldsymbol{A}_3=\boldsymbol{A}_4=\cdots=\boldsymbol{A}_p=0, L_{11}=L_{22}$.

并且在情形2的条件之下，$\boldsymbol{A}_1,\boldsymbol{A}_2$可以同时正交化为矩阵

$$\boldsymbol{A}_1=\sqrt{\frac{L_{11}}{2}}\begin{pmatrix}1&0&0&\dots\\0&-1&0&\dots\\0&0&0&\dots\\\vdots&\vdots&\vdots&\ddots\end{pmatrix},\boldsymbol{A}_2=\sqrt{\frac{L_{22}}{2}}\begin{pmatrix}0&1&0&\dots\\1&0&0&\dots\\0&0&0&\dots\\\vdots&\vdots&\vdots&\ddots\end{pmatrix}.$$

李安民矩阵不等式估计的一个直接应用是关于余维数大于1的子流形的第二基本型和迹零第二基本型的估计.与子流形相关的矩阵为

$$\boldsymbol{A}_\alpha=(h_{ij}^\alpha)_{n\times n}, n+1\leqslant\alpha\leqslant n+p; \hat{\boldsymbol{A}}_\alpha=\boldsymbol{A}_\alpha-\boldsymbol{H}^\alpha\boldsymbol{I}=(\hat{h}_{ij}^\alpha)_{n\times n}.$$

利用上面的赋值函数可以得到

$$N(\boldsymbol{A}_\alpha)=S_{\alpha\alpha},\sum_\alpha N(\boldsymbol{A}_\alpha)=S, N(\hat{\boldsymbol{A}}_\alpha)=\hat{S}_{\alpha\alpha},\sum_\alpha N(\hat{\boldsymbol{A}}_\alpha)=\rho.$$

因此直接利用上面的主定理可以得到以下定理.

定理 4.8 设$x:M^n\to N^{n+p}, p\geqslant 2$ 是子流形，那么在某点$q\in M$有不等式

$$\sum_{\alpha\neq\beta}N(\boldsymbol{A}_\alpha\boldsymbol{A}_\beta-\boldsymbol{A}_\beta\boldsymbol{A}_\alpha)+\sum_{\alpha\beta}(S_{\alpha\beta})^2\leqslant\frac{3}{2}S^2.$$

等式成立当且仅当下面的条件之一成立：

(1) $\boldsymbol{A}_{n+1}=\boldsymbol{A}_{n+2}=\cdots=\boldsymbol{A}_{n+p}=0$;

(2) $\boldsymbol{A}_{n+1}\neq 0, \boldsymbol{A}_{n+2}\neq 0, \boldsymbol{A}_{n+3}=\boldsymbol{A}_{n+4}=\cdots=\boldsymbol{A}_{n+p}=0, S_{(n+1)(n+1)}=S_{(n+2)(n+2)}$.

并且在情形(2)的条件之下，$\boldsymbol{A}_1, \boldsymbol{A}_2$可以同时正交化为矩阵

$$\boldsymbol{A}_{n+1} = \frac{\sqrt{S}}{2}\begin{pmatrix} 1 & 0 & 0 & \dots \\ 0 & -1 & 0 & \dots \\ 0 & 0 & 0 & \dots \\ \vdots & \vdots & \vdots & \ddots \end{pmatrix}, \boldsymbol{A}_{n+2} = \frac{\sqrt{S}}{2}\begin{pmatrix} 0 & 1 & 0 & \dots \\ 1 & 0 & 0 & \dots \\ 0 & 0 & 0 & \dots \\ \vdots & \vdots & \vdots & \ddots \end{pmatrix}.$$

定理 4.9 设$x: M^n \to N^{n+p}, p \geqslant 2$ 是子流形，那么在某点$q \in M$有不等式

$$\sum_{\alpha \neq \beta} N(\hat{\boldsymbol{A}}_\alpha \hat{\boldsymbol{A}}_\beta - \hat{\boldsymbol{A}}_\beta \hat{\boldsymbol{A}}_\alpha) + \sum_{\alpha\beta} (\hat{S}_{\alpha\beta})^2 \leqslant \frac{3}{2}\rho^2.$$

等式成立当且仅当下面的条件之一成立：

(1) $\hat{\boldsymbol{A}}_{n+1} = \hat{\boldsymbol{A}}_{n+2} = \cdots = \hat{\boldsymbol{A}}_{n+p} = 0$;

(2) $\hat{\boldsymbol{A}}_{n+1} \neq 0, \hat{\boldsymbol{A}}_{n+2} \neq 0, \hat{\boldsymbol{A}}_{n+3} = \hat{\boldsymbol{A}}_{n+4} = \cdots = \hat{\boldsymbol{A}}_{n+p} = 0, \hat{S}_{(n+1)(n+1)} = \hat{S}_{(n+2)(n+2)}$.

并且在情形(2)的条件之下，$\hat{\boldsymbol{A}}_1, \hat{\boldsymbol{A}}_2$可以同时正交化为矩阵

$$\hat{\boldsymbol{A}}_{n+1} = \frac{\sqrt{\rho}}{2}\begin{pmatrix} 1 & 0 & 0 & \dots \\ 0 & -1 & 0 & \dots \\ 0 & 0 & 0 & \dots \\ \vdots & \vdots & \vdots & \ddots \end{pmatrix}, \hat{\boldsymbol{A}}_{n+2} = \frac{\sqrt{\rho}}{2}\begin{pmatrix} 0 & 1 & 0 & \dots \\ 1 & 0 & 0 & \dots \\ 0 & 0 & 0 & \dots \\ \vdots & \vdots & \vdots & \ddots \end{pmatrix}.$$

注释 4.3 以后把涉及以上方法的估计称为李安民类型估计.

有时在和李安民不等式配套使用时，需要一个简单的柯西-斯瓦兹不等式，引用如下.

定理 4.10 假设$\hat{S}_{\alpha\beta}, H^\alpha, H^\beta$是子流形$x: M^n \to N^{n+p}$的如第3章定义的几何量，那么一定有

$$\sum_{\alpha\beta} \hat{S}_{\alpha\beta} H^\alpha H^\beta \leqslant \rho H^2.$$

证明 对角化矩阵$(\hat{S}_{\alpha\beta})$，可得

$$\sum_{\alpha\beta} \hat{S}_{\alpha\beta} H^\alpha H^\beta = \sum_\alpha \hat{S}_{\alpha\alpha} (H^\alpha)^2 \leqslant \sum_\alpha \hat{S}_{\alpha\alpha} \sum_\beta (H^\beta)^2 = \rho H^2.$$

4.6 Huisken不等式

下面的张量不等式首先是由Huisken在超曲面的情形发现的，在积分估计之中有重大应用，参见文献[93].

定理 4.11 对于子流形的第二基本型，有如下分解不等式.

(1) 当余维数为1时

$$|\nabla h|^2 \geqslant \frac{3n^2}{n+2}|\nabla H|^2 \geqslant n|\nabla H|^2,$$

并且$|\nabla h|^2 = n|\nabla H|^2$当且仅当$\nabla h = 0$.

(2) 当余维数大于等于2时

$$|\nabla h|^2 \geqslant \frac{3n^2}{n+2}|\nabla \boldsymbol{H}|^2 \geqslant n|\nabla \boldsymbol{H}|^2,$$

并且$|\nabla h|^2 = n|\nabla \boldsymbol{H}|^2$当且仅当$\nabla h = 0$.

证明 分解张量h_{ij}^{α}为

$$h_{ij,k}^{\alpha} = E_{ijk}^{\alpha} + F_{ijk}^{\alpha},$$

其中

$$E_{ijk}^{\alpha} = \frac{n}{n+2}(H_{,i}^{\alpha}\delta_{jk} + H_{,j}^{\alpha}\delta_{ik} + H_{,k}^{\alpha}\delta_{ij}), F_{ij}^{\alpha} = h_{ij}^{\alpha} - E_{ij}^{\alpha}.$$

直接计算

$$|E|^2 = \frac{3n^2}{n+2}|\nabla \boldsymbol{H}|^2, E \cdot F = 0,$$

利用三角不等式可得

$$|\nabla h|^2 \geqslant |E|^2 = \frac{3n^2}{n+2}|\nabla \boldsymbol{H}|^2 \geqslant n|\nabla \boldsymbol{H}|^2.$$

当

$$\nabla h = 0$$

时，上面不等式中的各项全部为0，显然

$$|\nabla h|^2 = n|\nabla \boldsymbol{H}|^2.$$

反过来，当

$$|\nabla h|^2 = n|\nabla \boldsymbol{H}|^2$$

时，上面不等式中的不等号全部变成等号，于是

$$F_{ijk}^{\alpha} = 0, E_{ijk}^{\alpha} = 0, h_{ij,k}^{\alpha} = 0.$$

综上

$$|\nabla h|^2 = n|\nabla \boldsymbol{H}|^2$$

当且仅当

$$\nabla h = 0.$$

由此定理得证.

4.7 Okumura不等式

定理 4.12 假设$\mu_i, i = 1, \cdots, n$是n个实数，满足$\sum_i \mu_i = 0, \sum_i \mu_i^2 = \beta^2, \beta \geqslant 0$，那么有

估计为

$$-\frac{n-2}{\sqrt{n(n-1)}}\beta^3 \leqslant \sum_i \mu_i^3 \leqslant \frac{n-2}{\sqrt{n(n-1)}}\beta^3.$$

等号成立当且仅当其中的$n-1$个μ_i是相等的.

证明 可以把这个问题构建为一个最小优化模型

$$\begin{aligned} \min\ & \sum_i \mu_i^3 \\ \text{s.t.}\ & \sum_i \mu_i = 0; \\ & \sum_i \mu_i^2 = \beta^2. \end{aligned}$$

用以估计目标函数$\sum_i \mu_i^3$的最小值，以及一个最大优化模型

$$\begin{aligned} \max\ & \sum_i \mu_i^3 \\ \text{s.t.}\ & \sum_i \mu_i = 0; \\ & \sum_i \mu_i^2 = \beta^2. \end{aligned}$$

用以估计目标函数$\sum_i \mu_i^3$的最大值.

最小优化模型

$$\begin{aligned} \min\ & \sum_i \mu_i^3 \\ \text{s.t.}\ & \sum_i \mu_i = 0; \\ & \sum_i \mu_i^2 = \beta^2. \end{aligned}$$

等价于模型

$$\begin{aligned} \max\ & \sum_i -\mu_i^3 \\ \text{s.t.}\ & \sum_i \mu_i = 0; \\ & \sum_i \mu_i^2 = \beta^2. \end{aligned}$$

这个模型可以等价转换为

$$\begin{aligned} \max\ & \sum_i (-\mu_i)^3 \\ \text{s.t.}\ & \sum_i (-\mu_i) = 0; \\ & \sum_i (-\mu_i)^2 = \beta^2. \end{aligned}$$

进一步转化为

$$\begin{aligned}\max \quad & \sum_i (\mu_i)^3 \\ \text{s.t.} \quad & \sum_i (\mu_i) = 0; \\ & \sum_i (\mu_i)^2 = \beta^2.\end{aligned}$$

因此目标函数$\sum_i \mu_i^3$的最大化模型和最小化模型是对称的，只要求出了目标函数的最小值，那么加一个负号就是最大值，所以这里仅求解最小模型

$$\begin{aligned}\min \quad & \sum_i \mu_i^3 \\ \text{s.t.} \quad & \sum_i \mu_i = 0; \\ & \sum_i \mu_i^2 = \beta^2.\end{aligned}$$

构造拉格朗日函数

$$L(\mu, \lambda_1, \lambda_2) = \sum_i \mu_i^3 + \lambda_1(\sum_i \mu_i) + \lambda_2(\sum_i \mu_i^2 - \beta^2).$$

利用KKT条件可得

$$\begin{aligned}\frac{\partial L(\mu, \lambda_1, \lambda_2)}{\partial \mu_i} &= 3\mu_i^2 + \lambda_1 + 2\lambda_2\mu_i = 0, \forall i; \\ \frac{\partial L(\mu, \lambda_1, \lambda_2)}{\partial \lambda_1} &= \sum_i \mu_i = 0; \\ \frac{\partial L(\mu, \lambda_1, \lambda_2)}{\partial \lambda_2} &= \sum_i \mu_i^2 - \beta^2 = 0.\end{aligned}$$

第一行的所有等式相加可得

$$3\sum_i \mu_i^2 + n\lambda_1 + 2\lambda_2 \sum_i \mu_i = 0,$$

利用第二行的等式，可得

$$\lambda_1 = -\frac{3}{n}\beta^2.$$

代入第一行等式

$$3\mu_i^2 - \frac{3}{n}\beta^2 + 2\lambda_2\mu_i = 0, \forall i,$$

计算可得

$$\lambda_2 = \frac{3}{2}\frac{\frac{\beta^2}{n} - \mu_i^2}{\mu_i} = \text{const}, \forall i.$$

从另一个角度计算可得

$$\mu_i = -\frac{1}{3}\lambda_2 \pm \sqrt{\frac{1}{9}\lambda_2^2 + \frac{1}{n}\beta^2}, \forall i.$$

此时需要选择正负号，显然μ_i不可能完全相同，否则和约束矛盾，为了使其取到最小值，可以尝试选取其中的前$n-1$个为正号，即

$$\mu_i = -\frac{1}{3}\lambda_2 + \sqrt{\frac{1}{9}\lambda_2^2 + \frac{1}{n}\beta^2}, i = 1, \cdots, n-1; \mu_n = -\frac{1}{3}\lambda_2 - \sqrt{\frac{1}{9}\lambda_2^2 + \frac{1}{n}\beta^2}.$$

根据$\sum_i \mu_i = 0$，可得

$$\frac{n}{3}\lambda_2 - (n-2)\sqrt{\frac{1}{9}\lambda_2^2 + \frac{1}{n}\beta^2} = 0,$$

可以推得$\lambda_2 > 0$，并且解得

$$\lambda_2 = \frac{3(n-2)}{2\sqrt{n(n-1)}}\beta,$$

此时最小点为

$$\mu_i = \frac{1}{\sqrt{n(n-1)}}\beta, i = 1, \cdots, n-1; \mu_n = -\frac{(n-1)}{\sqrt{n(n-1)}}\beta.$$

与之对应的最小值为

$$-\frac{(n-2)}{\sqrt{n(n-1)}}\beta^3.$$

同理可得最大优化模型的最大点为

$$\mu_i = -\frac{1}{\sqrt{n(n-1)}}\beta, i = 1, \cdots, n-1; \mu_n = \frac{(n-1)}{\sqrt{n(n-1)}}\beta.$$

与之对应的最大值为

$$\frac{(n-2)}{\sqrt{n(n-1)}}\beta^3.$$

由此，Okumura不等式得证.

4.8 Sobolev不等式

定理 4.13 假设$x: M^n \to N^{n+p}(1)$是一个子流形，那么有估计

$$|\nabla h|^2 \geqslant |\nabla f_\epsilon|^2, \forall \epsilon > 0,$$

此处$|\nabla h|^2 = \sum_{\alpha ijk}(h_{ij,k}^\alpha)^2$,函数$f_\epsilon = \sqrt{S + np\epsilon^2}$.

定理 4.14 假设$x: M^n \to N^{n+p}(1)$是一个子流形，那么有估计

$$|\nabla \hat{h}|^2 \geqslant |\nabla f_\epsilon|^2, \forall \epsilon > 0,$$

此处$|\nabla \hat{h}|^2 = \sum_{\alpha ijk}(\hat{h}_{ij,k}^\alpha)^2$,函数$f_\epsilon = \sqrt{\rho + np\epsilon^2}$.

证明 令

$$x_{ij}^\alpha = \hat{h}_{ij}^\alpha + \epsilon\delta_{ij}, \forall \alpha \in [n+1, n+p]; i, j \in [1, n],$$

并且

$$f_\epsilon^\alpha = \sqrt{\sum_{ij}(x_{ij}^\alpha)^2}, \forall \alpha \in [n+1, n+p].$$

显然有

$$f_\epsilon=\sqrt{\sum_{ij\alpha}(x_{ij}^\alpha)^2}=\sqrt{\sum_\alpha(f_\epsilon^\alpha)^2},x_{ij,k}^\alpha=\hat{h}_{ij,k}^\alpha.$$

因此，对于固定的指标$\alpha\in[n+1,n+p]$, 有

$$\begin{aligned}&|\nabla(f_\epsilon^\alpha)^2|^2\\=&\sum_k\Big[\sum_{ij}2x_{ij}^\alpha x_{ij,k}^\alpha\Big]^2\\=&\sum_k4\Big[\sum_{ij}(x_{ij}^\alpha)^2\Big]\Big[\sum_{ij}(x_{ij,k}^\alpha)^2\Big]\\=&4(f_\epsilon^\alpha)^2\Big[\sum_{ijk}(x_{ij,k}^\alpha)^2\Big].\end{aligned}$$

即

$$|\nabla(f_\epsilon^\alpha)^2|\leqslant 2f_\epsilon^\alpha\sqrt{\Big[\sum_{ijk}(x_{ij,k}^\alpha)^2\Big]},\forall\alpha\in[n+1,n+p].$$

所以

$$\begin{aligned}&|\nabla(f_\epsilon)^2|\\=&|\sum_\alpha\nabla(f_\epsilon^\alpha)^2|\\\leqslant&\sum_\alpha|\nabla(f_\epsilon^\alpha)^2|\\\leqslant&\sum_\alpha 2f_\epsilon^\alpha\sqrt{\Big[\sum_{ijk}(x_{ij,k}^\alpha)^2\Big]}\\\leqslant&2\sqrt{\Big[\sum_\alpha(f_\epsilon^\alpha)^2\Big]}\sqrt{\Big[\sum_{ijk\alpha}(x_{ij,k}^\alpha)^2\Big]}\\=&2f_\epsilon|\nabla\hat{h}|,\end{aligned}$$

即

$$2f_\epsilon|\nabla f_\epsilon|\leqslant 2f_\epsilon|\nabla\hat{h}|.$$

因此

$$|\nabla f_\epsilon|^2\leqslant|\nabla\hat{h}|^2.$$

定理得证.

定理 4.15　假设$x:M^n\to S^{n+p}(1),n\geqslant 3$是紧致无边的子流形，那么对于任意函数$g\in C^1(M),g\geqslant 0$和参数$t>0$,$g$满足不等式

$$\|\nabla g\|_{L^2}^2\geqslant k_1(n,t)\|g^2\|_{L^{\frac{n}{n-2}}}-k_2(n,t)\|(1+H^2)g^2\|_{L^1},$$

此处

$$k_1(n,t)=\frac{(n-2)^2}{4(n-1)^2c^2(n)}\frac{1}{t+1}, k_2(n,t)=\frac{(n-2)^2}{4(n-1)^2}\frac{1}{t},$$

并且$c(n)$是一个仅仅依赖n的正常数.

证明 基于参考文献[107~109]，有

$$\|g\|_{L^{\frac{n}{n-1}}}\leqslant c(n)\Big[\|\nabla g\|_{L^1}+\|\sqrt{1+H^2}g\|_{L^1}\Big].$$

用函数$g^{\frac{2(n-1)}{(n-2)}}$代替上式中的g, 可得

$$\|g^{\frac{2(n-1)}{n-2}}\|_{L^{\frac{n}{n-1}}}\leqslant\frac{2(n-1)c(n)}{(n-2)}\|g^{\frac{n}{n-2}}\nabla g\|_{L^1}+c(n)\|\sqrt{1+H^2}g^{\frac{2(n-1)}{n-2}}\|_{L^1}.$$

直接计算并运用Hölder 不等式, 可得

$$\|g^2\|_{L^{\frac{n}{n-2}}}^{\frac{(n-1)}{(n-2)}}\leqslant\frac{2(n-1)c(n)}{(n-2)}\|g^2\|_{L^{\frac{n}{n-2}}}^{\frac{n}{2(n-2)}}\|\nabla g\|_{L^2}+c(n)\|\sqrt{1+H^2}g\|_{L^2}\|g^2\|_{L^{\frac{n}{n-2}}}^{\frac{n}{2(n-2)}},$$

也就是

$$\|g^2\|_{L^{\frac{n}{n-2}}}^{\frac{1}{2}}\leqslant\frac{2(n-1)c(n)}{(n-2)}\|\nabla g\|_{L^2}+c(n)\|\sqrt{1+H^2}g\|_{L^2}.$$

两边平方

$$\begin{aligned}\|g^2\|_{L^{\frac{n}{n-2}}}\leqslant&\frac{4(n-1)^2c^2(n)}{(n-2)^2}\|\nabla g\|_{L^2}^2+c^2(n)\|(1+H^2)g^2\|_{L^1}+\\&\frac{4(n-1)c^2(n)}{(n-2)}\|\nabla g\|_{L^2}\|\sqrt{1+H^2}g\|_{L^2}\\=&\frac{4(n-1)^2c^2(n)}{(n-2)^2}\|\nabla g\|_{L^2}^2+c^2(n)\|(1+H^2)g^2\|_{L^1}+\\&2\Big[\frac{2(n-1)c(n)}{(n-2)}\|\nabla g\|_{L^2}\Big]\Big[c(n)\|\sqrt{1+H^2}g\|_{L^2}\Big].\end{aligned}$$

使用基本不等式$2ab\leqslant ta^2+\dfrac{b^2}{t},\forall t>0$, 推出

$$\|g^2\|_{L^{\frac{n}{n-2}}}\leqslant\frac{4(n-1)^2c^2(n)(t+1)}{(n-2)^2}\|\nabla g\|_{L^2}^2+c^2(n)(1+\frac{1}{t})\|(1+H^2)g^2\|_{L^1},$$

也就是

$$\|\nabla g\|_{L^2}^2\geqslant k_1(n,t)\|g^2\|_{L^{\frac{n}{n-2}}}-k_2(n,t)\|(1+H^2)g^2\|_{L^1}.$$

这样就完成了定理的证明.

第5章　体积泛函的变分与例子

子流形的体积泛函是指由子流形的体积积分得到的泛函，这是研究最多、最深刻的一类泛函，具有泛函表达式简洁、几何拓扑物理意义鲜明等特点.本章主要研究体积泛函的源来、变分计算与例子的构造.

5.1 体积泛函的简单历史

假设$x: M^n \to N^{n+p}$是一个子流形，一个形式非常简单的泛函

$$Vol(x) = \int_M \mathrm{d}v.$$

称为体积泛函.体积泛函与极小子流形关系密切.

如果仔细追寻历史，可以知道极小子流形与面积泛函有极大的联系.实际上，假设$D \subseteq \mathbf{R}^2$是平面上的一个区域，∂D是平面上的一条Jordan 封闭曲线，在∂D 上可以定义一条3维欧式空间$\mathbf{R}^3$中的封闭Jordan 曲线：

$$\Gamma: \partial D \to \mathbf{R}^3.$$

一个问题是：以封闭的3维空间中的Jordan曲线为边界张成的曲面，什么时候面积最小？这个问题的物理意义在于自然世界中各种液相和气相交界的曲面形状往往满足最小面积原理.回答这个问题的思路在于利用变分法原理推导面积泛函的临界点方程.实际上，假设曲面可用一个显示表达：

$$f: D \to \mathbf{R}^1, (x, y) \to f(x, y),$$

同时应该满足约束条件

$$(x, y, f(x, y))|_{\partial D} = \Gamma.$$

曲面的面积微元表达为

$$\sqrt{1 + |\nabla f|^2}\mathrm{d}x\mathrm{d}y.$$

因此问题的目标函数是

$$A(f) = \int_D \sqrt{1 + |\nabla f|^2}\mathrm{d}x\mathrm{d}y.$$

定义函数空间

$$H_\Gamma = \{f : f \in C^2(D), (x, y, f(x, y))|_{\partial D} = \Gamma\}.$$

为了获得具有线性结构的函数空间，定义

$$H_0 = \{f : f \in C^2(D), (x, y, f(x, y))|_{\partial D} = 0\}.$$

函数空间H_0和H_Γ的关系是一个线性平移关系:

$$\forall f \in H_\Gamma, H_\Gamma = f + H_0.$$

因此问题可以描述为

$$\min_{f\in H_\Gamma} A(f) = \min_{f\in H_\Gamma} \int_D \sqrt{1 + |\nabla f|^2} \mathrm{d}x\mathrm{d}y.$$

利用H_0空间可以表示为

$$\min_{\phi\in H_0} = A(f + \phi) = \min_{\phi\in H_0} \int_D \sqrt{1 + |\nabla f + \nabla\phi|^2} \mathrm{d}x\mathrm{d}y.$$

如果f就是泛函的极小点，那么必须满足

$$\frac{\mathrm{d}}{\mathrm{d}t} A(f + t\phi)|_{t=0} = 0.$$

经过简单的计算得到

$$div \frac{\nabla f}{\sqrt{1 + |\nabla f|^2}} = 0.$$

在微分几何中，函数图$(x, y, f(x, y))$的平均曲率可以表示为

$$H = \frac{1}{2} div \frac{\nabla f}{\sqrt{1 + |\nabla f|^2}}.$$

因此,面积泛函的极小点就是函数图极小.

将上面的思想进行抽象可以得到子流形的体积泛函

$$Vol(x) = \int_M \theta^1 \wedge \cdots \wedge \theta^n = \int_M \mathrm{d}v.$$

体积泛函是子流形最简单最自然的泛函.

5.2 体积泛函的第一变分

在子流形几何之中，体积微元定义为

$$\mathrm{d}v = \theta^1 \wedge \theta^2 \cdots \theta^n.$$

体积泛函是最简单的泛函

$$Vol(x) = \int_M \mathrm{d}v = \int_M \theta^1 \wedge \theta^2 \cdots \theta^n.$$

首先计算体积泛函的第一变分，为此这里需要一个引理，这些引理在第3章的变分公式部分已经推导清晰.

引理 5.1 设$x : M \to N^{n+p}$是子流形，$\boldsymbol{V} = V^i e_i + V^\alpha e_\alpha$是变分向量场，则

$$\frac{\partial \mathrm{d}v}{\partial t} = (divV^\top - n \sum_\alpha H^\alpha V^\alpha)\mathrm{d}v.$$

以上引理的证明已经在第3章给出，在此不再赘述.下面进行变分公式的计算.

$$\begin{aligned}\frac{\mathrm{d}}{\mathrm{d}t}Vol(x) &= \int_M \frac{\partial}{\partial t}\mathrm{d}v \\ &= \int_M (divV^\top - n\sum_\alpha H^\alpha V^\alpha)\mathrm{d}v \\ &= -n\int_M \sum_\alpha H^\alpha V^\alpha \mathrm{d}v.\end{aligned}$$

因此，可以得到体积泛函的临界点的欧拉-拉格朗日方程为

$$H^\alpha = 0, \forall\alpha.$$

称满足上面方程的子流形为极小子流形.

5.3 极小子流形的例子

例 5.1 全测地子流形$B=0$必然是极小子流形.欧氏空间中的超平面，球面中的赤道.

例 5.2 假设$x: M^n \to S^{n+1}(1)$是单位球面中的全脐超曲面, 根据定义, 所有的主曲率都是常数

$$k_1 = k_2 = \cdots = k_n = \lambda = \mathrm{const} \neq 0.$$

通过直接计算, 得到

$$H = \lambda, S = n\lambda^2, P_3 = n\lambda^3, \rho = S - nH^2 = 0.$$

所以全脐超曲面如果为极小的，必定是全测地的.

例 5.3 维数为偶数$n \equiv 0(\mathrm{mod} 2)$的一个特殊超曲面定义如下:

$$C_{\frac{n}{2},\frac{n}{2}} = S^{\frac{n}{2}}(\frac{1}{\sqrt{2}}) \times S^{\frac{n}{2}}(\frac{1}{\sqrt{2}}) \to S^{n+1}(1).$$

所有的主曲率为

$$k_1 = \cdots = k_{\frac{n}{2}} = 1, k_{\frac{n}{2}+1} = \cdots = k_n = -1.$$

简单计算可得$H=0, S=n, P_3=0, \rho = S - nH^2 = n$. 所以$C_{\frac{n}{2},\frac{n}{2}}$一定是极小子流形.

例 5.4 设$0<r<1$，$M: S^m(r) \times S^{n-m}(\sqrt{1-r^2}) \to S^{n+1}(1)$.计算如下：

$$S^m(r) = \{rx_1 : |x_1| = 1\} \hookrightarrow E^{m+1},$$

$$S^{n-m}(\sqrt{1-r^2}) = \{\sqrt{1-r^2}x_2 : |x_2| = 1\} \hookrightarrow E^{n-m+1},$$

$$M := \{x = (rx_1, \sqrt{1-r^2}x_2)\} \hookrightarrow S^{n+1}(1) \hookrightarrow E^{n+2},$$

$$\mathrm{d}s^2 = (r\mathrm{d}x_1)^2 + (\sqrt{1-r^2}\mathrm{d}x_2)^2, e_{n+1} = (-\sqrt{1-r^2}x_1, rx_2),$$

$$h_{ij}\theta^i\otimes\theta^j=-\langle \mathrm{d}x,\mathrm{d}e_{n+1}\rangle=\frac{\sqrt{1-r^2}}{r}(r\mathrm{d}x_1)^2-\frac{r}{\sqrt{1-r^2}}(\sqrt{1-r^2}\mathrm{d}x_2)^2,$$

$$k_1=\cdots=k_m=\frac{\sqrt{1-r^2}}{r},k_{m+1}=\cdots=k_n=-\frac{r}{\sqrt{1-r^2}}.$$

这是环面的基本方程.

例 5.5 对于单位球面之中的具有两个不同主曲率的超曲面，寻求满足$H=0$的所有环面.已知

$$\lambda,\ \mu,0<\lambda,\mu<1,\lambda^2+\mu^2=1,$$

$$S^m(\lambda)\times S^{n-m}(\mu)\to S^{n+1}(1),\ 1\leqslant m\leqslant n-1.$$

所有的主曲率为

$$k_1=\cdots=k_m=\frac{\mu}{\lambda},\ k_{m+1}=\cdots=k_n=-\frac{\lambda}{\mu}.$$

简单计算可得

$$H=\frac{m\dfrac{\mu}{\lambda}-(n-m)\dfrac{\lambda}{\mu}}{n}.$$

设定$\dfrac{\mu}{\lambda}=x>0$, 那么

$$H=\frac{mx-(n-m)\dfrac{1}{x}}{n}.$$

如果$H=0$, 即

$$mx=(n-m)\frac{1}{x}.$$

求解方程可得

$$x=\sqrt{\frac{n-m}{m}},1\leqslant m\leqslant n-1.$$

因此

$$C_{m,n-m}:S^m(\sqrt{\frac{m}{n}})\times S^{n-m}(\sqrt{\frac{n-m}{n}})\to S^{n+1}(1),1\leqslant m\leqslant n-1$$

是满足$H=0$的环面，都是极小子流形.

例 5.6 设M是$S^{n+1}(1)$中的闭的等参超曲面，设$k_1>\cdots>k_g$是常主曲率，重数分别为$m_1,\cdots,m_g,n=m_1+\cdots+m_g$，则有：

(1) g只能取1,2,3,4,6；

(2) 当$g=1$时，M是全脐；

(3) 当$g=2$时，$M=S^m(r)\times S^{n-m}(\sqrt{1-r^2})$；

(4) 当$g=3$时，$m_1=m_2=m_3=2^k,k=0,1,2,3$；

(5) 当$g = 4$时，$m_1 = m_3, m_2 = m_4$. $(m_1, m_2) = (2,2)$或$(4,5)$或$m_1 + m_2 + 1 \equiv 0 (\bmod 2^{\phi(m_1-1)})$，函数$\phi(m) = \#\{s : 1 \leqslant s \leqslant m, s \equiv 0,1,2,4(\bmod 8)\}$；

(6) 当$g = 6$时，$m_1 = m_2 = \cdots = m_6 = 1$或者2；

(7) 存在一个角度$\theta, 0 < \theta < \frac{\pi}{g}$，使得$k_\alpha = \cot(\theta + \frac{\alpha - 1}{g}\pi), \alpha = 1, \cdots, g$.

以上七种情形可以参见文献[80~92].

例 5.7 Nomizu等参超曲面.令$S^{n+1}(1) = \{(x_1, \cdots, x_{2r+1}, x_{2r+2}) \in \mathbf{R}^{n+2} = \mathbf{R}^{2r+2} : |x| = 1\}$，其中$n = 2r \geqslant 4$.定义函数：

$$F(x) = (\sum_{i=1}^{r+1}(x_{2i-1}^2 - x_{2i}^2))^2 + 4(\sum_{i=1}^{r+1} x_{2i-1}x_{2i})^2.$$

考虑由函数$F(x)$定义的超曲面

$$M_t^n = \{x \in S^{n+1} : F(x) = \cos^2(2t)\},\ 0 < t < \frac{\pi}{4}.$$

M_t^n对固定参数t的主曲率为

$$k_1 = \cdots = k_{r-1} = \cot(-t), k_r = \cot(\frac{\pi}{4} - t),$$
$$k_{r+1} = \cdots = k_{n-1} = \cot(\frac{\pi}{2} - t), k_n = \cot(\frac{3\pi}{4} - t).$$

由此可以根据上面的主曲率计算$H = 0$时的参数t，即得到极小子流形.

例 5.8 Veronese曲面.假设(x, y, z)是$\mathbf{R}^3$的自然坐标, $(u_1, u_2, u_3, u_4, u_5)$是$\mathbf{R}^5$的自然坐标, 考察如下映射：

$$u_1 = \frac{1}{\sqrt{3}}yz, u_2 = \frac{1}{\sqrt{3}}xz, u_3 = \frac{1}{\sqrt{3}}xy,$$
$$u_4 = \frac{1}{2\sqrt{3}}(x^2 - y^2), u_5 = \frac{1}{6}(x^2 + y^2 - 2z^2),$$
$$x^2 + y^2 + z^2 = 3.$$

这个映射定义了浸入$x : RP^2 = S^2(\sqrt{3})/Z_2 \to S^4(1)$, 称之为Veronese曲面. 从文献[13]可知第二基本型为

$$\boldsymbol{A}_3 = \begin{pmatrix} 0 & \frac{1}{\sqrt{3}} \\ \frac{1}{\sqrt{3}} & 0 \end{pmatrix}, \boldsymbol{A}_4 = \begin{pmatrix} -\frac{1}{\sqrt{3}} & 0 \\ 0 & \frac{1}{\sqrt{3}} \end{pmatrix}.$$

经过简单计算可得

$$H^3 = H^4 = 0, S_{333} = S_{344} = S_{433} = S_{444} = 0.$$

显然Veronese曲面是极小子流形.

例 5.9 假设

$$S^m\left(\sqrt{\frac{2(m+1)}{m}}\right) = \left\{(x_0, x_1, \cdots, x_m) | \sum_{i=0}^m x_i^2 = \frac{2(m+1)}{m}\right\},$$

并且E是满足$\sum_{i=1}^m u_{ii}=0$的对称矩阵$(u_{ij})_{m\times m}$组成的空间, 显然E是维数为$\frac{1}{2}m(m+3)$的线性空间. 定义E中元素的模长为

$$\|(u_{ij})\|^2=\sum_{ij}u_{ij}^2.$$

假设$S^{m+p}(1), p=\frac{1}{2}(m-1)(m+2)$是$E$中的单位球面，定义$S^m\left(\sqrt{\frac{2(m+1)}{m}}\right)$到$S^{m+p}(1)$的映射

$$u_{ij}=\frac{1}{2}\sqrt{\frac{m}{m+1}}(x_ix_j-\frac{2}{m}\delta_{ij}),$$

这是一个极小的等距浸入.

例 5.10 假设$M=S^{n_1}(a_1)\times\cdots\times S^{n_p}(a_p)$是典范嵌入$S^{n+p-1}$中的子流形, 涉及的参数满足

$$\sum_{i=1}^p n_i=n,\sum_{i=1}^p a_i^2=1.$$

考虑

$$\mathbf{R}^{n+p}=\mathbf{R}^{n_i+1}\times\cdots\times\mathbf{R}^{n_p+1},\sum_{i=1}^p n_i=n$$

和

$$S^{n_1}(a_1)\times\cdots\times S^{n_p}(a_p)=\{x=(a_1x_1,\cdots,a_px_p)|\, x_i\in\mathbf{R}^{n_i+1},|x_i|=1,i=1,\cdots,p\},$$

其中

$$x=(a_1x_1,\cdots,a_px_p):S^{n_1}(a_1)\times\cdots\times S^{n_p}(a_p)\to S^{n+p-1}(1)$$

是典范嵌入. 假设M上的$(p-1)$各单位正交标架为

$$e_{m+\lambda}=(a_{\lambda 1}x_1,\cdots,a_{\lambda p}x_p),1\leqslant\lambda\leqslant p-1,$$

此处$(a_{\lambda 1},\cdots,a_{\lambda p})$构成的$p\times p$矩阵

$$\boldsymbol{A}=\begin{pmatrix} a_1 & \cdots & a_p\\ a_{11} & \cdots & a_{1p}\\ \vdots & & \vdots\\ a_{(p-1)1} & \cdots & a_{(p-1)p}\end{pmatrix}$$

是正交方阵,因此

$$\sum_{\lambda=1}^{p-1}a_{\lambda i}a_{\lambda j}=\delta_{ij}-a_ia_j,\forall i,j=1,\cdots,p.$$

直接计算可得M的第一基本型和第二基本型分别为

$$I=\mathrm{d}x\cdot\mathrm{d}x=\sum_{i=1}^p a_i^2\mathrm{d}x_i\cdot\mathrm{d}x_i,$$

$$II=-\sum_{\lambda=1}^{p-1}[\sum_{i=1}^{p}a_ia_{\lambda i}\mathrm{d}x_i\cdot\mathrm{d}x_i]e_{n+\lambda}.$$

特别地, 第二基本型的分量为

$$(h_{ij}^{n+\lambda})=\begin{pmatrix}-\dfrac{a_{\lambda 1}}{a_1}E_1 & & \\ & \ddots & \\ & & -\dfrac{a_{\lambda p}}{a_p}E_p\end{pmatrix},\lambda=1,\cdots,p-1,$$

其中E_i表示$n_i\times n_i$的单位方阵, 通过直接计算可得

$$H^{m+\lambda}=\frac{1}{n}\sum_{i=1}^{p}\frac{a_{\lambda i}}{a_i}n_i,1\leqslant\lambda\leqslant p-1,$$

$$S=\sum_{i=1}^{p}n_i\frac{1-a_i^2}{a_i^2},$$

$$\sum_{n+\mu}S_{(n+\lambda)(n+\mu)(n+\mu)}=-\sum_{i=1}^{p}\frac{n_i}{a_i^3}a_{\lambda i}(1-a_i^2),$$

$$S_{(n+\lambda)(n+\mu)}=\sum_{i=1}^{p}n_i\frac{a_{\lambda i}a_{\mu i}}{a_i^2}.$$

只要通过上面的表达式求解$\boldsymbol{H}=0$就可以得到高余维子流形.

第6章 体积泛函的间隙现象

本章对体积泛函零界点即极小子流形的几何量S做一些积分估计，运用精巧的不等式得出间隙现象，并运用结构方程得到间隙端点的特殊子流形的分类.

6.1 极小子流形的计算

假设$x: M^n \to N^{n+p}$是极小子流形，也就是体积泛函$Vol(x) = \int_M \mathrm{d}v$的临界点，在代数上也就是满足

$$H^\alpha = 0, \forall \alpha \in [n+1, n+p]$$

的子流形.为了进一步探索极小子流形的性质，尝试计算极小子流形的几何量S的拉普拉，为此需要引用第4章的计算.

引理 6.1 在一般流形之中且当$p \geqslant 2$时，极小子流形的全曲率模长函数S的拉普拉斯为

$$\begin{aligned}\Delta S &= \sum_{ijk\alpha} -2h_{ij}^\alpha \bar{R}_{ijk,k}^\alpha + \sum_{ijk\alpha} 2h_{ij}^\alpha \bar{R}_{kki,j}^\alpha + 2|\nabla h|^2 + \\ &\quad 2\left[\sum_{ijpk\alpha} h_{ij}^\alpha h_{pk}^\alpha \bar{R}_{ipjk} + \sum_{ijpk\alpha} h_{ij}^\alpha h_{ip}^\alpha \bar{R}_{kpjk} + \sum_{ijk\alpha\beta} h_{ij}^\alpha h_{ik}^\beta \bar{R}_{\alpha\beta jk}\right] - \\ &\quad 2\left[\sum_{\alpha\neq\beta} N(A_\alpha A_\beta - A_\beta A_\alpha) + \sum_{\alpha\beta}(S_{\alpha\beta})^2\right].\end{aligned}$$

引理 6.2 在一般流形之中且$p = 1$时，极小子流形的全曲率模长函数S的拉普拉斯为

$$\begin{aligned}\Delta S &= \sum_{ijk} 2h_{ij}\bar{R}_{(n+1)ijk,k} - \sum_{ijk} 2h_{ij}\bar{R}_{(n+1)kki,j} + 2|\nabla h|^2 + \\ &\quad \sum_{ijkl} 2h_{ij}h_{kl}\bar{R}_{iljk} + \sum_{ijkl} 2h_{ij}h_{il}\bar{R}_{jkkl} - 2S^2.\end{aligned}$$

引理 6.3 在空间形式之中且$p \geqslant 2$时，极小子流形的全曲率模长函数S的拉普拉斯为

$$\Delta S = 2|\nabla h|^2 + 2ncS - 2\left[\sum_{\alpha\neq\beta} N(A_\alpha A_\beta - A_\beta A_\alpha) + \sum_{\alpha\beta}(S_{\alpha\beta})^2\right].$$

引理 6.4 在空间形式之中且$p = 1$时，极小子流形全曲率模长函数S的拉普拉斯为

$$\Delta S = 2|\nabla h|^2 + 2ncS - 2S^2.$$

为了得到子流形更加深刻的性质，不仅需要计算几何量S的拉普拉斯，还需要计算S的抽象函数$F(S)$的拉普拉斯，其中抽象函数F满足

$$F: [0, \infty) \to \mathbf{R}, u \to F(u), F \in C^3[0, +\infty).$$

对于函数$F(S)$，可以分不同的情形进行计算.

引理 6.5 在一般流形之中且当$p \geqslant 2$时，极小子流形的全曲率模长抽象函数$F(S)$的拉普拉斯为

$$\begin{aligned}\Delta F(S) &= F''(S)|\nabla S|^2 + F'(S)\Bigg(\sum_{ijk\alpha} -2h_{ij}^{\alpha}\bar{R}_{ijk,k}^{\alpha} + \sum_{ijk\alpha} 2h_{ij}^{\alpha}\bar{R}_{kki,j}^{\alpha} + 2|\nabla h|^2 + \\ &\quad 2\left[\sum_{ijpk\alpha} h_{ij}^{\alpha}h_{pk}^{\alpha}\bar{R}_{ipjk} + \sum_{ijpk\alpha} h_{ij}^{\alpha}h_{ip}^{\alpha}\bar{R}_{kpjk} + \sum_{ijk\alpha\beta} h_{ij}^{\alpha}h_{ik}^{\beta}\bar{R}_{\alpha\beta jk}\right] - \\ &\quad 2\left[\sum_{\alpha\neq\beta} N(A_\alpha A_\beta - A_\beta A_\alpha) + \sum_{\alpha\beta}(S_{\alpha\beta})^2\right]\Bigg).\end{aligned}$$

引理 6.6 在一般流形之中且$p = 1$时，极小子流形的全曲率模长抽象函数$F(S)$的拉普拉斯为

$$\begin{aligned}\Delta F(S) &= F''(S)|\nabla S|^2 + F'(S)\Bigg(\sum_{ijk} 2h_{ij}\bar{R}_{(n+1)ijk,k} - \sum_{ijk} 2h_{ij}\bar{R}_{(n+1)kki,j} + \\ &\quad 2|\nabla h|^2 + \sum_{ijkl} 2h_{ij}h_{kl}\bar{R}_{iljk} + \sum_{ijkl} 2h_{ij}h_{il}\bar{R}_{jkkl} - 2S^2\Bigg).\end{aligned}$$

引理 6.7 在空间形式之中且$p \geqslant 2$时，极小子流形的全曲率模长抽象函数$F(S)$的拉普拉斯为

$$\begin{aligned}\Delta F(S) &= F''(S)|\nabla S|^2 + F'(S)\Bigg(2|\nabla h|^2 + 2ncS - \\ &\quad 2\left[\sum_{\alpha\neq\beta}(N(A_\alpha A_\beta - A_\beta A_\alpha) + \sum_{\alpha\beta}(S_{\alpha\beta})^2\right]\Bigg).\end{aligned}$$

引理 6.8 在空间形式之中且$p = 1$时，极小子流形的全曲率模长抽象函数$F(S)$的拉普拉斯为

$$\Delta F(S) = F''(S)|\nabla S|^2 + F'(S)\left(2|\nabla h|^2 + 2ncS - 2S^2\right).$$

6.2 极小子流形的估计

借助第6.1节的计算和第四章的陈省身不等式与李安民不等式，可对极小子流形做多类型的估计.

定理 6.1 (陈省身矩阵不等式) 设$x: M^n \to N^{n+p}, p \geqslant 2$ 是子流形，那么在某点$q \in M$有

$$\sum_{\alpha\neq\beta} N(\boldsymbol{A}_\alpha \boldsymbol{A}_\beta - \boldsymbol{A}_\beta \boldsymbol{A}_\alpha) + \sum_{\alpha\beta}(S_{\alpha\beta})^2 \leqslant (2 - \frac{1}{p})S^2,$$

等式成立当且仅当两种情形:

情形1：$\boldsymbol{A}_\alpha$全部为0.

情形2：余维数$p=2$，$\boldsymbol{A}_{n+1}\neq 0, \boldsymbol{A}_{n+2}\neq 0$，并且$\boldsymbol{A}_{n+1}, \boldsymbol{A}_{n+2}$在点$q\in M$ 可以同时正交化为

$$\boldsymbol{A}_{n+1}=\frac{\sqrt{S}}{2}\begin{pmatrix} 1 & 0 & 0 & \dots \\ 0 & -1 & 0 & \dots \\ 0 & 0 & 0 & \dots \\ \vdots & \vdots & \vdots & \ddots \end{pmatrix}, \boldsymbol{A}_{n+2}=\frac{\sqrt{S}}{2}\begin{pmatrix} 0 & 1 & 0 & \dots \\ 1 & 0 & 0 & \dots \\ 0 & 0 & 0 & \dots \\ \vdots & \vdots & \vdots & \ddots \end{pmatrix}.$$

定理 6.2 (李安民矩阵不等式) 设$x: M^n\to N^{n+p}, p\geqslant 2$ 是子流形，那么在某点$q\in M$有不等式

$$\sum_{\alpha\neq\beta} N(\boldsymbol{A}_\alpha\boldsymbol{A}_\beta-\boldsymbol{A}_\beta\boldsymbol{A}_\alpha)+\sum_{\alpha\beta}(S_{\alpha\beta})^2\leqslant\frac{3}{2}S^2.$$

等式成立当且仅当下面的条件之一成立：

(1) $\boldsymbol{A}_{n+1}=\boldsymbol{A}_{n+2}=\dots=\boldsymbol{A}_{n+p}=0$;

(2) $\boldsymbol{A}_{n+1}\neq 0, \boldsymbol{A}_{n+2}\neq 0, \boldsymbol{A}_{n+3}=\boldsymbol{A}_{n+4}=\dots=\boldsymbol{A}_{n+p}=0, S_{(n+1)(n+1)}=S_{(n+2)(n+2)}$.

并且在情形2的条件之下，A_1, A_2可以同时正交化为

$$\boldsymbol{A}_{n+1}=\frac{\sqrt{S}}{2}\begin{pmatrix} 1 & 0 & 0 & \dots \\ 0 & -1 & 0 & \dots \\ 0 & 0 & 0 & \dots \\ \vdots & \vdots & \vdots & \ddots \end{pmatrix}, \boldsymbol{A}_{n+2}=\frac{\sqrt{S}}{2}\begin{pmatrix} 0 & 1 & 0 & \dots \\ 1 & 0 & 0 & \dots \\ 0 & 0 & 0 & \dots \\ \vdots & \vdots & \vdots & \ddots \end{pmatrix}.$$

6.2.1 幂函数型估计

定理 6.3 假设$x: M^n\to N^{n+p}, p\geqslant 2$是一般流形之中的高余维极小子流形，幂函数的参数$r>0$，那么极小子流形满足陈省身类型估计

$$\begin{aligned}
\Delta S^r &= r(r-1)S^{r-2}|\nabla S|^2+rS^{r-1}\Bigg(\sum_{ijk\alpha}-2h_{ij}^\alpha\bar{R}_{ijk,k}^\alpha+\sum_{ijk\alpha}2h_{ij}^\alpha\bar{R}_{kki,j}^\alpha+2|\nabla h|^2+\\
&\quad 2\left[\sum_{ijpk\alpha}h_{ij}^\alpha h_{pk}^\alpha\bar{R}_{ipjk}+\sum_{ijpk\alpha}h_{ij}^\alpha h_{ip}^\alpha\bar{R}_{kpjk}+\sum_{ijk\alpha\beta}h_{ij}^\alpha h_{ik}^\beta\bar{R}_{\alpha\beta jk}\right]-\\
&\quad 2\left[\sum_{\alpha\neq\beta}N(A_\alpha A_\beta-A_\beta A_\alpha)+\sum_{\alpha\beta}(S_{\alpha\beta})^2\right]\Bigg)\\
&\geqslant r(r-1)S^{r-2}|\nabla S|^2+rS^{r-1}\Bigg(\sum_{ijk\alpha}-2h_{ij}^\alpha\bar{R}_{ijk,k}^\alpha+\sum_{ijk\alpha}2h_{ij}^\alpha\bar{R}_{kki,j}^\alpha+2|\nabla h|^2+\\
&\quad 2\left[\sum_{ijpk\alpha}h_{ij}^\alpha h_{pk}^\alpha\bar{R}_{ipjk}+\sum_{ijpk\alpha}h_{ij}^\alpha h_{ip}^\alpha\bar{R}_{kpjk}+\sum_{ijk\alpha\beta}h_{ij}^\alpha h_{ik}^\beta\bar{R}_{\alpha\beta jk}\right]-\\
&\quad 2(2-\frac{1}{p})S^2\Bigg).
\end{aligned}$$

定理 6.4 假设$x: M^n \to N^{n+p}, p \geqslant 2$是一般流形之中的高余维极小子流形，幂函数的参数$r>0$，那么极小子流形满足李安民类型估计

$$\begin{aligned}
\Delta S^r &= r(r-1)S^{r-2}|\nabla S|^2 + rS^{r-1}\Bigg(\sum_{ijk\alpha} -2h_{ij}^{\alpha}\bar{R}_{ijk,k}^{\alpha} + \sum_{ijk\alpha} 2h_{ij}^{\alpha}\bar{R}_{kki,j}^{\alpha} + 2|\nabla h|^2 + \\
&\quad 2\left[\sum_{ijpk\alpha} h_{ij}^{\alpha}h_{pk}^{\alpha}\bar{R}_{ipjk} + \sum_{ijpk\alpha} h_{ij}^{\alpha}h_{ip}^{\alpha}\bar{R}_{kpjk} + \sum_{ijk\alpha\beta} h_{ij}^{\alpha}h_{ik}^{\beta}\bar{R}_{\alpha\beta jk}\right] - \\
&\quad 2\left[\sum_{\alpha\neq\beta} N(A_\alpha A_\beta - A_\beta A_\alpha) + \sum_{\alpha\beta}(S_{\alpha\beta})^2\right]\Bigg) \\
&\geqslant r(r-1)S^{r-2}|\nabla S|^2 + rS^{r-1}\Bigg(\sum_{ijk\alpha} -2h_{ij}^{\alpha}\bar{R}_{ijk,k}^{\alpha} + \sum_{ijk\alpha} 2h_{ij}^{\alpha}\bar{R}_{kki,j}^{\alpha} + 2|\nabla h|^2 + \\
&\quad 2\left[\sum_{ijpk\alpha} h_{ij}^{\alpha}h_{pk}^{\alpha}\bar{R}_{ipjk} + \sum_{ijpk\alpha} h_{ij}^{\alpha}h_{ip}^{\alpha}\bar{R}_{kpjk} + \sum_{ijk\alpha\beta} h_{ij}^{\alpha}h_{ik}^{\beta}\bar{R}_{\alpha\beta jk}\right] - 3S^2\Bigg).
\end{aligned}$$

定理 6.5 假设$x: M^n \to N^{n+p}, p=1$是一般流形之中的极小超曲面，那么满足

$$\begin{aligned}
\Delta S^r &= r(r-1)S^{r-2}|\nabla S|^2 + rS^{r-1}\Bigg(\sum_{ijk} 2h_{ij}\bar{R}_{(n+1)ijk,k} - \sum_{ijk} 2h_{ij}\bar{R}_{(n+1)kki,j} + \\
&\quad 2|\nabla h|^2 + \sum_{ijkl} 2h_{ij}h_{kl}\bar{R}_{iljk} + \sum_{ijkl} 2h_{ij}h_{il}\bar{R}_{jkkl} - 2S^2\Bigg).
\end{aligned}$$

定理 6.6 假设$x: M^n \to R^{n+p}(c), p \geqslant 2$是空间形式之中的高余维极小子流形，幂函数的参数$r>0$，那么极小子流形满足陈省身类型估计

$$\begin{aligned}
\Delta S^r &= r(r-1)S^{r-2}|\nabla S|^2 + rS^{r-1}\Bigg(2|\nabla h|^2 + 2ncS - \\
&\quad 2\left[\sum_{\alpha\neq\beta}(N(A_\alpha A_\beta - A_\beta A_\alpha) + \sum_{\alpha\beta}(S_{\alpha\beta})^2\right]\Bigg) \\
&\geqslant r(r-1)S^{r-2}|\nabla S|^2 + rS^{r-1}\left(2|\nabla h|^2 + 2ncS - 2(2-\frac{1}{p})S^2\right).
\end{aligned}$$

定理 6.7 假设$x: M^n \to R^{n+p}(c), p \geqslant 2$是空间形式之中的高余维极小子流形，幂函数的参数$r>0$，那么极小子流形满足李安民类型估计

$$\begin{aligned}
\Delta S^r &= r(r-1)S^{r-2}|\nabla S|^2 + rS^{r-1}\Bigg(2|\nabla h|^2 + 2ncS - \\
&\quad 2\left[\sum_{\alpha\neq\beta}(N(A_\alpha A_\beta - A_\beta A_\alpha) + \sum_{\alpha\beta}(S_{\alpha\beta})^2\right]\Bigg) \\
&\geqslant r(r-1)S^{r-2}|\nabla S|^2 + rS^{r-1}\left(2|\nabla h|^2 + 2ncS - 3S^2\right).
\end{aligned}$$

定理 6.8 假设$x: M^n \to R^{n+p}(c), p=1$是空间形式之中的极小超曲面，那么满足

$$\Delta S^r = r(r-1)S^{r-2}|\nabla S|^2 + rS^{r-1}\left(2|\nabla h|^2 + 2ncS - 2S^2\right).$$

6.2.2 指数函数型估计

定理 6.9 假设$x: M^n \to N^{n+p}, p \geqslant 2$是一般流形之中的高余维极小子流形，那么极小子流形满足陈省身类型估计

$$\begin{aligned}
\Delta \exp(S) &= \exp(S)|\nabla S|^2 + \exp(S)\Bigg(\sum_{ijk\alpha} -2h_{ij}^{\alpha}\bar{R}_{ijk,k}^{\alpha} + \sum_{ijk\alpha} 2h_{ij}^{\alpha}\bar{R}_{kki,j}^{\alpha} + 2|\nabla h|^2 + \\
&\quad 2\left[\sum_{ijpk\alpha} h_{ij}^{\alpha}h_{pk}^{\alpha}\bar{R}_{ipjk} + \sum_{ijpk\alpha} h_{ij}^{\alpha}h_{ip}^{\alpha}\bar{R}_{kpjk} + \sum_{ijk\alpha\beta} h_{ij}^{\alpha}h_{ik}^{\beta}\bar{R}_{\alpha\beta jk}\right] - \\
&\quad 2\left[\sum_{\alpha\neq\beta} N(A_\alpha A_\beta - A_\beta A_\alpha) + \sum_{\alpha\beta}(S_{\alpha\beta})^2\right]\Bigg) \\
&\geqslant \exp(S)|\nabla S|^2 + \exp(S)\Bigg(\sum_{ijk\alpha} -2h_{ij}^{\alpha}\bar{R}_{ijk,k}^{\alpha} + \sum_{ijk\alpha} 2h_{ij}^{\alpha}\bar{R}_{kki,j}^{\alpha} + 2|\nabla h|^2 + \\
&\quad 2\left[\sum_{ijpk\alpha} h_{ij}^{\alpha}h_{pk}^{\alpha}\bar{R}_{ipjk} + \sum_{ijpk\alpha} h_{ij}^{\alpha}h_{ip}^{\alpha}\bar{R}_{kpjk} + \sum_{ijk\alpha\beta} h_{ij}^{\alpha}h_{ik}^{\beta}\bar{R}_{\alpha\beta jk}\right] - \\
&\quad 2(2-\frac{1}{p})S^2\Bigg).
\end{aligned}$$

定理 6.10 假设$x: M^n \to N^{n+p}, p \geqslant 2$是一般流形之中的高余维极小子流形，抽象函数$F'(u) \leqslant 0$，那么极小子流形满足陈省身类型估计

$$\begin{aligned}
\Delta \exp(-S) &= \exp(-S)|\nabla S|^2 - \exp(-S)\Bigg(\sum_{ijk\alpha} -2h_{ij}^{\alpha}\bar{R}_{ijk,k}^{\alpha} + \sum_{ijk\alpha} 2h_{ij}^{\alpha}\bar{R}_{kki,j}^{\alpha} + 2|\nabla h|^2 + \\
&\quad 2\left[\sum_{ijpk\alpha} h_{ij}^{\alpha}h_{pk}^{\alpha}\bar{R}_{ipjk} + \sum_{ijpk\alpha} h_{ij}^{\alpha}h_{ip}^{\alpha}\bar{R}_{kpjk} + \sum_{ijk\alpha\beta} h_{ij}^{\alpha}h_{ik}^{\beta}\bar{R}_{\alpha\beta jk}\right] - \\
&\quad 2\left[\sum_{\alpha\neq\beta} N(A_\alpha A_\beta - A_\beta A_\alpha) + \sum_{\alpha\beta}(S_{\alpha\beta})^2\right]\Bigg) \\
&\leqslant \exp(-S)|\nabla S|^2 - \exp(-S)\Bigg(\sum_{ijk\alpha} -2h_{ij}^{\alpha}\bar{R}_{ijk,k}^{\alpha} + \sum_{ijk\alpha} 2h_{ij}^{\alpha}\bar{R}_{kki,j}^{\alpha} + 2|\nabla h|^2 + \\
&\quad 2\left[\sum_{ijpk\alpha} h_{ij}^{\alpha}h_{pk}^{\alpha}\bar{R}_{ipjk} + \sum_{ijpk\alpha} h_{ij}^{\alpha}h_{ip}^{\alpha}\bar{R}_{kpjk} + \sum_{ijk\alpha\beta} h_{ij}^{\alpha}h_{ik}^{\beta}\bar{R}_{\alpha\beta jk}\right] - \\
&\quad 2(2-\frac{1}{p})S^2\Bigg).
\end{aligned}$$

定理 6.11 假设$x: M^n \to N^{n+p}, p \geqslant 2$是一般流形之中的高余维极小子流形，那么极小

子流形满足李安民类型估计

$$
\begin{aligned}
\Delta\exp(S) &= \exp(S)|\nabla S|^2+\exp(S)\Bigg(\sum_{ijk\alpha}-2h_{ij}^{\alpha}\bar{R}_{ijk,k}^{\alpha}+\sum_{ijk\alpha}2h_{ij}^{\alpha}\bar{R}_{kki,j}^{\alpha}+2|\nabla h|^2+\\
&\quad 2\left[\sum_{ijpk\alpha}h_{ij}^{\alpha}h_{pk}^{\alpha}\bar{R}_{ipjk}+\sum_{ijpk\alpha}h_{ij}^{\alpha}h_{ip}^{\alpha}\bar{R}_{kpjk}+\sum_{ijk\alpha\beta}h_{ij}^{\alpha}h_{ik}^{\beta}\bar{R}_{\alpha\beta jk}\right]-\\
&\quad 2\left[\sum_{\alpha\neq\beta}N(A_\alpha A_\beta-A_\beta A_\alpha)+\sum_{\alpha\beta}(S_{\alpha\beta})^2\right]\Bigg)\\
&\geqslant \exp(S)|\nabla S|^2+\exp(S)\Bigg(\sum_{ijk\alpha}-2h_{ij}^{\alpha}\bar{R}_{ijk,k}^{\alpha}+\sum_{ijk\alpha}2h_{ij}^{\alpha}\bar{R}_{kki,j}^{\alpha}+2|\nabla h|^2+\\
&\quad 2\left[\sum_{ijpk\alpha}h_{ij}^{\alpha}h_{pk}^{\alpha}\bar{R}_{ipjk}+\sum_{ijpk\alpha}h_{ij}^{\alpha}h_{ip}^{\alpha}\bar{R}_{kpjk}+\sum_{ijk\alpha\beta}h_{ij}^{\alpha}h_{ik}^{\beta}\bar{R}_{\alpha\beta jk}\right]-3S^2\Bigg).
\end{aligned}
$$

定理 6.12　假设$x:M^n\to N^{n+p},p\geqslant 2$是一般流形之中的高余维极小子流形，那么极小子流形满足李安民类型估计

$$
\begin{aligned}
\Delta\exp(-S) &= \exp(-S)|\nabla S|^2-\exp(-S)\Bigg(\sum_{ijk\alpha}-2h_{ij}^{\alpha}\bar{R}_{ijk,k}^{\alpha}+\sum_{ijk\alpha}2h_{ij}^{\alpha}\bar{R}_{kki,j}^{\alpha}+2|\nabla h|^2+\\
&\quad 2\left[\sum_{ijpk\alpha}h_{ij}^{\alpha}h_{pk}^{\alpha}\bar{R}_{ipjk}+\sum_{ijpk\alpha}h_{ij}^{\alpha}h_{ip}^{\alpha}\bar{R}_{kpjk}+\sum_{ijk\alpha\beta}h_{ij}^{\alpha}h_{ik}^{\beta}\bar{R}_{\alpha\beta jk}\right]-\\
&\quad 2\left[\sum_{\alpha\neq\beta}N(A_\alpha A_\beta-A_\beta A_\alpha)+\sum_{\alpha\beta}(S_{\alpha\beta})^2\right]\Bigg)\\
&\leqslant \exp(-S)|\nabla S|^2-\exp(-S)\Bigg(\sum_{ijk\alpha}-2h_{ij}^{\alpha}\bar{R}_{ijk,k}^{\alpha}+\sum_{ijk\alpha}2h_{ij}^{\alpha}\bar{R}_{kki,j}^{\alpha}+2|\nabla h|^2+\\
&\quad 2\left[\sum_{ijpk\alpha}h_{ij}^{\alpha}h_{pk}^{\alpha}\bar{R}_{ipjk}+\sum_{ijpk\alpha}h_{ij}^{\alpha}h_{ip}^{\alpha}\bar{R}_{kpjk}+\sum_{ijk\alpha\beta}h_{ij}^{\alpha}h_{ik}^{\beta}\bar{R}_{\alpha\beta jk}\right]-3S^2\Bigg).
\end{aligned}
$$

定理 6.13　假设$x:M^n\to N^{n+p},p=1$是一般流形之中的极小超曲面，那么满足

$$
\begin{aligned}
\Delta\exp(S) &= \exp(S)|\nabla S|^2+\exp(S)\Bigg(\sum_{ijk}2h_{ij}\bar{R}_{(n+1)ijk,k}-\sum_{ijk}2h_{ij}\bar{R}_{(n+1)kki,j}+\\
&\quad 2|\nabla h|^2+\sum_{ijkl}2h_{ij}h_{kl}\bar{R}_{iljk}+\sum_{ijkl}2h_{ij}h_{il}\bar{R}_{jkkl}-2S^2\Bigg).
\end{aligned}
$$

定理 6.14　假设$x:M^n\to N^{n+p},p=1$是一般流形之中的极小超曲面，那么满足

$$
\begin{aligned}
\Delta\exp(-S) &= \exp(-S)|\nabla S|^2-\exp(S)\Bigg(\sum_{ijk}2h_{ij}\bar{R}_{(n+1)ijk,k}-\sum_{ijk}2h_{ij}\bar{R}_{(n+1)kki,j}+\\
&\quad 2|\nabla h|^2+\sum_{ijkl}2h_{ij}h_{kl}\bar{R}_{iljk}+\sum_{ijkl}2h_{ij}h_{il}\bar{R}_{jkkl}-2S^2\Bigg).
\end{aligned}
$$

定理 6.15　假设$x:M^n\to R^{n+p}(c),p\geqslant 2$是空间形式之中的高余维极小子流形，那么极

小子流形满足陈省身类型估计

$$\begin{aligned}\Delta\exp(S) &= \exp(S)|\nabla S|^2+\exp(S)\Bigg(2|\nabla h|^2+2ncS-\\&2\left[\sum_{\alpha\neq\beta}(N(A_\alpha A_\beta-A_\beta A_\alpha)+\sum_{\alpha\beta}(S_{\alpha\beta})^2\right]\Bigg)\\&\geqslant \exp(S)|\nabla S|^2+\exp(S)\Bigg(2|\nabla h|^2+2ncS-2(2-\frac{1}{p})S^2\Bigg).\end{aligned}$$

定理 6.16　假设$x:M^n\to R^{n+p}(c),p\geqslant 2$是空间形式之中的高余维极小子流形，那么极小子流形满足陈省身类型估计

$$\begin{aligned}\Delta\exp(-S) &= \exp(-S)|\nabla S|^2-\exp(-S)\Bigg(2|\nabla h|^2+2ncS-\\&2\left[\sum_{\alpha\neq\beta}(N(A_\alpha A_\beta-A_\beta A_\alpha)+\sum_{\alpha\beta}(S_{\alpha\beta})^2\right]\Bigg)\\&\leqslant \exp(-S)|\nabla S|^2-\exp(-S)\Bigg(2|\nabla h|^2+2ncS-2(2-\frac{1}{p})S^2\Bigg).\end{aligned}$$

定理 6.17　假设$x:M^n\to R^{n+p}(c),p\geqslant 2$是空间形式之中的高余维极小子流形，那么极小子流形满足李安民类型估计

$$\begin{aligned}\Delta\exp(S) &= \exp(S)|\nabla S|^2+\exp(S)\Bigg(2|\nabla h|^2+2ncS-\\&2\left[\sum_{\alpha\neq\beta}(N(A_\alpha A_\beta-A_\beta A_\alpha)+\sum_{\alpha\beta}(S_{\alpha\beta})^2\right]\Bigg)\\&\geqslant \exp(S)|\nabla S|^2+\exp(S)\Bigg(2|\nabla h|^2+2ncS-3S^2\Bigg).\end{aligned}$$

定理 6.18　假设$x:M^n\to R^{n+p}(c),p\geqslant 2$是空间形式之中的高余维极小子流形，那么极小子流形满足李安民类型估计

$$\begin{aligned}\Delta\exp(-S) &= \exp(-S)|\nabla S|^2-\exp(-S)\Bigg(2|\nabla h|^2+2ncS-\\&2\left[\sum_{\alpha\neq\beta}(N(A_\alpha A_\beta-A_\beta A_\alpha)+\sum_{\alpha\beta}(S_{\alpha\beta})^2\right]\Bigg)\\&\leqslant \exp(-S)|\nabla S|^2-\exp(-S)\Bigg(2|\nabla h|^2+2ncS-3S^2\Bigg).\end{aligned}$$

定理 6.19　假设$x:M^n\to R^{n+p}(c),p=1$是空间形式之中的极小超曲面，那么满足

$$\Delta\exp(S)=\exp(S)|\nabla S|^2+\exp(S)\left(2|\nabla h|^2+2ncS-2S^2\right).$$

定理 6.20 假设$x: M^n \to R^{n+p}(c), p=1$是空间形式之中的极小超曲面，那么满足

$$\Delta \exp(-S) = \exp(-S)|\nabla S|^2 - \exp(S)\left(2|\nabla h|^2 + 2ncS - 2S^2\right).$$

6.2.3 对数函数型估计

定理 6.21 假设$x: M^n \to N^{n+p}, p \geqslant 2$是一般流形之中的高余维极小子流形，那么极小子流形满足陈省身类型估计

$$\begin{aligned}
\Delta \log(S) &= -\frac{1}{S^2}|\nabla S|^2 + \frac{1}{S}\Bigg(\sum_{ijk\alpha} -2h_{ij}^{\alpha}\bar{R}_{ijk,k}^{\alpha} + \sum_{ijk\alpha} 2h_{ij}^{\alpha}\bar{R}_{kki,j}^{\alpha} + 2|\nabla h|^2 + \\
&\quad 2\left[\sum_{ijpk\alpha} h_{ij}^{\alpha}h_{pk}^{\alpha}\bar{R}_{ipjk} + \sum_{ijpk\alpha} h_{ij}^{\alpha}h_{ip}^{\alpha}\bar{R}_{kpjk} + \sum_{ijk\alpha\beta} h_{ij}^{\alpha}h_{ik}^{\beta}\bar{R}_{\alpha\beta jk}\right] - \\
&\quad 2\left[\sum_{\alpha\neq\beta} N(A_\alpha A_\beta - A_\beta A_\alpha) + \sum_{\alpha\beta}(S_{\alpha\beta})^2\right]\Bigg) \\
&\geqslant -\frac{1}{S^2}|\nabla S|^2 + \frac{1}{S}\Bigg(\sum_{ijk\alpha} -2h_{ij}^{\alpha}\bar{R}_{ijk,k}^{\alpha} + \sum_{ijk\alpha} 2h_{ij}^{\alpha}\bar{R}_{kki,j}^{\alpha} + 2|\nabla h|^2 + \\
&\quad 2\left[\sum_{ijpk\alpha} h_{ij}^{\alpha}h_{pk}^{\alpha}\bar{R}_{ipjk} + \sum_{ijpk\alpha} h_{ij}^{\alpha}h_{ip}^{\alpha}\bar{R}_{kpjk} + \sum_{ijk\alpha\beta} h_{ij}^{\alpha}h_{ik}^{\beta}\bar{R}_{\alpha\beta jk}\right] - \\
&\quad 2(2-\frac{1}{p})S^2\Bigg).
\end{aligned}$$

定理 6.22 假设$x: M^n \to N^{n+p}, p \geqslant 2$是一般流形之中的高余维极小子流形，抽象函数$F'(u) \geqslant 0$，那么极小子流形满足李安民类型估计

$$\begin{aligned}
\Delta \log(S) &= -\frac{1}{S^2}|\nabla S|^2 + \frac{1}{S}\Bigg(\sum_{ijk\alpha} -2h_{ij}^{\alpha}\bar{R}_{ijk,k}^{\alpha} + \sum_{ijk\alpha} 2h_{ij}^{\alpha}\bar{R}_{kki,j}^{\alpha} + 2|\nabla h|^2 + \\
&\quad 2\left[\sum_{ijpk\alpha} h_{ij}^{\alpha}h_{pk}^{\alpha}\bar{R}_{ipjk} + \sum_{ijpk\alpha} h_{ij}^{\alpha}h_{ip}^{\alpha}\bar{R}_{kpjk} + \sum_{ijk\alpha\beta} h_{ij}^{\alpha}h_{ik}^{\beta}\bar{R}_{\alpha\beta jk}\right] - \\
&\quad 2\left[\sum_{\alpha\neq\beta} N(A_\alpha A_\beta - A_\beta A_\alpha) + \sum_{\alpha\beta}(S_{\alpha\beta})^2\right]\Bigg) \\
&\geqslant -\frac{1}{S^2}|\nabla S|^2 + \frac{1}{S}\Bigg(\sum_{ijk\alpha} -2h_{ij}^{\alpha}\bar{R}_{ijk,k}^{\alpha} + \sum_{ijk\alpha} 2h_{ij}^{\alpha}\bar{R}_{kki,j}^{\alpha} + 2|\nabla h|^2 + \\
&\quad 2\left[\sum_{ijpk\alpha} h_{ij}^{\alpha}h_{pk}^{\alpha}\bar{R}_{ipjk} + \sum_{ijpk\alpha} h_{ij}^{\alpha}h_{ip}^{\alpha}\bar{R}_{kpjk} + \sum_{ijk\alpha\beta} h_{ij}^{\alpha}h_{ik}^{\beta}\bar{R}_{\alpha\beta jk}\right] - 3S^2\Bigg).
\end{aligned}$$

定理 6.23 假设$x: M^n \to N^{n+p}, p=1$是一般流形之中的极小超曲面，那么满足

$$\Delta \log(S) = -\frac{1}{S^2}|\nabla S|^2 + \frac{1}{S}\Bigg(\sum_{ijk} 2h_{ij}\bar{R}_{(n+1)ijk,k} - \sum_{ijk} 2h_{ij}\bar{R}_{(n+1)kki,j} +$$

$$2|\nabla h|^2+\sum_{ijkl}2h_{ij}h_{kl}\bar{R}_{iljk}+\sum_{ijkl}2h_{ij}h_{il}\bar{R}_{jkkl}-2S^2\Bigg).$$

定理 6.24 假设$x:M^n\to R^{n+p}(c),p\geqslant 2$是空间形式之中的高余维极小子流形，抽象函数$F'(u)\geqslant 0$，那么极小子流形满足陈省身类型估计

$$\begin{aligned}\Delta\log(S) &= -\frac{1}{S^2}|\nabla S|^2+\frac{1}{S}\Bigg(2|\nabla h|^2+2ncS-\\&\quad 2\left[\sum_{\alpha\neq\beta}(N(A_\alpha A_\beta-A_\beta A_\alpha)+\sum_{\alpha\beta}(S_{\alpha\beta})^2\right]\Bigg)\\&\geqslant -\frac{1}{S^2}|\nabla S|^2+\frac{1}{S}\left(2|\nabla h|^2+2ncS-2(2-\frac{1}{p})S^2\right).\end{aligned}$$

定理 6.25 假设$x:M^n\to R^{n+p}(c),p\geqslant 2$是空间形式之中的高余维极小子流形，抽象函数$F'(u)\geqslant 0$，那么极小子流形满足李安民类型估计

$$\begin{aligned}\Delta\log(S) &= -\frac{1}{S^2}|\nabla S|^2+\frac{1}{S}\Bigg(2|\nabla h|^2+2ncS-\\&\quad 2\left[\sum_{\alpha\neq\beta}(N(A_\alpha A_\beta-A_\beta A_\alpha)+\sum_{\alpha\beta}(S_{\alpha\beta})^2\right]\Bigg)\\&\geqslant -\frac{1}{S^2}|\nabla S|^2+\frac{1}{S}\left(2|\nabla h|^2+2ncS-3S^2\right).\end{aligned}$$

定理 6.26 假设$x:M^n\to R^{n+p}(c),p=1$是空间形式之中的极小超曲面，那么满足

$$\Delta\log(S)=-\frac{1}{S^2}|\nabla S|^2+\frac{1}{S}\left(2|\nabla h|^2+2ncS-2S^2\right).$$

6.2.4 抽象函数型估计

定理 6.27 假设$x:M^n\to N^{n+p},p\geqslant 2$是一般流形之中的高余维极小子流形，抽象函数$F'(u)\geqslant 0$，那么极小子流形满足陈省身类型估计

$$\begin{aligned}\Delta F(S) &= F''(S)|\nabla S|^2+F'(S)\Bigg(\sum_{ijk\alpha}-2h^\alpha_{ij}\bar{R}^\alpha_{ijk,k}+\sum_{ijk\alpha}2h^\alpha_{ij}\bar{R}^\alpha_{kki,j}+2|\nabla h|^2+\\&\quad 2\left[\sum_{ijpk\alpha}h^\alpha_{ij}h^\alpha_{pk}\bar{R}_{ipjk}+\sum_{ijpk\alpha}h^\alpha_{ij}h^\alpha_{ip}\bar{R}_{kpjk}+\sum_{ijk\alpha\beta}h^\alpha_{ij}h^\beta_{ik}\bar{R}_{\alpha\beta jk}\right]-\\&\quad 2\left[\sum_{\alpha\neq\beta}N(A_\alpha A_\beta-A_\beta A_\alpha)+\sum_{\alpha\beta}(S_{\alpha\beta})^2\right]\Bigg)\\&\geqslant F''(S)|\nabla S|^2+F'(S)\Bigg(\sum_{ijk\alpha}-2h^\alpha_{ij}\bar{R}^\alpha_{ijk,k}+\sum_{ijk\alpha}2h^\alpha_{ij}\bar{R}^\alpha_{kki,j}+2|\nabla h|^2+\end{aligned}$$

$$2\left[\sum_{ijpk\alpha} h_{ij}^{\alpha} h_{pk}^{\alpha} \bar{R}_{ipjk} + \sum_{ijpk\alpha} h_{ij}^{\alpha} h_{ip}^{\alpha} \bar{R}_{kpjk} + \sum_{ijk\alpha\beta} h_{ij}^{\alpha} h_{ik}^{\beta} \bar{R}_{\alpha\beta jk}\right] -$$
$$2(2-\frac{1}{p})S^2\Bigg).$$

定理 6.28 假设$x: M^n \to N^{n+p}, p \geqslant 2$是一般流形之中的高余维极小子流形，抽象函数$F'(u) \leqslant 0$，那么极小子流形满足陈省身类型估计

$$\begin{aligned}
\Delta F(S) &= F''(S)|\nabla S|^2 + F'(S)\Bigg(\sum_{ijk\alpha} -2h_{ij}^{\alpha}\bar{R}_{ijk,k}^{\alpha} + \sum_{ijk\alpha} 2h_{ij}^{\alpha}\bar{R}_{kki,j}^{\alpha} + 2|\nabla h|^2 + \\
&\quad 2\left[\sum_{ijpk\alpha} h_{ij}^{\alpha} h_{pk}^{\alpha} \bar{R}_{ipjk} + \sum_{ijpk\alpha} h_{ij}^{\alpha} h_{ip}^{\alpha} \bar{R}_{kpjk} + \sum_{ijk\alpha\beta} h_{ij}^{\alpha} h_{ik}^{\beta} \bar{R}_{\alpha\beta jk}\right] - \\
&\quad 2\left[\sum_{\alpha\neq\beta} N(A_\alpha A_\beta - A_\beta A_\alpha) + \sum_{\alpha\beta}(S_{\alpha\beta})^2\right]\Bigg) \\
&\leqslant F''(S)|\nabla S|^2 + F'(S)\Bigg(\sum_{ijk\alpha} -2h_{ij}^{\alpha}\bar{R}_{ijk,k}^{\alpha} + \sum_{ijk\alpha} 2h_{ij}^{\alpha}\bar{R}_{kki,j}^{\alpha} + 2|\nabla h|^2 + \\
&\quad 2\left[\sum_{ijpk\alpha} h_{ij}^{\alpha} h_{pk}^{\alpha} \bar{R}_{ipjk} + \sum_{ijpk\alpha} h_{ij}^{\alpha} h_{ip}^{\alpha} \bar{R}_{kpjk} + \sum_{ijk\alpha\beta} h_{ij}^{\alpha} h_{ik}^{\beta} \bar{R}_{\alpha\beta jk}\right] - \\
&\quad 2(2-\frac{1}{p})S^2\Bigg).
\end{aligned}$$

定理 6.29 假设$x: M^n \to N^{n+p}, p \geqslant 2$是一般流形之中的高余维极小子流形，抽象函数$F'(u) \geqslant 0$，那么极小子流形满足李安民类型估计

$$\begin{aligned}
\Delta F(S) &= F''(S)|\nabla S|^2 + F'(S)\Bigg(\sum_{ijk\alpha} -2h_{ij}^{\alpha}\bar{R}_{ijk,k}^{\alpha} + \sum_{ijk\alpha} 2h_{ij}^{\alpha}\bar{R}_{kki,j}^{\alpha} + 2|\nabla h|^2 + \\
&\quad 2\left[\sum_{ijpk\alpha} h_{ij}^{\alpha} h_{pk}^{\alpha} \bar{R}_{ipjk} + \sum_{ijpk\alpha} h_{ij}^{\alpha} h_{ip}^{\alpha} \bar{R}_{kpjk} + \sum_{ijk\alpha\beta} h_{ij}^{\alpha} h_{ik}^{\beta} \bar{R}_{\alpha\beta jk}\right] - \\
&\quad 2\left[\sum_{\alpha\neq\beta} N(A_\alpha A_\beta - A_\beta A_\alpha) + \sum_{\alpha\beta}(S_{\alpha\beta})^2\right]\Bigg) \\
&\geqslant F''(S)|\nabla S|^2 + F'(S)\Bigg(\sum_{ijk\alpha} -2h_{ij}^{\alpha}\bar{R}_{ijk,k}^{\alpha} + \sum_{ijk\alpha} 2h_{ij}^{\alpha}\bar{R}_{kki,j}^{\alpha} + 2|\nabla h|^2 + \\
&\quad 2\left[\sum_{ijpk\alpha} h_{ij}^{\alpha} h_{pk}^{\alpha} \bar{R}_{ipjk} + \sum_{ijpk\alpha} h_{ij}^{\alpha} h_{ip}^{\alpha} \bar{R}_{kpjk} + \sum_{ijk\alpha\beta} h_{ij}^{\alpha} h_{ik}^{\beta} \bar{R}_{\alpha\beta jk}\right] - 3S^2\Bigg).
\end{aligned}$$

定理 6.30 假设$x: M^n \to N^{n+p}, p \geqslant 2$是一般流形之中的高余维极小子流形，抽象函

数$F'(u) \leqslant 0$，那么极小子流形满足李安民类型估计

$$\begin{aligned}\Delta F(S) &= F''(S)|\nabla S|^2 + F'(S)\Bigg(\sum_{ijk\alpha} -2h_{ij}^{\alpha}\bar{R}_{ijk,k}^{\alpha} + \sum_{ijk\alpha} 2h_{ij}^{\alpha}\bar{R}_{kki,j}^{\alpha} + 2|\nabla h|^2 + \\ &\quad 2\left[\sum_{ijpk\alpha} h_{ij}^{\alpha}h_{pk}^{\alpha}\bar{R}_{ipjk} + \sum_{ijpk\alpha} h_{ij}^{\alpha}h_{ip}^{\alpha}\bar{R}_{kpjk} + \sum_{ijk\alpha\beta} h_{ij}^{\alpha}h_{ik}^{\beta}\bar{R}_{\alpha\beta jk}\right] - \\ &\quad 2\left[\sum_{\alpha\neq\beta} N(A_\alpha A_\beta - A_\beta A_\alpha) + \sum_{\alpha\beta}(S_{\alpha\beta})^2\right]\Bigg) \\ &\leqslant F''(S)|\nabla S|^2 + F'(S)\Bigg(\sum_{ijk\alpha} -2h_{ij}^{\alpha}\bar{R}_{ijk,k}^{\alpha} + \sum_{ijk\alpha} 2h_{ij}^{\alpha}\bar{R}_{kki,j}^{\alpha} + 2|\nabla h|^2 + \\ &\quad 2\left[\sum_{ijpk\alpha} h_{ij}^{\alpha}h_{pk}^{\alpha}\bar{R}_{ipjk} + \sum_{ijpk\alpha} h_{ij}^{\alpha}h_{ip}^{\alpha}\bar{R}_{kpjk} + \sum_{ijk\alpha\beta} h_{ij}^{\alpha}h_{ik}^{\beta}\bar{R}_{\alpha\beta jk}\right] - 3S^2\Bigg).\end{aligned}$$

定理 6.31 假设$x: M^n \to N^{n+p}, p=1$是一般流形之中的极小超曲面，那么满足

$$\begin{aligned}\Delta F(S) &= F''(S)|\nabla S|^2 + F'(S)\Bigg(\sum_{ijk} 2h_{ij}\bar{R}_{(n+1)ijk,k} - \sum_{ijk} 2h_{ij}\bar{R}_{(n+1)kki,j} + \\ &\quad 2|\nabla h|^2 + \sum_{ijkl} 2h_{ij}h_{kl}\bar{R}_{iljk} + \sum_{ijkl} 2h_{ij}h_{il}\bar{R}_{jkkl} - 2S^2\Bigg).\end{aligned}$$

定理 6.32 假设$x: M^n \to R^{n+p}(c), p \geqslant 2$是空间形式之中的高余维极小子流形，抽象函数$F'(u) \geqslant 0$，那么极小子流形满足陈省身类型估计

$$\begin{aligned}\Delta F(S) &= F''(S)|\nabla S|^2 + F'(S)\Bigg(2|\nabla h|^2 + 2ncS - \\ &\quad 2\left[\sum_{\alpha\neq\beta}(N(A_\alpha A_\beta - A_\beta A_\alpha) + \sum_{\alpha\beta}(S_{\alpha\beta})^2\right]\Bigg) \\ &\geqslant F''(S)|\nabla S|^2 + F'(S)\left(2|\nabla h|^2 + 2ncS - 2(2-\frac{1}{p})S^2\right).\end{aligned}$$

定理 6.33 假设$x: M^n \to R^{n+p}(c), p \geqslant 2$是空间形式之中的高余维极小子流形，抽象函数$F'(u) \leqslant 0$，那么极小子流形满足陈省身类型估计

$$\begin{aligned}\Delta F(S) &= F''(S)|\nabla S|^2 + F'(S)\Bigg(2|\nabla h|^2 + 2ncS - \\ &\quad 2\left[\sum_{\alpha\neq\beta}(N(A_\alpha A_\beta - A_\beta A_\alpha) + \sum_{\alpha\beta}(S_{\alpha\beta})^2\right]\Bigg) \\ &\leqslant F''(S)|\nabla S|^2 + F'(S)\left(2|\nabla h|^2 + 2ncS - 2(2-\frac{1}{p})S^2\right).\end{aligned}$$

定理 6.34 假设$x: M^n \to R^{n+p}(c), p \geqslant 2$是空间形式之中的高余维极小子流形，抽象函

数$F'(u) \geqslant 0$，那么极小子流形满足李安民类型估计

$$\begin{aligned}\Delta F(S) &= F''(S)|\nabla S|^2 + F'(S)\Bigg(2|\nabla h|^2 + 2ncS - \\ &\quad 2\left[\sum_{\alpha\neq\beta}(N(A_\alpha A_\beta - A_\beta A_\alpha) + \sum_{\alpha\beta}(S_{\alpha\beta})^2\right]\Bigg) \\ &\geqslant F''(S)|\nabla S|^2 + F'(S)\Bigg(2|\nabla h|^2 + 2ncS - 3S^2\Bigg).\end{aligned}$$

定理 6.35 假设$x: M^n \to R^{n+p}(c), p \geqslant 2$是空间形式之中的高余维极小子流形，抽象函数$F'(u) \leqslant 0$，那么极小子流形满足李安民类型估计

$$\begin{aligned}\Delta F(S) &= F''(S)|\nabla S|^2 + F'(S)\Bigg(2|\nabla h|^2 + 2ncS - \\ &\quad 2\left[\sum_{\alpha\neq\beta}(N(A_\alpha A_\beta - A_\beta A_\alpha) + \sum_{\alpha\beta}(S_{\alpha\beta})^2\right]\Bigg) \\ &\leqslant F''(S)|\nabla S|^2 + F'(S)\Bigg(2|\nabla h|^2 + 2ncS - 3S^2\Bigg).\end{aligned}$$

定理 6.36 假设$x: M^n \to R^{n+p}(c), p = 1$是空间形式之中的极小超曲面，那么满足

$$\Delta F(S) = F''(S)|\nabla S|^2 + F'(S)\left(2|\nabla h|^2 + 2ncS - 2S^2\right).$$

6.3 Simons型积分不等式

Simons型积分不等式是讨论子流形点态间隙与全局间隙的基础.本书针对极小子流形的全曲率模长的多类型函数推导了Simons积分不等式.

6.3.1 幂函数Simons型积分不等式

定理 6.37 假设$x: M^n \to N^{n+p}, p \geqslant 2$是一般流形之中的高余维极小子流形，幂函数的参数$r > 0$，那么极小子流形满足

$$\begin{aligned}0 &= \int_M r(r-1)S^{r-2}|\nabla S|^2 + rS^{r-1}\Bigg(\sum_{ijk\alpha} -2h_{ij}^\alpha \bar{R}_{ijk,k}^\alpha + \sum_{ijk\alpha} 2h_{ij}^\alpha \bar{R}_{kki,j}^\alpha + 2|\nabla h|^2 + \\ &\quad 2\left[\sum_{ijpk\alpha} h_{ij}^\alpha h_{pk}^\alpha \bar{R}_{ipjk} + \sum_{ijpk\alpha} h_{ij}^\alpha h_{ip}^\alpha \bar{R}_{kpjk} + \sum_{ijk\alpha\beta} h_{ij}^\alpha h_{ik}^\beta \bar{R}_{\alpha\beta jk}\right] - \\ &\quad 2\left[\sum_{\alpha\neq\beta} N(A_\alpha A_\beta - A_\beta A_\alpha) + \sum_{\alpha\beta}(S_{\alpha\beta})^2\right]\Bigg) \\ &\geqslant \int_M r(r-1)S^{r-2}|\nabla S|^2 + rS^{r-1}\Bigg(\sum_{ijk\alpha} -2h_{ij}^\alpha \bar{R}_{ijk,k}^\alpha + \sum_{ijk\alpha} 2h_{ij}^\alpha \bar{R}_{kki,j}^\alpha + 2|\nabla h|^2 +\end{aligned}$$

$$2\left[\sum_{ijpk\alpha} h_{ij}^{\alpha}h_{pk}^{\alpha}\bar{R}_{ipjk} + \sum_{ijpk\alpha} h_{ij}^{\alpha}h_{ip}^{\alpha}\bar{R}_{kpjk} + \sum_{ijk\alpha\beta} h_{ij}^{\alpha}h_{ik}^{\beta}\bar{R}_{\alpha\beta jk}\right] -$$
$$2(2-\frac{1}{p})S^2\Bigg).$$

定理 6.38 假设$x: M^n \to N^{n+p}, p \geqslant 2$是一般流形之中的高余维极小子流形，幂函数的参数$r > 0$，那么极小子流形满足

$$\begin{aligned}
0 &= \int_M r(r-1)S^{r-2}|\nabla S|^2 + rS^{r-1}\Bigg(\sum_{ijk\alpha} -2h_{ij}^{\alpha}\bar{R}_{ijk,k}^{\alpha} + \sum_{ijk\alpha} 2h_{ij}^{\alpha}\bar{R}_{kki,j}^{\alpha} + 2|\nabla h|^2 + \\
&\quad 2\left[\sum_{ijpk\alpha} h_{ij}^{\alpha}h_{pk}^{\alpha}\bar{R}_{ipjk} + \sum_{ijpk\alpha} h_{ij}^{\alpha}h_{ip}^{\alpha}\bar{R}_{kpjk} + \sum_{ijk\alpha\beta} h_{ij}^{\alpha}h_{ik}^{\beta}\bar{R}_{\alpha\beta jk}\right] - \\
&\quad 2\left[\sum_{\alpha\neq\beta} N(A_{\alpha}A_{\beta} - A_{\beta}A_{\alpha}) + \sum_{\alpha\beta}(S_{\alpha\beta})^2\right]\Bigg) \\
&\geqslant \int_M r(r-1)S^{r-2}|\nabla S|^2 + rS^{r-1}\Bigg(\sum_{ijk\alpha} -2h_{ij}^{\alpha}\bar{R}_{ijk,k}^{\alpha} + \sum_{ijk\alpha} 2h_{ij}^{\alpha}\bar{R}_{kki,j}^{\alpha} + 2|\nabla h|^2 + \\
&\quad 2\left[\sum_{ijpk\alpha} h_{ij}^{\alpha}h_{pk}^{\alpha}\bar{R}_{ipjk} + \sum_{ijpk\alpha} h_{ij}^{\alpha}h_{ip}^{\alpha}\bar{R}_{kpjk} + \sum_{ijk\alpha\beta} h_{ij}^{\alpha}h_{ik}^{\beta}\bar{R}_{\alpha\beta jk}\right] - 3S^2\Bigg).
\end{aligned}$$

定理 6.39 假设$x: M^n \to N^{n+p}, p = 1$是一般流形之中的极小超曲面，那么满足

$$\begin{aligned}
0 &= \int_M r(r-1)S^{r-2}|\nabla S|^2 + rS^{r-1}\Bigg(\sum_{ijk} 2h_{ij}\bar{R}_{(n+1)ijk,k} - \sum_{ijk} 2h_{ij}\bar{R}_{(n+1)kki,j} + \\
&\quad 2|\nabla h|^2 + \sum_{ijkl} 2h_{ij}h_{kl}\bar{R}_{iljk} + \sum_{ijkl} 2h_{ij}h_{il}\bar{R}_{jkkl} - 2S^2\Bigg).
\end{aligned}$$

定理 6.40 假设$x: M^n \to R^{n+p}(c), p \geqslant 2$是空间形式之中的高余维极小子流形，幂函数的参数$r > 0$，那么极小子流形满足

$$\begin{aligned}
0 &= \int_M r(r-1)S^{r-2}|\nabla S|^2 + rS^{r-1}\Bigg(2|\nabla h|^2 + 2ncS - \\
&\quad 2\left[\sum_{\alpha\neq\beta}(N(A_{\alpha}A_{\beta} - A_{\beta}A_{\alpha}) + \sum_{\alpha\beta}(S_{\alpha\beta})^2\right]\Bigg) \\
&\geqslant \int_M r(r-1)S^{r-2}|\nabla S|^2 + rS^{r-1}\Bigg(2|\nabla h|^2 + 2ncS - 2(2-\frac{1}{p})S^2\Bigg).
\end{aligned}$$

定理 6.41 假设$x: M^n \to R^{n+p}(c), p \geqslant 2$是空间形式之中的高余维极小子流形，幂函数的参数$r > 0$，那么极小子流形满足

$$0 = \int_M r(r-1)S^{r-2}|\nabla S|^2 + rS^{r-1}\Bigg(2|\nabla h|^2 + 2ncS -$$

$$2\left[\sum_{\alpha\neq\beta}(N(A_\alpha A_\beta - A_\beta A_\alpha) + \sum_{\alpha\beta}(S_{\alpha\beta})^2\right]\Bigg)$$

$$\geqslant \int_M r(r-1)S^{r-2}|\nabla S|^2 + rS^{r-1}\left(2|\nabla h|^2 + 2ncS - 3S^2\right).$$

定理 6.42 假设$x: M^n \to R^{n+p}(c), p=1$是空间形式之中的极小超曲面，那么满足

$$0 = \int_M r(r-1)S^{r-2}|\nabla S|^2 + rS^{r-1}\left(2|\nabla h|^2 + 2ncS - 2S^2\right).$$

6.3.2 指数函数Simons型积分不等式

定理 6.43 假设$x: M^n \to N^{n+p}, p \geqslant 2$是一般流形之中的高余维极小子流形，那么极小子流形满足

$$\begin{aligned}
0 &= \int_M \exp(S)|\nabla S|^2 + \exp(S)\Bigg(\sum_{ijk\alpha} -2h_{ij}^\alpha \bar{R}_{ijk,k}^\alpha + \sum_{ijk\alpha} 2h_{ij}^\alpha \bar{R}_{kki,j}^\alpha + 2|\nabla h|^2 + \\
&\quad 2\left[\sum_{ijpk\alpha} h_{ij}^\alpha h_{pk}^\alpha \bar{R}_{ipjk} + \sum_{ijpk\alpha} h_{ij}^\alpha h_{ip}^\alpha \bar{R}_{kpjk} + \sum_{ijk\alpha\beta} h_{ij}^\alpha h_{ik}^\beta \bar{R}_{\alpha\beta jk}\right] - \\
&\quad 2\left[\sum_{\alpha\neq\beta} N(A_\alpha A_\beta - A_\beta A_\alpha) + \sum_{\alpha\beta}(S_{\alpha\beta})^2\right]\Bigg) \\
&\geqslant \int_M \exp(S)|\nabla S|^2 + \exp(S)\Bigg(\sum_{ijk\alpha} -2h_{ij}^\alpha \bar{R}_{ijk,k}^\alpha + \sum_{ijk\alpha} 2h_{ij}^\alpha \bar{R}_{kki,j}^\alpha + 2|\nabla h|^2 + \\
&\quad 2\left[\sum_{ijpk\alpha} h_{ij}^\alpha h_{pk}^\alpha \bar{R}_{ipjk} + \sum_{ijpk\alpha} h_{ij}^\alpha h_{ip}^\alpha \bar{R}_{kpjk} + \sum_{ijk\alpha\beta} h_{ij}^\alpha h_{ik}^\beta \bar{R}_{\alpha\beta jk}\right] - \\
&\quad 2(2-\frac{1}{p})S^2\Bigg).
\end{aligned}$$

定理 6.44 假设$x: M^n \to N^{n+p}, p \geqslant 2$是一般流形之中的高余维极小子流形，抽象函数$F'(u) \leqslant 0$，那么极小子流形满足

$$\begin{aligned}
0 &= \int_M \exp(-S)|\nabla S|^2 - \exp(-S)\Bigg(\sum_{ijk\alpha} -2h_{ij}^\alpha \bar{R}_{ijk,k}^\alpha + \sum_{ijk\alpha} 2h_{ij}^\alpha \bar{R}_{kki,j}^\alpha + 2|\nabla h|^2 + \\
&\quad 2\left[\sum_{ijpk\alpha} h_{ij}^\alpha h_{pk}^\alpha \bar{R}_{ipjk} + \sum_{ijpk\alpha} h_{ij}^\alpha h_{ip}^\alpha \bar{R}_{kpjk} + \sum_{ijk\alpha\beta} h_{ij}^\alpha h_{ik}^\beta \bar{R}_{\alpha\beta jk}\right] - \\
&\quad 2\left[\sum_{\alpha\neq\beta} N(A_\alpha A_\beta - A_\beta A_\alpha) + \sum_{\alpha\beta}(S_{\alpha\beta})^2\right]\Bigg) \\
&\leqslant \int_M \exp(-S)|\nabla S|^2 - \exp(-S)\Bigg(\sum_{ijk\alpha} -2h_{ij}^\alpha \bar{R}_{ijk,k}^\alpha + \sum_{ijk\alpha} 2h_{ij}^\alpha \bar{R}_{kki,j}^\alpha + 2|\nabla h|^2 +
\end{aligned}$$

$$2\left[\sum_{ijpk\alpha} h_{ij}^{\alpha}h_{pk}^{\alpha}\bar{R}_{ipjk}+\sum_{ijpk\alpha} h_{ij}^{\alpha}h_{ip}^{\alpha}\bar{R}_{kpjk}+\sum_{ijk\alpha\beta} h_{ij}^{\alpha}h_{ik}^{\beta}\bar{R}_{\alpha\beta jk}\right]-2(2-\frac{1}{p})S^2\Bigg).$$

定理 6.45 假设$x:M^n\to N^{n+p},p\geqslant 2$是一般流形之中的高余维极小子流形，那么极小子流形满足

$$\begin{aligned}
0 &= \int_M \exp(S)|\nabla S|^2+\exp(S)\Bigg(\sum_{ijk\alpha}-2h_{ij}^{\alpha}\bar{R}_{ijk,k}^{\alpha}+\sum_{ijk\alpha}2h_{ij}^{\alpha}\bar{R}_{kki,j}^{\alpha}+2|\nabla h|^2+\\
&\quad 2\left[\sum_{ijpk\alpha} h_{ij}^{\alpha}h_{pk}^{\alpha}\bar{R}_{ipjk}+\sum_{ijpk\alpha} h_{ij}^{\alpha}h_{ip}^{\alpha}\bar{R}_{kpjk}+\sum_{ijk\alpha\beta} h_{ij}^{\alpha}h_{ik}^{\beta}\bar{R}_{\alpha\beta jk}\right]-\\
&\quad 2\left[\sum_{\alpha\neq\beta}N(A_\alpha A_\beta-A_\beta A_\alpha)+\sum_{\alpha\beta}(S_{\alpha\beta})^2\right]\Bigg)\\
&\geqslant \int_M \exp(S)|\nabla S|^2+\exp(S)\Bigg(\sum_{ijk\alpha}-2h_{ij}^{\alpha}\bar{R}_{ijk,k}^{\alpha}+\sum_{ijk\alpha}2h_{ij}^{\alpha}\bar{R}_{kki,j}^{\alpha}+2|\nabla h|^2+\\
&\quad 2\left[\sum_{ijpk\alpha} h_{ij}^{\alpha}h_{pk}^{\alpha}\bar{R}_{ipjk}+\sum_{ijpk\alpha} h_{ij}^{\alpha}h_{ip}^{\alpha}\bar{R}_{kpjk}+\sum_{ijk\alpha\beta} h_{ij}^{\alpha}h_{ik}^{\beta}\bar{R}_{\alpha\beta jk}\right]-3S^2\Bigg).
\end{aligned}$$

定理 6.46 假设$x:M^n\to N^{n+p},p\geqslant 2$是一般流形之中的高余维极小子流形，那么极小子流形满足

$$\begin{aligned}
0 &= \int_M \exp(-S)|\nabla S|^2-\exp(-S)\Bigg(\sum_{ijk\alpha}-2h_{ij}^{\alpha}\bar{R}_{ijk,k}^{\alpha}+\sum_{ijk\alpha}2h_{ij}^{\alpha}\bar{R}_{kki,j}^{\alpha}+2|\nabla h|^2+\\
&\quad 2\left[\sum_{ijpk\alpha} h_{ij}^{\alpha}h_{pk}^{\alpha}\bar{R}_{ipjk}+\sum_{ijpk\alpha} h_{ij}^{\alpha}h_{ip}^{\alpha}\bar{R}_{kpjk}+\sum_{ijk\alpha\beta} h_{ij}^{\alpha}h_{ik}^{\beta}\bar{R}_{\alpha\beta jk}\right]-\\
&\quad 2\left[\sum_{\alpha\neq\beta}N(A_\alpha A_\beta-A_\beta A_\alpha)+\sum_{\alpha\beta}(S_{\alpha\beta})^2\right]\Bigg)\\
&\leqslant \int_M \exp(-S)|\nabla S|^2-\exp(-S)\Bigg(\sum_{ijk\alpha}-2h_{ij}^{\alpha}\bar{R}_{ijk,k}^{\alpha}+\sum_{ijk\alpha}2h_{ij}^{\alpha}\bar{R}_{kki,j}^{\alpha}+2|\nabla h|^2+\\
&\quad 2\left[\sum_{ijpk\alpha} h_{ij}^{\alpha}h_{pk}^{\alpha}\bar{R}_{ipjk}+\sum_{ijpk\alpha} h_{ij}^{\alpha}h_{ip}^{\alpha}\bar{R}_{kpjk}+\sum_{ijk\alpha\beta} h_{ij}^{\alpha}h_{ik}^{\beta}\bar{R}_{\alpha\beta jk}\right]-3S^2\Bigg).
\end{aligned}$$

定理 6.47 假设$x:M^n\to N^{n+p},p=1$是一般流形之中的极小超曲面，那么满足

$$\begin{aligned}
0 &= \int_M \exp(S)|\nabla S|^2+\exp(S)\Bigg(\sum_{ijk}2h_{ij}\bar{R}_{(n+1)ijk,k}-\sum_{ijk}2h_{ij}\bar{R}_{(n+1)kki,j}+\\
&\quad 2|\nabla h|^2+\sum_{ijkl}2h_{ij}h_{kl}\bar{R}_{iljk}+\sum_{ijkl}2h_{ij}h_{il}\bar{R}_{jkkl}-2S^2\Bigg).
\end{aligned}$$

定理 6.48 假设$x : M^n \to N^{n+p}, p = 1$是一般流形之中的极小超曲面，那么满足

$$0 = \int_M \exp(-S)|\nabla S|^2 - \exp(S)\left(\sum_{ijk} 2h_{ij}\bar{R}_{(n+1)ijk,k} - \sum_{ijk} 2h_{ij}\bar{R}_{(n+1)kki,j} + 2|\nabla h|^2 + \sum_{ijkl} 2h_{ij}h_{kl}\bar{R}_{iljk} + \sum_{ijkl} 2h_{ij}h_{il}\bar{R}_{jkkl} - 2S^2\right).$$

定理 6.49 假设$x : M^n \to R^{n+p}(c), p \geqslant 2$是空间形式之中的高余维极小子流形，那么极小子流形满足

$$\begin{aligned} 0 &= \int_M \exp(S)|\nabla S|^2 + \exp(S)\Bigg(2|\nabla h|^2 + 2ncS - 2\Big[\sum_{\alpha\neq\beta}(N(A_\alpha A_\beta - A_\beta A_\alpha) + \sum_{\alpha\beta}(S_{\alpha\beta})^2\Big]\Bigg) \\ &\geqslant \int_M \exp(S)|\nabla S|^2 + \exp(S)\left(2|\nabla h|^2 + 2ncS - 2(2 - \frac{1}{p})S^2\right). \end{aligned}$$

定理 6.50 假设$x : M^n \to R^{n+p}(c), p \geqslant 2$是空间形式之中的高余维极小子流形，那么极小子流形满足

$$\begin{aligned} 0 &= \int_M \exp(-S)|\nabla S|^2 - \exp(-S)\Bigg(2|\nabla h|^2 + 2ncS - 2\Big[\sum_{\alpha\neq\beta}(N(A_\alpha A_\beta - A_\beta A_\alpha) + \sum_{\alpha\beta}(S_{\alpha\beta})^2\Big]\Bigg) \\ &\leqslant \int_M \exp(-S)|\nabla S|^2 - \exp(-S)\left(2|\nabla h|^2 + 2ncS - 2(2 - \frac{1}{p})S^2\right). \end{aligned}$$

定理 6.51 假设$x : M^n \to R^{n+p}(c), p \geqslant 2$是空间形式之中的高余维极小子流形，那么极小子流形满足

$$\begin{aligned} 0 &= \int_M \exp(S)|\nabla S|^2 + \exp(S)\Bigg(2|\nabla h|^2 + 2ncS - 2\Big[\sum_{\alpha\neq\beta}(N(A_\alpha A_\beta - A_\beta A_\alpha) + \sum_{\alpha\beta}(S_{\alpha\beta})^2\Big]\Bigg) \\ &\geqslant \int_M \exp(S)|\nabla S|^2 + \exp(S)\left(2|\nabla h|^2 + 2ncS - 3S^2\right). \end{aligned}$$

定理 6.52 假设$x : M^n \to R^{n+p}(c), p \geqslant 2$是空间形式之中的高余维极小子流形，那么极小子流形满足

$$0 = \int_M \exp(-S)|\nabla S|^2 - \exp(-S)\Bigg(2|\nabla h|^2 + 2ncS - 2\Big[\sum_{\alpha\neq\beta}(N(A_\alpha A_\beta - A_\beta A_\alpha) + \sum_{\alpha\beta}(S_{\alpha\beta})^2\Big]\Bigg)$$

$$\leqslant \int_M \exp(-S)|\nabla S|^2 - \exp(-S)\left(2|\nabla h|^2 + 2ncS - 3S^2\right).$$

定理 6.53 假设$x: M^n \to R^{n+p}(c), p = 1$是空间形式之中的极小超曲面，那么满足

$$0 = \int_M \exp(S)|\nabla S|^2 + \exp(S)\left(2|\nabla h|^2 + 2ncS - 2S^2\right).$$

定理 6.54 假设$x: M^n \to R^{n+p}(c), p = 1$是空间形式之中的极小超曲面，那么满足

$$0 = \int_M \exp(-S)|\nabla S|^2 - \exp(S)\left(2|\nabla h|^2 + 2ncS - 2S^2\right).$$

6.3.3 对数函数Simons型积分不等式

定理 6.55 假设$x: M^n \to N^{n+p}, p \geqslant 2$是一般流形之中的高余维极小子流形，那么极小子流形满足

$$\begin{aligned}
0 &= \int_M -\frac{1}{S^2}|\nabla S|^2 + \frac{1}{S}\Bigg(\sum_{ijk\alpha} -2h_{ij}^{\alpha}\bar{R}_{ijk,k}^{\alpha} + \sum_{ijk\alpha} 2h_{ij}^{\alpha}\bar{R}_{kki,j}^{\alpha} + 2|\nabla h|^2 + \\
&\quad 2\left[\sum_{ijpk\alpha} h_{ij}^{\alpha}h_{pk}^{\alpha}\bar{R}_{ipjk} + \sum_{ijpk\alpha} h_{ij}^{\alpha}h_{ip}^{\alpha}\bar{R}_{kpjk} + \sum_{ijk\alpha\beta} h_{ij}^{\alpha}h_{ik}^{\beta}\bar{R}_{\alpha\beta jk}\right] - \\
&\quad 2\left[\sum_{\alpha\neq\beta} N(A_\alpha A_\beta - A_\beta A_\alpha) + \sum_{\alpha\beta}(S_{\alpha\beta})^2\right]\Bigg) \\
&\geqslant \int_M -\frac{1}{S^2}|\nabla S|^2 + \frac{1}{S}\Bigg(\sum_{ijk\alpha} -2h_{ij}^{\alpha}\bar{R}_{ijk,k}^{\alpha} + \sum_{ijk\alpha} 2h_{ij}^{\alpha}\bar{R}_{kki,j}^{\alpha} + 2|\nabla h|^2 + \\
&\quad 2\left[\sum_{ijpk\alpha} h_{ij}^{\alpha}h_{pk}^{\alpha}\bar{R}_{ipjk} + \sum_{ijpk\alpha} h_{ij}^{\alpha}h_{ip}^{\alpha}\bar{R}_{kpjk} + \sum_{ijk\alpha\beta} h_{ij}^{\alpha}h_{ik}^{\beta}\bar{R}_{\alpha\beta jk}\right] - \\
&\quad 2(2-\frac{1}{p})S^2\Bigg).
\end{aligned}$$

定理 6.56 假设$x: M^n \to N^{n+p}, p \geqslant 2$是一般流形之中的高余维极小子流形，抽象函数$F'(u) \geqslant 0$，那么极小子流形满足

$$\begin{aligned}
0 &= \int_M -\frac{1}{S^2}|\nabla S|^2 + \frac{1}{S}\Bigg(\sum_{ijk\alpha} -2h_{ij}^{\alpha}\bar{R}_{ijk,k}^{\alpha} + \sum_{ijk\alpha} 2h_{ij}^{\alpha}\bar{R}_{kki,j}^{\alpha} + 2|\nabla h|^2 + \\
&\quad 2\left[\sum_{ijpk\alpha} h_{ij}^{\alpha}h_{pk}^{\alpha}\bar{R}_{ipjk} + \sum_{ijpk\alpha} h_{ij}^{\alpha}h_{ip}^{\alpha}\bar{R}_{kpjk} + \sum_{ijk\alpha\beta} h_{ij}^{\alpha}h_{ik}^{\beta}\bar{R}_{\alpha\beta jk}\right] - \\
&\quad 2\left[\sum_{\alpha\neq\beta} N(A_\alpha A_\beta - A_\beta A_\alpha) + \sum_{\alpha\beta}(S_{\alpha\beta})^2\right]\Bigg) \\
&\geqslant \int_M -\frac{1}{S^2}|\nabla S|^2 + \frac{1}{S}\Bigg(\sum_{ijk\alpha} -2h_{ij}^{\alpha}\bar{R}_{ijk,k}^{\alpha} + \sum_{ijk\alpha} 2h_{ij}^{\alpha}\bar{R}_{kki,j}^{\alpha} + 2|\nabla h|^2 +
\end{aligned}$$

$$2\left[\sum_{ijpk\alpha} h_{ij}^{\alpha}h_{pk}^{\alpha}\bar{R}_{ipjk}+\sum_{ijpk\alpha} h_{ij}^{\alpha}h_{ip}^{\alpha}\bar{R}_{kpjk}+\sum_{ijk\alpha\beta} h_{ij}^{\alpha}h_{ik}^{\beta}\bar{R}_{\alpha\beta jk}\right]-3S^2\Bigg).$$

定理 6.57 假设$x:M^n\to N^{n+p},p=1$是一般流形之中的极小超曲面，那么满足

$$\begin{aligned}0 &= \int_M -\frac{1}{S^2}|\nabla S|^2+\frac{1}{S}\Bigg(\sum_{ijk}2h_{ij}\bar{R}_{(n+1)ijk,k}-\sum_{ijk}2h_{ij}\bar{R}_{(n+1)kki,j}+\\ &\quad 2|\nabla h|^2+\sum_{ijkl}2h_{ij}h_{kl}\bar{R}_{iljk}+\sum_{ijkl}2h_{ij}h_{il}\bar{R}_{jkkl}-2S^2\Bigg).\end{aligned}$$

定理 6.58 假设$x:M^n\to R^{n+p}(c),p\geqslant 2$是空间形式之中的高余维极小子流形，抽象函数$F'(u)\geqslant 0$，那么极小子流形满足

$$\begin{aligned}0 &= \int_M -\frac{1}{S^2}|\nabla S|^2+\frac{1}{S}\Bigg(2|\nabla h|^2+2ncS-\\ &\quad 2\left[\sum_{\alpha\neq\beta}(N(A_\alpha A_\beta-A_\beta A_\alpha)+\sum_{\alpha\beta}(S_{\alpha\beta})^2\right]\Bigg)\\ &\geqslant \int_M -\frac{1}{S^2}|\nabla S|^2+\frac{1}{S}\left(2|\nabla h|^2+2ncS-2(2-\frac{1}{p})S^2\right).\end{aligned}$$

定理 6.59 假设$x:M^n\to R^{n+p}(c),p\geqslant 2$是空间形式之中的高余维极小子流形，抽象函数$F'(u)\geqslant 0$，那么极小子流形满足

$$\begin{aligned}0 &= \int_M -\frac{1}{S^2}|\nabla S|^2+\frac{1}{S}\Bigg(2|\nabla h|^2+2ncS-\\ &\quad 2\left[\sum_{\alpha\neq\beta}(N(A_\alpha A_\beta-A_\beta A_\alpha)+\sum_{\alpha\beta}(S_{\alpha\beta})^2\right]\Bigg)\\ &\geqslant \int_M -\frac{1}{S^2}|\nabla S|^2+\frac{1}{S}\left(2|\nabla h|^2+2ncS-3S^2\right).\end{aligned}$$

定理 6.60 假设$x:M^n\to R^{n+p}(c),p=1$是空间形式之中的极小超曲面，那么满足

$$0=\int_M -\frac{1}{S^2}|\nabla S|^2+\frac{1}{S}\left(2|\nabla h|^2+2ncS-2S^2\right).$$

6.3.4 抽象函数Simons型积分不等式

定理 6.61 假设$x:M^n\to N^{n+p},p\geqslant 2$是一般流形之中的高余维极小子流形，抽象函数$F'(u)\geqslant 0$，那么极小子流形满足

$$\begin{aligned}0 &= \int_M F''(S)|\nabla S|^2+F'(S)\Bigg(\sum_{ijk\alpha}-2h_{ij}^{\alpha}\bar{R}_{ijk,k}^{\alpha}+\sum_{ijk\alpha}2h_{ij}^{\alpha}\bar{R}_{kki,j}^{\alpha}+2|\nabla h|^2+\\ &\quad 2\left[\sum_{ijpk\alpha} h_{ij}^{\alpha}h_{pk}^{\alpha}\bar{R}_{ipjk}+\sum_{ijpk\alpha} h_{ij}^{\alpha}h_{ip}^{\alpha}\bar{R}_{kpjk}+\sum_{ijk\alpha\beta} h_{ij}^{\alpha}h_{ik}^{\beta}\bar{R}_{\alpha\beta jk}\right]-\end{aligned}$$

$$
\begin{aligned}
& 2\left[\sum_{\alpha\neq\beta} N(A_\alpha A_\beta - A_\beta A_\alpha) + \sum_{\alpha\beta}(S_{\alpha\beta})^2\right]\Bigg) \\
\geqslant & \int_M F''(S)|\nabla S|^2 + F'(S)\Bigg(\sum_{ijk\alpha} -2h_{ij}^\alpha \bar{R}_{ijk,k}^\alpha + \sum_{ijk\alpha} 2h_{ij}^\alpha \bar{R}_{kki,j}^\alpha + 2|\nabla h|^2 + \\
& 2\left[\sum_{ijpk\alpha} h_{ij}^\alpha h_{pk}^\alpha \bar{R}_{ipjk} + \sum_{ijpk\alpha} h_{ij}^\alpha h_{ip}^\alpha \bar{R}_{kpjk} + \sum_{ijk\alpha\beta} h_{ij}^\alpha h_{ik}^\beta \bar{R}_{\alpha\beta jk}\right] - \\
& 2(2-\frac{1}{p})S^2\Bigg).
\end{aligned}
$$

定理 6.62 假设$x: M^n \to N^{n+p}, p \geqslant 2$是一般流形之中的高余维极小子流形，抽象函数$F'(u) \leqslant 0$，那么极小子流形满足

$$
\begin{aligned}
0 = & \int_M F''(S)|\nabla S|^2 + F'(S)\Bigg(\sum_{ijk\alpha} -2h_{ij}^\alpha \bar{R}_{ijk,k}^\alpha + \sum_{ijk\alpha} 2h_{ij}^\alpha \bar{R}_{kki,j}^\alpha + 2|\nabla h|^2 + \\
& 2\left[\sum_{ijpk\alpha} h_{ij}^\alpha h_{pk}^\alpha \bar{R}_{ipjk} + \sum_{ijpk\alpha} h_{ij}^\alpha h_{ip}^\alpha \bar{R}_{kpjk} + \sum_{ijk\alpha\beta} h_{ij}^\alpha h_{ik}^\beta \bar{R}_{\alpha\beta jk}\right] - \\
& 2\left[\sum_{\alpha\neq\beta} N(A_\alpha A_\beta - A_\beta A_\alpha) + \sum_{\alpha\beta}(S_{\alpha\beta})^2\right]\Bigg) \\
\leqslant & \int_M F''(S)|\nabla S|^2 + F'(S)\Bigg(\sum_{ijk\alpha} -2h_{ij}^\alpha \bar{R}_{ijk,k}^\alpha + \sum_{ijk\alpha} 2h_{ij}^\alpha \bar{R}_{kki,j}^\alpha + 2|\nabla h|^2 + \\
& 2\left[\sum_{ijpk\alpha} h_{ij}^\alpha h_{pk}^\alpha \bar{R}_{ipjk} + \sum_{ijpk\alpha} h_{ij}^\alpha h_{ip}^\alpha \bar{R}_{kpjk} + \sum_{ijk\alpha\beta} h_{ij}^\alpha h_{ik}^\beta \bar{R}_{\alpha\beta jk}\right] - \\
& 2(2-\frac{1}{p})S^2\Bigg).
\end{aligned}
$$

定理 6.63 假设$x: M^n \to N^{n+p}, p \geqslant 2$是一般流形之中的高余维极小子流形，抽象函数$F'(u) \geqslant 0$，那么极小子流形满足

$$
\begin{aligned}
0 = & \int_M F''(S)|\nabla S|^2 + F'(S)\Bigg(\sum_{ijk\alpha} -2h_{ij}^\alpha \bar{R}_{ijk,k}^\alpha + \sum_{ijk\alpha} 2h_{ij}^\alpha \bar{R}_{kki,j}^\alpha + 2|\nabla h|^2 + \\
& 2\left[\sum_{ijpk\alpha} h_{ij}^\alpha h_{pk}^\alpha \bar{R}_{ipjk} + \sum_{ijpk\alpha} h_{ij}^\alpha h_{ip}^\alpha \bar{R}_{kpjk} + \sum_{ijk\alpha\beta} h_{ij}^\alpha h_{ik}^\beta \bar{R}_{\alpha\beta jk}\right] - \\
& 2\left[\sum_{\alpha\neq\beta} N(A_\alpha A_\beta - A_\beta A_\alpha) + \sum_{\alpha\beta}(S_{\alpha\beta})^2\right]\Bigg) \\
\geqslant & \int_M F''(S)|\nabla S|^2 + F'(S)\Bigg(\sum_{ijk\alpha} -2h_{ij}^\alpha \bar{R}_{ijk,k}^\alpha + \sum_{ijk\alpha} 2h_{ij}^\alpha \bar{R}_{kki,j}^\alpha + 2|\nabla h|^2 +
\end{aligned}
$$

$$2\left[\sum_{ijpk\alpha} h_{ij}^{\alpha}h_{pk}^{\alpha}\bar{R}_{ipjk}+\sum_{ijpk\alpha} h_{ij}^{\alpha}h_{ip}^{\alpha}\bar{R}_{kpjk}+\sum_{ijk\alpha\beta} h_{ij}^{\alpha}h_{ik}^{\beta}\bar{R}_{\alpha\beta jk}\right]-3S^2\Bigg).$$

定理 6.64 假设$x: M^n\to N^{n+p}, p\geqslant 2$是一般流形之中的高余维极小子流形，抽象函数$F'(u)\leqslant 0$，那么极小子流形满足

$$\begin{aligned}
0 \;=\;& \int_M F''(S)|\nabla S|^2+F'(S)\Bigg(\sum_{ijk\alpha}-2h_{ij}^{\alpha}\bar{R}_{ijk,k}^{\alpha}+\sum_{ijk\alpha}2h_{ij}^{\alpha}\bar{R}_{kki,j}^{\alpha}+2|\nabla h|^2+\\
& 2\left[\sum_{ijpk\alpha} h_{ij}^{\alpha}h_{pk}^{\alpha}\bar{R}_{ipjk}+\sum_{ijpk\alpha} h_{ij}^{\alpha}h_{ip}^{\alpha}\bar{R}_{kpjk}+\sum_{ijk\alpha\beta} h_{ij}^{\alpha}h_{ik}^{\beta}\bar{R}_{\alpha\beta jk}\right]-\\
& 2\left[\sum_{\alpha\neq\beta}N(A_\alpha A_\beta-A_\beta A_\alpha)+\sum_{\alpha\beta}(S_{\alpha\beta})^2\right]\Bigg)\\
\leqslant\;& \int_M F''(S)|\nabla S|^2+F'(S)\Bigg(\sum_{ijk\alpha}-2h_{ij}^{\alpha}\bar{R}_{ijk,k}^{\alpha}+\sum_{ijk\alpha}2h_{ij}^{\alpha}\bar{R}_{kki,j}^{\alpha}+2|\nabla h|^2+\\
& 2\left[\sum_{ijpk\alpha} h_{ij}^{\alpha}h_{pk}^{\alpha}\bar{R}_{ipjk}+\sum_{ijpk\alpha} h_{ij}^{\alpha}h_{ip}^{\alpha}\bar{R}_{kpjk}+\sum_{ijk\alpha\beta} h_{ij}^{\alpha}h_{ik}^{\beta}\bar{R}_{\alpha\beta jk}\right]-3S^2\Bigg).
\end{aligned}$$

定理 6.65 假设$x: M^n\to N^{n+p}, p=1$是一般流形之中的极小超曲面，那么满足

$$\begin{aligned}
0 \;=\;& \int_M F''(S)|\nabla S|^2+F'(S)\Bigg(\sum_{ijk}2h_{ij}\bar{R}_{(n+1)ijk,k}-\sum_{ijk}2h_{ij}\bar{R}_{(n+1)kki,j}+\\
& 2|\nabla h|^2+\sum_{ijkl}2h_{ij}h_{kl}\bar{R}_{iljk}+\sum_{ijkl}2h_{ij}h_{il}\bar{R}_{jkkl}-2S^2\Bigg).
\end{aligned}$$

定理 6.66 假设$x: M^n\to R^{n+p}(c), p\geqslant 2$是空间形式之中的高余维极小子流形，抽象函数$F'(u)\geqslant 0$，那么极小子流形满足

$$\begin{aligned}
0 \;=\;& \int_M F''(S)|\nabla S|^2+F'(S)\Bigg(2|\nabla h|^2+2ncS-\\
& 2\left[\sum_{\alpha\neq\beta}(N(A_\alpha A_\beta-A_\beta A_\alpha)+\sum_{\alpha\beta}(S_{\alpha\beta})^2\right]\Bigg)\\
\geqslant\;& \int_M F''(S)|\nabla S|^2+F'(S)\Bigg(2|\nabla h|^2+2ncS-2(2-\frac{1}{p})S^2\Bigg).
\end{aligned}$$

定理 6.67 假设$x: M^n\to R^{n+p}(c), p\geqslant 2$是空间形式之中的高余维极小子流形，抽象函数$F'(u)\leqslant 0$，那么极小子流形满足

$$\begin{aligned}
0 \;=\;& \int_M F''(S)|\nabla S|^2+F'(S)\Bigg(2|\nabla h|^2+2ncS\\
& 2\left[\sum_{\alpha\neq\beta}(N(A_\alpha A_\beta-A_\beta A_\alpha)+\sum_{\alpha\beta}(S_{\alpha\beta})^2\right]\Bigg)-
\end{aligned}$$

$$\leqslant \int_M F''(S)|\nabla S|^2 + F'(S)\left(2|\nabla h|^2 + 2ncS - 2(2-\frac{1}{p})S^2\right).$$

定理 6.68 假设$x: M^n \to R^{n+p}(c), p \geqslant 2$是空间形式之中的高余维极小子流形，抽象函数$F'(u) \geqslant 0$，那么极小子流形满足

$$\begin{aligned} 0 &= \int_M F''(S)|\nabla S|^2 + F'(S)\Bigg(2|\nabla h|^2 + 2ncS - \\ &\quad 2\left[\sum_{\alpha\neq\beta}(N(A_\alpha A_\beta - A_\beta A_\alpha) + \sum_{\alpha\beta}(S_{\alpha\beta})^2\right]\Bigg) \\ &\geqslant \int_M F''(S)|\nabla S|^2 + F'(S)\left(2|\nabla h|^2 + 2ncS - 3S^2\right). \end{aligned}$$

定理 6.69 假设$x: M^n \to R^{n+p}(c), p \geqslant 2$是空间形式之中的高余维极小子流形，抽象函数$F'(u) \leqslant 0$，那么极小子流形满足

$$\begin{aligned} 0 &= \int_M F''(S)|\nabla S|^2 + F'(S)\Bigg(2|\nabla h|^2 + 2ncS - \\ &\quad 2\left[\sum_{\alpha\neq\beta}(N(A_\alpha A_\beta - A_\beta A_\alpha) + \sum_{\alpha\beta}(S_{\alpha\beta})^2\right]\Bigg) \\ &\leqslant \int_M F''(S)|\nabla S|^2 + F'(S)\left(2|\nabla h|^2 + 2ncS - 3S^2\right). \end{aligned}$$

定理 6.70 假设$x: M^n \to R^{n+p}(c), p = 1$是空间形式之中的极小超曲面，那么满足

$$0 = \int_M F''(S)|\nabla S|^2 + F'(S)\left(2|\nabla h|^2 + 2ncS - 2S^2\right).$$

6.4 单位球面中极小子流形的点态间隙

为了发展单位球面中极小子流形的点态间隙定理，需要先了解以下三个例子.

例 6.1 对于单位球面之中的具有两个不同主曲率的超曲面，寻求满足$H = 0$的所有环面.已知

$$\lambda,\ \mu, 0 < \lambda, \mu < 1, \lambda^2 + \mu^2 = 1,$$

$$S^m(\lambda) \times S^{n-m}(\mu) \to S^{n+1}(1),\ 1 \leqslant m \leqslant n-1.$$

所有的主曲率为

$$k_1 = \cdots = k_m = \frac{\mu}{\lambda},\ k_{m+1} = \cdots = k_n = -\frac{\lambda}{\mu}.$$

简单计算可得

$$H = \frac{m\frac{\mu}{\lambda} - (n-m)\frac{\lambda}{\mu}}{n}.$$

设定$\frac{\mu}{\lambda}=x>0$, 那么

$$H=\frac{mx-(n-m)\frac{1}{x}}{n}.$$

如果$H=0$, 即

$$mx=(n-m)\frac{1}{x},$$

求解方程可得

$$x=\sqrt{\frac{n-m}{m}},1\leqslant m\leqslant n-1.$$

因此

$$C_{m,n-m}:S^m(\sqrt{\frac{m}{n}})\times S^{n-m}(\sqrt{\frac{n-m}{n}})\to S^{n+1}(1),1\leqslant m\leqslant n-1$$

是满足$H=0$的环面，称为Clifford环面.

例 6.2 对于单位球面之中的具有两个不同主曲率的超曲面，寻求满足$S=n$的所有环面.已知

$$\lambda,\ \mu,0<\lambda,\mu<1,\lambda^2+\mu^2=1,$$

$$S^m(\lambda)\times S^{n-m}(\mu)\to S^{n+1}(1),\ 1\leqslant m\leqslant n-1.$$

所有的主曲率为

$$k_1=\cdots=k_m=\frac{\mu}{\lambda},\ k_{m+1}=\cdots=k_n=-\frac{\lambda}{\mu}.$$

简单计算可得

$$S=m\frac{\mu^2}{\lambda^2}+(n-m)\frac{\lambda^2}{\mu^2}.$$

设定$\frac{\mu}{\lambda}=x>0$, 那么

$$S=\frac{m(n-m)}{n}[x^2+\frac{1}{x^2}+2].$$

如果$S=n$, 即

$$n=mx^2+(n-m)\frac{1}{x^2},$$

求解方程可得

$$x_1=\sqrt{\frac{n-m}{m}},x_2=1,1\leqslant m\leqslant n-1.$$

因此

$$C_{m,n-m}:S^m(\sqrt{\frac{m}{n}})\times S^{n-m}(\sqrt{\frac{n-m}{n}})\to S^{n+1}(1),1\leqslant m\leqslant n-1$$

和

$$S^m(\sqrt{\frac{1}{2}}) \times S^{n-m}(\sqrt{\frac{1}{2}}) \to S^{n+1}(1), 1 \leqslant m \leqslant n-1$$

都是满足$S = n$的环面.

例 6.3 Veronese曲面.假设(x, y, z)是$\mathbf{R}^3$的自然坐标, $(u_1, u_2, u_3, u_4, u_5)$是$\mathbf{R}^5$的自然坐标, 考察如下映射:

$$\begin{aligned} & u_1 = \frac{1}{\sqrt{3}}yz, u_2 = \frac{1}{\sqrt{3}}xz, u_3 = \frac{1}{\sqrt{3}}xy, \\ & u_4 = \frac{1}{2\sqrt{3}}(x^2 - y^2), u_5 = \frac{1}{6}(x^2 + y^2 - 2z^2), \\ & x^2 + y^2 + z^2 = 3. \end{aligned}$$

这个映射定义了浸入$x : RP^2 = S^2(\sqrt{3})/Z_2 \to S^4(1)$, 称之为Veronese曲面. 从文献[13]可知第二基本型为

$$\boldsymbol{A}_3 = \begin{pmatrix} 0 & \frac{1}{\sqrt{3}} \\ \frac{1}{\sqrt{3}} & 0 \end{pmatrix}, \boldsymbol{A}_4 = \begin{pmatrix} -\frac{1}{\sqrt{3}} & 0 \\ 0 & \frac{1}{\sqrt{3}} \end{pmatrix}.$$

经过简单计算可得

$$H^3 = H^4 = 0, S_{333} = S_{344} = S_{433} = S_{444} = 0.$$

间隙定理的证明依赖以上三个例子、陈省身不等式、李安民不等式以及如下的两个重要引理.

为了进一步讨论Simons积分不等式的端点对应的超曲面和子流形，需要用到文献[3]中提出的两个重要结论，其中一个为引理，另一个被称为主定理.为了表述方便，这里采用一些记号.对于一个超曲面，用

$$h_{ij} = h_{ij}^{n+1}.$$

选择局部正交标架，使得

$$h_{ij} = 0, \ \forall\, i \neq j; h_i = h_{ii}.$$

引理 6.9 假设$x : M^n \to S^{n+1}(1)$ 是单位球面之中的紧致无边超曲面并且满足$\nabla h \equiv 0$，那么有两种情形:

情形1: $h_1 = \cdots = h_n = \lambda = \text{const}$，并且$M$要么是全脐$(\lambda > 0)$超曲面，要么是全测地$(\lambda = 0)$超曲面.

情形2: $h_1 = \cdots = h_m = \lambda = \text{const} > 0, h_{m+1} = \cdots = h_n = -\frac{1}{\lambda}$, $1 \leqslant m \leqslant n-1$，并且$M$是两个子流形的黎曼乘积$M_1 \times M_2$，此处$M_1 = S^m(\frac{1}{\sqrt{1+\lambda^2}}), M_2 =$

$S^{n-m}(\frac{\lambda}{\sqrt{1+\lambda^2}})$.不失一般性，可以假设$\lambda > 0$并且$1 \leqslant m \leqslant \frac{n}{2}$.

引理 6.10 Clifford环面$C_{m,n-m}$和Veronese曲面是单位球面$S^{n+p}(1)$之中的唯一满足$S = \frac{n}{2-\frac{1}{p}}$的极小子流形$(H=0)$.

在幂函数型Simons类积分不等式三个定理中，取定$r=1$，可以得到经典的Simons积分不等式以及经典的间隙定理.

定理 6.71 假设$x: M^n \to S^{n+p}(1), p \geqslant 2$是单位球面之中的高余维极小子流形，那么极小子流形满足

$$0 \geqslant \int_M \left(2|\nabla h|^2 + 2(2-\frac{1}{p})S(\frac{n}{(2-\frac{1}{p})} - S)\right).$$

如果$0 \leqslant S \leqslant \frac{n}{2-\frac{1}{p}}$，那么$S \equiv 0$或者$S \equiv \frac{n}{2-\frac{1}{p}}$.前者为全测地子流形，后者为Veronese曲面.

定理 6.72 假设$x: M^n \to S^{n+p}(1), p \geqslant 2$是单位球面之中的高余维极小子流形，那么极小子流形满足

$$0 \geqslant \int_M \left(2|\nabla h|^2 + 3S(\frac{2n}{3} - S)\right).$$

如果$0 \leqslant S \leqslant \frac{2n}{3}$，那么$S \equiv 0$或者$S \equiv \frac{2n}{3}$.前者为全测地子流形，后者为Veronese曲面.

定理 6.73 假设$x: M^n \to S^{n+p}(1), p = 1$是单位球面之中的极小超曲面，那么满足

$$0 = \int_M \left(2|\nabla h|^2 + 2S(n-S)\right).$$

如果$0 \leqslant S \leqslant n$，那么$S \equiv 0$或者$S \equiv n$.前者为全测地超曲面，后者为Clifford环面$C_{m,n-m}$.

定理 6.74 假设$x: M^n \to S^{n+p}(1), p \geqslant 2$是单位球面之中的高余维极小子流形，幂函数的参数$r \geqslant 2$，那么极小子流形满足

$$0 \geqslant \int_M r(r-1)S^{r-2}|\nabla S|^2 + rS^{r-1}\left(2|\nabla h|^2 + 2(2-\frac{1}{p})S(\frac{n}{(2-\frac{1}{p})} - S)\right).$$

如果$0 \leqslant S \leqslant \frac{n}{2-\frac{1}{p}}$，那么$S \equiv 0$或者$S \equiv \frac{n}{2-\frac{1}{p}}$.前者为全测地子流形，后者为Veronese曲面.

定理 6.75 假设$x: M^n \to S^{n+p}(1), p \geqslant 2$是单位球面之中的高余维极小子流形，幂函数的参数$r \geqslant 2$，那么极小子流形满足

$$0 \geqslant \int_M r(r-1)S^{r-2}|\nabla S|^2 + rS^{r-1}\left(2|\nabla h|^2 + 3S(\frac{2n}{3} - S)\right).$$

如果$0 \leqslant S \leqslant \frac{2n}{3}$，那么$S \equiv 0$或者$S \equiv \frac{2n}{3}$.前者为全测地子流形，后者为Veronese曲面.

定理 6.76 假设$x: M^n \to S^{n+p}(1), p=1$是单位球面之中的极小超曲面，幂函数的参数$r \geqslant 2$，那么满足

$$0=\int_M r(r-1)S^{r-2}|\nabla S|^2+rS^{r-1}\left(2|\nabla h|^2+2S(n-S)\right).$$

如果$0 \leqslant S \leqslant n$，那么$S \equiv 0$或者$S \equiv n$.前者为全测地超曲面，后者为Clifford环面$C_{m,n-m}$.

定理 6.77 假设$x: M^n \to S^{n+p}(1), p \geqslant 2$是单位球面之中的高余维极小子流形，那么极小子流形满足

$$0 \geqslant \int_M \exp(S)|\nabla S|^2+\exp(S)\left(2|\nabla h|^2+2(2-\frac{1}{p})S(\frac{n}{(2-\frac{1}{p})}-S)\right).$$

如果$0 \leqslant S \leqslant \dfrac{n}{2-\frac{1}{p}}$，那么$S \equiv 0$或者$S \equiv \dfrac{n}{2-\frac{1}{p}}$.前者为全测地子流形，后者为Veronese曲面.

定理 6.78 假设$x: M^n \to S^{n+p}(1), p \geqslant 2$是单位球面之中的高余维极小子流形，那么极小子流形满足

$$0 \geqslant \int_M \exp(S)|\nabla S|^2+\exp(S)\left(2|\nabla h|^2+3S(\frac{2n}{3}-S)\right).$$

如果$0 \leqslant S \leqslant \dfrac{2n}{3}$，那么$S \equiv 0$或者$S \equiv \dfrac{2n}{3}$.前者为全测地子流形，后者为Veronese曲面.

定理 6.79 假设$x: M^n \to S^{n+p}(1), p=1$是单位球面之中的极小超曲面，那么满足

$$0=\int_M \exp(S)|\nabla S|^2+\exp(S)\left(2|\nabla h|^2+2S(n-S)\right).$$

如果$0 \leqslant S \leqslant n$，那么$S \equiv 0$或者$S \equiv n$.前者为全测地超曲面，后者为Clifford环面$C_{m,n-m}$.

定理 6.80 假设$x: M^n \to S^{n+p}(1), p \geqslant 2$是单位球面之中的高余维极小子流形，抽象函数$F'(u)>0, \forall u \in (0,+\infty), F''(u) \geqslant 0$，那么极小子流形满足

$$0 \geqslant \int_M F''(S)|\nabla S|^2+F'(S)\left(2|\nabla h|^2+2(2-\frac{1}{p})S(\frac{n}{(2-\frac{1}{p})}-S)\right).$$

如果$0 \leqslant S \leqslant \dfrac{n}{2-\frac{1}{p}}$，那么$S \equiv 0$或者$S \equiv \dfrac{n}{2-\frac{1}{p}}$.前者为全测地子流形，后者为Veronese曲面.

定理 6.81 假设$x: M^n \to S^{n+p}(1), p \geqslant 2$是单位球面之中的高余维极小子流形，抽象函数$F'(u)>0, \forall u \in (0,+\infty), F''(u) \geqslant 0$，那么极小子流形满足

$$0 \geqslant \int_M F''(S)|\nabla S|^2+F'(S)\left(2|\nabla h|^2+3S(\frac{2n}{3}-S)\right).$$

如果$0 \leqslant S \leqslant \dfrac{2n}{3}$，那么$S \equiv 0$或者$S \equiv \dfrac{2n}{3}$.前者为全测地子流形，后者为Veronese曲面.

定理 6.82 假设$x: M^n \to S^{n+p}(1), p=1$是单位球面之中的极小超曲面，抽象函数$F'(u)>0, \forall u \in (0,+\infty), F''(u) \geqslant 0$，那么满足

$$0=\int_M F''(S)|\nabla S|^2+F'(S)\left(2|\nabla h|^2+2S(n-S)\right).$$

如果$0 \leqslant S \leqslant n$，那么$S \equiv 0$或者$S \equiv n$.前者为全测地超曲面，后者为Clifford环面$C_{m,n-m}$.

6.5 单位球面中极小子流形的全局间隙

为了讨论单位球面中临界点的全局间隙，需要如下两个不等式.

定理 6.83 假设$x : M^n \to N^{n+p}(1)$ 是一个子流形，那么有估计

$$|\nabla h|^2 \geqslant |\nabla f_\epsilon|^2, \forall \epsilon > 0,$$

此处$|\nabla h|^2 = \sum_{\alpha ijk}(h^\alpha_{ij,k})^2$,函数$f_\epsilon = \sqrt{S + np\epsilon^2}$.

定理 6.84 假设$x : M^n \to S^{n+p}(1), n \geqslant 3$是紧致无边的子流形，那么对于任意函数$g \in C^1(M), g \geqslant 0$ 和参数$t > 0$,g满足如下的不等式

$$\|\nabla g\|^2_{L^2} \geqslant k_1(n,t)\|g^2\|_{L^{\frac{n}{n-2}}} - k_2(n,t)\|(1+H^2)g^2\|_{L^1},$$

此处

$$k_1(n,t) = \frac{(n-2)^2}{4(n-1)^2c^2(n)}\frac{1}{t+1}, k_2(n,t) = \frac{(n-2)^2}{4(n-1)^2}\frac{1}{t},$$

并且$c(n)$是一个仅仅依赖n的正常数.

首先选用以S为实验函数的Simons积分不等式证明下面的全局间隙现象.

定理 6.85 假设$x : M^n \to S^{n+p}(1), p \geqslant 2, n \geqslant 3$是单位球面中的极小子流形，如果存在一个仅仅依赖$n$的常数$A(n)$满足

$$\|S\|_{L^{\frac{n}{2}}} < A(n),$$

那么M一定是全测地子流形.

证明 设定

$$\eta = \max\{\frac{3}{2}, (2-\frac{1}{p})\},$$

选定S作为实验函数，对于极小子流形，有Simons积分不等式

$$0 \geqslant \int_M |\nabla h|^2 + nS - \eta S^2.$$

因为$f_\epsilon = \sqrt{S + np\epsilon^2}$, 有

$$\lim_{\epsilon \downarrow 0}\int_M |\nabla h|^2 + nf_\epsilon^2 - \eta f_\epsilon^4 \leqslant 0.$$

根据不等式

$$|\nabla h|^2 \geqslant |\nabla f_\epsilon|^2,$$

代入可得

$$\lim_{\epsilon \downarrow 0}\int_M |\nabla f_\epsilon|^2 + nf_\epsilon^2 - \eta f_\epsilon^4 \leqslant 0.$$

也就是

$$\lim_{\epsilon\downarrow 0}\left(\|\nabla f_\epsilon\|_{L^2}^2+n\|f_\epsilon^2\|_{L^1}-\eta\|f_\epsilon^4\|_{L^1}\right)\leqslant 0.$$

利用本节的第二个不等式可得

$$\lim_{\epsilon\downarrow 0}\left(k_1(n,t)\|f_\epsilon^2\|_{L^{\frac{n}{n-2}}}-k_2(n,t)\|f_\epsilon^2\|_{L^1}+n\|f_\epsilon^2\|_{L^1}-\eta\|f_\epsilon^4\|_{L^1}\right)\leqslant 0.$$

整理得到

$$\lim_{\epsilon\downarrow 0}\left(k_1(n,t)\|f_\epsilon^2\|_{L^{\frac{n}{n-2}}}-\eta\|f_\epsilon^4\|_{L^1}\right)\leqslant\lim_{\epsilon\downarrow 0}\left((k_2(n,t)-n)\|f_\epsilon^2\|_{L^1}\right).$$

选定充分大的t使得

$$(k_2(n,t)-n)\leqslant 0,$$

那么可得

$$\lim_{\epsilon\downarrow 0}\left(k_1(n,t)\|f_\epsilon^2\|_{L^{\frac{n}{n-2}}}-\eta\|f_\epsilon^4\|_{L^1}\right)\leqslant 0.$$

运用Hölder不等式可得

$$\lim_{\epsilon\downarrow 0}\left(k_1(n,t)\|f_\epsilon^2\|_{L^{\frac{n}{n-2}}}-\eta\|f_\epsilon^2\|_{L^{\frac{n}{2}}}\|f_\epsilon^2\|_{L^{\frac{n}{n-2}}}\right)\leqslant 0.$$

整理得到

$$\lim_{\epsilon\downarrow 0}\|f_\epsilon^2\|_{L^{\frac{n}{n-2}}}\left(k_1(n,t)-\eta\|f_\epsilon^2\|_{L^{\frac{n}{2}}}\right)\leqslant 0.$$

因此如果满足

$$\lim_{\epsilon\downarrow 0}\left(k_1(n,t)-\eta\|f_\epsilon^2\|_{L^{\frac{n}{2}}}\right)>0,$$

也就是

$$\lim_{\epsilon\downarrow 0}\|f_\epsilon^2\|_{L^{\frac{n}{2}}}<\frac{k_1(n,t)}{\eta},$$

即

$$\|S\|_{L^{\frac{n}{2}}}<\frac{k_1(n,t)}{\eta},$$

那么一定有

$$\lim_{\epsilon\downarrow 0}\|f_\epsilon^2\|_{L^{\frac{n}{n-2}}}\leqslant 0,$$

也就是

$$\|S\|_{L^{\frac{n}{n-2}}}=0,$$

即M是全测地子流形。在证明过程中，参数t的选定依赖如下的不等式

$$(k_2(n,t)-n)\leqslant 0,$$

确定t以后，代入

$$A(n) =: \frac{k_1(n,t)}{\eta}$$

即可得到定理中的常数.

注释 6.1 在上面的定理证明中，选用的试验函数是S，实际上可以选用类型更加丰富的实验函数$F(S)$，不过此时函数F需要满足一定的条件.

第7章　全曲率模长泛函的变分与例子

子流形的全曲率模长泛函是指由子流形的全曲率模长为自变量的各类函数积分得到的泛函，这是非常重要的一类泛函，刻画了当前子流形与全测地子流形的差异，具有泛函表达式简洁、几何拓扑物理意义鲜明等特点.本章主要研究全曲率模长泛函的构造、变分计算与例子的计算.

7.1 全曲率模长泛函

全曲率模长泛函也是一类特殊的基本对称张量泛函.通过第二基本型可以构造一类重要的几何量，即全曲率模长

$$S=\sum_{\alpha ij}(h_{ij}^{\alpha})^2.$$

全曲率模长S满足如下几条性质.(1)非负性：即$S(Q)\geqslant 0,\forall Q\in M$；(2)零点即测地点：即$S(Q)=0$当且仅当$Q$是$M$的测地点；(3)有界性：因为$M$是紧致无边流形，所以全曲率模长$S$可被一个与流形$M$ 有关的正常数C_2控制，即$0\leqslant S\leqslant C_2$.

定义函数F满足

$$F:[0,\infty)\to\mathbf{R},u\to F(u),F\in C^3[0,\infty).$$

利用函数F来定义$GD_{(n,F)}$泛函为

$$GD_{(n,F)}(x)=\int_M F(H^2)dv.$$

泛函的临界点称为$GD_{(n,F)}$子流形.

一般而言，抽象函数F有几类比较典型的特殊函数：

$$F(u)=u^r,r\in\mathbf{R};F(u)=(u+\epsilon)^r,\epsilon>0,r\in\mathbf{R};$$

$$F(u)=\exp(u);F(u)=\exp(-u);$$

$$F(u)=\log(u);F(u)=\log(u+\epsilon),\epsilon>0.$$

在上文中，函数$F(u)=(u+\epsilon)^r,F(u)=\log(u+\epsilon)$中出现正参数$\epsilon>0$是为了避免全曲率模长函数$S$的零点而导致运算规则失效.因此对于这些特殊的函数$F$，可以定义特殊的全曲率泛函

$$GD_{(n,r)}(x)=\int_M S^r\mathrm{d}v,GD_{(n,r,\epsilon)}(x)=\int_M(S+\epsilon)^r\mathrm{d}v,\epsilon>0,r\in\mathbf{R};$$

$$GD_{(n,E,+)}(x)=\int_M\exp(S)\mathrm{d}v,GD_{(n,E,-)}(x)=\int_M\exp(-S)\mathrm{d}v;$$

$$GD_{(n,\log)}(x)=\int_M \log(S)\mathrm{d}v, GD_{(n,\log,\epsilon)}(x)=\int_M \log(S+\epsilon)\mathrm{d}v, \epsilon>0.$$

又有

$$S=|\boldsymbol{S}_1|^2-2S_2.$$

因此，本质上，全曲率模长泛函

$$GD_{(n,F)}(x)=\int_M F(S)\mathrm{d}v$$

是一种基本对称张量泛函

$$GD_{(n,F)}(x)=\int_M F(|\boldsymbol{S}_1|^2-2S_2)\mathrm{d}v.$$

7.2 抽象型全曲率模长泛函的变分与例子

为了计算泛函$GD_{(n,F)}$的变分，需要几个引理.

引理 7.1 设$x:M\to N^{n+p}$是子流形，$\boldsymbol{V}=V^\alpha e_\alpha$是变分向量场，则

$$\frac{\partial \mathrm{d}v}{\partial t}=n\sum_\alpha H^\alpha V^\alpha \mathrm{d}v.$$

引理 7.2 设$x:M\to N^{n+p}$是子流形，$\boldsymbol{V}=V^\alpha e_\alpha$是变分向量场，则

$$\frac{\partial S}{\partial t}=\sum 2h_{ij}^\alpha V_{,ij}^\alpha+\sum 2S_{\alpha\alpha\beta}V^\beta-\sum 2h_{ij}^\alpha \bar{R}_{ij\beta}^\alpha V^\beta.$$

利用上面的两个引理，可以计算泛函$GD_{(n,F)}$的第一变分

$$\begin{aligned}
\frac{\partial}{\partial t}GD_{(n,F)}(x_t) &= \int_{M_t} F'(S)\frac{\partial}{\partial t}(S)-nF(S)H^\alpha V^\alpha \mathrm{d}v\\
&= \int_{M_t} F'(S)(\ 2h_{ij}^\alpha V_{,ij}^\alpha+2S_{\alpha\beta\beta}V^\alpha-2h_{ij}^\beta \bar{R}_{ij\alpha}^\beta V^\alpha\ )-nH^\alpha V^\alpha)\mathrm{d}v\\
&= \int_M (\ 2F'(S)h_{ij}^\alpha\ )_{,ij}V^\alpha+2F'(S)S_{\alpha\beta\beta}V^\alpha-2F'(S)h_{ij}^\beta \bar{R}_{ij\alpha}^\beta V^\alpha-\\
&\quad nH^\alpha F(S)V^\alpha \mathrm{d}v\\
&= \int_M [\ (\ 2F'(S)h_{ij}^\alpha\ )_{,ij}+2F'(S)S_{\alpha\beta\beta}-2F'(S)h_{ij}^\beta \bar{R}_{ij\alpha}^\beta-\\
&\quad nF(S)H^\alpha\ ]V^\alpha \mathrm{d}v.
\end{aligned}$$

定理 7.1 设$x:M^n\to N^{n+p}$是子流形，那么M是一个$GD_{(n,F)}$子流形当且仅当对任意的α,$n+1\leqslant\alpha\leqslant n+p$，有

$$(\ 2F'(S)h_{ij}^\alpha\ )_{,ij}+2F'(S)S_{\alpha\beta\beta}-2F'(S)h_{ij}^\beta \bar{R}_{ij\alpha}^\beta-nF(S)H^\alpha=0.$$

定理 7.2 设$x:M^n\to N^{n+1}$是超曲面，那么M是一个$GD_{(n,F)}$超曲面当且仅当

$$(\ 2F'(S)h_{ij}\ )_{,ij}+2F'(S)P_3+2F'(S)h_{ij}\bar{R}_{i(n+1)(n+1)j}-nF(S)H=0.$$

定理 7.3 设$x: M^n \to N^{n+p}$是子流形并且$h^\alpha_{ij} = \text{const}, \forall i, j, \alpha$，那么$M$是一个$GD_{(n,F)}$子流形当且仅当对任意的$\alpha$,$n+1 \leqslant \alpha \leqslant n+p$，有

$$2F'(S)S_{\alpha\beta\beta} - 2F'(S)h^\beta_{ij}\bar{R}^\beta_{ij\alpha} - nF(S)H^\alpha = 0.$$

定理 7.4 设$x: M^n \to N^{n+1}$是超曲面并且$h_{ij} = \text{const}, \forall i, j$，那么$M$是一个$GD_{(n,F)}$超曲面当且仅当

$$2F'(S)P_3 + 2F'(S)h_{ij}\bar{R}_{i(n+1)(n+1)j} - nF(S)H = 0.$$

当流形N^{n+p}是空间形式$R^{n+p}(c)$时，其黎曼曲率张量可以表达为

$$\begin{aligned}
&\bar{R}_{ABCD} = -c(\delta_{AC}\delta_{BD} - \delta_{AD}\delta_{BC}), \bar{R}^\beta_{ij\alpha} = -c\delta_{ij}\delta_{\alpha\beta},\\
&\bar{R}^\top_{AB} = \sum_i \bar{R}_{AiiB} = \sum_i -c(\delta_{Ai}\delta_{iB} - \delta_{AB}\delta_{ii}) = nc\delta_{AB} - c\sum_i \delta_{Ai}\delta_{iB},\\
&\bar{R}^\perp_{AB} = \sum_\alpha \bar{R}_{A\alpha\alpha B} = \sum_\alpha -c(\delta_{A\alpha}\delta_{\alpha B} - \delta_{AB}\delta_{\alpha\alpha}) = pc\delta_{AB} - c\sum_\alpha \delta_{A\alpha}\delta_{B\alpha},\\
&\bar{R}^\top_{\alpha\beta} = nc\delta_{\alpha\beta}, \bar{R}^\perp_{ij} = pc\delta_{ij}.
\end{aligned}$$

于是上面的定理在空间形式之中可以归结于比较简单的形式.

定理 7.5 设$x: M \to R^{n+p}(c)$是空间形式中的子流形，那么M是一个$GD_{(n,F)}$子流形当且仅当对任意的$\alpha, n+1 \leqslant \alpha \leqslant n+p$，下式成立

$$(\,2F'(S)h^\alpha_{ij}\,)_{,ij} + 2F'(S)S_{\alpha\beta\beta} + 2ncF'(S)H^\alpha - nF(S)H^\alpha = 0.$$

定理 7.6 设$x: M \to R^{n+1}(c)$是空间形式中的超曲面，那么M是一个$GD_{(n,F)}$超曲面当且仅当

$$(\,2F'(S)h_{ij}\,)_{,ij} + 2F'(S)P_3 + 2ncF'(S)H - nF(S)H = 0.$$

定理 7.7 设$x: M \to R^{n+p}(c)$是空间形式中的子流形并且$h^\alpha_{ij} = \text{const}, \forall i, j, \alpha$，那么$M$是一个$GD_{(n,F)}$子流形当且仅当对任意的$\alpha, n+1 \leqslant \alpha \leqslant n+p$，下式成立

$$2F'(S)S_{\alpha\beta\beta} + 2ncF'(S)H^\alpha - nF(S)H^\alpha = 0.$$

定理 7.8 设$x: M \to R^{n+1}(c)$是空间形式中的超曲面并且$h_{ij} = \text{const}, \forall i, j$，那么$M$是一个$GD_{(n,F)}$超曲面当且仅当

$$2F'(S)P_3 + 2ncF'(S)H - nF(S)H = 0.$$

下面给出多种$GD_{(n,F)}$子流形的例子，这些例子在间隙现象的讨论时很有用处.特别地，关注单位球面$S^{n+1}(1)$中的$GD_{(n,F)}$等参超曲面.单位球面之中的等参超曲面的所有主曲率为

$$\{k_1, \cdots, k_i, \cdots, k_n\} = \text{const}$$

那么

$$P_1 = nH = \text{const}, P_2 = S = \text{const}, P_3 = \text{const}.$$

因此，单位曲面之中的$GD_{(n,F)}$等参超曲面方程变为

$$2F'(P_2)P_3 + 2F'(P_2)P_1 - F(P_2)P_1 = 0.$$

例 7.1 全测地超曲面按照其定义，所有的主曲率为

$$k_1 = k_2 = \cdots = 0.$$

于是，可以计算得

$$P_1 = 0, P_2 = 0, P_3 = 0.$$

代入上面的方程，可以得结论：对于任意的参数函数$F \in C^3[0,\infty)$，全测地超曲面M为$GD_{(n,F)}$超曲面.

例 7.2 全脐非全测地的超曲面，按照定义，所有的主曲率为

$$k_1 = k_2 = \cdots = k_n = \lambda \neq 0.$$

各种曲率函数可计算得

$$P_1 = n\lambda, P_2 = n\lambda^2, P_3 = n\lambda^3.$$

代入方程，可得全脐非全测地超曲面对于满足条件

$$2F'(n\lambda^2)\lambda^2 + 2F'(n\lambda^2) - F(n\lambda^2) = 0$$

的函数$F \in C^3(0,\infty)$都是$GD_{(n,F)}$超曲面.显然下面的函数是满足以上条件的

$$F(u) = F(u_0)(\frac{u+n}{u_0+n})^{\frac{n}{2}}.$$

例 7.3 对于维数为偶数$n \equiv 0(\text{mod}2)$的特殊Clifford超曲面

$$C_{\frac{n}{2},\frac{n}{2}} = S^{\frac{n}{2}}(\frac{1}{\sqrt{2}}) \times S^{\frac{n}{2}}(\frac{1}{\sqrt{2}}) \to S^{n+1}(1).$$

所有的主曲率为

$$k_1 = \cdots = k_{\frac{n}{2}} = 1, k_{\frac{n}{2}+1} = \cdots = k_n = -1.$$

于是可以计算所有的曲率函数P_1, P_2, P_3为

$$P_1 = 0, P_2 = n, P_3 = 0.$$

于是得到$C_{\frac{n}{2},\frac{n}{2}}$对于任何函数$F \in C^3[0,\infty)$都是$GD_{(n,F)}$超曲面.

例 7.4 对于单位球面之中的具有两个不同主曲率的超曲面，有

$$\lambda,\ \mu, 0 < \lambda, \mu < 1, \lambda^2 + \mu^2 = 1,$$

$$S^m(\lambda) \times S^{n-m}(\mu) \to S^{n+1}(1),\ 1 \leqslant m \leqslant n-1.$$

在此需要在上面的超曲面之中决定出所有的$GD_{(n,F)}$超曲面.显然，通过计算有

$$k_1 = \cdots = k_m = \frac{\mu}{\lambda},\ k_{m+1} = \cdots = k_n = -\frac{\lambda}{\mu}.$$

于是，曲率函数$P_1 = nH,\ P_2 = S,\ P_3$ 分别为

$$P_1 = m\frac{\mu}{\lambda} - (n-m)\frac{\lambda}{\mu},$$
$$P_2 = m\frac{\mu^2}{\lambda^2} + (n-m)\frac{\lambda^2}{\mu^2},$$
$$P_3 = m\frac{\mu^3}{\lambda^3} - (n-m)\frac{\lambda^3}{\mu^3}.$$

假设$\frac{\mu}{\lambda} = x > 0$，于是$GD_{(n,F)}$超曲面方程变为

$$2F'\left(mx^2 + (n-m)\frac{1}{x^2}\right)\left[mx^6 - (n-m)\right] +$$
$$\left(2F'\left(mx^2 + (n-m)\frac{1}{x^2}\right) - F\left(mx^2 + (n-m)\frac{1}{x^2}\right)\right)\left[mx^4 - (n-m)x^2\right] = 0.$$

对于具体的函数，通过求解具体的代数方程，可以构造出临界超曲面.

例 7.5 当$F(S) = 1$时，具有两个不同主曲率的$GD_{(n,F)}$等参超曲面即为极小等参超曲面，即是Clifford环面

$$C_{m,n-m} = S^m\left(\sqrt{\frac{m}{n}}\right) \times S^{n-m}\left(\sqrt{\frac{n-m}{n}}\right), 1 \leqslant m \leqslant n-1.$$

而且满足$P_1 \equiv 0, P_2 \equiv n, P_3 = (n-m)\sqrt{\frac{n-m}{m}} - m\sqrt{\frac{m}{n-m}}$.假设$F_1$ 是另外一个函数，满足$F_1 \in C^3[0,+\infty)$.如果某个$C_{m,n-m}$ 同时也是$GD_{(n,F_1)}$超曲面，那么必须满足$F_1'(n)\left(\sqrt{\frac{(n-m)^3}{m}} - \sqrt{\frac{m^3}{n-m}}\right) = 0$.因此得结论：如果$F_1'(n) = 0$，那么所有的$C_{m,n-m}$都是$GD_{(n,F_1)}$超曲面；如果$F_1'(n) \neq 0$，那么某个$C_{m,n-m}$ 是$GD_{(n,F_1)}$ 超曲面当且仅当

$$n \equiv 0(\mathrm{mod}2), m = \frac{n}{2}, C_{m,n-m} = C_{\frac{n}{2},\frac{n}{2}}.$$

例 7.6 对于单位球面之中的具有两个不同的主曲率的超曲面，寻求满足$S = n$的所有环面.已知

$$\lambda,\ \mu, 0 < \lambda, \mu < 1, \lambda^2 + \mu^2 = 1,$$
$$S^m(\lambda) \times S^{n-m}(\mu) \to S^{n+1}(1),\ 1 \leqslant m \leqslant n-1.$$

显然，所有的主曲率为

$$k_1 = \cdots = k_m = \frac{\mu}{\lambda},\ k_{m+1} = \cdots = k_n = -\frac{\lambda}{\mu}.$$

于是曲率函数S 为

$$S = m\frac{\mu^2}{\lambda^2} + (n-m)\frac{\lambda^2}{\mu^2}.$$

假设$\frac{\mu}{\lambda}=x>0$，于是

$$S=mx^2+(n-m)\frac{1}{x^2}.$$

如果$S=n$，有

$$n=mx^2+(n-m)\frac{1}{x^2}.$$

解这个方程得到

$$x_1=\sqrt{\frac{n-m}{m}},x_2=1,\forall m\in N,1\leqslant m\leqslant n-1.$$

所以

$$C_{m,n-m}:S^m(\sqrt{\frac{m}{n}})\times S^{n-m}(\sqrt{\frac{n-m}{n}})\to S^{n+1}(1),1\leqslant m\leqslant n-1$$

和

$$S^m(\sqrt{\frac{1}{2}})\times S^{n-m}(\sqrt{\frac{1}{2}})\to S^{n+1}(1),1\leqslant m\leqslant n-1$$

是满足$\rho=n$的所有环面.

上面研究了超曲面的情形，接下来研究子流形的情形.下面的子流形是微分几何之中的著名的例子，称为Veronese曲面.需要利用高维情形的$GD_{(n,F)}$子流形欧拉-拉格朗日公式

$$2F'(S)S_{\alpha\beta\beta}+2nF'(S)H^\alpha-nF(S)H^\alpha=0.$$

例 7.7 假设(x,y,z)是三维欧式空间$\mathbf{R}^3$的自然坐标，假设(u_1,u_2,u_3,u_4,u_5)是五维欧式空间$\mathbf{R}^5$的自然坐标，定义如下的映射

$$\begin{aligned}&u_1=\frac{1}{\sqrt{3}}yz,u_2=\frac{1}{\sqrt{3}}xz,u_3=\frac{1}{\sqrt{3}}xy,\\&u_4=\frac{1}{2\sqrt{3}}(x^2-y^2),u_5=\frac{1}{6}(x^2+y^2-2z^2),\\&x^2+y^2+z^2=3.\end{aligned}$$

这个映射决定了一个等距嵌入$x:RP^2=S^2(\sqrt{3})/Z_2\to S^4(1)$，称其为Veronese曲面，通过简单的计算，知道第二基本型为

$$\boldsymbol{A}_3=\begin{pmatrix}0&\frac{1}{\sqrt{3}}\\\frac{1}{\sqrt{3}}&0\end{pmatrix},\boldsymbol{A}_4=\begin{pmatrix}-\frac{1}{\sqrt{3}}&0\\0&\frac{1}{\sqrt{3}}\end{pmatrix}.$$

通过上面的第二基本型和定义，可以计算得

$$H^3=H^4=0,S_{33}=S_{44}=\frac{2}{3},S=\rho=\frac{4}{3},$$

$$S_{34}=S_{43}=0,S_{333}=S_{344}=S_{433}=S_{444}=0.$$

显然，Veronese曲面对于任意的函数$F\in C^3(0,\infty)$都是$GD_{(2,F)}$曲面.

7.3 幂函数型全曲率模长泛函的变分与例子

当$F(u)=u^r$时，泛函$GD_{n,F}$为

$$GD_{(n,r)}=\int_M S^r dv,$$

针对此类重要的特殊情形的计算有如下的定理群.

定理 7.9 设$x:M^n\to N^{n+p}$是子流形，那么M是一个$GD_{(n,r)}$子流形当且仅当对任意的α,$n+1\leqslant\alpha\leqslant n+p$，有

$$(2rS^{r-1}h_{ij}^{\alpha})_{,ij}+2rS^{r-1}S_{\alpha\beta\beta}-2rS^{r-1}h_{ij}^{\beta}\bar{R}_{ij\alpha}^{\beta}-nS^rH^{\alpha}=0.$$

定理 7.10 设$x:M^n\to N^{n+1}$是超曲面，那么M是一个$GD_{(n,r)}$超曲面当且仅当

$$(2rS^{r-1}h_{ij})_{,ij}+2rS^{r-1}P_3+2rS^{r-1}h_{ij}\bar{R}_{i(n+1)(n+1)j}-nS^rH=0.$$

定理 7.11 设$x:M^n\to N^{n+p}$是子流形并且$h_{ij}^{\alpha}=\text{const},\forall i,j,\alpha$，那么$M$是一个$GD_{(n,r)}$子流形当且仅当对任意的$\alpha$,$n+1\leqslant\alpha\leqslant n+p$，有

$$2rS^{r-1}S_{\alpha\beta\beta}-2rS^{r-1}h_{ij}^{\beta}\bar{R}_{ij\alpha}^{\beta}-nS^rH^{\alpha}=0.$$

定理 7.12 设$x:M^n\to N^{n+1}$是超曲面并且$h_{ij}=\text{const},\forall i,j$，那么$M$是一个$GD_{(n,r)}$超曲面当且仅当

$$2rS^{r-1}P_3+2rS^{r-1}h_{ij}\bar{R}_{i(n+1)(n+1)j}-nS^rH=0.$$

当流形N^{n+p}是空间形式$R^{n+p}(c)$时，其黎曼曲率张量可以表达为

$$\begin{aligned}
&\bar{R}_{ABCD}=-c(\delta_{AC}\delta_{BD}-\delta_{AD}\delta_{BC}),\bar{R}_{ij\alpha}^{\beta}=-c\delta_{ij}\delta_{\alpha\beta},\\
&\bar{R}_{AB}^{\top}=\sum_i\bar{R}_{AiiB}=\sum_i -c(\delta_{Ai}\delta_{iB}-\delta_{AB}\delta_{ii})=nc\delta_{AB}-c\sum_i\delta_{Ai}\delta_{iB},\\
&\bar{R}_{AB}^{\perp}=\sum_{\alpha}\bar{R}_{A\alpha\alpha B}=\sum_{\alpha}-c(\delta_{A\alpha}\delta_{\alpha B}-\delta_{AB}\delta_{\alpha\alpha})=pc\delta_{AB}-c\sum_{\alpha}\delta_{A\alpha}\delta_{B\alpha},\\
&\bar{R}_{\alpha\beta}^{\top}=nc\delta_{\alpha\beta},\bar{R}_{ij}^{\perp}=pc\delta_{ij}.
\end{aligned}$$

于是上面的定理在空间形式之中可以归结于比较简单的形式.

定理 7.13 设$x:M\to R^{n+p}(c)$是空间形式中的子流形，那么M是一个$GD_{(n,r)}$子流形当且仅当对任意的$\alpha,n+1\leqslant\alpha\leqslant n+p$，下式成立

$$(2rS^{r-1}h_{ij}^{\alpha})_{,ij}+2rS^{r-1}S_{\alpha\beta\beta}+2ncrS^{r-1}H^{\alpha}-nS^rH^{\alpha}=0.$$

定理 7.14 设$x:M\to R^{n+1}(c)$是空间形式中的超曲面，那么M是一个$GD_{(n,r)}$超曲面当且仅当

$$(2rS^{r-1}h_{ij})_{,ij}+2rS^{r-1}P_3+2ncrS^{r-1}H-nS^rH=0.$$

定理 7.15 设$x: M \to R^{n+p}(c)$是空间形式中的子流形并且$h_{ij}^{\alpha} = \text{const}, \forall i, j, \alpha$，那么$M$是一个$GD_{(n,r)}$子流形当且仅当对任意的$\alpha, n+1 \leqslant \alpha \leqslant n+p$，下式成立

$$2rS^{r-1}S_{\alpha\beta\beta} + 2ncrS^{r-1}H^{\alpha} - nS^{r}H^{\alpha} = 0.$$

定理 7.16 设$x: M \to R^{n+1}(c)$是空间形式中的超曲面并且$h_{ij} = \text{const}, \forall i, j$，那么$M$是一个$GD_{(n,r)}$超曲面当且仅当

$$2rS^{r-1}P_3 + 2ncrS^{r-1}H - nS^{r}H = 0.$$

下面给出$GD_{(n,r)}$子流行的例子.对于单位球面$S^{n+1}(1)$之中的等参超曲面，所有的主曲率$\{k_1, \cdots, k_i, \cdots, k_n\}$都是常数，显然曲率$P_1, P_2, P_3$也都是常数.单位球面之中的等参超曲面是$GD_{(n,r)}$超曲面当且仅当满足方程

$$S^{r-1}(2rP_3 + 2rP_1 - SP_1) = 0.$$

例 7.8 全测地超曲面是$GD_{(n,r)}$超曲面.此时要求参数r的取值为$r = 1, 2, \cdots, \infty$.实际上，全测地超曲面意味着所有主曲率都为0，因此，曲率P_1, P_2, P_3都为0，所以方程自然满足.

例 7.9 全脐非全测地超曲面的定义为，所有主曲率相等为常数而且不等于0，即

$$k_1 = k_2 = \cdots = k_n = \lambda \neq 0.$$

经过简单的计算，可得

$$P_1 = n\lambda, P_2 = S = n\lambda^2, P_3 = n\lambda^3.$$

代入方程可得

$$(n - 2r)\lambda^2 = 2r.$$

即是λ必须满足上面的方程才是$GD_{(n,r)}$子流形，所以r必须满足$0 < r < \dfrac{n}{2}$.

例 7.10 对于单位球面之中的一个维数为偶数$n \equiv 0(\text{mod}2)$的特殊子流形

$$C_{\frac{n}{2},\frac{n}{2}} = S^{\frac{n}{2}}(\frac{1}{\sqrt{2}}) \times S^{\frac{n}{2}}(\frac{1}{\sqrt{2}}) \to S^{n+1}(1).$$

经过简单的计算所有的主曲率为

$$k_1 = \cdots = k_{\frac{n}{2}} = 1, k_{\frac{n}{2}+1} = \cdots = k_n = -1.$$

那么对于P_1, P_2, P_3计算得到

$$P_1 = 0, P_2 = n, P_3 = 0$$

显然$C_{\frac{n}{2},\frac{n}{2}}$不是全测地超曲面，也没有测地点.代入方程可以得到结论：对于任何参数r，$C_{\frac{n}{2},\frac{n}{2}}$是单位球面之中的$GD_{(n,r)}$ 超曲面.

例 7.11 对于单位球面之中的具有两个不同主曲率的超曲面，有

$$\lambda,\ \mu, 0<\lambda,\mu<1, \lambda^2+\mu^2=1,$$

$$S^m(\lambda)\times S^{n-m}(\mu)\rightarrow S^{n+1}(1),\ 1\leqslant m\leqslant n-1.$$

需要在上面的超曲面之中决定出所有的$GD_{(n,F)}$超曲面.显然，通过计算有

$$k_1=\cdots=k_m=\frac{\mu}{\lambda},\ k_{m+1}=\cdots=k_n=-\frac{\lambda}{\mu}.$$

于是，曲率函数$P_1=nH,\ P_2=S,\ P_3$ 分别为

$$P_1=m\frac{\mu}{\lambda}-(n-m)\frac{\lambda}{\mu},$$

$$P_2=m\frac{\mu^2}{\lambda^2}+(n-m)\frac{\lambda^2}{\mu^2},$$

$$P_3=m\frac{\mu^3}{\lambda^3}-(n-m)\frac{\lambda^3}{\mu^3}.$$

假设$\frac{\mu}{\lambda}=x>0$，于是$GD_{(n,r)}$超曲面方程变为

$$(2rm-m^2)x^6+(2rm+m(n-m))x^4-$$

$$(2r(n-m)+m(n-m))x^2+(n-m)^2-2r(n-m)=0.$$

对于固定的参数(n,r)，需要寻求的解是(m,x)，由此可以确定单位球面之中的所有具有两个不同主曲率的等参$GD_{(n,r)}$超曲面.实际上令$y=x^2$，于是6次方程可以变为

$$(2rm-m^2)y^3+(2rm+m(n-m))y^2-$$

$$(2r(n-m)+m(n-m))y+(n-m)^2-2r(n-m)=0.$$

再利用3次代数方程的求解法则，可以求出解，过程讨论比较复杂，但是思想简洁，留给读者作为一个小问题.

例 7.12 所有的$GD_{(n,F)}$子流形都是$GD_{(n,r)}$子流形，因为u^r是$F(u)$的特殊情形.

7.4 指数型全曲率模长泛函的第一变分公式

当$F(u)=\mathrm{e}^u$时，泛函$GD_{n,E}$为

$$GD_{(n,E)}=\int_M \exp S\mathrm{d}v,$$

因此，针对此类重要的特殊情形的计算有如下定理群.

定理 7.17 设$x:M^n\rightarrow N^{n+p}$是子流形，那么M是一个$GD_{(n,E)}$子流形当且仅当对任意的α,$n+1\leqslant\alpha\leqslant n+p$，有

$$(\ 2\mathrm{e}^S h^\alpha_{ij}\ )_{,ij}+2\mathrm{e}^S S_{\alpha\beta\beta}-2\mathrm{e}^S h^\beta_{ij}\bar{R}^\beta_{ij\alpha}-n\mathrm{e}^S H^\alpha=0.$$

定理 7.18　设$x: M^n \to N^{n+1}$是超曲面，那么M是一个$GD_{(n,E)}$超曲面当且仅当

$$(2e^S h_{ij})_{,ij} + 2e^S P_3 + 2e^S h_{ij}\bar{R}_{i(n+1)(n+1)j} - ne^S H = 0.$$

定理 7.19　设$x: M^n \to N^{n+p}$是子流形并且$h_{ij}^\alpha = \text{const}, \forall i,j,\alpha$，那么$M$是一个$GD_{(n,E)}$子流形当且仅当对任意的$\alpha$,$n+1 \leqslant \alpha \leqslant n+p$，有

$$2S_{\alpha\beta\beta} - 2h_{ij}^\beta \bar{R}_{ij\alpha}^\beta - nH^\alpha = 0.$$

定理 7.20　设$x: M^n \to N^{n+1}$是超曲面并且$h_{ij} = \text{const}, \forall i,j$，那么$M$是一个$GD_{(n,E)}$超曲面当且仅当

$$2P_3 + 2h_{ij}\bar{R}_{i(n+1)(n+1)j} - nH = 0.$$

当流形N^{n+p}是空间形式$R^{n+p}(c)$时，其黎曼曲率张量可以表达为

$$\begin{aligned}
&\bar{R}_{ABCD} = -c(\delta_{AC}\delta_{BD} - \delta_{AD}\delta_{BC}), \bar{R}_{ij\alpha}^\beta = -c\delta_{ij}\delta_{\alpha\beta},\\
&\bar{R}_{AB}^\top = \sum_i \bar{R}_{AiiB} = \sum_i -c(\delta_{Ai}\delta_{iB} - \delta_{AB}\delta_{ii}) = nc\delta_{AB} - c\sum_i \delta_{Ai}\delta_{iB},\\
&\bar{R}_{AB}^\perp = \sum_\alpha \bar{R}_{A\alpha\alpha B} = \sum_\alpha -c(\delta_{A\alpha}\delta_{\alpha B} - \delta_{AB}\delta_{\alpha\alpha}) = pc\delta_{AB} - c\sum_\alpha \delta_{A\alpha}\delta_{B\alpha},\\
&\bar{R}_{\alpha\beta}^\top = nc\delta_{\alpha\beta}, \bar{R}_{ij}^\perp = pc\delta_{ij}.
\end{aligned}$$

于是上面的定理在空间形式之中可以归结于比较简单的形式.

定理 7.21　设$x: M \to R^{n+p}(c)$是空间形式中的子流形，那么M是一个$GD_{(n,E)}$子流形当且仅当对任意的$\alpha, n+1 \leqslant \alpha \leqslant n+p$，下式成立

$$(2h_{ij}^\alpha e^S)_{,ij} + 2e^S S_{\alpha\beta\beta} + 2nce^S H^\alpha - ne^S H^\alpha = 0.$$

定理 7.22　设$x: M \to R^{n+1}(c)$是空间形式中的超曲面，那么M是一个$GD_{(n,E)}$超曲面当且仅当

$$(2h_{ij}e^S)_{,ij} + 2e^S P_3 + 2nce^S H - ne^S H = 0.$$

定理 7.23　设$x: M \to R^{n+p}(c)$是空间形式中的子流形并且$h_{ij}^\alpha = \text{const}, \forall i,j,\alpha$，那么$M$是一个$GD_{(n,E)}$子流形当且仅当对任意的$\alpha, n+1 \leqslant \alpha \leqslant n+p$，下式成立

$$2S_{\alpha\beta\beta} + 2ncH^\alpha - nH^\alpha = 0.$$

定理 7.24　设$x: M \to R^{n+1}(c)$是空间形式中的超曲面并且$h_{ij} = \text{const}, \forall i,j$，那么$M$是一个$GD_{(n,E)}$超曲面当且仅当

$$2P_3 + 2ncH - nH = 0.$$

下面研究$GD_{(n,E)}$子流形，首先考虑超曲面的情形.对于单位球面$S^{n+1}(1)$之中的等参超曲面，根据等参超曲面的定义知道$\{k_1, \cdots, k_i, \cdots, k_n\} = \text{const}$. 因此，曲率函数$P_1, P_2, P_3$都

是常数.于是$GD_{(n,E)}$超曲面方程变为

$$2P_3 + P_1 = 0.$$

例 7.13 全测地超曲面是$GD_{(n,r)}$超曲面.此时要求对参数r的取值为$r = 1, 2, \cdots, \infty$.实际上，全测地超曲面意味着所有主曲率都为0，因此，曲率H, S, P_3都为0，所以方程自然满足.

例 7.14 全脐非全测地的超曲面，按照定义可知所有的主曲率为

$$k_1 = k_2 = \cdots = k_n = \lambda \neq 0.$$

各种曲率函数的计算为

$$P_1 = n\lambda, P_2 = n\lambda^2, P_3 = n\lambda^3.$$

代入方程，可得

$$2\lambda^2 + 1 = 0.$$

显然是不满足的，故所有的全脐非测地超曲面不是$GD_{(n,E)}$超曲面.

例 7.15 对于单位球面之中的一个维数为偶数$n \equiv 0(\mathrm{mod} 2)$的特殊子流形

$$C_{\frac{n}{2},\frac{n}{2}} = S^{\frac{n}{2}}(\frac{1}{\sqrt{2}}) \times S^{\frac{n}{2}}(\frac{1}{\sqrt{2}}) \to S^{n+1}(1).$$

经过简单的计算知道所有的主曲率为

$$k_1 = \cdots = k_{\frac{n}{2}} = 1, k_{\frac{n}{2}+1} = \cdots = k_n = -1.$$

那么对于P_1, P_2, P_3计算得到

$$P_1 = 0, P_2 = n, P_3 = 0.$$

显然$C_{\frac{n}{2},\frac{n}{2}}$不是全脐超曲面，也没有脐点.代入方程，可以得到结论：$C_{\frac{n}{2},\frac{n}{2}}$是单位球面之中的$GD_{(n,E)}$超曲面.

例 7.16 对于单位球面之中的具有两个不同主曲率的超曲面，有

$$\lambda,\ \mu, 0 < \lambda, \mu < 1, \lambda^2 + \mu^2 = 1,$$

$$S^m(\lambda) \times S^{n-m}(\mu) \to S^{n+1}(1),\ 1 \leqslant m \leqslant n-1.$$

需要在上面的超曲面之中决定出所有的$GD_{(n,E)}$超曲面.显然通过计算有

$$k_1 = \cdots = k_m = \frac{\mu}{\lambda},\ k_{m+1} = \cdots = k_n = -\frac{\lambda}{\mu}.$$

于是，曲率函数$P_1 = nH,\ P_2 = S,\ P_3$ 分别为

$$P_1 = m\frac{\mu}{\lambda} - (n-m)\frac{\lambda}{\mu},$$

$$P_2 = m\frac{\mu^2}{\lambda^2} + (n-m)\frac{\lambda^2}{\mu^2},$$

$$P_3 = m\frac{\mu^3}{\lambda^3} - (n-m)\frac{\lambda^3}{\mu^3}.$$

假设$\frac{\mu}{\lambda} = x > 0$，于是$GD_{(n,E)}$超曲面方程变为

$$2mx^6 + mx^4 - (n-m)x^2 - 2(n-m) = 0.$$

通过求解上面的代数方程，可以构造出临界超曲面.实际上，令$y = x^2$，则上面的6次代数方程变为

$$2my^3 + my^2 - (n-m)y - 2(n-m) = 0.$$

在利用3次代数方程的求解法则，可以求出解，过程讨论比较复杂，但是思想简洁，留给读者作为一个小问题.

例 7.17 经典的Clifford环面.

$$C_{m,n-m} = S^m(\sqrt{\frac{m}{n}}) \times S^{n-m}(\sqrt{\frac{n-m}{n}}), 1 \leqslant m \leqslant n-1$$

是极小子流形，满足$H \equiv 0$.如果某个$C_{m,n-m}$是$GD_{(n,E)}$超曲面，那么必须有

$$n \equiv 0 \pmod 2),\ m = \frac{n}{2}, C_{m,n-m} = C_{\frac{n}{2},\frac{n}{2}}.$$

例 7.18 所有的$GD_{(n,F)}$子流形都是$GD_{(n,E)}$子流形，因为$\exp(u)$是$F(u)$的特殊情形.

7.5 对数型全曲率模长泛函的第一变分公式

当$F(u) = \log u, u > 0$时，泛函$GD_{n,\log}$为

$$GD_{(n,\log)} = \int_M \log S \mathrm{d}v,$$

对于$GD_{(n,\log)}$泛函，显然要求其没有测地点.针对此类重要的特殊情形的计算有如下定理群.

定理 7.25 设$x: M^n \to N^{n+p}$是无测地点子流形，那么M是一个$GD_{(n,\log)}$子流形当且仅当对任意的α,$n+1 \leqslant \alpha \leqslant n+p$，有

$$(\ 2\frac{1}{S}h_{ij}^{\alpha}\ )_{,ij} + 2\frac{1}{S}S_{\alpha\beta\beta} - 2\frac{1}{S}h_{ij}^{\beta}\bar{R}_{ij\alpha}^{\beta} - n\log(S)H^{\alpha} = 0.$$

定理 7.26 设$x: M^n \to N^{n+1}$是无测地点超曲面，那么M是一个$GD_{(n,\log)}$超曲面当且仅当

$$(\ 2\frac{1}{S}h_{ij}\ )_{,ij} + 2\frac{1}{S}P_3 + 2\frac{1}{S}h_{ij}\bar{R}_{i(n+1)(n+1)j} - n\log(S)H = 0.$$

定理 7.27 设$x: M^n \to N^{n+p}$是无测地点子流形并且$h_{ij}^{\alpha} = \mathrm{const}, \forall i, j, \alpha$，那么$M$是一个$GD_{(n,\log)}$子流形当且仅当对任意的$\alpha$,$n+1 \leqslant \alpha \leqslant n+p$，有

$$2\frac{1}{S}S_{\alpha\beta\beta} - 2\frac{1}{S}h_{ij}^{\beta}\bar{R}_{ij\alpha}^{\beta} - n\log(S)H^{\alpha} = 0.$$

定理 7.28 设$x : M^n \to N^{n+1}$是无测地点超曲面并且$h_{ij} = \text{const}, \forall i, j$，那么$M$是一个$GD_{(n,\log)}$超曲面当且仅当

$$2\frac{1}{S}P_3 + 2\frac{1}{S}h_{ij}\bar{R}_{i(n+1)(n+1)j} - n\log(S)H = 0.$$

当流形N^{n+p}是空间形式$R^{n+p}(c)$时，其黎曼曲率张量可以表达为

$$\begin{aligned}
&\bar{R}_{ABCD} = -c(\delta_{AC}\delta_{BD} - \delta_{AD}\delta_{BC}), \bar{R}^{\beta}_{ij\alpha} = -c\delta_{ij}\delta_{\alpha\beta},\\
&\bar{R}^{\top}_{AB} = \sum_i \bar{R}_{AiiB} = \sum_i -c(\delta_{Ai}\delta_{iB} - \delta_{AB}\delta_{ii}) = nc\delta_{AB} - c\sum_i \delta_{Ai}\delta_{iB},\\
&\bar{R}^{\perp}_{AB} = \sum_\alpha \bar{R}_{A\alpha\alpha B} = \sum_\alpha -c(\delta_{A\alpha}\delta_{\alpha B} - \delta_{AB}\delta_{\alpha\alpha}) = pc\delta_{AB} - c\sum_\alpha \delta_{A\alpha}\delta_{B\alpha},\\
&\bar{R}^{\top}_{\alpha\beta} = nc\delta_{\alpha\beta}, \bar{R}^{\perp}_{ij} = pc\delta_{ij}.
\end{aligned}$$

于是上面的定理在空间形式之中可以归结于比较简单的形式.

定理 7.29 设$x : M \to R^{n+p}(c)$是空间形式中的无测地点子流形，那么M是一个$GD_{(n,\log)}$子流形当且仅当对任意的$\alpha, n+1 \leqslant \alpha \leqslant n+p$，下式成立

$$(\,2\frac{1}{S}h^{\alpha}_{ij}\,)_{,ij} + 2\frac{1}{S}S_{\alpha\beta\beta} + 2nc\frac{1}{S}H^{\alpha} - n\log(S)H^{\alpha} = 0.$$

定理 7.30 设$x : M \to R^{n+1}(c)$是空间形式中的无测地点超曲面，那么M是一个$GD_{(n,\log)}$超曲面当且仅当

$$(\,2\frac{1}{S}h_{ij}\,)_{,ij} + 2\frac{1}{S}P_3 + 2nc\frac{1}{S}H - n\log(S)H = 0.$$

定理 7.31 设$x : M \to R^{n+p}(c)$是空间形式中的无测地点子流形并且$h^{\alpha}_{ij} = \text{const}, \forall i, j, \alpha$，那么$M$是一个$GD_{(n,\log)}$子流形当且仅当对任意的$\alpha, n+1 \leqslant \alpha \leqslant n+p$，下式成立

$$2\frac{1}{S}S_{\alpha\beta\beta} + 2nc\frac{1}{S}H^{\alpha} - n\log(S)H^{\alpha} = 0.$$

定理 7.32 设$x : M \to R^{n+1}(c)$是空间形式中的无测地点超曲面并且$h_{ij} = \text{const}, \forall i, j$，那么$M$是一个$GD_{(n,\log)}$超曲面当且仅当

$$2\frac{1}{S}P_3 + 2nc\frac{1}{S}H - n\log(S)H = 0.$$

下面研究单位球面$S^{n+1}(1)$之中的无脐点的$GD_{(n,\log)}$子流形.特别地，关注单位曲面之中的等参超曲面，根据等参超曲面的定义，所有的主曲率满足$\{k_1, \cdots, k_i, \cdots, k_n\} = \text{const}$,于是曲率函数变量$P_1, P_2, P_3$都为常数.于是$GD_{(n,\log)}$超曲面方程变为

$$2P_3 + 2P_1 - S\log(S)P_1 = 0.$$

例 7.19 全脐非全测地的超曲面.按照定义，可知所有的主曲率为

$$k_1 = k_2 = \cdots = k_n = \lambda \neq 0.$$

各种曲率函数的计算为

$$P_1 = n\lambda, P_2 = n\lambda^2, P_3 = n\lambda^3.$$

代入方程，可得

$$2\lambda^2 + 2 - n\lambda^2 \log(n\lambda^2) = 0.$$

所以λ必须满足上面的等式，全脐非测地超曲面才是$GD_{(n,\log)}$超曲面.

例 7.20 对于如下的一个特殊超曲面，维数满足$n \equiv 0(\mathrm{mod}\ 2)$.

$$C_{\frac{n}{2},\frac{n}{2}} = S^{\frac{n}{2}}(\frac{1}{\sqrt{2}}) \times S^{\frac{n}{2}}(\frac{1}{\sqrt{2}}) \to S^{n+1}(1).$$

所有的主曲率为

$$k_1 = \cdots = k_{\frac{n}{2}} = 1, k_{\frac{n}{2}+1} = \cdots = k_n = -1.$$

于是计算曲率函数P_1, P_2, P_3分别为

$$P_1 = 0, P_2 = n, P_3 = 0.$$

于是可得结论：$C_{\frac{n}{2},\frac{n}{2}}$是单位球面$S^{n+1}(1)$之中的$GD_{(n,\log)}$超曲面.

例 7.21 对于单位球面之中的具有两个不同主曲率的超曲面有

$$\lambda,\ \mu, 0 < \lambda, \mu < 1, \lambda^2 + \mu^2 = 1,$$

$$S^m(\lambda) \times S^{n-m}(\mu) \to S^{n+1}(1),\ 1 \leqslant m \leqslant n-1.$$

需要在上面的超曲面之中决定出所有的$GD_{(n,\log)}$超曲面.显然，通过计算有

$$k_1 = \cdots = k_m = \frac{\mu}{\lambda},\ k_{m+1} = \cdots = k_n = -\frac{\lambda}{\mu}.$$

于是，曲率函数$P_1 = nH,\ P_2 = S,\ P_3$ 分别为

$$P_1 = m\frac{\mu}{\lambda} - (n-m)\frac{\lambda}{\mu},$$

$$P_2 = m\frac{\mu^2}{\lambda^2} + (n-m)\frac{\lambda^2}{\mu^2},$$

$$P_3 = m\frac{\mu^3}{\lambda^3} - (n-m)\frac{\lambda^3}{\mu^3}.$$

假设$\frac{\mu}{\lambda} = x > 0$，于是$GD_{(n,\log)}$超曲面方程变为

$$2\frac{mx^6 + mx^4 - (n-m)x^2 - (n-m)}{(mx^2 + (n-m)\frac{1}{x^2})} -$$

$$\log(mx^2 + (n-m)\frac{1}{x^2}))[mx^4 - (n-m)x^2] = 0.$$

通过求解函数方程，可以构造出临界超曲面.

例 7.22 经典的Clifford环面

$$C_{m,n-m}=S^m(\sqrt{\frac{m}{n}})\times S^{n-m}(\sqrt{\frac{n-m}{n}}),1\leqslant m\leqslant n-1$$

是极小子流形，且有$H\equiv 0,S\equiv n$.如果某个$C_{m,n-m}$是$GD_{(n,\log)}$超曲面，可得结论：

$$n\equiv 0(\mathrm{mod}\ 2),m=\frac{n}{2},C_{m,n-m}=C_{\frac{n}{2},\frac{n}{2}}.$$

例 7.23 所有的$GD_{(n,F)}$子流形都是$GD_{(n,\log)}$子流形，因为$\log(u)$是$F(u)$的特殊情形.

第8章　全曲率模长泛函的间隙现象

本章对全曲率模长泛函的临界点的几何量S做一些积分估计，运用精巧的不等式得出间隙现象，并运用结构方程得到间隙端点的特殊子流形的分类.

8.1 全曲率模长的耦合计算

为了推导临界点的间隙现象，需要选用合适的自伴算子，在这里选用拉普拉斯算子；同时需要设计恰当的试验函数，这里选用全曲率模长的抽象函数作为试验函数.

引理 8.1 假设$x: M^n \to N^{n+p}, p \geqslant 2$是一般流形中的子流形，全曲率模长$S$的拉普拉斯是

$$\begin{aligned}\Delta S \;=\;& \sum_{ijk\alpha} -2h_{ij}^{\alpha}\bar{R}_{ijk,k}^{\alpha} + \sum_{ijk\alpha} 2h_{ij}^{\alpha}\bar{R}_{kki,j}^{\alpha} + \sum_{ij\alpha} 2nh_{ij}^{\alpha}H_{,ij}^{\alpha} + 2|\nabla h|^2 + \\ & 2\left\{\sum_{ijpk\alpha} h_{ij}^{\alpha}h_{pk}^{\alpha}\bar{R}_{ipjk} + \sum_{ijpk\alpha} h_{ij}^{\alpha}h_{ip}^{\alpha}\bar{R}_{kpjk} + \sum_{ijk\alpha\beta} h_{ij}^{\alpha}h_{ik}^{\beta}\bar{R}_{\alpha\beta jk}\right\} + \\ & \sum_{\alpha\beta} 2nS_{\alpha\alpha\beta}H^{\beta} - 2\left[\sum_{\alpha\neq\beta} N(\boldsymbol{A}_{\alpha}\boldsymbol{A}_{\beta} - \boldsymbol{A}_{\beta}\boldsymbol{A}_{\alpha}) + \sum_{\alpha\beta}(S_{\alpha\beta})^2\right].\end{aligned}$$

引理 8.2 假设$x: M^n \to N^{n+p}, p = 1$是一般流形中的超曲面，全曲率模长$S$的拉普拉斯是

$$\begin{aligned}\Delta S \;=\;& \sum_{ijk} 2h_{ij}\bar{R}_{(n+1)ijk,k} - \sum_{ijk} 2h_{ij}\bar{R}_{(n+1)kki,j} + \sum_{ij} 2nh_{ij}H_{,ij} + 2|\nabla h|^2 + \\ & \sum_{ijkl} 2h_{ij}h_{kl}\bar{R}_{iljk} + \sum_{ijkl} 2h_{ij}h_{il}\bar{R}_{jkkl} - 2S^2 + 2nP_3H.\end{aligned}$$

引理 8.3 假设$x: M^n \to R^{n+p}(c), p \geqslant 2$是空间形式中的子流形，全曲率模长$S$的拉普拉斯是

$$\begin{aligned}\Delta S \;=\;& \sum_{ij\alpha} 2nh_{ij}^{\alpha}H_{,ij}^{\alpha} + 2|\nabla h|^2 + 2ncS - 2n^2cH^2 + \sum_{\alpha\beta} 2nS_{\alpha\alpha\beta}H^{\beta} - \\ & 2\left[\sum_{\alpha\neq\beta} N(\boldsymbol{A}_{\alpha}\boldsymbol{A}_{\beta} - \boldsymbol{A}_{\beta}\boldsymbol{A}_{\alpha}) + \sum_{\alpha\beta}(S_{\alpha\beta})^2\right].\end{aligned}$$

引理 8.4 假设$x: M^n \to R^{n+p}(c), p = 1$是空间形式中的超曲面，全曲率模长$S$的拉普拉斯是

$$\Delta S \;=\; \sum_{ij} 2nh_{ij}H_{,ij} + 2|\nabla h|^2 - 2n^2cH^2 + 2ncS - 2S^2 + 2nHP_3.$$

为了适用更一般的情形，计算了全曲率模长S的抽象函数$G(S)$的拉普拉斯，作为间隙现象的试验函数.

引理 8.5 假设$x:M^n\to N^{n+p},p\geqslant 2$是一般流形中的子流形，全曲率模长函数$G(S)$的拉普拉斯是

$$\begin{aligned}\Delta G(S) &= G''(S)|\nabla S|^2+G'(S)\Bigg(\sum_{ijk\alpha}-2h_{ij}^{\alpha}\bar{R}_{ijk,k}^{\alpha}+\sum_{ijk\alpha}2h_{ij}^{\alpha}\bar{R}_{kki,j}^{\alpha}+\sum_{ij\alpha}2nh_{ij}^{\alpha}H_{,ij}^{\alpha}+\\ &\quad 2|\nabla h|^2+2\Bigg\{\sum_{ijpk\alpha}h_{ij}^{\alpha}h_{pk}^{\alpha}\bar{R}_{ipjk}+\sum_{ijpk\alpha}h_{ij}^{\alpha}h_{ip}^{\alpha}\bar{R}_{kpjk}+\sum_{ijk\alpha\beta}h_{ij}^{\alpha}h_{ik}^{\beta}\bar{R}_{\alpha\beta jk}\Bigg\}+\\ &\quad \sum_{\alpha\beta}2nS_{\alpha\alpha\beta}H^{\beta}-2\Bigg[\sum_{\alpha\neq\beta}N(\boldsymbol{A}_{\alpha}\boldsymbol{A}_{\beta}-\boldsymbol{A}_{\beta}\boldsymbol{A}_{\alpha})+\sum_{\alpha\beta}(S_{\alpha\beta})^2\Bigg]\Bigg).\end{aligned}$$

引理 8.6 假设$x:M^n\to N^{n+p},p=1$是一般流形中的超曲面，全曲率模长函数$G(S)$的拉普拉斯是

$$\begin{aligned}\Delta G(S) &= G''(S)|\nabla S|^2+G'(S)\Bigg(\sum_{ijk}2h_{ij}\bar{R}_{(n+1)ijk,k}-\sum_{ijk}2h_{ij}\bar{R}_{(n+1)kki,j}+\\ &\quad \sum_{ij}2nh_{ij}H_{,ij}+2|\nabla h|^2+\sum_{ijkl}2h_{ij}h_{kl}\bar{R}_{iljk}+\sum_{ijkl}2h_{ij}h_{il}\bar{R}_{jkkl}-\\ &\quad 2S^2+2nP_3H\Bigg).\end{aligned}$$

引理 8.7 假设$x:M^n\to R^{n+p}(c),p\geqslant 2$是空间形式中的子流形，全曲率模长函数$G(S)$的拉普拉斯是

$$\begin{aligned}\Delta G(S) &= G''(S)|\nabla S|^2+G'(S)\Bigg(\sum_{ij\alpha}2nh_{ij}^{\alpha}H_{,ij}^{\alpha}+2|\nabla h|^2+2ncS-2n^2cH^2+\\ &\quad \sum_{\alpha\beta}2nS_{\alpha\alpha\beta}H^{\beta}-2\Bigg[\sum_{\alpha\neq\beta}N(\boldsymbol{A}_{\alpha}\boldsymbol{A}_{\beta}-\boldsymbol{A}_{\beta}\boldsymbol{A}_{\alpha})+\sum_{\alpha\beta}(S_{\alpha\beta})^2\Bigg]\Bigg).\end{aligned}$$

引理 8.8 假设$x:M^n\to R^{n+p}(c),p=1$是空间形式中的超曲面，全曲率模长函数$G(S)$的拉普拉斯是

$$\begin{aligned}\Delta G(S) &= G''(S)|\nabla S|^2+G'(S)\Bigg(\sum_{ij}2nh_{ij}H_{,ij}+2|\nabla h|^2-\\ &\quad 2n^2cH^2+2ncS-2S^2+2nHP_3\Bigg).\end{aligned}$$

回顾上一章关于$GD_{(n,F)}$子流形的一阶变分公式

$$(2F'(S)h_{ij}^{\alpha})_{,ij}+2F'(S)S_{\alpha\beta\beta}-2F'(S)h_{ij}^{\beta}\bar{R}_{ij\alpha}^{\beta}-nF(S)H^{\alpha}=0.$$

可以和上面的关于$G(S)$的计算进行比较，选择与$GD_{(n,F)}$耦合最为紧密的实验函数.

引理 8.9 假设$x: M^n \to N^{n+p}, p \geqslant 2$是一般流形中的子流形，全曲率模长函数$G(S)$与$GD_{(n,F)}$子流形的变分公式的耦合程度为

$$\begin{aligned}\Delta G(S) &= G''(S)|\nabla S|^2 + \Bigg((2nF'(S)h_{ij}^{\alpha})H_{,ij}^{\alpha} + 2nF'(S)S_{\alpha\beta\beta}H^{\alpha} - \\ &\quad 2nF'(S)h_{ij}^{\beta}\bar{R}_{ij\alpha}^{\beta}H^{\alpha} - n^2F(S)H^2 \Bigg) + \\ &\quad 2n(G'(S) - F'(S))h_{ij}^{\alpha}H_{,ij}^{\alpha} + 2n(G'(S) - F'(S))S_{\alpha\beta\beta}H^{\alpha} + \\ &\quad 2G'(S)|\nabla h|^2 + n^2F(S)H^2 + 2nF'(S)h_{ij}^{\beta}\bar{R}_{ij\alpha}^{\beta}H^{\alpha} + \\ &\quad 2G'(S)(-h_{ij}^{\alpha}\bar{R}_{ijk,k}^{\alpha} + h_{ij}^{\alpha}\bar{R}_{kki,j}^{\alpha}) + \\ &\quad 2G'(S)(h_{ij}^{\alpha}h_{pk}^{\alpha}\bar{R}_{ipjk} + h_{ij}^{\alpha}h_{ip}^{\alpha}\bar{R}_{kpjk} + h_{ij}^{\alpha}h_{ik}^{\beta}\bar{R}_{\alpha\beta jk}) - \\ &\quad 2G'(S)\left[\sum_{\alpha\neq\beta} N(\boldsymbol{A}_{\alpha}\boldsymbol{A}_{\beta} - \boldsymbol{A}_{\beta}\boldsymbol{A}_{\alpha}) + \sum_{\alpha\beta}(S_{\alpha\beta})^2\right].\end{aligned}$$

引理 8.10 假设$x: M^n \to N^{n+p}, p = 1$是一般流形中的超曲面，全曲率模长函数$G(S)$与$GD_{(n,F)}$子流形的变分公式的耦合程度为

$$\begin{aligned}\Delta G(S) &= G''(S)|\nabla S|^2 + \Bigg((2nF'(S)h_{ij})H_{,ij} + 2nF'(S)P_3H + \\ &\quad 2nF'(S)h_{ij}\bar{R}_{i(n+1)(n+1)j}H - n^2F(S)H^2 \Bigg) + \\ &\quad 2n(G'(S) - F'(S))h_{ij}H_{,ij} + 2n(G'(S) - F'(S))P_3H + \\ &\quad 2G'(S)|\nabla h|^2 - 2G'(S)S^2 - 2nF'(S)h_{ij}\bar{R}_{i(n+1)(n+1)j}H + n^2F(S)H^2 + \\ &\quad 2G'(S)(h_{ij}\bar{R}_{(n+1)ijk,k} - h_{ij}\bar{R}_{(n+1)kki,j}) + \\ &\quad 2G'(S)(h_{ij}h_{kl}\bar{R}_{iljk} + h_{ij}h_{il}\bar{R}_{jkkl}).\end{aligned}$$

引理 8.11 假设$x: M^n \to R^{n+p}(c), p \geqslant 2$是空间形式中的子流形，全曲率模长函数$G(S)$与$GD_{(n,F)}$子流形的变分公式的耦合程度为

$$\begin{aligned}\Delta G(S) &= G''(S)|\nabla S|^2 + \Bigg((2nF'(S)h_{ij}^{\alpha})H_{,ij}^{\alpha} + \\ &\quad 2nF'(S)S_{\alpha\beta\beta}H^{\alpha} + 2n^2cF'(S)H^2 - n^2F(S)H^2 \Bigg) + \\ &\quad 2n(G'(S) - F'(S))h_{ij}^{\alpha}H_{,ij}^{\alpha} - 2n^2c(G'(S) + F'(S))H^2 + \\ &\quad 2n(G'(S) - F'(S))S_{\alpha\beta\beta}H^{\alpha} + \\ &\quad 2G'(S)|\nabla h|^2 + 2ncG'(S)S + n^2F(S)H^2 -\end{aligned}$$

$$2G'(S)\left[\sum_{\alpha\neq\beta}N(\boldsymbol{A}_\alpha\boldsymbol{A}_\beta-\boldsymbol{A}_\beta\boldsymbol{A}_\alpha)+\sum_{\alpha\beta}(S_{\alpha\beta})^2\right].$$

引理 8.12 假设$x:M^n\to R^{n+p}(c),p=1$是空间形式中的超曲面，全曲率模长函数$G(S)$与$GD_{(n,F)}$子流形的变分公式的耦合程度为

$$\begin{aligned}\Delta G(S) &= G''(S)|\nabla S|^2+\bigg((2nF'(S)h_{ij})H_{,ij}+2nF'(S)P_3H+\\ &\quad 2n^2cF'(S)H^2-n^2F(S)H^2\bigg)+\\ &\quad 2n(G'(S)-F'(S))h_{ij}H_{,ij}+(G'(S)-F'(S))P_3H-\\ &\quad 2n^2c(G'(S)+F'(S))H^2+\\ &\quad 2G'(S)|\nabla h|^2+2ncG'(S)S-2G'(S)S^2+n^2F(S)H^2.\end{aligned}$$

通过以上分析可以发现，对于$GD_{(n,F)}$子流形，最好的实验函数还是$F(S)$本身，因此选定$G(S)=F(S)$.

引理 8.13 假设$x:M^n\to N^{n+p},p\geqslant 2$是一般流形中的子流形，与$GD_{(n,F)}$子流形的耦合有

$$\begin{aligned}\Delta F(S) &= F''(S)|\nabla S|^2+\bigg((2nF'(S)h_{ij}^\alpha)H_{,ij}^\alpha+2nF'(S)S_{\alpha\beta\beta}H^\alpha-\\ &\quad 2nF'(S)h_{ij}^\beta\bar{R}_{ij\alpha}^\beta H^\alpha-n^2F(S)H^2\bigg)+\\ &\quad 2F'(S)|\nabla h|^2+n^2F(S)H^2+2nF'(S)h_{ij}^\beta\bar{R}_{ij\alpha}^\beta H^\alpha+\\ &\quad 2F'(S)(-h_{ij}^\alpha\bar{R}_{ijk,k}^\alpha+h_{ij}^\alpha\bar{R}_{kki,j}^\alpha)+\\ &\quad 2F'(S)(h_{ij}^\alpha h_{pk}^\alpha\bar{R}_{ipjk}+h_{ij}^\alpha h_{ip}^\alpha\bar{R}_{kpjk}+h_{ij}^\alpha h_{ik}^\beta\bar{R}_{\alpha\beta jk})-\\ &\quad 2F'(S)\left[\sum_{\alpha\neq\beta}N(\boldsymbol{A}_\alpha\boldsymbol{A}_\beta-\boldsymbol{A}_\beta\boldsymbol{A}_\alpha)+\sum_{\alpha\beta}(S_{\alpha\beta})^2\right].\end{aligned}$$

引理 8.14 假设$x:M^n\to N^{n+p},p=1$是一般流形中的超曲面，与$GD_{(n,F)}$超曲面的耦合有

$$\begin{aligned}\Delta F(S) &= F''(S)|\nabla S|^2+\bigg((2nF'(S)h_{ij})H_{,ij}+2nF'(S)P_3H+\\ &\quad 2nF'(S)h_{ij}\bar{R}_{i(n+1)(n+1)j}H-n^2F(S)H^2\bigg)+\\ &\quad 2F'(S)|\nabla h|^2-2F'(S)S^2-2nF'(S)h_{ij}\bar{R}_{i(n+1)(n+1)j}H+n^2F(S)H^2+\\ &\quad 2F'(S)(h_{ij}\bar{R}_{(n+1)ijk,k}-h_{ij}\bar{R}_{(n+1)kki,j})+\end{aligned}$$

$$2F'(S)(h_{ij}h_{kl}\bar{R}_{iljk}+h_{ij}h_{il}\bar{R}_{jkkl}).$$

引理 8.15 假设$x:M^n\to R^{n+p}(c),p\geqslant 2$是空间形式中的子流形，与$GD_{(n,F)}$子流形的耦合有

$$\begin{aligned}\Delta F(S) &= F''(S)|\nabla S|^2+\Big((2nF'(S)h_{ij}^{\alpha})H_{,ij}^{\alpha}+\\ &\quad 2nF'(S)S_{\alpha\beta\beta}H^{\alpha}+2n^2cF'(S)H^2-n^2F(S)H^2\Big)-\\ &\quad 4n^2cF'(S)H^2+2F'(S)|\nabla h|^2+2ncF'(S)S+n^2F(S)H^2-\\ &\quad 2F'(S)\left[\sum_{\alpha\neq\beta}N(\boldsymbol{A}_{\alpha}\boldsymbol{A}_{\beta}-\boldsymbol{A}_{\beta}\boldsymbol{A}_{\alpha})+\sum_{\alpha\beta}(S_{\alpha\beta})^2\right].\end{aligned}$$

引理 8.16 假设$x:M^n\to R^{n+p}(c),p=1$是空间形式中的超曲面，与$GD_{(n,F)}$超曲面的耦合有

$$\begin{aligned}\Delta F(S) &= F''(S)|\nabla S|^2+\Big((2nF'(S)h_{ij})H_{,ij}+2nF'(S)P_3H+\\ &\quad 2n^2cF'(S)H^2-n^2F(S)H^2\Big)-\\ &\quad 4n^2cF'(S)H^2+2F'(S)|\nabla h|^2+\\ &\quad 2ncF'(S)S-2F'(S)S^2+n^2F(S)H^2.\end{aligned}$$

8.2 全曲率模长耦合计算的估计

借助于第一节的计算和第4章的陈省身不等式和李安民不等式，对一般子流形与$GD_{(n,F)}$有多类型的耦合估计.

定理 8.1 (陈省身矩阵不等式) 设$x:M^n\to N^{n+p},p\geqslant 2$ 是子流形，那么在某点$q\in M$，有

$$\sum_{\alpha\neq\beta}N(\boldsymbol{A}_{\alpha}\boldsymbol{A}_{\beta}-\boldsymbol{A}_{\beta}\boldsymbol{A}_{\alpha})+\sum_{\alpha\beta}(S_{\alpha\beta})^2\leqslant(2-\frac{1}{p})S^2,$$

等式成立当且仅当两种情形：

情形1：$\boldsymbol{A}_{\alpha}$全部为0.

情形2：余维数$p=2$，$\boldsymbol{A}_{n+1}\neq 0,\boldsymbol{A}_{n+2}\neq 0$，并且$\boldsymbol{A}_{n+1},\boldsymbol{A}_{n+2}$在点$q\in M$ 可以同时正交化为下面的矩阵

$$\boldsymbol{A}_{n+1}=\frac{\sqrt{S}}{2}\begin{pmatrix}1&0&0&\dots\\0&-1&0&\dots\\0&0&0&\dots\\ \vdots&\vdots&\vdots&\ddots\end{pmatrix},\boldsymbol{A}_{n+2}=\frac{\sqrt{S}}{2}\begin{pmatrix}0&1&0&\dots\\1&0&0&\dots\\0&0&0&\dots\\ \vdots&\vdots&\vdots&\ddots\end{pmatrix}.$$

定理 8.2 (李安民矩阵不等式) 设$x: M^n \to N^{n+p}, p \geqslant 2$ 是子流形，那么在某点$q \in M$有不等式

$$\sum_{\alpha\neq\beta} N(\boldsymbol{A}_\alpha \boldsymbol{A}_\beta - \boldsymbol{A}_\beta \boldsymbol{A}_\alpha) + \sum_{\alpha\beta}(S_{\alpha\beta})^2 \leqslant \frac{3}{2}S^2.$$

等式成立当且仅当下面的条件之一成立：

(1) $\boldsymbol{A}_{n+1} = \boldsymbol{A}_{n+2} = \cdots = A_{n+p} = 0$;

(2) $\boldsymbol{A}_{n+1} \neq 0, \boldsymbol{A}_{n+2} \neq 0, \boldsymbol{A}_{n+3} = \boldsymbol{A}_{n+4} = \cdots = A_{n+p} = 0, S_{(n+1)(n+1)} = S_{(n+2)(n+2)}$.

并且在情形(2)的条件之下，$\boldsymbol{A}_1, \boldsymbol{A}_2$可以同时正交化为下面的矩阵

$$\boldsymbol{A}_{n+1} = \frac{\sqrt{S}}{2}\begin{pmatrix} 1 & 0 & 0 & \dots \\ 0 & -1 & 0 & \dots \\ 0 & 0 & 0 & \dots \\ \vdots & \vdots & \vdots & \ddots \end{pmatrix}, \boldsymbol{A}_{n+2} = \frac{\sqrt{S}}{2}\begin{pmatrix} 0 & 1 & 0 & \dots \\ 1 & 0 & 0 & \dots \\ 0 & 0 & 0 & \dots \\ \vdots & \vdots & \vdots & \ddots \end{pmatrix}.$$

8.2.1 幂函数型全曲率模长泛函的耦合估计

引理 8.17 假设$x: M^n \to N^{n+p}, p \geqslant 2$是一般流形中的子流形，若$r > 0$，那么与$GD_{(n,r)}$子流形的耦合有陈省身类型估计

$$\begin{aligned}
\Delta S^r &= r(r-1)S^{r-2}|\nabla S|^2 + \Bigg((2nrS^{r-1}h_{ij}^\alpha)H_{,ij}^\alpha + 2nrS^{r-1}S_{\alpha\beta\beta}H^\alpha - \\
&\quad 2nrS^{r-1}h_{ij}^\beta \bar{R}_{ij\alpha}^\beta H^\alpha - n^2S^rH^2\Bigg) + \\
&\quad 2rS^{r-1}|\nabla h|^2 + n^2S^rH^2 + 2nrS^{r-1}h_{ij}^\beta \bar{R}_{ij\alpha}^\beta H^\alpha + \\
&\quad 2rS^{r-1}(-h_{ij}^\alpha \bar{R}_{ijk,k}^\alpha + h_{ij}^\alpha \bar{R}_{kki,j}^\alpha) + \\
&\quad 2rS^{r-1}(h_{ij}^\alpha h_{pk}^\alpha \bar{R}_{ipjk} + h_{ij}^\alpha h_{ip}^\alpha \bar{R}_{kpjk} + h_{ij}^\alpha h_{ik}^\beta \bar{R}_{\alpha\beta jk}) - \\
&\quad 2rS^{r-1}\left[\sum_{\alpha\neq\beta} N(\boldsymbol{A}_\alpha \boldsymbol{A}_\beta - \boldsymbol{A}_\beta \boldsymbol{A}_\alpha) + \sum_{\alpha\beta}(S_{\alpha\beta})^2\right] \\
&\geqslant r(r-1)S^{r-2}|\nabla S|^2 + \Bigg((2nrS^{r-1}h_{ij}^\alpha)H_{,ij}^\alpha + 2nrS^{r-1}S_{\alpha\beta\beta}H^\alpha - \\
&\quad 2nrS^{r-1}h_{ij}^\beta \bar{R}_{ij\alpha}^\beta H^\alpha - n^2S^rH^2\Bigg) + \\
&\quad 2rS^{r-1}|\nabla h|^2 + n^2S^rH^2 + 2nrS^{r-1}h_{ij}^\beta \bar{R}_{ij\alpha}^\beta H^\alpha + \\
&\quad 2rS^{r-1}(-h_{ij}^\alpha \bar{R}_{ijk,k}^\alpha + h_{ij}^\alpha \bar{R}_{kki,j}^\alpha) + \\
&\quad 2rS^{r-1}(h_{ij}^\alpha h_{pk}^\alpha \bar{R}_{ipjk} + h_{ij}^\alpha h_{ip}^\alpha \bar{R}_{kpjk} + h_{ij}^\alpha h_{ik}^\beta \bar{R}_{\alpha\beta jk}) - \\
&\quad 2(2-\frac{1}{p})rS^{r+1}.
\end{aligned}$$

引理 8.18 假设$x: M^n \to N^{n+p}, p \geqslant 2$是一般流形中的子流形，若$r>0$，那么与$GD_{(n,r)}$子流形的耦合有李安民类型估计

$$\begin{aligned}
\Delta S^r &= r(r-1)S^{r-2}|\nabla S|^2 + \Bigg((2nrS^{r-1}h_{ij}^{\alpha})H_{,ij}^{\alpha} + 2nrS^{r-1}S_{\alpha\beta\beta}H^{\alpha} - \\
&\quad 2nrS^{r-1}h_{ij}^{\beta}\bar{R}_{ij\alpha}^{\beta}H^{\alpha} - n^2S^rH^2 \Bigg) + \\
&\quad 2rS^{r-1}|\nabla h|^2 + n^2S^rH^2 + 2nrS^{r-1}h_{ij}^{\beta}\bar{R}_{ij\alpha}^{\beta}H^{\alpha} + \\
&\quad 2rS^{r-1}(-h_{ij}^{\alpha}\bar{R}_{ijk,k}^{\alpha} + h_{ij}^{\alpha}\bar{R}_{kki,j}^{\alpha}) + \\
&\quad 2rS^{r-1}(h_{ij}^{\alpha}h_{pk}^{\alpha}\bar{R}_{ipjk} + h_{ij}^{\alpha}h_{ip}^{\alpha}\bar{R}_{kpjk} + h_{ij}^{\alpha}h_{ik}^{\beta}\bar{R}_{\alpha\beta jk}) - \\
&\quad 2rS^{r-1}\left[\sum_{\alpha\neq\beta}N(\boldsymbol{A}_{\alpha}\boldsymbol{A}_{\beta} - \boldsymbol{A}_{\beta}\boldsymbol{A}_{\alpha}) + \sum_{\alpha\beta}(S_{\alpha\beta})^2\right] \\
&\geqslant r(r-1)S^{r-2}|\nabla S|^2 + \Bigg((2nrS^{r-1}h_{ij}^{\alpha})H_{,ij}^{\alpha} + 2nrS^{r-1}S_{\alpha\beta\beta}H^{\alpha} - \\
&\quad 2nrS^{r-1}h_{ij}^{\beta}\bar{R}_{ij\alpha}^{\beta}H^{\alpha} - n^2S^rH^2 \Bigg) + \\
&\quad 2rS^{r-1}|\nabla h|^2 + n^2S^rH^2 + 2nrS^{r-1}h_{ij}^{\beta}\bar{R}_{ij\alpha}^{\beta}H^{\alpha} + \\
&\quad 2rS^{r-1}(-h_{ij}^{\alpha}\bar{R}_{ijk,k}^{\alpha} + h_{ij}^{\alpha}\bar{R}_{kki,j}^{\alpha}) + \\
&\quad 2rS^{r-1}(h_{ij}^{\alpha}h_{pk}^{\alpha}\bar{R}_{ipjk} + h_{ij}^{\alpha}h_{ip}^{\alpha}\bar{R}_{kpjk} + h_{ij}^{\alpha}h_{ik}^{\beta}\bar{R}_{\alpha\beta jk}) - 3rS^{r+1}.
\end{aligned}$$

引理 8.19 假设$x: M^n \to N^{n+p}, p=1$是一般流形中的超曲面，与$GD_{(n,r)}$超曲面的耦合有等式

$$\begin{aligned}
\Delta S^r &= r(r-1)S^{r-2}|\nabla S|^2 + \Bigg((2nrS^{r-1}h_{ij})H_{,ij} + 2nrS^{r-1}P_3H + \\
&\quad 2nrS^{r-1}h_{ij}\bar{R}_{i(n+1)(n+1)j}H - n^2S^rH^2 \Bigg) + \\
&\quad 2rS^{r-1}|\nabla h|^2 - 2rS^{r+1} - 2nrS^{r-1}h_{ij}\bar{R}_{i(n+1)(n+1)j}H + n^2S^rH^2 + \\
&\quad 2rS^{r-1}(h_{ij}\bar{R}_{(n+1)ijk,k} - h_{ij}\bar{R}_{(n+1)kki,j}) + \\
&\quad 2rS^{r-1}(h_{ij}h_{kl}\bar{R}_{iljk} + h_{ij}h_{il}\bar{R}_{jkkl}).
\end{aligned}$$

引理 8.20 假设$x: M^n \to R^{n+p}(c), p \geqslant 2$是空间形式中的子流形，若$r>0$，那么与$GD_{(n,r)}$子流形的耦合有陈省身类型估计

$$\Delta S^r = r(r-1)S^{r-2}|\nabla S|^2 + \Bigg((2nrS^{r-1}h_{ij}^{\alpha})H_{,ij}^{\alpha} +$$

$$
\begin{aligned}
&2nrS^{r-1}S_{\alpha\beta\beta}H^{\alpha}+2n^2crS^{r-1}H^2-n^2S^rH^2\Bigg)-\\
&4n^2crS^{r-1}H^2+2rS^{r-1}|\nabla h|^2+2ncrS^r+n^2S^rH^2-\\
&2rS^{r-1}\left[\sum_{\alpha\neq\beta}N(\boldsymbol{A}_\alpha\boldsymbol{A}_\beta-\boldsymbol{A}_\beta\boldsymbol{A}_\alpha)+\sum_{\alpha\beta}(S_{\alpha\beta})^2\right]\\
\geqslant\ &r(r-1)S^{r-2}|\nabla S|^2+\Bigg((2nrS^{r-1}h_{ij}^{\alpha})H_{,ij}^{\alpha}+\\
&2nrS^{r-1}S_{\alpha\beta\beta}H^{\alpha}+2n^2crS^{r-1}H^2-n^2S^rH^2\Bigg)-\\
&4n^2crS^{r-1}H^2+2rS^{r-1}|\nabla h|^2+2ncrS^r+n^2S^rH^2-\\
&2(2-\frac{1}{p})rS^{r+1}.
\end{aligned}
$$

引理 8.21 假设$x:M^n\to R^{n+p}(c),p\geqslant 2$是空间形式中的子流形，若$r>0$，那么与$GD_{(n,r)}$子流形的耦合有李安民类型估计

$$
\begin{aligned}
\Delta S^r\ =\ &r(r-1)S^{r-2}|\nabla S|^2+\Bigg((2nrS^{r-1}h_{ij}^{\alpha})H_{,ij}^{\alpha}+\\
&2nrS^{r-1}S_{\alpha\beta\beta}H^{\alpha}+2n^2crS^{r-1}H^2-n^2S^rH^2\Bigg)-\\
&4n^2crS^{r-1}H^2+2rS^{r-1}|\nabla h|^2+2ncrS^r+n^2S^rH^2-\\
&2rS^{r-1}\left[\sum_{\alpha\neq\beta}N(\boldsymbol{A}_\alpha\boldsymbol{A}_\beta-\boldsymbol{A}_\beta\boldsymbol{A}_\alpha)+\sum_{\alpha\beta}(S_{\alpha\beta})^2\right]\\
\geqslant\ &r(r-1)S^{r-2}|\nabla S|^2+\Bigg((2nrS^{r-1}h_{ij}^{\alpha})H_{,ij}^{\alpha}+\\
&2nrS^{r-1}S_{\alpha\beta\beta}H^{\alpha}+2n^2crS^{r-1}H^2-n^2S^rH^2\Bigg)-\\
&4n^2crS^{r-1}H^2+2rS^{r-1}|\nabla h|^2+2ncrS^r+n^2S^rH^2-3rS^{r+1}.
\end{aligned}
$$

引理 8.22 假设$x:M^n\to R^{n+p}(c),p=1$是空间形式中的超曲面，与$GD_{(n,r)}$超曲面的耦合有等式

$$
\begin{aligned}
\Delta S^r\ =\ &r(r-1)S^{r-2}|\nabla S|^2+\Bigg((2nrS^{r-1}h_{ij})H_{,ij}+2nrS^{r-1}P_3H+\\
&2n^2crS^{r-1}H^2-n^2S^rH^2\Bigg)-4n^2crS^{r-1}H^2+2rS^{r-1}|\nabla h|^2+\\
&2ncrS^r-2rS^{r+1}+n^2F(S)H^2.
\end{aligned}
$$

8.2.2 指数型全曲率模长泛函的耦合估计

引理 8.23 假设$x: M^n \to N^{n+p}, p \geqslant 2$是一般流形中的子流形，与$GD_{(n,E)}$子流形的耦合有陈省身类型估计

$$\begin{aligned}
\Delta \exp(S) &= \exp(S)|\nabla S|^2 + \Bigg((2n\exp(S)h_{ij}^{\alpha})H_{,ij}^{\alpha} + 2n\exp(S)S_{\alpha\beta\beta}H^{\alpha} - \\
&\quad 2n\exp(S)h_{ij}^{\beta}\bar{R}_{ij\alpha}^{\beta}H^{\alpha} - n^2\exp(S)H^2 \Bigg) + \\
&\quad 2\exp(S)|\nabla h|^2 + n^2\exp(S)H^2 + 2n\exp(S)h_{ij}^{\beta}\bar{R}_{ij\alpha}^{\beta}H^{\alpha} + \\
&\quad 2\exp(S)(-h_{ij}^{\alpha}\bar{R}_{ijk,k}^{\alpha} + h_{ij}^{\alpha}\bar{R}_{kki,j}^{\alpha}) + \\
&\quad 2\exp(S)(h_{ij}^{\alpha}h_{pk}^{\alpha}\bar{R}_{ipjk} + h_{ij}^{\alpha}h_{ip}^{\alpha}\bar{R}_{kpjk} + h_{ij}^{\alpha}h_{ik}^{\beta}\bar{R}_{\alpha\beta jk}) - \\
&\quad 2\exp(S)\left[\sum_{\alpha\neq\beta} N(\boldsymbol{A}_{\alpha}\boldsymbol{A}_{\beta} - \boldsymbol{A}_{\beta}\boldsymbol{A}_{\alpha}) + \sum_{\alpha\beta}(S_{\alpha\beta})^2\right] \\
&\geqslant \exp(S)|\nabla S|^2 + \Bigg((2n\exp(S)h_{ij}^{\alpha})H_{,ij}^{\alpha} + 2n\exp(S)S_{\alpha\beta\beta}H^{\alpha} - \\
&\quad 2n\exp(S)h_{ij}^{\beta}\bar{R}_{ij\alpha}^{\beta}H^{\alpha} - n^2\exp(S)H^2 \Bigg) + \\
&\quad 2\exp(S)|\nabla h|^2 + n^2\exp(S)H^2 + 2n\exp(S)h_{ij}^{\beta}\bar{R}_{ij\alpha}^{\beta}H^{\alpha} + \\
&\quad 2\exp(S)(-h_{ij}^{\alpha}\bar{R}_{ijk,k}^{\alpha} + h_{ij}^{\alpha}\bar{R}_{kki,j}^{\alpha}) + \\
&\quad 2\exp(S)(h_{ij}^{\alpha}h_{pk}^{\alpha}\bar{R}_{ipjk} + h_{ij}^{\alpha}h_{ip}^{\alpha}\bar{R}_{kpjk} + h_{ij}^{\alpha}h_{ik}^{\beta}\bar{R}_{\alpha\beta jk}) - \\
&\quad 2(2 - \frac{1}{p})\exp(S)S^2.
\end{aligned}$$

引理 8.24 假设$x: M^n \to N^{n+p}, p \geqslant 2$是一般流形中的子流形，与$GD_{(n,E)}$子流形的耦合有李安民类型估计

$$\begin{aligned}
\Delta \exp(S) &= \exp(S)|\nabla S|^2 + \Bigg((2n\exp(S)h_{ij}^{\alpha})H_{,ij}^{\alpha} + 2n\exp(S)S_{\alpha\beta\beta}H^{\alpha} - \\
&\quad 2n\exp(S)h_{ij}^{\beta}\bar{R}_{ij\alpha}^{\beta}H^{\alpha} - n^2\exp(S)H^2 \Bigg) + \\
&\quad 2\exp(S)|\nabla h|^2 + n^2\exp(S)H^2 + 2n\exp(S)h_{ij}^{\beta}\bar{R}_{ij\alpha}^{\beta}H^{\alpha} + \\
&\quad 2\exp(S)(-h_{ij}^{\alpha}\bar{R}_{ijk,k}^{\alpha} + h_{ij}^{\alpha}\bar{R}_{kki,j}^{\alpha}) + \\
&\quad 2\exp(S)(h_{ij}^{\alpha}h_{pk}^{\alpha}\bar{R}_{ipjk} + h_{ij}^{\alpha}h_{ip}^{\alpha}\bar{R}_{kpjk} + h_{ij}^{\alpha}h_{ik}^{\beta}\bar{R}_{\alpha\beta jk}) - \\
&\quad 2\exp(S)\left[\sum_{\alpha\neq\beta} N(\boldsymbol{A}_{\alpha}\boldsymbol{A}_{\beta} - \boldsymbol{A}_{\beta}\boldsymbol{A}_{\alpha}) + \sum_{\alpha\beta}(S_{\alpha\beta})^2\right]
\end{aligned}$$

$$
\begin{aligned}
\geqslant\ & \exp(S)|\nabla S|^2 + \Bigg((2n\exp(S)h_{ij}^{\alpha})H_{,ij}^{\alpha} + 2n\exp(S)S_{\alpha\beta\beta}H^{\alpha} - \\
& 2n\exp(S)h_{ij}^{\beta}\bar{R}_{ij\alpha}^{\beta}H^{\alpha} - n^2\exp(S)H^2 \Bigg) + \\
& 2\exp(S)|\nabla h|^2 + n^2\exp(S)H^2 + 2n\exp(S)h_{ij}^{\beta}\bar{R}_{ij\alpha}^{\beta}H^{\alpha} + \\
& 2\exp(S)(-h_{ij}^{\alpha}\bar{R}_{ijk,k}^{\alpha} + h_{ij}^{\alpha}\bar{R}_{kki,j}^{\alpha}) + \\
& 2\exp(S)(h_{ij}^{\alpha}h_{pk}^{\alpha}\bar{R}_{ipjk} + h_{ij}^{\alpha}h_{ip}^{\alpha}\bar{R}_{kpjk} + h_{ij}^{\alpha}h_{ik}^{\beta}\bar{R}_{\alpha\beta jk}) - 3\exp(S)S^2.
\end{aligned}
$$

引理 8.25 假设$x: M^n \to N^{n+p}, p=1$是一般流形中的超曲面，与$GD_{(n,E)}$超曲面的耦合有等式

$$
\begin{aligned}
\Delta\exp(S) =\ & \exp(S)|\nabla S|^2 + \Bigg((2n\exp(S)h_{ij})H_{,ij} + 2n\exp(S)P_3H + \\
& 2n\exp(S)h_{ij}\bar{R}_{i(n+1)(n+1)j}H - n^2\exp(S)H^2 \Bigg) + \\
& 2\exp(S)|\nabla h|^2 - 2\exp(S)S^2 - 2n\exp(S)h_{ij}\bar{R}_{i(n+1)(n+1)j}H + \\
& n^2\exp(S)H^2 + 2\exp(S)(h_{ij}\bar{R}_{(n+1)ijk,k} - h_{ij}\bar{R}_{(n+1)kki,j}) + \\
& 2\exp(S)(h_{ij}h_{kl}\bar{R}_{iljk} + h_{ij}h_{il}\bar{R}_{jkkl}).
\end{aligned}
$$

引理 8.26 假设$x: M^n \to R^{n+p}(c), p \geqslant 2$是空间形式中的子流形，与$GD_{(n,E)}$子流形的耦合有陈省身类型估计

$$
\begin{aligned}
\Delta\exp(S) =\ & \exp(S)|\nabla S|^2 + \Bigg((2n\exp(S)h_{ij}^{\alpha})H_{,ij}^{\alpha} + \\
& 2n\exp(S)S_{\alpha\beta\beta}H^{\alpha} + 2n^2c\exp(S)H^2 - n^2\exp(S)H^2 \Bigg) - \\
& 4n^2c\exp(S)H^2 + 2\exp(S)|\nabla h|^2 + 2nc\exp(S)S + n^2\exp(S)H^2 - \\
& 2\exp(S)\left[\sum_{\alpha\neq\beta} N(\boldsymbol{A}_{\alpha}\boldsymbol{A}_{\beta} - \boldsymbol{A}_{\beta}\boldsymbol{A}_{\alpha}) + \sum_{\alpha\beta}(S_{\alpha\beta})^2\right] \\
\geqslant\ & \exp(S)|\nabla S|^2 + \Bigg((2n\exp(S)h_{ij}^{\alpha})H_{,ij}^{\alpha} + \\
& 2n\exp(S)S_{\alpha\beta\beta}H^{\alpha} + 2n^2c\exp(S)H^2 - n^2\exp(S)H^2 \Bigg) - \\
& 4n^2c\exp(S)H^2 + 2\exp(S)|\nabla h|^2 + 2nc\exp(S)S + n^2\exp(S)H^2 - \\
& 2(2 - \frac{1}{p})\exp(S)S^2.
\end{aligned}
$$

引理 8.27 假设$x: M^n \to R^{n+p}(c), p \geqslant 2$是空间形式中的子流形，与$GD_{(n,E)}$子流形的耦合有李安民类型估计

$$\begin{aligned}
\Delta \exp(S) &= \exp(S)|\nabla S|^2 + \Bigg((2n\exp(S)h_{ij}^{\alpha})H_{,ij}^{\alpha} + \\
&\quad 2n\exp(S)S_{\alpha\beta\beta}H^{\alpha} + 2n^2 c\exp(S)H^2 - n^2\exp(S)H^2 \Bigg) - \\
&\quad 4n^2 c\exp(S)H^2 + 2\exp(S)|\nabla h|^2 + 2nc\exp(S)S + n^2\exp(S)H^2 - \\
&\quad 2\exp(S)\left[\sum_{\alpha\neq\beta} N(\boldsymbol{A}_{\alpha}\boldsymbol{A}_{\beta} - \boldsymbol{A}_{\beta}\boldsymbol{A}_{\alpha}) + \sum_{\alpha\beta}(S_{\alpha\beta})^2\right] \\
&\geqslant \exp(S)|\nabla S|^2 + \Bigg((2n\exp(S)h_{ij}^{\alpha})H_{,ij}^{\alpha} + \\
&\quad 2n\exp(S)S_{\alpha\beta\beta}H^{\alpha} + 2n^2 c\exp(S)H^2 - n^2\exp(S)H^2 \Bigg) - \\
&\quad 4n^2 c\exp(S)H^2 + 2\exp(S)|\nabla h|^2 + 2nc\exp(S)S + n^2\exp(S)H^2 - \\
&\quad 3\exp(S)S^2.
\end{aligned}$$

引理 8.28 假设$x: M^n \to R^{n+p}(c), p = 1$是空间形式中的超曲面，与$GD_{(n,E)}$超曲面的耦合有等式

$$\begin{aligned}
\Delta \exp(S) &= \exp(S)|\nabla S|^2 + \Bigg((2n\exp(S)h_{ij})H_{,ij} + 2n\exp(S)P_3 H + \\
&\quad 2n^2 c\exp(S)H^2 - n^2\exp(S)H^2 \Bigg) - \\
&\quad 4n^2 c\exp(S)H^2 + 2\exp(S)|\nabla h|^2 + \\
&\quad 2nc\exp(S)S - 2\exp(S)S^2 + n^2\exp(S)H^2.
\end{aligned}$$

8.2.3 对数型全曲率模长泛函的耦合估计

引理 8.29 假设$x: M^n \to N^{n+p}, p \geqslant 2$是一般流形中的子流形，与$GD_{(n,\log)}$子流形的耦合有陈省身类型估计

$$\begin{aligned}
\Delta \log(S) &= -S^{-2}|\nabla S|^2 + \Bigg((2nS^{-1}h_{ij}^{\alpha})H_{,ij}^{\alpha} + 2nS^{-1}S_{\alpha\beta\beta}H^{\alpha} - \\
&\quad 2nS^{-1}h_{ij}^{\beta}\bar{R}_{ij\alpha}^{\beta}H^{\alpha} - n^2\log(S)H^2 \Bigg) + \\
&\quad 2S^{-1}|\nabla h|^2 + n^2\log(S)H^2 + \\
&\quad 2nS^{-1}h_{ij}^{\beta}\bar{R}_{ij\alpha}^{\beta}H^{\alpha} + \\
&\quad 2S^{-1}(-h_{ij}^{\alpha}\bar{R}_{ijk,k}^{\alpha} + h_{ij}^{\alpha}\bar{R}_{kki,j}^{\alpha}) +
\end{aligned}$$

$$
\begin{aligned}
& 2S^{-1}(h_{ij}^{\alpha}h_{pk}^{\alpha}\bar{R}_{ipjk}+h_{ij}^{\alpha}h_{ip}^{\alpha}\bar{R}_{kpjk}+h_{ij}^{\alpha}h_{ik}^{\beta}\bar{R}_{\alpha\beta jk})- \\
& 2S^{-1}\left[\sum_{\alpha\neq\beta}N(\boldsymbol{A}_{\alpha}\boldsymbol{A}_{\beta}-\boldsymbol{A}_{\beta}\boldsymbol{A}_{\alpha})+\sum_{\alpha\beta}(S_{\alpha\beta})^{2}\right] \\
\geqslant\ & -S^{-2}|\nabla S|^{2}+\Bigg((2nS^{-1}h_{ij}^{\alpha})H_{,ij}^{\alpha}+2nS^{-1}S_{\alpha\beta\beta}H^{\alpha}- \\
& 2nS^{-1}h_{ij}^{\beta}\bar{R}_{ij\alpha}^{\beta}H^{\alpha}-n^{2}\log(S)H^{2}\Bigg)+ \\
& 2S^{-1}|\nabla h|^{2}+n^{2}\log(S)H^{2}+2nS^{-1}h_{ij}^{\beta}\bar{R}_{ij\alpha}^{\beta}H^{\alpha}+ \\
& 2S^{-1}(-h_{ij}^{\alpha}\bar{R}_{ijk,k}^{\alpha}+h_{ij}^{\alpha}\bar{R}_{kki,j}^{\alpha})+ \\
& 2S^{-1}(h_{ij}^{\alpha}h_{pk}^{\alpha}\bar{R}_{ipjk}+h_{ij}^{\alpha}h_{ip}^{\alpha}\bar{R}_{kpjk}+h_{ij}^{\alpha}h_{ik}^{\beta}\bar{R}_{\alpha\beta jk})-2(2-\frac{1}{p})S.
\end{aligned}
$$

引理 8.30 假设$x:M^{n}\to N^{n+p},p\geqslant 2$是一般流形中的子流形，与$GD_{(n,\log)}$子流形的耦合有李安民类型估计

$$
\begin{aligned}
\Delta\log(S)\ =\ & -S^{-2}|\nabla S|^{2}+\Bigg((2nS^{-1}h_{ij}^{\alpha})H_{,ij}^{\alpha}+2nS^{-1}S_{\alpha\beta\beta}H^{\alpha}- \\
& 2nS^{-1}h_{ij}^{\beta}\bar{R}_{ij\alpha}^{\beta}H^{\alpha}-n^{2}\log(S)H^{2}\Bigg)+ \\
& 2S^{-1}|\nabla h|^{2}+n^{2}\log(S)H^{2}+2nS^{-1}h_{ij}^{\beta}\bar{R}_{ij\alpha}^{\beta}H^{\alpha}+ \\
& 2S^{-1}(-h_{ij}^{\alpha}\bar{R}_{ijk,k}^{\alpha}+h_{ij}^{\alpha}\bar{R}_{kki,j}^{\alpha})+ \\
& 2S^{-1}(h_{ij}^{\alpha}h_{pk}^{\alpha}\bar{R}_{ipjk}+h_{ij}^{\alpha}h_{ip}^{\alpha}\bar{R}_{kpjk}+h_{ij}^{\alpha}h_{ik}^{\beta}\bar{R}_{\alpha\beta jk})- \\
& 2S^{-1}\left[\sum_{\alpha\neq\beta}N(\boldsymbol{A}_{\alpha}\boldsymbol{A}_{\beta}-\boldsymbol{A}_{\beta}\boldsymbol{A}_{\alpha})+\sum_{\alpha\beta}(S_{\alpha\beta})^{2}\right] \\
\geqslant\ & -S^{-2}|\nabla S|^{2}+\Bigg((2nS^{-1}h_{ij}^{\alpha})H_{,ij}^{\alpha}+2nS^{-1}S_{\alpha\beta\beta}H^{\alpha}- \\
& 2nS^{-1}h_{ij}^{\beta}\bar{R}_{ij\alpha}^{\beta}H^{\alpha}-n^{2}\log(S)H^{2}\Bigg)+ \\
& 2S^{-1}|\nabla h|^{2}+n^{2}\log(S)H^{2}+2nS^{-1}h_{ij}^{\beta}\bar{R}_{ij\alpha}^{\beta}H^{\alpha}+ \\
& 2S^{-1}(-h_{ij}^{\alpha}\bar{R}_{ijk,k}^{\alpha}+h_{ij}^{\alpha}\bar{R}_{kki,j}^{\alpha})+ \\
& 2S^{-1}(h_{ij}^{\alpha}h_{pk}^{\alpha}\bar{R}_{ipjk}+h_{ij}^{\alpha}h_{ip}^{\alpha}\bar{R}_{kpjk}+h_{ij}^{\alpha}h_{ik}^{\beta}\bar{R}_{\alpha\beta jk})-3S.
\end{aligned}
$$

引理 8.31 假设$x:M^{n}\to N^{n+p},p=1$是一般流形中的超曲面，与$GD_{(n,\log)}$超曲面的耦合有等式

$$
\Delta\log(S)\ =\ -S^{-2}|\nabla S|^{2}+\Bigg((2nS^{-1}h_{ij})H_{,ij}+2nS^{-1}P_{3}H+
$$

$$2nS^{-1}h_{ij}\bar{R}_{i(n+1)(n+1)j}H - n^2\log(S)H^2 \Bigg) + 2S^{-1}|\nabla h|^2 -$$
$$2S - 2nS^{-1}h_{ij}\bar{R}_{i(n+1)(n+1)j}H + n^2\log(S)H^2 +$$
$$2S^{-1}(h_{ij}\bar{R}_{(n+1)ijk,k} - h_{ij}\bar{R}_{(n+1)kki,j}) +$$
$$2S^{-1}(h_{ij}h_{kl}\bar{R}_{iljk} + h_{ij}h_{il}\bar{R}_{jkkl}).$$

引理 8.32 假设$x : M^n \to R^{n+p}(c), p \geqslant 2$是空间形式中的子流形，与$GD_{(n,\log)}$子流形的耦合有陈省身类型估计

$$\begin{aligned}\Delta\log(S) &= -S^{-2}|\nabla S|^2 + \Bigg((2nS^{-1}h_{ij}^{\alpha})H_{,ij}^{\alpha} + \\ &\quad 2nS^{-1}S_{\alpha\beta\beta}H^{\alpha} + 2n^2cS^{-1}H^2 - n^2\log(S)H^2 \Bigg) - \\ &\quad 4n^2cS^{-1}H^2 + 2S^{-1}|\nabla h|^2 + 2nc + n^2\log(S)H^2 - \\ &\quad 2S^{-1}\left[\sum_{\alpha\neq\beta} N(\boldsymbol{A}_{\alpha}\boldsymbol{A}_{\beta} - \boldsymbol{A}_{\beta}\boldsymbol{A}_{\alpha}) + \sum_{\alpha\beta}(S_{\alpha\beta})^2\right] \\ &\geqslant -S^{-2}|\nabla S|^2 + \Bigg((2nS^{-1}h_{ij}^{\alpha})H_{,ij}^{\alpha} + 2nS^{-1}S_{\alpha\beta\beta}H^{\alpha} + \\ &\quad 2n^2cS^{-1}H^2 - n^2\log(S)H^2 \Bigg) - 4n^2cS^{-1}H^2 + \\ &\quad 2S^{-1}|\nabla h|^2 + 2nc + n^2\log(S)H^2 - 2(2 - \frac{1}{p})S.\end{aligned}$$

引理 8.33 假设$x : M^n \to R^{n+p}(c), p \geqslant 2$是空间形式中的子流形，与$GD_{(n,\log)}$子流形的耦合有李安民类型估计

$$\begin{aligned}\Delta\log(S) &= -S^{-2}|\nabla S|^2 + \Bigg((2nS^{-1}h_{ij}^{\alpha})H_{,ij}^{\alpha} + \\ &\quad 2nS^{-1}S_{\alpha\beta\beta}H^{\alpha} + 2n^2cS^{-1}H^2 - n^2\log(S)H^2 \Bigg) - \\ &\quad 4n^2cS^{-1}H^2 + 2S^{-1}|\nabla h|^2 + 2nc + n^2\log(S)H^2 - \\ &\quad 2S^{-1}\left[\sum_{\alpha\neq\beta} N(\boldsymbol{A}_{\alpha}\boldsymbol{A}_{\beta} - \boldsymbol{A}_{\beta}\boldsymbol{A}_{\alpha}) + \sum_{\alpha\beta}(S_{\alpha\beta})^2\right] \\ &\geqslant -S^{-2}|\nabla S|^2 + \Bigg((2nS^{-1}h_{ij}^{\alpha})H_{,ij}^{\alpha} + \\ &\quad 2nS^{-1}S_{\alpha\beta\beta}H^{\alpha} + 2n^2cS^{-1}H^2 - n^2\log(S)H^2 \Bigg) - \\ &\quad 4n^2cS^{-1}H^2 + 2S^{-1}|\nabla h|^2 + 2nc + n^2\log(S)H^2 - 3S.\end{aligned}$$

引理 8.34 假设$x : M^n \to R^{n+p}(c), p = 1$是空间形式中的超曲面，与$GD_{(n,\log)}$超曲面的耦合有等式

$$\begin{aligned}\Delta\log(S) &= -S^{-2}|\nabla S|^2 + \Bigg((2nS^{-1}h_{ij})H_{,ij} + 2nS^{-1}P_3H + \\ &\quad 2n^2cS^{-1}H^2 - n^2\log(S)H^2 \Bigg) - 4n^2cS^{-1}H^2 + \\ &\quad 2S^{-1}|\nabla h|^2 + 2nc - 2S + n^2\log(S)H^2.\end{aligned}$$

8.2.4 抽象型全曲率模长泛函的耦合估计

引理 8.35 假设$x : M^n \to N^{n+p}, p \geqslant 2$是一般流形中的子流形，函数$F'(u) \geqslant 0$，那么与$GD_{(n,F)}$子流形的耦合有陈省身类型估计

$$\begin{aligned}\Delta F(S) &= F''(S)|\nabla S|^2 + \Bigg((2nF'(S)h_{ij}^\alpha)H_{,ij}^\alpha + 2nF'(S)S_{\alpha\beta\beta}H^\alpha - \\ &\quad 2nF'(S)h_{ij}^\beta\bar{R}_{ij\alpha}^\beta H^\alpha - n^2F(S)H^2 \Bigg) + \\ &\quad 2F'(S)|\nabla h|^2 + n^2F(S)H^2 + 2nF'(S)h_{ij}^\beta\bar{R}_{ij\alpha}^\beta H^\alpha + \\ &\quad 2F'(S)(-h_{ij}^\alpha\bar{R}_{ijk,k}^\alpha + h_{ij}^\alpha\bar{R}_{kki,j}^\alpha) + \\ &\quad 2F'(S)(h_{ij}^\alpha h_{pk}^\alpha\bar{R}_{ipjk} + h_{ij}^\alpha h_{ip}^\alpha\bar{R}_{kpjk} + h_{ij}^\alpha h_{ik}^\beta\bar{R}_{\alpha\beta jk}) - \\ &\quad 2F'(S)\left[\sum_{\alpha\neq\beta} N(\boldsymbol{A}_\alpha\boldsymbol{A}_\beta - \boldsymbol{A}_\beta\boldsymbol{A}_\alpha) + \sum_{\alpha\beta}(S_{\alpha\beta})^2\right] \\ &\geqslant F''(S)|\nabla S|^2 + \Bigg((2nF'(S)h_{ij}^\alpha)H_{,ij}^\alpha + 2nF'(S)S_{\alpha\beta\beta}H^\alpha - \\ &\quad 2nF'(S)h_{ij}^\beta\bar{R}_{ij\alpha}^\beta H^\alpha - n^2F(S)H^2 \Bigg) + \\ &\quad 2F'(S)|\nabla h|^2 + n^2F(S)H^2 + 2nF'(S)h_{ij}^\beta\bar{R}_{ij\alpha}^\beta H^\alpha + \\ &\quad 2F'(S)(-h_{ij}^\alpha\bar{R}_{ijk,k}^\alpha + h_{ij}^\alpha\bar{R}_{kki,j}^\alpha) + \\ &\quad 2F'(S)(h_{ij}^\alpha h_{pk}^\alpha\bar{R}_{ipjk} + h_{ij}^\alpha h_{ip}^\alpha\bar{R}_{kpjk} + h_{ij}^\alpha h_{ik}^\beta\bar{R}_{\alpha\beta jk}) - \\ &\quad 2(2 - \frac{1}{p})F'(S)S^2.\end{aligned}$$

引理 8.36 假设$x : M^n \to N^{n+p}, p \geqslant 2$是一般流形中的子流形，函数$F'(u) \geqslant 0$，那么与$GD_{(n,F)}$子流形的耦合有李安民类型估计

$$\Delta F(S) = F''(S)|\nabla S|^2 + \Bigg((2nF'(S)h_{ij}^\alpha)H_{,ij}^\alpha + 2nF'(S)S_{\alpha\beta\beta}H^\alpha -$$

$$
\begin{aligned}
&2nF'(S)h_{ij}^{\beta}\bar{R}_{ij\alpha}^{\beta}H^{\alpha} - n^2F(S)H^2 \Bigg) + \\
&2F'(S)|\nabla h|^2 + n^2F(S)H^2 + 2nF'(S)h_{ij}^{\beta}\bar{R}_{ij\alpha}^{\beta}H^{\alpha} + \\
&2F'(S)(-h_{ij}^{\alpha}\bar{R}_{ijk,k}^{\alpha} + h_{ij}^{\alpha}\bar{R}_{kki,j}^{\alpha}) + \\
&2F'(S)(h_{ij}^{\alpha}h_{pk}^{\alpha}\bar{R}_{ipjk} + h_{ij}^{\alpha}h_{ip}^{\alpha}\bar{R}_{kpjk} + h_{ij}^{\alpha}h_{ik}^{\beta}\bar{R}_{\alpha\beta jk}) - \\
&2F'(S)\left[\sum_{\alpha\neq\beta}N(\boldsymbol{A}_{\alpha}\boldsymbol{A}_{\beta} - \boldsymbol{A}_{\beta}\boldsymbol{A}_{\alpha}) + \sum_{\alpha\beta}(S_{\alpha\beta})^2\right] \\
\geqslant\ & F''(S)|\nabla S|^2 + \Bigg((2nF'(S)h_{ij}^{\alpha})H_{,ij}^{\alpha} + 2nF'(S)S_{\alpha\beta\beta}H^{\alpha} - \\
&2nF'(S)h_{ij}^{\beta}\bar{R}_{ij\alpha}^{\beta}H^{\alpha} - n^2F(S)H^2 \Bigg) + \\
&2F'(S)|\nabla h|^2 + n^2F(S)H^2 + 2nF'(S)h_{ij}^{\beta}\bar{R}_{ij\alpha}^{\beta}H^{\alpha} + \\
&2F'(S)(-h_{ij}^{\alpha}\bar{R}_{ijk,k}^{\alpha} + h_{ij}^{\alpha}\bar{R}_{kki,j}^{\alpha}) + \\
&2F'(S)(h_{ij}^{\alpha}h_{pk}^{\alpha}\bar{R}_{ipjk} + h_{ij}^{\alpha}h_{ip}^{\alpha}\bar{R}_{kpjk} + h_{ij}^{\alpha}h_{ik}^{\beta}\bar{R}_{\alpha\beta jk}) - 3F'(S)S^2.
\end{aligned}
$$

引理 8.37　假设$x: M^n \to N^{n+p}, p=1$是一般流形中的超曲面，与$GD_{(n,F)}$超曲面的耦合有等式

$$
\begin{aligned}
\Delta F(S) \ =\ & F''(S)|\nabla S|^2 + \Bigg((2nF'(S)h_{ij})H_{,ij} + 2nF'(S)P_3H + \\
&2nF'(S)h_{ij}\bar{R}_{i(n+1)(n+1)j}H - n^2F(S)H^2 \Bigg) + \\
&2F'(S)|\nabla h|^2 - 2F'(S)S^2 - 2nF'(S)h_{ij}\bar{R}_{i(n+1)(n+1)j}H + n^2F(S)H^2 + \\
&2F'(S)(h_{ij}\bar{R}_{(n+1)ijk,k} - h_{ij}\bar{R}_{(n+1)kki,j}) + \\
&2F'(S)(h_{ij}h_{kl}\bar{R}_{iljk} + h_{ij}h_{il}\bar{R}_{jkkl}).
\end{aligned}
$$

引理 8.38　假设$x: M^n \to R^{n+p}(c), p \geqslant 2$是空间形式中的子流形，函数$F'(u) \geqslant 0$，那么与$GD_{(n,F)}$子流形的耦合有陈省身类型估计

$$
\begin{aligned}
\Delta F(S) \ =\ & F''(S)|\nabla S|^2 + \Bigg((2nF'(S)h_{ij}^{\alpha})H_{,ij}^{\alpha} + \\
&2nF'(S)S_{\alpha\beta\beta}H^{\alpha} + 2n^2cF'(S)H^2 - n^2F(S)H^2 \Bigg) - \\
&4n^2cF'(S)H^2 + 2F'(S)|\nabla h|^2 + 2ncF'(S)S + n^2F(S)H^2 - \\
&2F'(S)\left[\sum_{\alpha\neq\beta}N(\boldsymbol{A}_{\alpha}\boldsymbol{A}_{\beta} - \boldsymbol{A}_{\beta}\boldsymbol{A}_{\alpha}) + \sum_{\alpha\beta}(S_{\alpha\beta})^2\right]
\end{aligned}
$$

$$\geqslant F''(S)|\nabla S|^2 + \Bigg((2nF'(S)h_{ij}^\alpha)H_{,ij}^\alpha + 2nF'(S)S_{\alpha\beta\beta}H^\alpha + 2n^2cF'(S)H^2 - n^2F(S)H^2 \Bigg) - 4n^2cF'(S)H^2 + 2F'(S)|\nabla h|^2 + 2ncF'(S)S + n^2F(S)H^2 - 2(2-\frac{1}{p})F'(S)S^2.$$

引理 8.39 假设$x: M^n \to R^{n+p}(c), p \geqslant 2$是空间形式中的子流形，函数$F'(u) \geqslant 0$，那么与$GD_{(n,F)}$子流形的耦合有李安民类型估计

$$\begin{aligned}\Delta F(S) &= F''(S)|\nabla S|^2 + \Bigg((2nF'(S)h_{ij}^\alpha)H_{,ij}^\alpha + \\ &2nF'(S)S_{\alpha\beta\beta}H^\alpha + 2n^2cF'(S)H^2 - n^2F(S)H^2 \Bigg) - \\ &4n^2cF'(S)H^2 + 2F'(S)|\nabla h|^2 + 2ncF'(S)S + n^2F(S)H^2 - \\ &2F'(S)\left[\sum_{\alpha\neq\beta} N(\boldsymbol{A}_\alpha\boldsymbol{A}_\beta - \boldsymbol{A}_\beta\boldsymbol{A}_\alpha) + \sum_{\alpha\beta}(S_{\alpha\beta})^2\right] \\ &\geqslant F''(S)|\nabla S|^2 + \Bigg((2nF'(S)h_{ij}^\alpha)H_{,ij}^\alpha + \\ &2nF'(S)S_{\alpha\beta\beta}H^\alpha + 2n^2cF'(S)H^2 - n^2F(S)H^2 \Bigg) - \\ &4n^2cF'(S)H^2 + 2F'(S)|\nabla h|^2 + 2ncF'(S)S + n^2F(S)H^2 - 3F'(S)S^2.\end{aligned}$$

引理 8.40 假设$x: M^n \to R^{n+p}(c), p = 1$是空间形式中的超曲面，与$GD_{(n,F)}$超曲面的耦合有等式

$$\begin{aligned}\Delta F(S) &= F''(S)|\nabla S|^2 + \Bigg((2nF'(S)h_{ij})H_{,ij} + 2nF'(S)P_3H + \\ &2n^2cF'(S)H^2 - n^2F(S)H^2 \Bigg) - 4n^2cF'(S)H^2 + 2F'(S)|\nabla h|^2 + \\ &2ncF'(S)S - 2F'(S)S^2 + n^2F(S)H^2.\end{aligned}$$

8.3 临界点Simons型积分不等式

必须注意的是，前面二阶的耦合计算虽然利用了$GD_{(n,F)}$的欧拉-拉格朗日方程，但是只是形式上放进了全曲率模长的抽象函数的拉普拉斯计算之中.在本节，将利用$GD_{(n,F)}$的欧拉-拉格朗日方程并运用Stokes定理积分消去耦合计算中的冗余项，得到比较干净的积分等式和不等式.

8.3.1 幂函数型Simons型积分不等式

定理 8.3 假设$x: M^n \to N^{n+p}, p \geqslant 2$是一般流形中的$GD_{(n,r)}$子流形，若$r>0$，那么有陈省身类型估计

$$\begin{aligned} 0 \ = \ & \int_M r(r-1)S^{r-2}|\nabla S|^2 + 2rS^{r-1}|\nabla h|^2 + n^2 S^r H^2 + 2nrS^{r-1}h_{ij}^{\beta}\bar{R}_{ij\alpha}^{\beta}H^{\alpha} + \\ & 2rS^{r-1}(-h_{ij}^{\alpha}\bar{R}_{ijk,k}^{\alpha} + h_{ij}^{\alpha}\bar{R}_{kki,j}^{\alpha}) + \\ & 2rS^{r-1}(h_{ij}^{\alpha}h_{pk}^{\alpha}\bar{R}_{ipjk} + h_{ij}^{\alpha}h_{ip}^{\alpha}\bar{R}_{kpjk} + h_{ij}^{\alpha}h_{ik}^{\beta}\bar{R}_{\alpha\beta jk}) - \\ & 2rS^{r-1}\left[\sum_{\alpha\neq\beta} N(\boldsymbol{A}_{\alpha}\boldsymbol{A}_{\beta} - \boldsymbol{A}_{\beta}\boldsymbol{A}_{\alpha}) + \sum_{\alpha\beta}(S_{\alpha\beta})^2\right] \\ \geqslant \ & \int_M r(r-1)S^{r-2}|\nabla S|^2 + 2rS^{r-1}|\nabla h|^2 + n^2 S^r H^2 + 2nrS^{r-1}h_{ij}^{\beta}\bar{R}_{ij\alpha}^{\beta}H^{\alpha} + \\ & 2rS^{r-1}(-h_{ij}^{\alpha}\bar{R}_{ijk,k}^{\alpha} + h_{ij}^{\alpha}\bar{R}_{kki,j}^{\alpha}) + \\ & 2rS^{r-1}(h_{ij}^{\alpha}h_{pk}^{\alpha}\bar{R}_{ipjk} + h_{ij}^{\alpha}h_{ip}^{\alpha}\bar{R}_{kpjk} + h_{ij}^{\alpha}h_{ik}^{\beta}\bar{R}_{\alpha\beta jk}) - 2(2-\frac{1}{p})rS^{r+1}. \end{aligned}$$

定理 8.4 假设$x: M^n \to N^{n+p}, p \geqslant 2$是一般流形中的$GD_{(n,r)}$子流形，若$r>0$，那么有李安民类型估计

$$\begin{aligned} 0 \ = \ & \int_M r(r-1)S^{r-2}|\nabla S|^2 + 2rS^{r-1}|\nabla h|^2 + n^2 S^r H^2 + 2nrS^{r-1}h_{ij}^{\beta}\bar{R}_{ij\alpha}^{\beta}H^{\alpha} + \\ & 2rS^{r-1}(-h_{ij}^{\alpha}\bar{R}_{ijk,k}^{\alpha} + h_{ij}^{\alpha}\bar{R}_{kki,j}^{\alpha}) + \\ & 2rS^{r-1}(h_{ij}^{\alpha}h_{pk}^{\alpha}\bar{R}_{ipjk} + h_{ij}^{\alpha}h_{ip}^{\alpha}\bar{R}_{kpjk} + h_{ij}^{\alpha}h_{ik}^{\beta}\bar{R}_{\alpha\beta jk}) - \\ & 2rS^{r-1}\left[\sum_{\alpha\neq\beta} N(\boldsymbol{A}_{\alpha}\boldsymbol{A}_{\beta} - \boldsymbol{A}_{\beta}\boldsymbol{A}_{\alpha}) + \sum_{\alpha\beta}(S_{\alpha\beta})^2\right] \\ \geqslant \ & \int_M r(r-1)S^{r-2}|\nabla S|^2 + 2rS^{r-1}|\nabla h|^2 + n^2 S^r H^2 + 2nrS^{r-1}h_{ij}^{\beta}\bar{R}_{ij\alpha}^{\beta}H^{\alpha} + \\ & 2rS^{r-1}(-h_{ij}^{\alpha}\bar{R}_{ijk,k}^{\alpha} + h_{ij}^{\alpha}\bar{R}_{kki,j}^{\alpha}) + \\ & 2rS^{r-1}(h_{ij}^{\alpha}h_{pk}^{\alpha}\bar{R}_{ipjk} + h_{ij}^{\alpha}h_{ip}^{\alpha}\bar{R}_{kpjk} + h_{ij}^{\alpha}h_{ik}^{\beta}\bar{R}_{\alpha\beta jk}) - 3rS^{r+1}. \end{aligned}$$

定理 8.5 假设$x: M^n \to N^{n+p}, p=1$是一般流形中的$GD_{(n,r)}$超曲面，那么有等式

$$\begin{aligned} 0 \ = \ & \int_M r(r-1)S^{r-2}|\nabla S|^2 + 2rS^{r-1}|\nabla h|^2 - 2rS^{r+1} - \\ & 2nrS^{r-1}h_{ij}\bar{R}_{i(n+1)(n+1)j}H + n^2 S^r H^2 + \\ & 2rS^{r-1}(h_{ij}\bar{R}_{(n+1)ijk,k} - h_{ij}\bar{R}_{(n+1)kki,j}) + \\ & 2rS^{r-1}(h_{ij}h_{kl}\bar{R}_{iljk} + h_{ij}h_{il}\bar{R}_{jkkl}). \end{aligned}$$

定理 8.6 假设$x: M^n \to R^{n+p}(c), p \geqslant 2$是空间形式中的$GD_{(n,r)}$子流形，若$r > 0$，那么有陈省身类型估计

$$\begin{aligned}
0 &= \int_M r(r-1)S^{r-2}|\nabla S|^2 - 4n^2crS^{r-1}H^2 + 2rS^{r-1}|\nabla h|^2 + 2ncrS^r + \\
&\quad n^2S^rH^2 - 2rS^{r-1}\left[\sum_{\alpha\neq\beta} N(\boldsymbol{A}_\alpha\boldsymbol{A}_\beta - \boldsymbol{A}_\beta\boldsymbol{A}_\alpha) + \sum_{\alpha\beta}(S_{\alpha\beta})^2\right] \\
&\geqslant \int_M r(r-1)S^{r-2}|\nabla S|^2 - 4n^2crS^{r-1}H^2 + 2rS^{r-1}|\nabla h|^2 + 2ncrS^r + \\
&\quad n^2S^rH^2 - 2(2-\frac{1}{p})rS^{r+1}.
\end{aligned}$$

定理 8.7 假设$x: M^n \to R^{n+p}(c), p \geqslant 2$是空间形式中的$GD_{(n,r)}$子流形，若$r > 0$，那么有李安民类型估计

$$\begin{aligned}
0 &= \int_M r(r-1)S^{r-2}|\nabla S|^2 - 4n^2crS^{r-1}H^2 + 2rS^{r-1}|\nabla h|^2 + 2ncrS^r + \\
&\quad n^2S^rH^2 - 2rS^{r-1}\left[\sum_{\alpha\neq\beta} N(\boldsymbol{A}_\alpha\boldsymbol{A}_\beta - \boldsymbol{A}_\beta\boldsymbol{A}_\alpha) + \sum_{\alpha\beta}(S_{\alpha\beta})^2\right] \\
&\geqslant \int_M r(r-1)S^{r-2}|\nabla S|^2 - 4n^2crS^{r-1}H^2 + 2rS^{r-1}|\nabla h|^2 + \\
&\quad 2ncrS^r + n^2S^rH^2 - 3rS^{r+1}.
\end{aligned}$$

定理 8.8 假设$x: M^n \to R^{n+p}(c), p = 1$是空间形式中的$GD_{(n,r)}$超曲面，那么有等式

$$\begin{aligned}
0 &= \int_M r(r-1)S^{r-2}|\nabla S|^2 - 4n^2crS^{r-1}H^2 + 2rS^{r-1}|\nabla h|^2 + \\
&\quad 2ncrS^r - 2rS^{r+1} + n^2F(S)H^2.
\end{aligned}$$

8.3.2 指数型Simons型积分不等式

定理 8.9 假设$x: M^n \to N^{n+p}, p \geqslant 2$是一般流形中的$GD_{(n,E)}$子流形，那么有陈省身类型估计

$$\begin{aligned}
0 &= \int_M \exp(S)|\nabla S|^2 + 2\exp(S)|\nabla h|^2 + n^2\exp(S)H^2 + 2n\exp(S)h_{ij}^\beta \bar{R}_{ij\alpha}^\beta H^\alpha + \\
&\quad 2\exp(S)(-h_{ij}^\alpha \bar{R}_{ijk,k}^\alpha + h_{ij}^\alpha \bar{R}_{kki,j}^\alpha) + \\
&\quad 2\exp(S)(h_{ij}^\alpha h_{pk}^\alpha \bar{R}_{ipjk} + h_{ij}^\alpha h_{ip}^\alpha \bar{R}_{kpjk} + h_{ij}^\alpha h_{ik}^\beta \bar{R}_{\alpha\beta jk}) - \\
&\quad 2\exp(S)\left[\sum_{\alpha\neq\beta} N(\boldsymbol{A}_\alpha\boldsymbol{A}_\beta - \boldsymbol{A}_\beta\boldsymbol{A}_\alpha) + \sum_{\alpha\beta}(S_{\alpha\beta})^2\right] \\
&\geqslant \int_M \exp(S)|\nabla S|^2 + 2\exp(S)|\nabla h|^2 + n^2\exp(S)H^2 + 2n\exp(S)h_{ij}^\beta \bar{R}_{ij\alpha}^\beta H^\alpha + \\
&\quad 2\exp(S)(-h_{ij}^\alpha \bar{R}_{ijk,k}^\alpha + h_{ij}^\alpha \bar{R}_{kki,j}^\alpha) +
\end{aligned}$$

$$2\exp(S)(h_{ij}^{\alpha}h_{pk}^{\alpha}\bar{R}_{ipjk}+h_{ij}^{\alpha}h_{ip}^{\alpha}\bar{R}_{kpjk}+h_{ij}^{\alpha}h_{ik}^{\beta}\bar{R}_{\alpha\beta jk})-$$
$$2(2-\frac{1}{p})\exp(S)S^2.$$

定理 8.10　假设$x:M^n\to N^{n+p},p\geqslant 2$是一般流形中的$GD_{(n,E)}$子流形，那么有李安民类型估计

$$\begin{aligned}
0 &= \int_M \exp(S)|\nabla S|^2+2\exp(S)|\nabla h|^2+n^2\exp(S)H^2+2n\exp(S)h_{ij}^{\beta}\bar{R}_{ij\alpha}^{\beta}H^{\alpha}+\\
&\quad 2\exp(S)(-h_{ij}^{\alpha}\bar{R}_{ijk,k}^{\alpha}+h_{ij}^{\alpha}\bar{R}_{kki,j}^{\alpha})+\\
&\quad 2\exp(S)(h_{ij}^{\alpha}h_{pk}^{\alpha}\bar{R}_{ipjk}+h_{ij}^{\alpha}h_{ip}^{\alpha}\bar{R}_{kpjk}+h_{ij}^{\alpha}h_{ik}^{\beta}\bar{R}_{\alpha\beta jk})-\\
&\quad 2\exp(S)\left[\sum_{\alpha\neq\beta}N(\boldsymbol{A}_{\alpha}\boldsymbol{A}_{\beta}-\boldsymbol{A}_{\beta}\boldsymbol{A}_{\alpha})+\sum_{\alpha\beta}(S_{\alpha\beta})^2\right]\\
&\geqslant \int_M \exp(S)|\nabla S|^2+2\exp(S)|\nabla h|^2+n^2\exp(S)H^2+2n\exp(S)h_{ij}^{\beta}\bar{R}_{ij\alpha}^{\beta}H^{\alpha}+\\
&\quad 2\exp(S)(-h_{ij}^{\alpha}\bar{R}_{ijk,k}^{\alpha}+h_{ij}^{\alpha}\bar{R}_{kki,j}^{\alpha})+\\
&\quad 2\exp(S)(h_{ij}^{\alpha}h_{pk}^{\alpha}\bar{R}_{ipjk}+h_{ij}^{\alpha}h_{ip}^{\alpha}\bar{R}_{kpjk}+h_{ij}^{\alpha}h_{ik}^{\beta}\bar{R}_{\alpha\beta jk})-3\exp(S)S^2.
\end{aligned}$$

定理 8.11　假设$x:M^n\to N^{n+p},p=1$是一般流形中的$GD_{(n,E)}$超曲面，那么有等式

$$\begin{aligned}
0 &= \int_M \exp(S)|\nabla S|^2+2\exp(S)|\nabla h|^2-2\exp(S)S^2-\\
&\quad 2n\exp(S)h_{ij}\bar{R}_{i(n+1)(n+1)j}H+n^2\exp(S)H^2+\\
&\quad 2\exp(S)(h_{ij}\bar{R}_{(n+1)ijk,k}-h_{ij}\bar{R}_{(n+1)kki,j})+\\
&\quad 2\exp(S)(h_{ij}h_{kl}\bar{R}_{iljk}+h_{ij}h_{il}\bar{R}_{jkkl}).
\end{aligned}$$

定理 8.12　假设$x:M^n\to R^{n+p}(c),p\geqslant 2$是空间形式中的$GD_{(n,E)}$子流形，那么有陈省身类型估计

$$\begin{aligned}
0 &= \int_M \exp(S)|\nabla S|^2-4n^2c\exp(S)H^2+2\exp(S)|\nabla h|^2+2nc\exp(S)S+\\
&\quad n^2\exp(S)H^2-2\exp(S)\left[\sum_{\alpha\neq\beta}N(\boldsymbol{A}_{\alpha}\boldsymbol{A}_{\beta}-\boldsymbol{A}_{\beta}\boldsymbol{A}_{\alpha})+\sum_{\alpha\beta}(S_{\alpha\beta})^2\right]\\
&\geqslant \int_M \exp(S)|\nabla S|^2-4n^2c\exp(S)H^2+2\exp(S)|\nabla h|^2+2nc\exp(S)S+\\
&\quad n^2\exp(S)H^2-2(2-\frac{1}{p})\exp(S)S^2.
\end{aligned}$$

定理 8.13　假设$x:M^n\to R^{n+p}(c),p\geqslant 2$是空间形式中的$GD_{(n,E)}$子流形，那么有李安民类型估计

$$0 = \int_M \exp(S)|\nabla S|^2-4n^2c\exp(S)H^2+2\exp(S)|\nabla h|^2+2nc\exp(S)S+$$

$$
\begin{aligned}
& n^2\exp(S)H^2-2\exp(S)\left[\sum_{\alpha\neq\beta}N(\boldsymbol{A}_\alpha\boldsymbol{A}_\beta-\boldsymbol{A}_\beta\boldsymbol{A}_\alpha)+\sum_{\alpha\beta}(S_{\alpha\beta})^2\right]\\
\geqslant & \int_M \exp(S)|\nabla S|^2-4n^2c\exp(S)H^2+2\exp(S)|\nabla h|^2+2nc\exp(S)S+\\
& n^2\exp(S)H^2-3\exp(S)S^2.
\end{aligned}
$$

定理 8.14 假设$x:M^n\to R^{n+p}(c),p=1$是空间形式中的$GD_{(n,E)}$超曲面，那么有等式

$$
\begin{aligned}
0 \ = \ & \int_M \exp(S)|\nabla S|^2-4n^2c\exp(S)H^2+2\exp(S)|\nabla h|^2+\\
& 2nc\exp(S)S-2\exp(S)S^2+n^2\exp(S)H^2.
\end{aligned}
$$

8.3.3 对数型Simons型积分不等式

定理 8.15 假设$x:M^n\to N^{n+p},p\geqslant 2$是一般流形中的$GD_{(n,\log)}$子流形，那么有陈省身类型估计

$$
\begin{aligned}
0 \ = \ & \int_M -S^{-2}|\nabla S|^2+2S^{-1}|\nabla h|^2+n^2\log(S)H^2+2nS^{-1}h_{ij}^{\beta}\bar{R}_{ij\alpha}^{\beta}H^{\alpha}+\\
& 2S^{-1}(-h_{ij}^{\alpha}\bar{R}_{ijk,k}^{\alpha}+h_{ij}^{\alpha}\bar{R}_{kki,j}^{\alpha})+\\
& 2S^{-1}(h_{ij}^{\alpha}h_{pk}^{\alpha}\bar{R}_{ipjk}+h_{ij}^{\alpha}h_{ip}^{\alpha}\bar{R}_{kpjk}+h_{ij}^{\alpha}h_{ik}^{\beta}\bar{R}_{\alpha\beta jk})-\\
& 2S^{-1}\left[\sum_{\alpha\neq\beta}N(\boldsymbol{A}_\alpha\boldsymbol{A}_\beta-\boldsymbol{A}_\beta\boldsymbol{A}_\alpha)+\sum_{\alpha\beta}(S_{\alpha\beta})^2\right]\\
\geqslant & \int_M -S^{-2}|\nabla S|^2+2S^{-1}|\nabla h|^2+n^2\log(S)H^2+2nS^{-1}h_{ij}^{\beta}\bar{R}_{ij\alpha}^{\beta}H^{\alpha}+\\
& 2S^{-1}(-h_{ij}^{\alpha}\bar{R}_{ijk,k}^{\alpha}+h_{ij}^{\alpha}\bar{R}_{kki,j}^{\alpha})+\\
& 2S^{-1}(h_{ij}^{\alpha}h_{pk}^{\alpha}\bar{R}_{ipjk}+h_{ij}^{\alpha}h_{ip}^{\alpha}\bar{R}_{kpjk}+h_{ij}^{\alpha}h_{ik}^{\beta}\bar{R}_{\alpha\beta jk})-\\
& 2(2-\frac{1}{p})S.
\end{aligned}
$$

定理 8.16 假设$x:M^n\to N^{n+p},p\geqslant 2$是一般流形中的$GD_{(n,\log)}$子流形，那么有李安民类型估计

$$
\begin{aligned}
0 \ = \ & \int_M -S^{-2}|\nabla S|^2+2S^{-1}|\nabla h|^2+n^2\log(S)H^2+2nS^{-1}h_{ij}^{\beta}\bar{R}_{ij\alpha}^{\beta}H^{\alpha}+\\
& 2S^{-1}(-h_{ij}^{\alpha}\bar{R}_{ijk,k}^{\alpha}+h_{ij}^{\alpha}\bar{R}_{kki,j}^{\alpha})+\\
& 2S^{-1}(h_{ij}^{\alpha}h_{pk}^{\alpha}\bar{R}_{ipjk}+h_{ij}^{\alpha}h_{ip}^{\alpha}\bar{R}_{kpjk}+h_{ij}^{\alpha}h_{ik}^{\beta}\bar{R}_{\alpha\beta jk})-\\
& 2S^{-1}\left[\sum_{\alpha\neq\beta}N(\boldsymbol{A}_\alpha\boldsymbol{A}_\beta-\boldsymbol{A}_\beta\boldsymbol{A}_\alpha)+\sum_{\alpha\beta}(S_{\alpha\beta})^2\right]\\
\geqslant & \int_M -S^{-2}|\nabla S|^2+2S^{-1}|\nabla h|^2+n^2\log(S)H^2+2nS^{-1}h_{ij}^{\beta}\bar{R}_{ij\alpha}^{\beta}H^{\alpha}+
\end{aligned}
$$

$$2S^{-1}(-h_{ij}^{\alpha}\bar{R}_{ijk,k}^{\alpha}+h_{ij}^{\alpha}\bar{R}_{kki,j}^{\alpha})+$$
$$2S^{-1}(h_{ij}^{\alpha}h_{pk}^{\alpha}\bar{R}_{ipjk}+h_{ij}^{\alpha}h_{ip}^{\alpha}\bar{R}_{kpjk}+h_{ij}^{\alpha}h_{ik}^{\beta}\bar{R}_{\alpha\beta jk})-3S.$$

定理 8.17 假设$x:M^n\to N^{n+p},p=1$是一般流形中的$GD_{(n,\log)}$超曲面，那么有等式

$$\begin{aligned}0 &= \int_M -S^{-2}|\nabla S|^2+2S^{-1}|\nabla h|^2-2S-2nS^{-1}h_{ij}\bar{R}_{i(n+1)(n+1)j}H+\\&n^2\log(S)H^2+2S^{-1}(h_{ij}\bar{R}_{(n+1)ijk,k}-h_{ij}\bar{R}_{(n+1)kki,j})+\\&2S^{-1}(h_{ij}h_{kl}\bar{R}_{iljk}+h_{ij}h_{il}\bar{R}_{jkkl}).\end{aligned}$$

定理 8.18 假设$x:M^n\to R^{n+p}(c),p\geqslant 2$是空间形式中的$GD_{(n,\log)}$子流形，那么有陈省身类型估计

$$\begin{aligned}0 &= \int_M -S^{-2}|\nabla S|^2-4n^2cS^{-1}H^2+2S^{-1}|\nabla h|^2+2nc+n^2\log(S)H^2-\\&2S^{-1}\left[\sum_{\alpha\neq\beta}N(\boldsymbol{A}_\alpha\boldsymbol{A}_\beta-\boldsymbol{A}_\beta\boldsymbol{A}_\alpha)+\sum_{\alpha\beta}(S_{\alpha\beta})^2\right]\\&\geqslant \int_M -S^{-2}|\nabla S|^2-4n^2cS^{-1}H^2+2S^{-1}|\nabla h|^2+2nc+n^2\log(S)H^2-\\&2(2-\frac{1}{p})S.\end{aligned}$$

定理 8.19 假设$x:M^n\to R^{n+p}(c),p\geqslant 2$是空间形式中的$GD_{(n,\log)}$子流形，那么有李安民类型估计

$$\begin{aligned}0 &= \int_M -S^{-2}|\nabla S|^2-4n^2cS^{-1}H^2+2S^{-1}|\nabla h|^2+2nc+n^2\log(S)H^2-\\&2S^{-1}\left[\sum_{\alpha\neq\beta}N(\boldsymbol{A}_\alpha\boldsymbol{A}_\beta-\boldsymbol{A}_\beta\boldsymbol{A}_\alpha)+\sum_{\alpha\beta}(S_{\alpha\beta})^2\right]\\&\geqslant -S^{-2}|\nabla S|^2-4n^2cS^{-1}H^2+2S^{-1}|\nabla h|^2+2nc+n^2\log(S)H^2-3S.\end{aligned}$$

定理 8.20 假设$x:M^n\to R^{n+p}(c),p=1$是空间形式中的$GD_{(n,\log)}$超曲面，那么有等式

$$\begin{aligned}0 &= \int_M -S^{-2}|\nabla S|^2-4n^2cS^{-1}H^2+2S^{-1}|\nabla h|^2+\\&2nc-2S+n^2\log(S)H^2.\end{aligned}$$

8.3.4 抽象型Simons型积分不等式

定理 8.21 假设$x:M^n\to N^{n+p},p\geqslant 2$是一般流形中的$GD_{(n,F)}$子流形，函数$F'(u)\geqslant 0$，那么有陈省身类型估计

$$\begin{aligned}0 &= \int_M F''(S)|\nabla S|^2+2F'(S)|\nabla h|^2+n^2F(S)H^2+2nF'(S)h_{ij}^{\beta}\bar{R}_{ij\alpha}^{\beta}H^{\alpha}+\\&2F'(S)(-h_{ij}^{\alpha}\bar{R}_{ijk,k}^{\alpha}+h_{ij}^{\alpha}\bar{R}_{kki,j}^{\alpha})+\end{aligned}$$

$$
\begin{aligned}
&2F'(S)(h^{\alpha}_{ij}h^{\alpha}_{pk}\bar{R}_{ipjk} + h^{\alpha}_{ij}h^{\alpha}_{ip}\bar{R}_{kpjk} + h^{\alpha}_{ij}h^{\beta}_{ik}\bar{R}_{\alpha\beta jk}) - \\
&2F'(S)\left[\sum_{\alpha\neq\beta}N(\boldsymbol{A}_\alpha\boldsymbol{A}_\beta - \boldsymbol{A}_\beta\boldsymbol{A}_\alpha) + \sum_{\alpha\beta}(S_{\alpha\beta})^2\right] \\
\geqslant\ & \int_M F''(S)|\nabla S|^2 + 2F'(S)|\nabla h|^2 + n^2F(S)H^2 + 2nF'(S)h^{\beta}_{ij}\bar{R}^{\beta}_{ij\alpha}H^{\alpha} + \\
&2F'(S)(-h^{\alpha}_{ij}\bar{R}^{\alpha}_{ijk,k} + h^{\alpha}_{ij}\bar{R}^{\alpha}_{kki,j}) + \\
&2F'(S)(h^{\alpha}_{ij}h^{\alpha}_{pk}\bar{R}_{ipjk} + h^{\alpha}_{ij}h^{\alpha}_{ip}\bar{R}_{kpjk} + h^{\alpha}_{ij}h^{\beta}_{ik}\bar{R}_{\alpha\beta jk}) - \\
&2(2-\frac{1}{p})F'(S)S^2.
\end{aligned}
$$

定理 8.22 假设$x: M^n \to N^{n+p}, p \geqslant 2$是一般流形中的$GD_{(n,F)}$子流形，函数$F'(u) \geqslant 0$，那么有李安民类型估计

$$
\begin{aligned}
0 =\ & \int_M F''(S)|\nabla S|^2 + 2F'(S)|\nabla h|^2 + n^2F(S)H^2 + 2nF'(S)h^{\beta}_{ij}\bar{R}^{\beta}_{ij\alpha}H^{\alpha} + \\
&2F'(S)(-h^{\alpha}_{ij}\bar{R}^{\alpha}_{ijk,k} + h^{\alpha}_{ij}\bar{R}^{\alpha}_{kki,j}) + \\
&2F'(S)(h^{\alpha}_{ij}h^{\alpha}_{pk}\bar{R}_{ipjk} + h^{\alpha}_{ij}h^{\alpha}_{ip}\bar{R}_{kpjk} + h^{\alpha}_{ij}h^{\beta}_{ik}\bar{R}_{\alpha\beta jk}) - \\
&2F'(S)\left[\sum_{\alpha\neq\beta}N(\boldsymbol{A}_\alpha\boldsymbol{A}_\beta - \boldsymbol{A}_\beta\boldsymbol{A}_\alpha) + \sum_{\alpha\beta}(S_{\alpha\beta})^2\right] \\
\geqslant\ & \int_M F''(S)|\nabla S|^2 + 2F'(S)|\nabla h|^2 + n^2F(S)H^2 + 2nF'(S)h^{\beta}_{ij}\bar{R}^{\beta}_{ij\alpha}H^{\alpha} + \\
&2F'(S)(-h^{\alpha}_{ij}\bar{R}^{\alpha}_{ijk,k} + h^{\alpha}_{ij}\bar{R}^{\alpha}_{kki,j}) + \\
&2F'(S)(h^{\alpha}_{ij}h^{\alpha}_{pk}\bar{R}_{ipjk} + h^{\alpha}_{ij}h^{\alpha}_{ip}\bar{R}_{kpjk} + h^{\alpha}_{ij}h^{\beta}_{ik}\bar{R}_{\alpha\beta jk}) - \\
&3F'(S)S^2.
\end{aligned}
$$

定理 8.23 假设$x: M^n \to N^{n+p}, p = 1$是一般流形中的$GD_{(n,F)}$超曲面，那么有等式

$$
\begin{aligned}
0 =\ & \int_M F''(S)|\nabla S|^2 + 2F'(S)|\nabla h|^2 - 2F'(S)S^2 - \\
&2nF'(S)h_{ij}\bar{R}_{i(n+1)(n+1)j}H + n^2F(S)H^2 + \\
&2F'(S)(h_{ij}\bar{R}_{(n+1)ijk,k} - h_{ij}\bar{R}_{(n+1)kki,j}) + \\
&2F'(S)(h_{ij}h_{kl}\bar{R}_{iljk} + h_{ij}h_{il}\bar{R}_{jkkl}).
\end{aligned}
$$

定理 8.24 假设$x: M^n \to R^{n+p}(c), p \geqslant 2$是空间形式中的$GD_{(n,F)}$子流形，函数$F'(u) \geqslant 0$，那么有陈省身类型估计

$$
\begin{aligned}
0 =\ & \int_M F''(S)|\nabla S|^2 - 4n^2cF'(S)H^2 + 2F'(S)|\nabla h|^2 + 2ncF'(S)S + \\
&n^2F(S)H^2 - 2F'(S)\left[\sum_{\alpha\neq\beta}N(\boldsymbol{A}_\alpha\boldsymbol{A}_\beta - \boldsymbol{A}_\beta\boldsymbol{A}_\alpha) + \sum_{\alpha\beta}(S_{\alpha\beta})^2\right]
\end{aligned}
$$

$$\geqslant \int_M F''(S)|\nabla S|^2 - 4n^2cF'(S)H^2 + 2F'(S)|\nabla h|^2 + 2ncF'(S)S + n^2F(S)H^2 - 2(2-\frac{1}{p})F'(S)S^2.$$

定理 8.25 假设$x: M^n \to R^{n+p}(c), p \geqslant 2$是空间形式中的$GD_{(n,F)}$子流形，函数$F'(u) \geqslant 0$，那么有李安民类型估计

$$\begin{aligned} 0 &= \int_M F''(S)|\nabla S|^2 - 4n^2cF'(S)H^2 + 2F'(S)|\nabla h|^2 + 2ncF'(S)S + n^2F(S)H^2 - \\ &\quad 2F'(S)\left[\sum_{\alpha\neq\beta} N(\boldsymbol{A}_\alpha\boldsymbol{A}_\beta - \boldsymbol{A}_\beta\boldsymbol{A}_\alpha) + \sum_{\alpha\beta}(S_{\alpha\beta})^2\right] \\ &\geqslant \int_M F''(S)|\nabla S|^2 - 4n^2cF'(S)H^2 + 2F'(S)|\nabla h|^2 + 2ncF'(S)S + n^2F(S)H^2 - \\ &\quad 3F'(S)S^2. \end{aligned}$$

定理 8.26 假设$x: M^n \to R^{n+p}(c), p = 1$是空间形式中的$GD_{(n,F)}$超曲面，那么有等式

$$\begin{aligned} 0 &= \int_M F''(S)|\nabla S|^2 - 4n^2cF'(S)H^2 + 2F'(S)|\nabla h|^2 + \\ &\quad 2ncF'(S)S - 2F'(S)S^2 + n^2F(S)H^2. \end{aligned}$$

8.4 单位球面中临界点的点态间隙

为了发展单位球面中$GD_{(n,F)}$子流形的点态间隙定理，需要先分析如下三个例子.

例 8.1 对于单位球面之中的具有两个不同主曲率的超曲面，寻求满足$H = 0$的所有环面.已知

$$\lambda,\ \mu, 0 < \lambda, \mu < 1, \lambda^2 + \mu^2 = 1,$$

$$S^m(\lambda) \times S^{n-m}(\mu) \to S^{n+1}(1),\ 1 \leqslant m \leqslant n-1.$$

所有的主曲率为

$$k_1 = \cdots = k_m = \frac{\mu}{\lambda},\ k_{m+1} = \cdots = k_n = -\frac{\lambda}{\mu}.$$

简单计算可得

$$H = \frac{m\dfrac{\mu}{\lambda} - (n-m)\dfrac{\lambda}{\mu}}{n}.$$

设定$\dfrac{\mu}{\lambda} = x > 0$, 那么

$$H = \frac{mx - (n-m)\dfrac{1}{x}}{n}.$$

如果$H = 0$, 即

$$mx = (n-m)\frac{1}{x}.$$

求解方程可得

$$x=\sqrt{\frac{n-m}{m}},1\leqslant m\leqslant n-1.$$

因此

$$C_{m,n-m}:S^m(\sqrt{\frac{m}{n}})\times S^{n-m}(\sqrt{\frac{n-m}{n}})\to S^{n+1}(1),1\leqslant m\leqslant n-1$$

是满足$H=0$的环面，称为Clifford环面.

例 8.2 对于单位球面之中的具有两个不同主曲率的超曲面，寻求满足$S=n$的所有环面.已知

$$\lambda,\ \mu,0<\lambda,\mu<1,\lambda^2+\mu^2=1,$$

$$S^m(\lambda)\times S^{n-m}(\mu)\to S^{n+1}(1),\ 1\leqslant m\leqslant n-1.$$

所有的主曲率为

$$k_1=\cdots=k_m=\frac{\mu}{\lambda},\ k_{m+1}=\cdots=k_n=-\frac{\lambda}{\mu}.$$

简单计算可得

$$S=m\frac{\mu^2}{\lambda^2}+(n-m)\frac{\lambda^2}{\mu^2}.$$

设定$\dfrac{\mu}{\lambda}=x>0$, 那么

$$S=\frac{m(n-m)}{n}[x^2+\frac{1}{x^2}+2].$$

如果$S=n$, 即

$$n=mx^2+(n-m)\frac{1}{x^2}.$$

求解方程可得

$$x_1=\sqrt{\frac{n-m}{m}},x_2=1,1\leqslant m\leqslant n-1.$$

因此

$$C_{m,n-m}:S^m(\sqrt{\frac{m}{n}})\times S^{n-m}(\sqrt{\frac{n-m}{n}})\to S^{n+1}(1),1\leqslant m\leqslant n-1$$

和

$$S^m(\sqrt{\frac{1}{2}})\times S^{n-m}(\sqrt{\frac{1}{2}})\to S^{n+1}(1),1\leqslant m\leqslant n-1$$

都是满足$S=n$的环面.

例 8.3 Veronese曲面.假设(x,y,z)是$\mathbf{R}^3$的自然坐标, (u_1,u_2,u_3,u_4,u_5)是$\mathbf{R}^5$的自然坐标, 考察如下映射

$$u_1=\frac{1}{\sqrt{3}}yz,u_2=\frac{1}{\sqrt{3}}xz,u_3=\frac{1}{\sqrt{3}}xy,$$

$$u_4 = \frac{1}{2\sqrt{3}}(x^2 - y^2), u_5 = \frac{1}{6}(x^2 + y^2 - 2z^2),$$
$$x^2 + y^2 + z^2 = 3.$$

这个映射定义了浸入$x : RP^2 = S^2(\sqrt{3})/Z_2 \to S^4(1)$, 称为Veronese曲面. 从文献[13]可知第二基本型为

$$\boldsymbol{A}_3 = \begin{pmatrix} 0 & \frac{1}{\sqrt{3}} \\ \frac{1}{\sqrt{3}} & 0 \end{pmatrix}, \boldsymbol{A}_4 = \begin{pmatrix} -\frac{1}{\sqrt{3}} & 0 \\ 0 & \frac{1}{\sqrt{3}} \end{pmatrix}.$$

经过简单计算可得

$$H^3 = H^4 = 0, S_{333} = S_{344} = S_{433} = S_{444} = 0.$$

间隙定理的证明依赖上面的三个例子、陈省身不等式、李安民不等式以及如下的两个重要引理.

为了进一步讨论上面的Simons不等式的端点对应的超曲面和子流形，需要Chern、do Carmo、Kobayashi在文章[3]中提出的两个重要结论，其中一个为引理，另一个称为主定理.为了表述方便，这里采用一些记号.对于一个超曲面用

$$h_{ij} = h_{ij}^{n+1}.$$

选择局部正交标架，使得

$$h_{ij} = 0, \forall\, i \neq j; h_i = h_{ii}.$$

引理 8.41 (参见文献[3]).假设$x : M^n \to S^{n+1}(1)$ 是单位球面之中的紧致无边超曲面并且满足$\nabla h \equiv 0$，那么有两种情形：

情形1：$h_1 = \cdots = h_n = \lambda = \text{const}$，并且$M$要么是全脐($\lambda > 0$)超曲面,要么是全测地($\lambda = 0$)超曲面.

情形2：$h_1 = \cdots = h_m = \lambda = \text{const} > 0, h_{m+1} = \cdots = h_n = -\frac{1}{\lambda}$, $1 \leqslant m \leqslant n-1$，并且$M$是两个子流形的黎曼乘积$M_1 \times M_2$，此处$M_1 = S^m(\frac{1}{\sqrt{1+\lambda^2}}), M_2 = S^{n-m}(\frac{\lambda}{\sqrt{1+\lambda^2}})$.不失一般性，可以假设$\lambda > 0$ 并且$1 \leqslant m \leqslant \frac{n}{2}$.

引理 8.42 (参见文献[3]).Clifford环面$C_{m,n-m}$ 和Veronese曲面是单位球面$S^{n+p}(1)$ 之中的唯一满足$S = \dfrac{n}{2 - \frac{1}{p}}$ 的极小子流形($H = 0$).

定理 8.27 假设$x : M^n \to S^{n+p}(1), p \geqslant 2$是单位球面中的$GD_{(n,r)}$子流形，若$r \geqslant 2$，那么有陈省身类型估计

$$0 \geqslant \int_M r(r-1)S^{r-2}|\nabla S|^2 + 2rS^{r-1}|\nabla h|^2 -$$

$$S^{r-1}\left[2(2-\frac{1}{p})rS^2-(2nr+n^2H^2)S+4n^2rH^2\right].$$

如果$(1+\frac{n}{2r}H^2)^2-8(2-\frac{1}{p})H^2\geqslant 0$且

$$\frac{n}{2(2-\frac{1}{p})}\left[1+\frac{n}{2r}H^2-\sqrt{(1+\frac{n}{2r}H^2)^2-8(2-\frac{1}{p})H^2}\right]\leqslant S,$$

且

$$S\leqslant\frac{n}{2(2-\frac{1}{p})}\left[1+\frac{n}{2r}H^2+\sqrt{(1+\frac{n}{2r}H^2)^2-8(2-\frac{1}{p})H^2}\right],$$

那么$H^2=0,S\equiv 0$ 或者$S\equiv\dfrac{n}{2-\frac{1}{p}}$. 前者$M$是全测地子流形；后者$M$是Veronese曲面.

定理 8.28 假设$x:M^n\to S^{n+p}(1),p\geqslant 2$是单位球面中的$GD_{(n,r)}$子流形，若$r\geqslant 2$，那么有李安民类型估计

$$\begin{aligned}0\ \geqslant\ &\int_M r(r-1)S^{r-2}|\nabla S|^2+2rS^{r-1}|\nabla h|^2-\\&S^{r-1}\left[3rS^2-(2nr+n^2H^2)S+4n^2rH^2\right].\end{aligned}$$

如果$(1+\frac{n}{2r}H^2)^2-12H^2\geqslant 0$并且

$$\frac{n}{3}\left[1+\frac{n}{2r}H^2-\sqrt{(1+\frac{n}{2r}H^2)^2-12H^2}\right]\leqslant S\leqslant\frac{n}{3}\left[1+\frac{n}{2r}H^2+\sqrt{(1+\frac{n}{2r}H^2)^2-12H^2}\right],$$

那么$H^2=0,S\equiv 0$ 或者$S\equiv\dfrac{2n}{3}$. 前者M是全测地子流形；后者M是Veronese曲面.

定理 8.29 假设$x:M^n\to S^{n+p}(c),p=1$是单位球面中的$GD_{(n,r)}$超曲面，那么有等式

$$\begin{aligned}0\ =\ &\int_M r(r-1)S^{r-2}|\nabla S|^2+2rS^{r-1}|\nabla h|^2-\\&S^{r-1}\left[2rS^2-(n^2H^2+2nr)S+4n^2rH^2\right].\end{aligned}$$

如果$H^2\equiv\text{const}\neq 0,(1+\frac{n}{2r}H^2)^2-8H^2\geqslant 0$并且

$$\frac{n}{2}\left[1+\frac{n}{2r}H^2-\sqrt{(1+\frac{n}{2r}H^2)^2-8H^2}\right]\leqslant S\leqslant\frac{n}{2}\left[1+\frac{n}{2r}H^2+\sqrt{(1+\frac{n}{2r}H^2)^2-8H^2}\right],$$

那么

$$S\equiv\frac{n}{2}\left[1+\frac{n}{2r}H^2-\sqrt{(1+\frac{n}{2r}H^2)^2-8H^2}\right],$$

或者

$$S\equiv\frac{n}{2}\left[1+\frac{n}{2r}H^2+\sqrt{(1+\frac{n}{2r}H^2)^2-8H^2}\right].$$

对于前者,M是由如下方程决定的环面$S^m(\lambda)\times S^{n-m}(\mu)\to S^{n+1}(1)$, $1\leqslant m\leqslant n-1$.

$0<\lambda,\mu<1,\lambda^2+\mu^2=1,x=:\dfrac{\mu}{\lambda}$;

$H=\dfrac{m}{n}x-\dfrac{(n-m)}{n}\dfrac{1}{x},S=mx^2+(n-m)\dfrac{1}{x^2}$;

$$S=\frac{n}{2}\left[1+\frac{n}{2r}H^2-\sqrt{(1+\frac{n}{2r}H^2)^2-8H^2}\right];$$
$$m(2r-m)x^6+m(n-m+2r)x^4-(n-m)(m+2r)x^2+(n-m)(n-m-2r)=0.$$

对于后者, M是由如下方程决定的环面$S^m(\lambda)\times S^{n-m}(\mu)\to S^{n+1}(1)$, $1\leqslant m\leqslant n-1$.

$$0<\lambda,\mu<1,\lambda^2+\mu^2=1,x=:\frac{\mu}{\lambda};$$
$$H=\frac{m}{n}x-\frac{(n-m)}{n}\frac{1}{x},S=mx^2+(n-m)\frac{1}{x^2};$$
$$S=\frac{n}{2}\left[1+\frac{n}{2r}H^2+\sqrt{(1+\frac{n}{2r}H^2)^2-8H^2}\right];$$
$$m(2r-m)x^6+m(n-m+2r)x^4-(n-m)(m+2r)x^2+(n-m)(n-m-2r)=0.$$

定理 8.30 假设$x:M^n\to S^{n+p}(1),p\geqslant 2$是单位球面中的$GD_{(n,E)}$子流形，那么有陈省身类型估计

$$\begin{aligned}0 \geqslant & \int_M \exp(S)|\nabla S|^2+2\exp(S)|\nabla h|^2- \\ & \exp(S)\left[2(2-\frac{1}{p})S^2-2nS+3n^2H^2\right].\end{aligned}$$

如果$H^2\leqslant\dfrac{1}{6(2-\frac{1}{p})}$并且

$$\frac{n}{2(2-\frac{1}{p})}\left[1-\sqrt{1-6(2-\frac{1}{p})H^2}\right]\leqslant S\leqslant\frac{n}{2(2-\frac{1}{p})}\left[1+\sqrt{(1-6(2-\frac{1}{p})H^2}\right],$$

那么$H^2=0$,$S\equiv 0$或者$S\equiv\dfrac{n}{2-\frac{1}{p}}$. 前者$M$是全测地子流形；后者$M$是Veronese曲面.

定理 8.31 假设$x:M^n\to S^{n+p}(1),p\geqslant 2$是单位球面中的$GD_{(n,E)}$子流形，那么有李安民类型估计

$$\begin{aligned}0 \geqslant & \int_M \exp(S)|\nabla S|^2+2\exp(S)|\nabla h|^2- \\ & \exp(S)\left[3S^2-2nS+3n^2H^2\right].\end{aligned}$$

如果$H^2\leqslant\dfrac{1}{9}$并且

$$\frac{n}{3}\left[1-\sqrt{(1-9H^2}\right]\leqslant S\leqslant\frac{n}{3}\left[1+\sqrt{(1-9H^2}\right],$$

那么$H^2=0$, $S\equiv 0$ 或者$S\equiv\dfrac{2n}{3}$. 前者M是全测地子流形；后者M是Veronese曲面.

定理 8.32 假设$x:M^n\to S^{n+p}(c),p=1$是单位球面中的$GD_{(n,E)}$超曲面，那么有等式

$$\begin{aligned}0 = & \int_M \exp(S)|\nabla S|^2+2\exp(S)|\nabla h|^2- \\ & \exp(S)\left[2S^2-2nS+3n^2H^2\right].\end{aligned}$$

如果$H^2 \equiv \mathrm{const} \neq 0$, $H^2 \leqslant \dfrac{1}{6}$且

$$\frac{n}{2}\left[1-\sqrt{1-6H^2}\right] \leqslant S \leqslant \frac{n}{2}\left[1+\sqrt{(1-6H^2}\right],$$

那么

$$S \equiv \frac{n}{2}\left[1-\sqrt{1-6H^2}\right],$$

或者

$$S \equiv \frac{n}{2}\left[1+\sqrt{(1-6H^2}\right].$$

对于前者,M 是一个满足如下方程的环面$S^m(\lambda) \times S^{n-m}(\mu) \to S^{n+1}(1)$, $1 \leqslant m \leqslant n-1$.

$$\begin{aligned}
&0<\lambda,\mu<1, \lambda^2+\mu^2=1, x=:\frac{\mu}{\lambda};\\
&H=\frac{m}{n}x-\frac{(n-m)}{n}\frac{1}{x}, S=mx^2+(n-m)\frac{1}{x^2};\\
&S=\frac{n}{2}\left[1-\sqrt{1-6H^2}\right];\\
&2mx^6+mx^4-(n-m)x^2-2(n-m)=0.
\end{aligned}$$

对于后者, M是一个满足如下方程的环面$S^m(\lambda) \times S^{n-m}(\mu) \to S^{n+1}(1)$, $1 \leqslant m \leqslant n-1$.

$$\begin{aligned}
&0<\lambda,\mu<1, \lambda^2+\mu^2=1, x=:\frac{\mu}{\lambda};\\
&H=\frac{m}{n}x-\frac{(n-m)}{n}\frac{1}{x}, S=mx^2+(n-m)\frac{1}{x^2};\\
&S=\frac{n}{2}\left[1+\sqrt{(1-6H^2}\right];\\
&2mx^6+mx^4-(n-m)x^2-2(n-m)=0.
\end{aligned}$$

定理 8.33 假设$x: M^n \to S^{n+p}(1), p \geqslant 2$是单位球面中的$GD_{(n,F)}$子流形,函数$F'(u) \geqslant 0$,那么有陈省身类型估计

$$\begin{aligned}
0 \geqslant & \int_M F''(S)|\nabla S|^2+2F'(S)|\nabla h|^2- \\
& F'(S)\left[2(2-\frac{1}{p})S^2-(2n+n^2\frac{F(S)}{SF'(S)}H^2)S+4n^2H^2\right],
\end{aligned}$$

或者换一个形式

$$\begin{aligned}
0 \geqslant & \int_M F''(S)|\nabla S|^2+2F'(S)|\nabla h|^2- \\
& F'(S)\left[2(2-\frac{1}{p})S^2-2nS+(4-\frac{F(S)}{F'(S)})n^2H^2\right],
\end{aligned}$$

可以采用类似幂函数、指数函数形式的情形进行讨论.

定理 8.34　假设$x: M^n \to S^{n+p}(1), p \geqslant 2$是单位球面中的$GD_{(n,F)}$子流形，函数$F'(u) \geqslant 0$，那么有李安民类型估计

$$\begin{aligned} 0 \geqslant & \int_M F''(S)|\nabla S|^2 + 2F'(S)|\nabla h|^2 - \\ & F'(S)\left[3S^2 - (2n + n^2\frac{F(S)}{SF'(S)}H^2)S + 4n^2H^2\right], \end{aligned}$$

或者换一个形式

$$\begin{aligned} 0 \geqslant & \int_M F''(S)|\nabla S|^2 + 2F'(S)|\nabla h|^2 - \\ & F'(S)\left[3S^2 - 2nS + (4 - \frac{F(S)}{F'(S)})n^2H^2\right], \end{aligned}$$

可以采用类似幂函数、指数函数形式的情形进行讨论.

定理 8.35　假设$x: M^n \to S^{n+p}(c), p = 1$是单位球面中的$GD_{(n,F)}$超曲面，那么有等式

$$\begin{aligned} 0 = & \int_M F''(S)|\nabla S|^2 + 2F'(S)|\nabla h|^2 - \\ & F'(S)\left[2S^2 - (2n + n^2\frac{F(S)}{SF'(S)}H^2)S + 4n^2H^2\right], \end{aligned}$$

或者换一个形式

$$\begin{aligned} 0 = & \int_M F''(S)|\nabla S|^2 + 2F'(S)|\nabla h|^2 - \\ & F'(S)\left[2S^2 - 2nS + (4 - \frac{F(S)}{F'(S)})n^2H^2\right], \end{aligned}$$

可以采用类似幂函数、指数函数形式的情形进行讨论.

定理 8.36　假设$x: M^n \to S^{n+p}(1), p \geqslant 2$为单位球面之中的$GD_{(n,F)}$子流形，当$F' \geqslant 0$时，有

$$\begin{aligned} 0 \geqslant & \int_M F''(S)|\nabla S|^2 + 2F'(S)|\nabla h|^2 + n^2(F(S) - 4F'(S))H^2 + \\ & 2(2 - \frac{1}{p})F'(S)S(\frac{n}{2 - \frac{1}{p}} - S). \end{aligned}$$

若在区间$[0, \frac{n}{2 - \frac{1}{p}}]$上满足$F' > 0, F - 4F' > 0, F'' > 0$且$0 \leqslant S \leqslant \frac{n}{2 - \frac{1}{p}}$，则有$S = 0$或者$S = \frac{n}{2 - \frac{1}{p}}$. 前者为全测地子流形，后者为Veronese 曲面.

定理 8.37　假设$x: M^n \to S^{n+p}(1), p \geqslant 2$为单位球面之中的$GD_{(n,F)}$子流形，当$F' \geqslant 0$时，有

$$\begin{aligned} 0 \geqslant & \int_M F''(S)|\nabla S|^2 + 2F'(S)|\nabla h|^2 + n^2(F(S) - 4F'(S))H^2 + \\ & 3F'(S)S(\frac{2n}{3} - S). \end{aligned}$$

若在区间$[0,\frac{2n}{3}]$上满足$F'>0,F-4F'>0,F''>0$且$0\leqslant S\leqslant\frac{2n}{3}$，则有$S=0$或者$S=\frac{2n}{3}$. 前者为全测地子流形，后者为Veronese曲面.

定理 8.38 假设$x:M^n\to S^{n+1}(1)$为单位球面之中的$GD_{(n,F)}$超曲面，有

$$0=\int_M F''(S)|\nabla S|^2+2F'(S)|\nabla h|^2+n^2(F(S)-4F'(S))H^2+2F'(S)S(n-S).$$

若在区间$[0,n]$上满足$F'>0,F-4F'>0,F''>0$且$0\leqslant S\leqslant n$，则有$S=0$或者$S=n$. 前者为全测地超曲面，后者为特殊的Clifford环面$C_{(\frac{n}{2},\frac{n}{2})}$.

8.5 单位球面中临界点的全局间隙

为了讨论单位球面中临界点的全局间隙，需要如下两个不等式.

定理 8.39 假设$x:M^n\to N^{n+p}(1)$ 是一个子流形，则有估计

$$|\nabla h|^2\geqslant|\nabla f_\epsilon|^2,\forall\epsilon>0,$$

此处$|\nabla h|^2=\sum_{\alpha ijk}(h^\alpha_{ij,k})^2$,函数$f_\epsilon=\sqrt{S+np\epsilon^2}$.

定理 8.40 假设$x:M^n\to S^{n+p}(1),n\geqslant 3$是紧致无边的子流形，那么对于任意函数$g\in C^1(M),g\geqslant 0$ 和参数$t>0$,g满足如下的不等式

$$\|\nabla g\|^2_{L^2}\geqslant k_1(n,t)\|g^2\|_{L^{\frac{n}{n-2}}}-k_2(n,t)\|(1+H^2)g^2\|_{L^1},$$

此处

$$k_1(n,t)=\frac{(n-2)^2}{4(n-1)^2c^2(n)}\frac{1}{t+1},k_2(n,t)=\frac{(n-2)^2}{4(n-1)^2}\frac{1}{t},$$

并且$c(n)$是一个仅仅依赖n的正常数.

定理 8.41 假设$x:M^n\to S^{n+p}(1),p\geqslant 2,n\geqslant 3$是单位球面中的$GD_{(n,F)}$子流形，函数$F$满足

$$(C_1):F'(u)>0,F''(u)\geqslant 0,\forall u\in(0,+\infty);$$

$$(C_2):\inf_{u>0}\frac{2(F'(u))^2+4F'(u)F''(u)u}{F'(u))^2+2F'(u)F''(u)u+(F''(u))^2u^2}=:\alpha_0>0;$$

$$(C_3):\inf_{u>0}\frac{n^2F(u)-4n^2F'(u)}{F'(u)u}=:\alpha_1>0;$$

$$(C_4):F'(u)u=0\Leftrightarrow u=0.$$

那么存在一个仅仅依赖n和α_0,α_1的常数$A(n,\alpha_0,\alpha_1)$，如果满足

$$\|S\|_{L^{\frac{n}{2}}}<A(n,\alpha_0,\alpha_1),$$

那么M一定是全测地子流形.

证明 设定

$$\eta=\max\{3,2(2-\frac{1}{p})\},$$

由条件(C_1)，由Simons不等式可知

$$\begin{aligned}0 \ \geqslant\ &\int_M F''(S)|\nabla S|^2+2F'(S)|\nabla h|^2+n^2(F(S)-4F'(S))H^2+\\&2nF'(S)S-\eta F'(S)S^2.\end{aligned}$$

因为$f_\epsilon=\sqrt{S+np\epsilon^2}$, 有

$$\begin{aligned}\lim_{\epsilon\downarrow 0}\ &\int_M F''(f_\epsilon^2)|\nabla(f_\epsilon)^2|^2+2F'(f_\epsilon^2)|\nabla h|^2+n^2(F(f_\epsilon^2)-4F'(f_\epsilon^2))H^2+\\&2nF'(f_\epsilon^2)f_\epsilon^2-\eta F'(f_\epsilon^2)f_\epsilon^4\leqslant 0.\end{aligned}$$

将本节第一个不等式

$$|\nabla h|^2\geqslant|\nabla f_\epsilon|^2,$$

代入可得

$$\begin{aligned}\lim_{\epsilon\downarrow 0}\ &\int_M 4F''(f_\epsilon^2)f_\epsilon^2|\nabla(f_\epsilon)|^2+2F'(f_\epsilon^2)|\nabla f_\epsilon|^2+n^2(F(f_\epsilon^2)-4F'(f_\epsilon^2))H^2+\\&2nF'(f_\epsilon^2)f_\epsilon^2-\eta F'(f_\epsilon^2)f_\epsilon^4\leqslant 0.\end{aligned}$$

设定

$$g_\epsilon=\sqrt{\gamma F'(f_\epsilon^2)}\,f_\epsilon,$$

直接计算可得

$$\begin{aligned}\nabla g_\epsilon&=\sqrt{\gamma}\Big[\sqrt{F'(f_\epsilon^2)}+\frac{F''(f_\epsilon^2)f_\epsilon^2}{\sqrt{F'(f_\epsilon^2)}}\Big]\nabla f_\epsilon,\\|\nabla g_\epsilon|^2&=\gamma\Big[F'(f_\epsilon^2)|\nabla f_\epsilon|^2\Big]+\gamma\Big(\frac{1}{2}+\frac{F''(f_\epsilon^2)f_\epsilon^2}{4F'(f_\epsilon^2)}\Big)\Big[4F''(f_\epsilon^2)f_\epsilon^2|\nabla f_\epsilon|^2\Big].\end{aligned}$$

选定γ的标准就是

$$2F'(u)+4F''(u)u-\gamma(F'(u)+2F''(u)u+\frac{(F''(u))^2u^2}{F'(u)})\geqslant 0,$$

即

$$\gamma\leqslant\frac{2F'(u)+4F''(u)u}{\Big(F'(u)+2F''(u)u+\frac{(F''(u))^2u^2}{F'(u)}\Big)}=\frac{2(F'(u))^2+4F'(u)F''(u)u}{F'(u))^2+2F'(u)F''(u)u+(F''(u))^2u^2}.$$

由条件(C_2)，这样的γ存在，例如可取$\gamma=\alpha_0$，可得

$$\begin{aligned}\lim_{\epsilon\downarrow 0}\ &\int_M|\nabla g_\epsilon|^2+n^2(F(f_\epsilon^2)-4F'(f_\epsilon^2))H^2+\\&\frac{2n}{\gamma}g_\epsilon^2-\frac{\eta}{\gamma}g_\epsilon^2f_\epsilon^2\leqslant 0.\end{aligned}$$

也就是

$$\lim_{\epsilon\downarrow 0} \quad \|\nabla g_\epsilon\|_{L^2}^2 + \frac{2n}{\gamma}\|g_\epsilon^2\|_{L^1} - \frac{\eta}{\gamma}\|g_\epsilon^2 f_\epsilon^2\|_{L^1} + \int_M \left[n^2(F(f_\epsilon^2) - 4F'(f_\epsilon^2))H^2\right] \leqslant 0.$$

利用本节第二个不等式

$$\lim_{\epsilon\downarrow 0}\left[k_1(n,t)\|g_\epsilon^2\|_{L^{\frac{n}{n-2}}} - k_2(n,t)\|(1+H^2)g_\epsilon^2\|_{L^1} + \frac{2n}{\gamma}\|g_\epsilon^2\|_{L^1} - \frac{\eta}{\gamma}\|g_\epsilon^2 f_\epsilon^2\|_{L^1}\right] + \int_M \left[n^2(F(f_\epsilon^2) - 4F'(f_\epsilon^2))H^2\right] \leqslant 0,$$

整理得到

$$\lim_{\epsilon\downarrow 0}\left[k_1(n,t)\|g_\epsilon^2\|_{L^{\frac{n}{n-2}}} + (\frac{2n}{\gamma} - k_2(n,t))\|g_\epsilon^2\|_{L^1} - \frac{\eta}{\gamma}\|g_\epsilon^2 f_\epsilon^2\|_{L^1}\right] + \int_M \left[(n^2F(f_\epsilon^2) - 4n^2F'(f_\epsilon^2) - k_2(n,t)\gamma F'(f_\epsilon^2)f_\epsilon^2)H^2\right] \leqslant 0,$$

由条件(C_3)，可以选定t充分小，使得

$$k_2(n,t) \leqslant \frac{2n}{\gamma}, k_2(n,t) \leqslant \inf_{u>0}\frac{n^2F(u) - 4n^2F'(u)}{\gamma F'(u)u} = \frac{\alpha_1}{\gamma},$$

那么一定有

$$\lim_{\epsilon\downarrow 0}\left[k_1(n,t)\|g_\epsilon^2\|_{L^{\frac{n}{n-2}}} - \frac{\eta}{\gamma}\|g_\epsilon^2 f_\epsilon^2\|_{L^1}\right] \leqslant 0.$$

运用Hölder不等式可得

$$\lim_{\epsilon\downarrow 0}\left[k_1(n,t)\|g_\epsilon^2\|_{L^{\frac{n}{n-2}}} - \frac{\eta}{\gamma}\|g_\epsilon^2\|_{L^{\frac{n}{n-2}}}\|f_\epsilon^2\|_{L^{\frac{n}{2}}}\right] \leqslant 0,$$

整理得到

$$\lim_{\epsilon\downarrow 0}\|g_\epsilon^2\|_{L^{\frac{n}{n-2}}}\left[k_1(n,t) - \frac{\eta}{\gamma}\|f_\epsilon^2\|_{L^{\frac{n}{2}}}\right] \leqslant 0,$$

因此只需要

$$\lim_{\epsilon\downarrow 0}\|f_\epsilon^2\|_{L^{\frac{n}{2}}} < \frac{k_1(n,t)\gamma}{\eta} =: A(n,\alpha_0,\alpha_1),$$

就一定有

$$\lim_{\epsilon\downarrow 0}\|g_\epsilon^2\|_{L^{\frac{n}{n-2}}} = \|\gamma F'(S)S\|_{L^{\frac{n}{n-2}}} = 0,$$

由条件(C_4)可得

$$S \equiv 0.$$

在证明过程中，涉及参数的选择，这里选择如下参数：

$$\gamma = \alpha_0; k_2(n,t) \leqslant \frac{2n}{\alpha_0}; k_2(n,t) \leqslant \frac{\alpha_1}{\alpha_0}.$$

通过上面方程算出t^*之后，代入$\dfrac{k_1(n,t^*)\alpha_0}{\eta}$即可得到常数$A(n,\alpha_0,\alpha_1)$.

第9章 迹零全曲率模长泛函的变分与例子

子流形的迹零全曲率模长泛函是指由子流形的迹零全曲率模长为自变量的各类函数积分得到的泛函，这是非常重要的一类泛函，刻画了当前子流形与全脐子流形的差异，具有泛函表达式简洁、几何拓扑物理意义鲜明等特点.本章主要研究迹零全曲率模长泛函的构造、变分计算与例子的计算.

9.1 迹零全曲率模长泛函

迹零全曲率模长泛函是基本对称张量泛函的特殊情形.从第二基本型出发可以构造一类重要的几何量，即迹零全曲率模长

$$\rho = S - nH^2.$$

其中S表示基本型全模长，H^2表示平均曲率模长.迹零全曲率模长的另一种计算方法为

$$\rho = \sum_{ij\alpha}(\hat{h}_{ij}^{\alpha})^2.$$

其中$\hat{h}_{ij}^{\alpha} = h_{ij}^{\alpha} - H^{\alpha}\delta_{ij}$. 此种计算方法表明了迹零全曲率模长具有较好的共形性质，实际上可以构造出一个共形不变量

$$W_{(n,\frac{n}{2})} = \int_M \rho^{\frac{n}{2}} \mathrm{d}v.$$

此泛函即为微分几何之中著名的Willmore泛函.显然，迹零全曲率模长ρ满足如下几条性质:(1)非负性：即$\rho(Q) \geqslant 0, \forall Q \in M$；(2)零点即全脐点：即$\rho(Q) = 0$当且仅当$Q$是$M$的全脐点；(3)有界性：因为$M$是紧致无边流形，所以迹零全曲率模长$\rho$可被一个与流形$M$有关的正常数$C_3$控制，即$0 \leqslant \rho \leqslant C_3$.

定义函数F满足

$$F : [0, \infty) \to \mathbf{R}, u \to F(u), F \in C^3[0, \infty).$$

利用函数F来定义$W_{(n,F)}$泛函为

$$W_{(n,F)}(x) = \int_M F(\rho)\mathrm{d}v,$$

泛函的临界点称为$W_{(n,F)}$子流形.

一般而言，抽象函数F有几类比较典型的特殊函数：

$$F(u) = u^r, r \in \mathbf{R}; F(u) = (u + \epsilon)^r, \epsilon > 0, r \in \mathbf{R};$$

$$F(u) = \exp(u); F(u) = \exp(-u);$$

$$F(u)=\log(u); F(u)=\log(u+\epsilon), \epsilon>0.$$

函数$F(u)=(u+\epsilon)^r, F(u)=\log(u+\epsilon)$中出现正参数$\epsilon>0$是为了避免迹零全曲率模长函数$\rho$的零点而导致运算规则失效.因此对于这些特殊的函数$F$，可以定义特殊的全曲率泛函

$$\begin{aligned}
&W_{(n,r)}(x)=\int_M \rho^r \mathrm{d}v, W_{(n,r,\epsilon)}(x)=\int_M (\rho+\epsilon)^r \mathrm{d}v, \epsilon>0, r\in\mathbf{R};\\
&W_{(n,E,+)}(x)=\int_M \exp(\rho)\mathrm{d}v, W_{(n,E,-)}(x)=\int_M \exp(-\rho)\mathrm{d}v;\\
&W_{(n,\log)}(x)=\int_M \log(\rho)\mathrm{d}v, W_{(n,\log,\epsilon)}(x)=\int_M \log(\rho+\epsilon)\mathrm{d}v, \epsilon>0.
\end{aligned}$$

又有

$$\hat{S}_2=-\frac{1}{2}\rho.$$

因此迹零全曲率模长泛函

$$W_{(n,F)}(x)=\int_M F(\rho)\mathrm{d}v$$

本质上是一种基本对称张量泛函

$$W_{(n,F)}(x)=\int_M F(-2\hat{S}_2)\mathrm{d}v.$$

9.2 抽象型迹零全曲率泛函的变分与例子

为了计算泛函$W_{(n,F)}$的变分，需要用到以下两个引理.

引理 9.1 设$x: M\to N^{n+p}$是子流形，$\boldsymbol{V}=V^\alpha e_\alpha$是变分向量场，则

$$\frac{\partial \mathrm{d}v}{\partial t}=n\sum_\alpha H^\alpha V^\alpha \mathrm{d}v.$$

引理 9.2 假设$x: M^n\to N^{n+p}$是子流形，$\boldsymbol{V}=\sum_\alpha V^\alpha e_\alpha$是浸入映射的变分向量场，对于子流形$M$的迹零全曲率模长$\rho$，有

$$\begin{aligned}
\frac{\partial\rho}{\partial t} &= \sum_{ij\alpha}2h^\alpha_{ij}V^\alpha_{,ij}-\sum_\alpha 2H^\alpha\Delta V^\alpha+\sum_{\alpha\beta}2(S_{\alpha\alpha\beta}-S_{\alpha\beta}H^\alpha)V^\beta-\\
&\quad \sum_{ij\alpha\beta}2h^\alpha_{ij}\bar{R}^\alpha_{ij\beta}V^\beta-\sum_{\alpha\beta}2H^\alpha\bar{R}^\top_{\alpha\beta}V^\beta.
\end{aligned}$$

利用上面的两个引理，可以计算泛函$W_{(n,F)}$的第一变分为

$$\begin{aligned}
\frac{\partial}{\partial t}W_{(n,F)}(x_t) &= \int_{M_t} F'(\rho)\frac{\partial}{\partial t}(\rho)-\sum_\alpha nF(\rho)H^\alpha V^\alpha \mathrm{d}v\\
&= \int_{M_t} F'(\rho)[\sum_{ij\alpha}2h^\alpha_{ij}V^\alpha_{,ij}-\sum_\alpha 2H^\alpha\Delta V^\alpha+\sum_{\alpha\beta}2(S_{\alpha\beta\beta}-S_{\alpha\beta}H^\beta)V^\alpha-\\
&\quad \sum_{ij\alpha\beta}2h^\beta_{ij}\bar{R}^\beta_{ij\alpha}V^\alpha-\sum_{\alpha\beta}2H^\beta\bar{R}^\top_{\alpha\beta}V^\alpha]-\sum_\alpha nF(\rho)H^\alpha V^\alpha)\mathrm{d}v\\
&= \int_M \sum_{ij\alpha}(2h^\alpha_{ij}F'(\rho))_{,ij}V^\alpha-\sum_\alpha\Delta(2H^\alpha F'(\rho))V^\alpha+
\end{aligned}$$

$$\sum_{\alpha\beta} 2(S_{\alpha\beta\beta} - S_{\alpha\beta}H^\beta)F'(\rho)V^\alpha - \sum_{ij\alpha\beta} 2h_{ij}^\beta \bar{R}_{ij\alpha}^\beta F'(\rho)V^\alpha -$$

$$\sum_{\alpha\beta} 2H^\beta \bar{R}_{\alpha\beta}^\top F'(\rho)V^\alpha - \sum_\alpha nH^\alpha F(\rho)V^\alpha$$

$$= \int_M 2\sum_\alpha \Big(\sum_{ij}(h_{ij}^\alpha F'(\rho))_{,ij} - \Delta(H^\alpha F'(\rho)) +$$

$$\sum_\beta (S_{\alpha\beta\beta} - S_{\alpha\beta}H^\beta)F'(\rho) - \sum_{ij\beta} h_{ij}^\beta \bar{R}_{ij\alpha}^\beta F'(\rho) -$$

$$\sum_\beta H^\beta \bar{R}_{\alpha\beta}^\top F'(\rho) - \frac{n}{2}H^\alpha F(\rho) \Big)V^\alpha \mathrm{d}v.$$

定理 9.1 设$x: M^n \to N^{n+p}$是子流形，那么M是一个$W_{(n,F)}$子流形当且仅当对任意的α,$n+1 \leqslant \alpha \leqslant n+p$，有

$$(h_{ij}^\alpha F'(\rho))_{,ij} - \Delta(H^\alpha F'(\rho)) + (S_{\alpha\beta\beta} - h_{ij}^\beta \bar{R}_{ij\alpha}^\beta)F'(\rho) -$$

$$(S_{\alpha\beta} + \bar{R}_{\alpha\beta}^\top)H^\beta F'(\rho) - \frac{n}{2}H^\alpha F = 0.$$

定理 9.2 设$x: M^n \to N^{n+1}$是超曲面，那么M是一个$W_{(n,F)}$超曲面当且仅当

$$(h_{ij}F'(\rho))_{,ij} - \Delta(HF'(\rho)) + (P_3 + h_{ij}\bar{R}_{i(n+1)(n+1)j})F'(\rho) -$$

$$(S + \bar{R}_{(n+1)(n+1)}^\top)HF'(\rho) - \frac{n}{2}HF = 0.$$

定理 9.3 设$x: M^n \to N^{n+p}$是子流形并且$h_{ij}^\alpha = \mathrm{const}, \forall i,j,\alpha$，那么$M$是一个$W_{(n,F)}$子流形当且仅当对任意的$\alpha$,$n+1 \leqslant \alpha \leqslant n+p$，有

$$(S_{\alpha\beta\beta} - h_{ij}^\beta \bar{R}_{ij\alpha}^\beta)F'(\rho) - (S_{\alpha\beta} + \bar{R}_{\alpha\beta}^\top)H^\beta F'(\rho) - \frac{n}{2}H^\alpha F = 0.$$

定理 9.4 设$x: M^n \to N^{n+1}$是超曲面并且$h_{ij} = \mathrm{const}, \forall i,j$，那么$M$是一个$W_{(n,F)}$超曲面当且仅当

$$(P_3 + h_{ij}\bar{R}_{i(n+1)(n+1)j})F'(\rho) - (S + \bar{R}_{(n+1)(n+1)}^\top)HF'(\rho) - \frac{n}{2}HF = 0.$$

当流形N^{n+p}是空间形式$R^{n+p}(c)$时，其黎曼曲率张量可以表达为

$$\bar{R}_{ABCD} = -c(\delta_{AC}\delta_{BD} - \delta_{AD}\delta_{BC}), \bar{R}_{ij\alpha}^\beta = -c\delta_{ij}\delta_{\alpha\beta},$$

$$\bar{R}_{AB}^\top = \sum_i \bar{R}_{AiiB} = \sum_i -c(\delta_{Ai}\delta_{iB} - \delta_{AB}\delta_{ii}) = nc\delta_{AB} - c\sum_i \delta_{Ai}\delta_{iB},$$

$$\bar{R}_{AB}^\perp = \sum_\alpha \bar{R}_{A\alpha\alpha B} = \sum_\alpha -c(\delta_{A\alpha}\delta_{\alpha B} - \delta_{AB}\delta_{\alpha\alpha}) = pc\delta_{AB} - c\sum_\alpha \delta_{A\alpha}\delta_{B\alpha},$$

$$\bar{R}_{\alpha\beta}^\top = nc\delta_{\alpha\beta}, \bar{R}_{ij}^\perp = pc\delta_{ij}.$$

于是上面的定理在空间形式之中可以归结于比较简单的形式.

定理 9.5 设$x : M \to R^{n+p}(c)$是空间形式中的子流形，那么M是一个$W_{(n,F)}$子流形当且仅当对任意的$\alpha, n+1 \leqslant \alpha \leqslant n+p$，有

$$(h_{ij}^{\alpha}F'(\rho))_{,ij} - \Delta(H^{\alpha}F'(\rho)) + (S_{\alpha\beta\beta} - S_{\alpha\beta}H^{\beta})F'(\rho) - \frac{n}{2}H^{\alpha}F = 0.$$

定理 9.6 设$x : M \to R^{n+1}(c)$是空间形式中的超曲面，那么M是一个$W_{(n,F)}$超曲面当且仅当

$$(h_{ij}F'(\rho))_{,ij} - \Delta(HF'(\rho)) + (P_3 - SH)F'(\rho) - \frac{n}{2}HF = 0.$$

定理 9.7 设$x : M \to R^{n+p}(c)$是空间形式中的子流形并且$h_{ij}^{\alpha} = \mathrm{const}, \forall i, j, \alpha$，那么$M$是一个$W_{(n,F)}$子流形当且仅当对任意的$\alpha, n+1 \leqslant \alpha \leqslant n+p$，有

$$(S_{\alpha\beta\beta} - S_{\alpha\beta}H^{\beta})F'(\rho) - \frac{n}{2}H^{\alpha}F = 0.$$

定理 9.8 设$x : M \to R^{n+1}(c)$是空间形式中的超曲面并且$h_{ij} = \mathrm{const}, \forall i, j$，那么$M$是一个$W_{(n,F)}$超曲面当且仅当

$$(P_3 - SH)F'(\rho) - \frac{n}{2}HF = 0.$$

下面给出多种$W_{(n,F)}$子流形的例子，这些例子在间隙现象的讨论时很有用处.特别地，关注单位球面$S^{n+1}(1)$中的$W_{(n,F)}$等参超曲面.单位球面中的等参超曲面的所有主曲率为

$$\{k_1, \cdots, k_i, \cdots, k_n\} = \mathrm{const},$$

那么ρ, H, S都为常数.因此，$W_{(n,F)}$超曲面方程变为

$$F'(\rho)(\ P_3 - \frac{1}{n}P_1P_2\ ) - \frac{1}{2}F(\rho)P_1 = 0.$$

例 9.1 全测地超曲面按照其定义，所有的主曲率为

$$k_1 = k_2 = \cdots = 0.$$

于是，可得各种曲率为

$$P_1 = 0, P_2 = 0, P_3 = 0, \rho = 0.$$

代入上面的方程，可得结论：对于任意的参数函数$F \in C^3[0, \infty)$，全测地超曲面M为$W_{(n,F)}$超曲面.

例 9.2 全脐非全测地的超曲面，按照定义，可知所有的主曲率为

$$k_1 = k_2 = \cdots = k_n = \lambda \neq 0.$$

可得各种曲率函数为

$$P_1 = n\lambda, P_2 = n\lambda^2, P_3 = n\lambda^3, \rho = 0.$$

代入方程，可得全脐非全测地超曲面对于满足条件$F(0) = 0$的函数$F \in C^3[0, \infty)$都是$W_{(n,F)}$超曲面.对于任何满足$F(0) \neq 0$的函数$F \in C^3[0, \infty)$都不是$W_{(n,F)}$超曲面.

例 9.3 对于维数为偶数$n \equiv 0(\mathrm{mod} 2)$的特殊超曲面

$$C_{\frac{n}{2},\frac{n}{2}} = S^{\frac{n}{2}}(\frac{1}{\sqrt{2}}) \times S^{\frac{n}{2}}(\frac{1}{\sqrt{2}}) \to S^{n+1}(1).$$

所有的主曲率为

$$k_1 = \cdots = k_{\frac{n}{2}} = 1, k_{\frac{n}{2}+1} = \cdots = k_n = -1.$$

于是可以计算所有的曲率函数P_1, P_2, P_3, ρ为

$$P_1 = 0, P_2 = n, P_3 = 0, \rho = n.$$

于是得到$C_{\frac{n}{2},\frac{n}{2}}$对于任何函数$F \in C^3(0,\infty)$都是$W_{(n,F)}$超曲面.

例 9.4 对于单位球面之中的具有两个不同主曲率的超曲面，有

$$\lambda,\ \mu, 0 < \lambda, \mu < 1, \lambda^2 + \mu^2 = 1,$$

$$S^m(\lambda) \times S^{n-m}(\mu) \to S^{n+1}(1),\ 1 \leqslant m \leqslant n-1.$$

需要在上面的超曲面之中决定出所有的$W_{(n,F)}$超曲面.显然，通过计算有

$$k_1 = \cdots = k_m = \frac{\mu}{\lambda},\ k_{m+1} = \cdots = k_n = -\frac{\lambda}{\mu}.$$

于是，曲率函数P_1，P_2，P_3，ρ 分别为

$$P_1 = m\frac{\mu}{\lambda} - (n-m)\frac{\lambda}{\mu}, P_2 = m\frac{\mu^2}{\lambda^2} + (n-m)\frac{\lambda^2}{\mu^2},$$

$$P_3 = m\frac{\mu^3}{\lambda^3} - (n-m)\frac{\lambda^3}{\mu^3}, \rho = \frac{m(n-m)}{n}[\frac{\mu^2}{\lambda^2} + \frac{\lambda^2}{\mu^2} + 2].$$

假设$\frac{\mu}{\lambda} = x > 0$，于是$W_{(n,F)}$超曲面方程变为

$$2m(n-m)F'(\rho)x^6 - m[\,nF(\rho) - 2(n-m)F'(\rho)\,]x^4 +$$

$$(n-m)[\,nF(\rho) - 2mF'(\rho)\,]x^2 - 2m(n-m)F'(\rho) = 0,$$

此处$\rho = \frac{m(n-m)}{n}[x^2 + \frac{1}{x^2} + 2]$.对于具体的函数，通过计算获取.

例 9.5 当$F(\rho) = 1$时，具有两个不同主曲率的$W_{(n,F)}$等参超曲面即为极小等参超曲面，即Clifford环面.

$$C_{m,n-m} = S^m(\sqrt{\frac{m}{n}}) \times S^{n-m}(\sqrt{\frac{n-m}{n}}), 1 \leqslant m \leqslant n-1.$$

是极小超曲面$H \equiv 0, S \equiv n, \rho \equiv n$.假设$F_1$ 是另外一个函数，满足$F_1 \in C^3(0,+\infty)$.如果某个$C_{m,n-m}$ 同时也是$W_{(n,F_1)}$超曲面，那么必须满足$F_1'(n)(\sqrt{\frac{(n-m)^3}{m}} - \sqrt{\frac{m^3}{n-m}}) = 0$.因此得到结论：如果$F_1'(n) = 0$，那么所有的$C_{m,n-m}$ 都是$W_{(n,F_1)}$超曲面；如果$F_1'(n) \neq 0$，那么某个$C_{m,n-m}$ 是$W_{(n,F_1)}$ 超曲面当且仅当

$$n \equiv 0(\mathrm{mod} 2), m = \frac{n}{2}, C_{m,n-m} = C_{\frac{n}{2},\frac{n}{2}}.$$

例 9.6 当$F(\rho) = \rho^{\frac{n}{2}}$时，具有两个不同主曲率的$W_{(n,F)}$等参超曲面即是最经典的$W_{(n,\frac{n}{2})}$等参超曲面，为区别起见可以称为$W_{(n,\frac{n}{2})}$环面.其表达式为

$$W_{m,n-m}: S^m(\sqrt{\frac{n-m}{n}}) \times S^{n-m}(\sqrt{\frac{m}{n}}) \to S^{n+1}(1), 1 \leqslant m \leqslant n-1.$$

并且满足$\rho = n$.当某个$W_{m,n-m}$为极小时，有

$$n \equiv 0(\mathrm{mod} 2), m = \frac{n}{2}, W_{m,n-m} = C_{\frac{n}{2},\frac{n}{2}}.$$

对于满足$F_1 \in C^3(0,+\infty)$的函数，如果某个$W_{m,n-m}$是$W_{(n,F_1)}$-超曲面，那么函数F_1必须满足

$$\begin{aligned}&F_1'(n)(2m-n)(\sqrt{\frac{m}{n-m}} + \sqrt{\frac{(n-m)}{m}})\\&-\frac{1}{2}F_1(n)(m\sqrt{\frac{m}{n-m}} - (n-m)\sqrt{\frac{(n-m)}{m}}) = 0.\end{aligned}$$

特别地，如果函数满足$F_1'(n) \neq 0, F_1'(n) - \frac{1}{2}F_1(n) = 0$，那么所有的$W_{m,n-m}$都是$W_{(n,F_1)}$超曲面.

例 9.7 对于单位球面之中的具有两个不同主曲率的超曲面，寻求满足$\rho = n$的所有环面.已知

$$\lambda,\ \mu, 0 < \lambda, \mu < 1, \lambda^2 + \mu^2 = 1,$$

$$S^m(\lambda) \times S^{n-m}(\mu) \to S^{n+1}(1),\ 1 \leqslant m \leqslant n-1.$$

显然，所有的主曲率为

$$k_1 = \cdots = k_m = \frac{\mu}{\lambda},\ k_{m+1} = \cdots = k_n = -\frac{\lambda}{\mu}.$$

于是曲率函数ρ 为

$$\rho = \frac{m(n-m)}{n}[\frac{\mu^2}{\lambda^2} + \frac{\lambda^2}{\mu^2} + 2].$$

假设$\frac{\mu}{\lambda} = x > 0$，于是

$$\rho = \frac{m(n-m)}{n}[x^2 + \frac{1}{x^2} + 2].$$

如果$\rho = n$，有方程

$$n = \frac{m(n-m)}{n}[x^2 + \frac{1}{x^2} + 2].$$

解这个方程得到

$$x_1 = \sqrt{\frac{n-m}{m}}, x_2 = \sqrt{\frac{m}{n-m}}, \forall m \in N, 1 \leqslant m \leqslant n-1.$$

所以

$$C_{m,n-m}: S^m(\sqrt{\frac{m}{n}}) \times S^{n-m}(\sqrt{\frac{n-m}{n}}) \to S^{n+1}(1), 1 \leqslant m \leqslant n-1$$

和

$$W_{m,n-m}:S^m(\sqrt{\frac{n-m}{n}})\times S^{n-m}(\sqrt{\frac{m}{n}})\to S^{n+1}(1),1\leqslant m\leqslant n-1$$

是满足$\rho=n$的所有环面.

例 9.8 假设(x,y,z)是三维欧式空间$\mathbf{R}^3$的自然坐标，(u_1,u_2,u_3,u_4,u_5)是五维欧式空间$\mathbf{R}^5$的自然坐标，定义如下映射：

$$\begin{aligned}&u_1=\frac{1}{\sqrt{3}}yz,u_2=\frac{1}{\sqrt{3}}xz,u_3=\frac{1}{\sqrt{3}}xy,\\&u_4=\frac{1}{2\sqrt{3}}(x^2-y^2),u_5=\frac{1}{6}(x^2+y^2-2z^2),\\&x^2+y^2+z^2=3.\end{aligned}$$

这个映射决定了一个等距嵌入$x:RP^2=S^2(\sqrt{3})/Z_2\to S^4(1)$，称其为Veronese曲面，通过简单的计算，第二基本型为

$$\boldsymbol{A}_3=\begin{pmatrix}0&\frac{1}{\sqrt{3}}\\\frac{1}{\sqrt{3}}&0\end{pmatrix},\boldsymbol{A}_4=\begin{pmatrix}-\frac{1}{\sqrt{3}}&0\\0&\frac{1}{\sqrt{3}}\end{pmatrix}.$$

通过上面的第二基本型和定义，可以计算得到

$$\begin{aligned}&H^3=H^4=0,S_{33}=S_{44}=\frac{2}{3},S=\rho=\frac{4}{3},\\&S_{34}=S_{43}=0,S_{333}=S_{344}=S_{433}=S_{444}=0.\end{aligned}$$

显然，Veronese曲面对于任意的函数$F\in C^3(0,\infty)$都是$W_{(2,F)}$曲面.

9.3 幂函数型迹零全曲率泛函的变分与例子

当$F(u)=u^r$时，泛函$W_{n,F}$变为

$$W_{(n,r)}=\int_M\rho^r\mathrm{d}v.$$

针对此类重要的特殊情形的计算，可以直接利用上一节的定理得到，于是有如下定理群.

定理 9.9 设$x:M^n\to N^{n+p}$是子流形，那么M是一个$W_{(n,r)}$子流形当且仅当对任意的α,$n+1\leqslant\alpha\leqslant n+p$，有

$$\begin{aligned}&\sum_{ij}(r\rho^{r-1}h^\alpha_{ij})_{,ij}-\Delta(r\rho^{r-1}H^\alpha)+\sum_\beta r\rho^{r-1}(S_{\alpha\beta\beta}-S_{\alpha\beta}H^\beta)-\\&\sum_{ij\beta}r\rho^{r-1}h^\beta_{ij}\bar{R}^\beta_{ij\alpha}-\sum_\beta r\rho^{r-1}H^\beta\bar{R}^\top_{\alpha\beta}-\frac{n}{2}\rho^rH^\alpha=0.\end{aligned}$$

定理 9.10 设$x:M^n\to N^{n+1}$是超曲面，那么M是一个$W_{(n,r)}$超曲面当且仅当

$$\sum_{ij}(r\rho^{r-1}h_{ij})_{,ij}-\Delta(r\rho^{r-1}H)+r\rho^{r-1}(P_3-\frac{1}{n}P_2P_1)+$$

$$\sum_{ij} r\rho^{r-1}h_{ij}\bar{R}_{i(n+1)(n+1)j} - r\rho^{r-1}H\bar{R}_{(n+1)(n+1)} - \frac{n}{2}\rho^r H = 0.$$

定理 9.11 设$x: M^n \to N^{n+p}$是子流形并且$h^\alpha_{ij} = \mathrm{const}, \forall i,j,\alpha$，那么$M$是一个$W_{(n,r)}$子流形当且仅当对任意的$\alpha, n+1 \leqslant \alpha \leqslant n+p$，有

$$\sum_\beta r\rho^{r-1}(S_{\alpha\beta\beta} - S_{\alpha\beta}H^\beta) - \sum_{ij\beta} r\rho^{r-1}h^\beta_{ij}\bar{R}^\beta_{ij\alpha} - \sum_\beta r\rho^{r-1}H^\beta\bar{R}^\top_{\alpha\beta} - \frac{n}{2}\rho^r H^\alpha = 0.$$

定理 9.12 设$x: M^n \to N^{n+1}$是超曲面并且$h_{ij} = \mathrm{const}, \forall i,j$，那么$M$是一个$W_{(n,r)}$超曲面当且仅当

$$r\rho^{r-1}(P_3 - \frac{1}{n}P_2P_1) + \sum_{ij} r\rho^{r-1}h_{ij}\bar{R}_{i(n+1)(n+1)j} - r\rho^{r-1}H\bar{R}_{(n+1)(n+1)} - \frac{n}{2}\rho^r H = 0.$$

当流形N^{n+p}是空间形式$R^{n+p}(c)$时，其黎曼曲率张量可以表达为

$$\begin{aligned}
&\bar{R}_{ABCD} = -c(\delta_{AC}\delta_{BD} - \delta_{AD}\delta_{BC}), \bar{R}^\beta_{ij\alpha} = -c\delta_{ij}\delta_{\alpha\beta},\\
&\bar{R}^\top_{AB} = \sum_i \bar{R}_{AiiB} = \sum_i -c(\delta_{Ai}\delta_{iB} - \delta_{AB}\delta_{ii}) = nc\delta_{AB} - c\sum_i \delta_{Ai}\delta_{iB},\\
&\bar{R}^\perp_{AB} = \sum_\alpha \bar{R}_{A\alpha\alpha B} = \sum_\alpha -c(\delta_{A\alpha}\delta_{\alpha B} - \delta_{AB}\delta_{\alpha\alpha}) = pc\delta_{AB} - c\sum_\alpha \delta_{A\alpha}\delta_{B\alpha},\\
&\bar{R}^\top_{\alpha\beta} = nc\delta_{\alpha\beta}, \bar{R}^\perp_{ij} = pc\delta_{ij}.
\end{aligned}$$

于是上面的定理在空间形式之中可以归结于比较简单的形式.

定理 9.13 设$x: M \to R^{n+p}(c)$是空间形式中的子流形，那么M是一个$W_{(n,r)}$子流形当且仅当对任意的$\alpha, n+1 \leqslant \alpha \leqslant n+p$，下式成立

$$\sum_{ij}(r\rho^{r-1}h^\alpha_{ij})_{,ji} - \Delta(r\rho^{r-1}H^\alpha) + \sum_\beta r\rho^{r-1}(S_{\alpha\beta\beta} - S_{\alpha\beta}H^\beta) - \frac{n}{2}\rho^r H^\alpha = 0.$$

定理 9.14 设$x: M \to R^{n+1}(c)$是空间形式中的超曲面，那么M是一个$W_{(n,r)}$超曲面当且仅当

$$\sum_{ij}(r\rho^{r-1}h_{ij})_{,ji} - \Delta(r\rho^{r-1}H) + r\rho^{r-1}(P_3 - \frac{1}{n}P_2P_1) - \frac{n}{2}\rho^r H = 0.$$

定理 9.15 设$x: M \to R^{n+p}(c)$是空间形式中的子流形并且$h^\alpha_{ij} = \mathrm{const}, \forall i,j,\alpha$，那么$M$是一个$W_{(n,r)}$子流形当且仅当对任意的$\alpha, n+1 \leqslant \alpha \leqslant n+p$，下式成立

$$\sum_\beta r\rho^{r-1}(S_{\alpha\beta\beta} - S_{\alpha\beta}H^\beta) - \frac{n}{2}\rho^r H^\alpha = 0.$$

定理 9.16 设$x : M \to R^{n+1}(c)$是空间形式中的超曲面并且$h_{ij} = \text{const}, \forall i, j$，那么$M$是一个$W_{(n,r)}$超曲面当且仅当

$$r\rho^{r-1}(P_3 - \frac{1}{n}P_2P_1) - \frac{n}{2}\rho^r H = 0.$$

例 9.9 显然，所有的$W_{(n,F)}$子流形都是$W_{(n,r)}$子流形，因为u^r是$F(u)$的特殊情形.

为了决定出$(n+1)$维单位球面$S^{n+1}(1)$之中所有的具有两个不同主曲率的等参$W_{(n,r)}$超曲面，需要定义一些集合并且做一些代数讨论.此时的子流形显然是无脐点的，即参数和子流形满足$(M,r) \in T_1$.首先定义

$$\begin{aligned}
A_0 &= \{(n,r) : n \in \mathbb{N}, n \geqslant 2, r \in \mathbf{R}\},\\
B_0(n,r) &= \{(m,x) : m \in \mathbb{N}, 1 \leqslant m \leqslant n-1, x > 0,\ \text{此处}\ (n,r) \in A_0\},\\
C_0(n,r) &= \{m : m \in \mathbb{N}, 1 \leqslant m \leqslant n-1,\ \text{此处}\ (n,r) \in A_0\},\\
D_0(n,r) &= \{x : x > 0,\ \text{此处}\ (n,r) \in A_0\},\\
B_{0,\frac{1}{2}}(n,r) &= \{(m,x) : m \in \mathbb{N}, 1 \leqslant m \leqslant \frac{n}{2}, x > 0,\ \text{此处}\ (n,r) \in A_0\},\\
C_{0,\frac{1}{2}}(n,r) &= \{m : m \in \mathbb{N}, 1 \leqslant m \leqslant \frac{n}{2},\ \text{此处}\ (n,r) \in A_0\},\\
D_{0,\frac{1}{2}}(n,r) &= \{x : x > 0,\ \text{此处}\ (n,r) \in A_0\}.
\end{aligned}$$

定义后面三个集合的目的从后面的行文可以看出.

给定参数(n,r)使得$(n,r) \in A_0$,，需要如下方程$E(n,r)$的所有的根$(m,x) \in B_0(n,r)$.

$$(2r-m)x^2 + (n-2r-m) = 0, \quad E(n,r).$$

记

$$\begin{aligned}
A_1 &= \{(n,r) : (n,r) \in A_0,\ E(n,r)\ \text{至少有一个根}(m,x) \in B_0(n,r)\},\\
B_1(n,r) &= \{(m,x) :\ \text{方程}E(n,r)\text{在}B_0(n,r)\text{之中的所有的根},\ \text{此处}\ (n,r) \in A_1\},\\
C_1(n,r) &= \{m : \exists x > 0,\ \text{s.t.}\ (m,x) \in B_1(n,r),\ \text{此处}\ (n,r) \in A_1\},\\
D_1(n,r) &= \{x : \exists m \in \mathbb{N}, 1 \leqslant m \leqslant n-1,\ \text{s.t.}\ (m,x) \in B_1(n,r),\ \text{此处}\ (n,r) \in A_1\},\\
A_1^c &= \{(n,r) : (n,r) \in A_0,\ E(n,r)\ \text{没有根}(m,x) \in B_0(n,r)\}.
\end{aligned}$$

显然，有简单的集合关系

$$A_0 = A_1 \bigcup A_1^c.$$

那么分析讨论的目的是决定出所有的A_1，并且对于A_1中的每个元素(n,r)解出方程$E(n,r)$的所有根(m,x). 可以初步研究一下集合$B_1(n,r), C_1(n,r), D_1(n,r)$的性质.

- 集合$B_1(n,r)$的性质

  如果$(m,x)\in B_1(n,r)$，那么$(n-m,\frac{1}{x})\in B_1(n,r)$.

  检验如下：假设$(m,x)\in B_1(n,r)$，即满足

$$(2r-m)x^2+(n-2r-m)=0.$$

  对上面的公式做一下变形可得

$$\begin{aligned}
0 &= (2r-m)x^2+(n-2r-m),\\
0 &= (2r-m)+(n-2r-m)(\frac{1}{x})^2,\\
0 &= (2r-m+n-n)-(2r-(n-m))(\frac{1}{x})^2,\\
0 &= -(-2r+m-n+n)-(2r-(n-m))(\frac{1}{x})^2,\\
0 &= -(n-2r-(n-m))-(2r-(n-m))(\frac{1}{x})^2,\\
0 &= (n-2r-(n-m))+(2r-(n-m))(\frac{1}{x})^2,\\
0 &= (2r-(n-m))(\frac{1}{x})^2+(n-2r-(n-m)).
\end{aligned}$$

- 集合$C_1(n,r)$的性质

  通过上面的证明易知：如果$m\in C_1(n,r)$，那么$(n-m)\in C_1(n,r)$.

- 集合$D_1(n,r)$的性质

  通过上面的证明易知：如果$x\in D_1(n,r)$，那么$\frac{1}{x}\in D_1(n,r)$.

由上，可以对照定义更微妙的集合

$$\begin{aligned}
A_1 &= \{(n,r):(n,r)\in A_0,\ \text{方程}\ E(n,r)\ \text{至少有一个根}(m,x)\in B_0(n,r)\},\\
B_1(n,r) &= \{(m,x):\ \text{方程}E(n,r)\text{在}B_0(n,r)\text{之中的所有的根},\ \text{此处}\ (n,r)\in A_1\},\\
C_1(n,r) &= \{m:\exists x>0,\ \text{s.t.}\ (m,x)\in B_1(n,r),\ \text{此处}\ (n,r)\in A_1\},\\
D_1(n,r) &= \{x:\exists m\in\mathbb{N},1\leqslant m\leqslant n-1,\ \text{s.t.}\ (m,x)\in B_1(n,r),\ \text{此处}\ (n,r)\in A_1\},\\
B_{1,\frac{1}{2}}(n,r) &= \{(m,x):\ \text{方程}E(n,r)\text{在}B_{0,\frac{1}{2}}(n,r)\text{之中的所有的根},\ \text{此处}\ (n,r)\in A_1\},\\
C_{1,\frac{1}{2}}(n,r) &= \{m:\exists x>0\,\text{s.t.}\ (m,x)\in B_{1,\frac{1}{2}}(n,r),\ \text{此处}\ (n,r)\in A_1\},\\
D_{1,\frac{1}{2}}(n,r) &= \{x:\exists m\in\mathbb{N},1\leqslant m\leqslant\frac{n}{2},\ \text{s.t.}\ (m,x)\in B_{1,\frac{1}{2}}(n,r),\ \text{此处}\ (n,r)\in A_1\}.
\end{aligned}$$

为了决定集合A_1，进一步做如下定义

$$\begin{aligned}
A_2 &= \{(n,r):(n,r)\in A_1,r<0\},\\
A_2^{'} &= \{(n,r):(n,r)\in A_0,r<0\},
\end{aligned}$$

$$
\begin{aligned}
B_2(n,r) &= \{(m,x):\text{方程}E(n,r)\text{在}B_0(n,r)\text{中的根, 此处 }(n,r)\in A_2\},\\
C_2(n,r) &= \{m:\exists x>0,\ \text{s.t. }(m,x)\in B_2(n,r),\ \text{此处 }(n,r)\in A_2\},\\
D_2(n,r) &= \{x:\exists m\in\mathbb{N},1\leqslant m\leqslant n-1,\ \text{s.t. }(m,x)\in B_2(n,r),\ \text{此处 }(n,r)\in A_2\},\\
B_{2,\frac{1}{2}}(n,r) &= \{(m,x):\text{方程}E(n,r)\text{在}B_{0,\frac{1}{2}}(n,r)\text{中的根, 此处 }(n,r)\in A_2\},\\
C_{2,\frac{1}{2}}(n,r) &= \{m:\exists x>0,\ \text{s.t. }(m,x)\in B_{2,\frac{1}{2}}(n,r),\ \text{此处 }(n,r)\in A_2\},\\
D_{2,\frac{1}{2}}(n,r) &= \{x:\exists m\in\mathbb{N},1\leqslant m\leqslant \frac{n}{2},\ \text{s.t. }(m,x)\in B_{2,\frac{1}{2}}(n,r),\ \text{此处 }(n,r)\in A_2\},\\
A_3 &= \{(n,r):(n,r)\in A_1, r=0\},\\
A_3^{'} &= \{(n,r):(n,r)\in A_0, r=0\},\\
B_3(n,r) &= \{(m,x):\text{方程}E(n,r)\text{在}B_0(n,r)\text{中的根, 此处 }(n,r)\in A_3\},\\
C_3(n,r) &= \{m:\exists x>0,\ \text{s.t. }(m,x)\in B_3(n,r),\ \text{此处 }(n,r)\in A_3\},\\
D_3(n,r) &= \{x:\exists m\in\mathbb{N},1\leqslant m\leqslant n-1,\ \text{s.t. }(m,x)\in B_3(n,r),\ \text{此处 }(n,r)\in A_3\},\\
B_{3,\frac{1}{2}}(n,r) &= \{(m,x):\text{方程}E(n,r)\text{在}B_{0,\frac{1}{2}}(n,r)\text{中的根, 此处 }(n,r)\in A_3\},\\
C_{3,\frac{1}{2}}(n,r) &= \{m:\exists x>0,\ \text{s.t. }(m,x)\in B_{3,\frac{1}{2}}(n,r),\ \text{此处 }(n,r)\in A_3\},\\
D_{3,\frac{1}{2}}(n,r) &= \{x:\exists m\in\mathbb{N},1\leqslant m\leqslant \frac{n}{2},\ \text{s.t. }(m,x)\in B_{3,\frac{1}{2}}(n,r),\ \text{此处 }(n,r)\in A_3\},\\
A_4 &= \{(n,r):(n,r)\in A_1, 0<r<\frac{n}{4}\},\\
A_4^{'} &= \{(n,r):(n,r)\in A_0, \mathbb{N}\bigcap(2r,\frac{n}{2}]\neq\varnothing, 0<r<\frac{n}{4}\},\\
B_4(n,r) &= \{(m,x):\text{方程}E(n,r)\text{在}B_0(n,r)\text{中的根, 此处 }(n,r)\in A_4\},\\
C_4(n,r) &= \{m:\exists x>0,\ \text{s.t. }(m,x)\in B_4(n,r),\ \text{此处 }(n,r)\in A_4\},\\
D_4(n,r) &= \{x:\exists m\in\mathbb{N},1\leqslant m\leqslant n-1,\ \text{s.t. }(m,x)\in B_4(n,r),\ \text{此处 }(n,r)\in A_4\},\\
B_{4,\frac{1}{2}}(n,r) &= \{(m,x):\text{方程}E(n,r)\text{在}B_{0,\frac{1}{2}}(n,r)\text{中的根, 此处 }(n,r)\in A_4\},\\
C_{4,\frac{1}{2}}(n,r) &= \{m:\exists x>0,\ \text{s.t. }(m,x)\in B_{4,\frac{1}{2}}(n,r),\ \text{此处 }(n,r)\in A_4\},\\
D_{4,\frac{1}{2}}(n,r) &= \{x:\exists m\in\mathbb{N},1\leqslant m\leqslant \frac{n}{2},\ \text{s.t. }(m,x)\in B_{4,\frac{1}{2}}(n,r),\ \text{此处 }(n,r)\in A_4\},\\
A_5 &= \{(n,r):(n,r)\in A_1, r=\frac{n}{4}\},\\
A_5^{'} &= \{(n,r):(n,r)\in A_0, n\equiv 0(\mathrm{mod}2), r=\frac{n}{4}\},\\
B_5(n,r) &= \{(m,x):\text{方程}E(n,r)\text{在}B_0(n,r)\text{中的根, 此处 }(n,r)\in A_5\},\\
C_5(n,r) &= \{m:\exists x>0,\ \text{s.t. }(m,x)\in B_5(n,r),\ \text{此处 }(n,r)\in A_5\},
\end{aligned}
$$

$$\begin{aligned}
D_5(n,r) &= \{x : \exists m \in \mathbb{N}, 1 \leqslant m \leqslant n-1, \text{ s.t. } (m,x) \in B_5(n,r), \text{ 此处 } (n,r) \in A_5\},\\
B_{5,\frac{1}{2}}(n,r) &= \{(m,x) : \text{方程}E(n,r)\text{在}B_{0,\frac{1}{2}}(n,r)\text{中的根, 此处 } (n,r) \in A_5\},\\
C_{5,\frac{1}{2}}(n,r) &= \{m : \exists x > 0, \text{ s.t. } (m,x) \in B_{5,\frac{1}{2}}(n,r), \text{ 此处 } (n,r) \in A_5\},\\
D_{5,\frac{1}{2}}(n,r) &= \{x : \exists m \in \mathbb{N}, 1 \leqslant m \leqslant \frac{n}{2}, \text{ s.t. } (m,x) \in B_{5,\frac{1}{2}}(n,r), \text{ 此处 } (n,r) \in A_5\},\\
A_6 &= \{(n,r) : (n,r) \in A_1, \frac{n}{4} < r < \frac{n}{2}\},\\
A_6^{'} &= \{(n,r) : (n,r) \in A_0, \mathbb{N}\bigcap(n-2r, \frac{n}{2}] \neq \varnothing, \frac{n}{4} < r < \frac{n}{2}\},\\
B_6(n,r) &= \{(m,x) : \text{方程}E(n,r)\text{在}B_0(n,r)\text{中的根, 此处 } (n,r) \in A_6\},\\
C_6(n,r) &= \{m : \exists x > 0, \text{ s.t. } (m,x) \in B_6(n,r), \text{ 此处 } (n,r) \in A_{10}\},\\
D_6(n,r) &= \{x : \exists m \in \mathbb{N}, 1 \leqslant m \leqslant n-1, \text{ s.t. } (m,x) \in B_6(n,r), \text{ 此处 } (n,r) \in A_6\},\\
B_{6,\frac{1}{2}}(n,r) &= \{(m,x) : \text{方程}E(n,r)\text{在}B_{0,\frac{1}{2}}(n,r)\text{中的根, 此处 } (n,r) \in A_6\},\\
C_{6,\frac{1}{2}}(n,r) &= \{m : \exists x > 0, \text{ s.t. } (m,x) \in B_{6,\frac{1}{2}}(n,r), \text{ 此处 } (n,r) \in A_6\},\\
D_{6,\frac{1}{2}}(n,r) &= \{x : \exists m \in \mathbb{N}, 1 \leqslant m \leqslant \frac{n}{2}, \text{ s.t. } (m,x) \in B_{6,\frac{1}{2}}(n,r), \text{ 此处 } (n,r) \in A_6\},\\
A_7 &= \{(n,r) : (n,r) \in A_1, r = \frac{n}{2}\},\\
A_7^{'} &= \{(n,r) : (n,r) \in A_0, r = \frac{n}{2}\},\\
B_7(n,r) &= \{(m,x) : \text{方程}E(n,r)\text{在}B_0(n,r)\text{中的根, 此处 } (n,r) \in A_7\},\\
C_7(n,r) &= \{m : \exists x > 0, \text{ s.t. } (m,x) \in B_7(n,r), \text{ 此处 } (n,r) \in A_7\},\\
D_7(n,r) &= \{x : \exists m \in \mathbb{N}, 1 \leqslant m \leqslant n-1, \text{ s.t. } (m,x) \in B_7(n,r), \text{ 此处 } (n,r) \in A_7\},\\
B_{7,\frac{1}{2}}(n,r) &= \{(m,x) : \text{方程}E(n,r)\text{在}B_{0,\frac{1}{2}}(n,r)\text{中的根, 此处 } (n,r) \in A_7\},\\
C_{7,\frac{1}{2}}(n,r) &= \{m : \exists x > 0, \text{ s.t. } (m,x) \in B_{7,\frac{1}{2}}(n,r), \text{ 此处 } (n,r) \in A_7\},\\
D_{7,\frac{1}{2}}(n,r) &= \{x : \exists m \in \mathbb{N}, 1 \leqslant m \leqslant \frac{n}{2}, \text{ s.t. } (m,x) \in B_{7,\frac{1}{2}}(n,r), \text{ 此处 } (n,r) \in A_7\},\\
A_8 &= \{(n,r) : (n,r) \in A_1, r > \frac{n}{2}\},\\
A_8^{'} &= \{(n,r) : (n,r) \in A_0, r > \frac{n}{2}\},\\
B_8(n,r) &= \{(m,x) : \text{方程}E(n,r)\text{在}B_0(n,r)\text{中的根, 此处 } (n,r) \in A_8\},\\
C_8(n,r) &= \{m : \exists x > 0, \text{ s.t. } (m,x) \in B_8(n,r), \text{ 此处 } (n,r) \in A_8\},\\
D_8(n,r) &= \{x : \exists m \in \mathbb{N}, 1 \leqslant m \leqslant n-1, \text{ s.t. } (m,x) \in B_8(n,r), \text{ 此处 } (n,r) \in A_8\},\\
B_{8,\frac{1}{2}}(n,r) &= \{(m,x) : \text{方程}E(n,r)\text{在}B_{0,\frac{1}{2}}(n,r)\text{中的根, 此处 } (n,r) \in A_8\},
\end{aligned}$$

$$
\begin{aligned}
C_{8,\frac{1}{2}}(n,r) &= \{m : \exists x > 0, \text{ s.t. } (m,x) \in B_{8,\frac{1}{2}}(n,r), \text{ 此处 } (n,r) \in A_8\},\\
D_{8,\frac{1}{2}}(n,r) &= \{x : \exists m \in \mathbb{N}, 1 \leqslant m \leqslant \frac{n}{2}, \text{ s.t. } (m,x) \in B_{8,\frac{1}{2}}(n,r), \text{ 此处 } (n,r) \in A_8\}.
\end{aligned}
$$

显然，用同样的思路可以证明，集合

$$B_2(n,r), C_2(n,r), D_2(n,r), \cdots, B_8(n,r), C_8(n,r), D_8(n,r)$$

具有同集合

$$B_1(n,r), C_1(n,r), D_1(n,r)$$

一样的对称性.但是集合

$$B_{i,\frac{1}{2}}(n,r), C_{i,\frac{1}{2}}(n,r), D_{i,\frac{1}{2}}(n,r), i = 1, 2, \cdots, 8.$$

就没有对称性，因为它们相当于集合

$$B_i(n,r), C_i(n,r), D_i(n,r), i = 1, 2, \cdots, 8.$$

的一半.

下面证明以上集合的某些性质.

- $A_1 = A_2 \uplus A_3 \uplus A_4 \uplus A_5 \uplus A_6 \uplus A_7 \uplus A_8$

  根据集合$A_1, A_2, \cdots, A_8$的定义，$A_i \subset A_1, i = 2, \cdots, 8$，根据参数$r$的划分可知

$$
\begin{aligned}
\mathbb{R} \;=\; & \{r : r < 0\} \bigcup \{r : r = 0\} \bigcup \{r : 0 < r < \frac{n}{4}\} \bigcup \{r : r = \frac{n}{4}\}\\
& \bigcup \{r : \frac{n}{4} < r < \frac{n}{2}\} \bigcup \{r : r = \frac{n}{2}\} \bigcup \{r : r > \frac{n}{2}\}.
\end{aligned}
$$

  可得

$$
\begin{aligned}
& A_1 = A_2 \bigcup A_3 \bigcup A_4 \bigcup A_5 \bigcup A_6 \bigcup A_7 \bigcup A_8,\\
& A_i \bigcap A_j = \varnothing, i \neq j, i, j = 2, \cdots, 8.
\end{aligned}
$$

- $A_2 = A_2'$

  显然的，$A_2 \subset A_2'$，只需要证明反过来也对.假设$(n,r) \in A_2'$，即$n \in \mathbb{N}, n \geqslant 2, r < 0$，此时研究如下方程的可解性:

$$(2r - m)x^2 + (n - 2r - m) = 0, \;\; E(n,r).$$

  在$B_0(n,r)$中寻求解，观察可得当$m \in C_0(n,r)$时，有

$$2r - m < 0, n - 2r - m > 0.$$

  所以方程一定有解，并且$\forall m \in C_0(n,r)$，有正解

$$x = \sqrt{\frac{n - 2r - m}{m - 2r}}.$$

综上可得

$$\begin{aligned}
A_2 &= A_2^{'}, \\
B_2(n,r) &= \{(m,x) : m \in \mathbb{N}, 1 \leqslant m \leqslant n-1, x = \sqrt{\frac{n-2r-m}{m-2r}}, \text{此处}(n,r) \in A_2\}, \\
C_2(n,r) &= \{m : m \in \mathbb{N}, 1 \leqslant m \leqslant n-1, \text{此处}(n,r) \in A_2\}, \\
D_2(n,r) &= \{x : m \in \mathbb{N}, 1 \leqslant m \leqslant n-1, x = \sqrt{\frac{n-2r-m}{m-2r}}, \text{此处}(n,r) \in A_2\}, \\
B_{2,\frac{1}{2}}(n,r) &= \{(m,x) : m \in \mathbb{N}, 1 \leqslant m \leqslant \frac{n}{2}, x = \sqrt{\frac{n-2r-m}{m-2r}}, \text{此处}(n,r) \in A_2\}, \\
C_{2,\frac{1}{2}}(n,r) &= \{m : m \in \mathbb{N}, 1 \leqslant m \leqslant \frac{n}{2}, \text{此处}(n,r) \in A_2\}, \\
D_{2,\frac{1}{2}}(n,r) &= \{x : m \in \mathbb{N}, 1 \leqslant m \leqslant \frac{n}{2}, x = \sqrt{\frac{n-2r-m}{m-2r}}, \text{此处}(n,r) \in A_2\}.
\end{aligned}$$

- $A_3 = A_3^{'}$

显然，$A_3 \subset A_3^{'}$，只需要证明反过来也对.假设$(n,r) \in A_3^{'}$，即$n \in \mathbb{N}, n \geqslant 2, r = 0$，此时研究如下方程的可解性:

$$(2r-m)x^2 + (n-2r-m) = 0, \ \ E(n,r).$$

即

$$-mx^2 + (n-m) = 0, \ \ E(n,r).$$

在$B_0(n,r)$中寻求解，观察可得当$m \in C_0(n,r)$时，有

$$-m < 0, n-m > 0.$$

所以方程一定有解，并且$\forall m \in C_0(n,r)$，有正解

$$x = \sqrt{\frac{n-m}{m}}.$$

综上可得

$$\begin{aligned}
A_3 &= A_3^{'}, \\
B_3(n,r) &= \{(m,x) : m \in \mathbb{N}, 1 \leqslant m \leqslant n-1, x = \sqrt{\frac{n-m}{m}}, \text{此处}(n,r) \in A_3\}, \\
C_3(n,r) &= \{m : m \in \mathbb{N}, \text{此处}(n,r) \in A_2\}, \\
D_3(n,r) &= \{x : m \in \mathbb{N}, 1 \leqslant m \leqslant n-1, x = \sqrt{\frac{n-m}{m}}, \text{此处}(n,r) \in A_3\}, \\
B_{3,\frac{1}{2}}(n,r) &= \{(m,x) : m \in \mathbb{N}, 1 \leqslant m \leqslant \frac{n}{2}, x = \sqrt{\frac{n-m}{m}}, \text{此处}(n,r) \in A_3\}, \\
C_{3,\frac{1}{2}}(n,r) &= \{m : m \in \mathbb{N}, 1 \leqslant m \leqslant \frac{n}{2}, \text{此处}(n,r) \in A_3\}, \\
D_{3,\frac{1}{2}}(n,r) &= \{x : m \in \mathbb{N}, 1 \leqslant m \leqslant \frac{n}{2}, x = \sqrt{\frac{n-m}{m}}, \text{此处}(n,r) \in A_3\}.
\end{aligned}$$

- $A_4 = A_4^{'}$

需证明当$n \in \mathbb{N}, n \geqslant 2, 0 < r < \dfrac{n}{4}$时，集合$A_4 = A_4^{'}$.此时要研究如下方程的可解性:

$$(2r-m)x^2 + (n-2r-m) = 0,\ \ E(n,r).$$

在$B_0(n,r)$中寻求解，观察可得当$m \in C_{0,\frac{1}{2}}(n,r), 0 < r < \dfrac{n}{4}$时，有

$$n - 2r - m > 0.$$

所以方程有解当且仅当存在某个$m \in C_{0,\frac{1}{2}}(n,r)$使得

$$2r - m < 0.$$

即

$$\mathbb{N}\bigcap(2r, \frac{n}{2}] \neq \varnothing.$$

如果上面的条件成立，那么自然也有

$$\mathbb{N}\bigcap(\frac{n}{2}, n-2r) \neq \varnothing.$$

所以当$m \in \mathbb{N}\bigcap(2r, \frac{n}{2}] \neq \varnothing$或者$\mathbb{N}\bigcap(\frac{n}{2}, n-2r) \neq \varnothing$时，可以解得

$$x = \sqrt{\frac{n-2r-m}{m-2r}}.$$

综上可得

$$\begin{aligned}
A_4 &= A_4^{'},\\
B_4(n,r) &= \{(m,x) : m \in \mathbb{N}\bigcap(2r, \frac{n}{2}]\text{或者}\mathbb{N}\bigcap(\frac{n}{2}, n-2r), x = \sqrt{\frac{n-2r-m}{m-2r}}\},\\
C_4(n,r) &= \{m : m \in \mathbb{N}\bigcap(2r, \frac{n}{2}]\text{或者}\mathbb{N}\bigcap(\frac{n}{2}, n-2r)\},\\
D_4(n,r) &= \{x : m \in \mathbb{N}\bigcap(2r, \frac{n}{2}]\text{或者}\mathbb{N}\bigcap(\frac{n}{2}, n-2r), x = \sqrt{\frac{n-2r-m}{m-2r}}\},\\
B_{4,\frac{1}{2}}(n,r) &= \{(m,x) : m \in \mathbb{N}\bigcap(2r, \frac{n}{2}], x = \sqrt{\frac{n-2r-m}{m-2r}}\},\\
C_{4,\frac{1}{2}}(n,r) &= \{m : m \in \mathbb{N}\bigcap(2r, \frac{n}{2}]\},\\
D_{4,\frac{1}{2}}(n,r) &= \{x : m \in \mathbb{N}\bigcap(2r, \frac{n}{2}], x = \sqrt{\frac{n-2r-m}{m-2r}}\}.
\end{aligned}$$

- $A_5 = A_5^{'}$

需要证明当$n \in \mathbb{N}, n \geqslant 2, r = \dfrac{n}{4}$，集合$A_5 = A_5^{'}$，此时研究如下方程的可解性:

$$(2r-m)x^2 + (n-2r-m) = 0,\ \ E(n,r).$$

即

$$(\frac{n}{2} - m)(x^2+1) = 0,\ \ E(n, \frac{n}{4}).$$

在$B_0(n,r)$中寻求解，观察可得当$m\in C_0(n,r)$时，方程有解当且仅当

$$n\equiv 0(\mathrm{mod}2), m=\frac{n}{2}.$$

此时方程的解为

$$x\in D_0(n,r).$$

综上可得

$$\begin{aligned}
A_5 &= A_5',\\
B_5(n,r) &= \{(m,x): n\equiv 0(\mathrm{mod}2), m=\frac{n}{2}, x>0, \text{此处}(n,r)\in A_5\},\\
C_5(n,r) &= \{m: n\equiv 0(\mathrm{mod}2), m=\frac{n}{2}, \text{此处}(n,r)\in A_5\},\\
D_5(n,r) &= \{x: n\equiv 0(\mathrm{mod}2), m=\frac{n}{2}, \text{此处}(n,r)\in A_5\},\\
B_{5,\frac{1}{2}}(n,r) &= \{(m,x): n\equiv 0(\mathrm{mod}2), m=\frac{n}{2}, x>0, \text{此处}(n,r)\in A_5\},\\
C_{5,\frac{1}{2}}(n,r) &= \{m: n\equiv 0(\mathrm{mod}2), m=\frac{n}{2}, \text{此处}(n,r)\in A_5\},\\
D_{5,\frac{1}{2}}(n,r) &= \{x: n\equiv 0(\mathrm{mod}2), m=\frac{n}{2}, x>0, \text{此处}(n,r)\in A_5\}.
\end{aligned}$$

- $A_6=A_6'$

需证明当$n\in\mathbb{N}, n\geqslant 2, \frac{n}{4}<r<\frac{n}{2}$时，集合$A_6=A_6'$.此时要研究如下方程的可解性:

$$(2r-m)x^2+(n-2r-m)=0,\quad E(n,r).$$

在$B_0(n,r)$中寻求解，观察可得当$m\in C_{0,\frac{1}{2}}(n,r), \frac{n}{4}<r<\frac{n}{2}$时，有

$$2r-m>0.$$

所以方程有解当且仅当存在某个$m\in C_{0,\frac{1}{2}}(n,r)$使得

$$n-2r-m<0.$$

即

$$\mathbb{N}\bigcap(n-2r,\frac{n}{2}]\neq\varnothing.$$

如果上面的条件成立，那么自然也有

$$\mathbb{N}\bigcap(\frac{n}{2},2r)\neq\varnothing.$$

所以当$m\in\mathbb{N}\bigcap(n-2r,\frac{n}{2}]\neq\varnothing$或者$\mathbb{N}\bigcap(\frac{n}{2},2r)\neq\varnothing$时，可以解得

$$x=\sqrt{\frac{n-2r-m}{m-2r}}.$$

综上可得

$$A_6 = A_6',$$

$$
\begin{aligned}
B_6(n,r) &= \{(m,x): m\in\mathbb{N}\bigcap(n-2r,\frac{n}{2}]\text{或者}\mathbb{N}\bigcap(\frac{n}{2},2r), x=\sqrt{\frac{n-2r-m}{m-2r}}\},\\
C_6(n,r) &= \{m: m\in\mathbb{N}\bigcap(n-2r,\frac{n}{2}]\text{或者}\mathbb{N}\bigcap(\frac{n}{2},2r)\},\\
D_6(n,r) &= \{x: m\in\mathbb{N}\bigcap(n-2r,\frac{n}{2}]\text{或者}\mathbb{N}\bigcap(\frac{n}{2},2r), x=\sqrt{\frac{n-2r-m}{m-2r}}\},\\
B_{6,\frac{1}{2}}(n,r) &= \{(m,x): m\in\mathbb{N}\bigcap(n-2r,\frac{n}{2}], x=\sqrt{\frac{n-2r-m}{m-2r}}\},\\
C_{6,\frac{1}{2}}(n,r) &= \{m: m\in\mathbb{N}\bigcap(n-2r,\frac{n}{2}]\},\\
D_{6,\frac{1}{2}}(n,r) &= \{x: m\in\mathbb{N}\bigcap(n-2r,\frac{n}{2}], x=\sqrt{\frac{n-2r-m}{m-2r}}\}.
\end{aligned}
$$

- $A_7 = A_7^{'}$

显然，$A_7\subset A_7^{'}$，只需证明反过来也对.假设$(n,r)\in A_7^{'}$，即$n\in\mathbb{N}, n\geqslant 2, r=\frac{n}{2}$，此时研究如下方程的可解性:

$$(2r-m)x^2+(n-2r-m)=0,\ \ E(n,r).$$

代入，即

$$(n-m)x^2-m=0,\ \ E(n,\frac{n}{2}).$$

在$B_0(n,r)$中寻求解，观察可得当$m\in C_0(n,r)$时，有

$$n-m>0, -m<0.$$

所以方程一定有解，并且$\forall m\in C_0(n,r)$，有正解

$$x=\sqrt{\frac{n-m}{m}}.$$

综上可得

$$
\begin{aligned}
A_7 &= A_7^{'},\\
B_7(n,r) &= \{(m,x): m\in\mathbb{N}, 1\leqslant m\leqslant n-1, x=\sqrt{\frac{n-m}{m}}, \text{此处}(n,r)\in A_7\},\\
C_7(n,r) &= \{m: m\in\mathbb{N}, 1\leqslant m\leqslant n-1, \text{此处}(n,r)\in A_7\},\\
D_7(n,r) &= \{x: m\in\mathbb{N}, 1\leqslant m\leqslant n-1, x=\sqrt{\frac{n-m}{m}}, \text{此处}(n,r)\in A_7\},\\
B_{7,\frac{1}{2}}(n,r) &= \{(m,x): m\in\mathbb{N}, 1\leqslant m\leqslant \frac{n}{2}, x=\sqrt{\frac{n-m}{m}}, \text{此处}(n,r)\in A_7\},\\
C_{7,\frac{1}{2}}(n,r) &= \{m: m\in\mathbb{N}, 1\leqslant m\leqslant \frac{n}{2}, \text{此处}(n,r)\in A_7\},\\
D_{7,\frac{1}{2}}(n,r) &= \{x: m\in\mathbb{N}, 1\leqslant m\leqslant \frac{n}{2}, x=\sqrt{\frac{n-m}{m}}, \text{此处}(n,r)\in A_7\}.
\end{aligned}
$$

- $A_8 = A_8^{'}$

显然，$A_8\subset A_8^{'}$，只需要证明反过来也对。假设$(n,r)\in A_8^{'}$，即$n\in\mathbb{N}, n\geqslant 2, r>\frac{n}{2}$，

此时研究如下方程的可解性:

$$(2r-m)x^2+(n-2r-m)=0,\ \ E(n,r).$$

在$B_0(n,r)$中寻求解，观察可得当$m\in C_0(n,r)$时，有

$$2r-m>0, n-2r-m<0.$$

所以方程一定有解，并且$\forall m\in C_0(n,r)$，有正解

$$x=\sqrt{\frac{n-2r-m}{m-2r}}.$$

综上可得

$$\begin{aligned}
A_8 &= A_8^{'},\\
B_8(n,r) &= \{(m,x): m\in\mathbb{N}, 1\leqslant m\leqslant n-1, x=\sqrt{\frac{n-2r-m}{m-2r}}, \text{此处}(n,r)\in A_8\},\\
C_8(n,r) &= \{m: m\in\mathbb{N}, 1\leqslant m\leqslant n-1, \text{此处}(n,r)\in A_8\},\\
D_8(n,r) &= \{x: m\in\mathbb{N}, 1\leqslant m\leqslant n-1, x=\sqrt{\frac{n-2r-m}{m-2r}}, \text{此处}(n,r)\in A_8\},\\
B_{8,\frac{1}{2}}(n,r) &= \{(m,x): m\in\mathbb{N}, 1\leqslant m\leqslant \frac{n}{2}, x=\sqrt{\frac{n-2r-m}{m-2r}}, \text{此处}(n,r)\in A_8\},\\
C_{8,\frac{1}{2}}(n,r) &= \{m: m\in\mathbb{N}, 1\leqslant m\leqslant \frac{n}{2}, \text{此处}(n,r)\in A_8\},\\
D_{8,\frac{1}{2}}(n,r) &= \{x: m\in\mathbb{N}, 1\leqslant m\leqslant \frac{n}{2}, x=\sqrt{\frac{n-2r-m}{m-2r}}, \text{此处}(n,r)\in A_8\}.
\end{aligned}$$

有了以上结论，就可以计算出单位球面中具有两个不同主曲率的等参超曲面.

例 9.10 对于单位球面中具有两个不同主曲率的等参超曲面，设参数为λ, $\mu, 0<\lambda,\mu<1, \lambda^2+\mu^2=1$.

$$S^m(\lambda)\times S^{n-m}(\mu)\to S^{n+1}(1),\ 1\leqslant m\leqslant n-1.$$

这里需要决定出所有的$W_{(n,r)}$超曲面对于不同集合$A_2,A_3,A_4,A_5,A_6,A_7,A_8$中的参数$(n,r)$.通过直接计算可得所有的主曲率为

$$k_1=\cdots=k_m=\frac{\mu}{\lambda},\ k_{m+1}=\cdots=k_n=-\frac{\lambda}{\mu}.$$

定义曲率张量或者函数P_1, P_2, P_3, ρ为

$$P_k=\mathrm{tr}(A^k), \rho=P_2-\frac{1}{n}(P_1)^2.$$

可计算得

$$\begin{aligned}
P_1 &= m\frac{\mu}{\lambda}-(n-m)\frac{\lambda}{\mu},\\
P_2 &= m\frac{\mu^2}{\lambda^2}+(n-m)\frac{\lambda^2}{\mu^2},
\end{aligned}$$

$$P_3 = m\frac{\mu^3}{\lambda^3} - (n-m)\frac{\lambda^3}{\mu^3},$$
$$\rho = \frac{m(n-m)}{n}[\frac{\mu^2}{\lambda^2} + \frac{\lambda^2}{\mu^2} + 2].$$

设$\frac{\mu}{\lambda} = x > 0$，那么$W_{(n,r)}$超曲面方程变为

$$(2r-m)x^6 + (2r+n-3m)x^4 + (2n-2r-3m)x^2 + (n-m-2r) = 0.$$

通过因式分解，可以得到

$$(x^2+1)^2[(2r-m)x^2 + (n-2r-m)] = 0.$$

于是$W_{(n,r)}$方程可以简化为

$$(2r-m)x^2 + (n-2r-m) = 0, \qquad E(n,r).$$

这就是前面讨论的方程.这里用$WTorus_{i,(n,r)}$或者$WTorus_{i,\frac{1}{2},(n,r)}$来表示所有的$(n,r) \in A_i = A_i^{'}$ 的$W_{(n,r)}$环面集合及其一半的集合.

- 当$(n,r) \in A_2 = A_2^{'}$时

$$\begin{aligned}
A_2 &= A_2^{'},\\
B_2(n,r) &= \{(m,x) : m \in \mathbb{N}, 1 \leqslant m \leqslant n-1, x = \sqrt{\frac{n-2r-m}{m-2r}}, \text{此处}(n,r) \in A_2\},\\
C_2(n,r) &= \{m : m \in \mathbb{N}, 1 \leqslant m \leqslant n-1, \text{此处}(n,r) \in A_2\},\\
D_2(n,r) &= \{x : m \in \mathbb{N}, 1 \leqslant m \leqslant n-1, x = \sqrt{\frac{n-2r-m}{m-2r}}, \text{此处}(n,r) \in A_2\},\\
B_{2,\frac{1}{2}}(n,r) &= \{(m,x) : m \in \mathbb{N}, 1 \leqslant m \leqslant \frac{n}{2}, x = \sqrt{\frac{n-2r-m}{m-2r}}, \text{此处}(n,r) \in A_2\},\\
C_{2,\frac{1}{2}}(n,r) &= \{m : m \in \mathbb{N}, 1 \leqslant m \leqslant \frac{n}{2}, \text{此处}(n,r) \in A_2\},\\
D_{2,\frac{1}{2}}(n,r) &= \{x : m \in \mathbb{N}, 1 \leqslant m \leqslant \frac{n}{2}, x = \sqrt{\frac{n-2r-m}{m-2r}}, \text{此处}(n,r) \in A_2\}.
\end{aligned}$$

因此

$$\begin{aligned}
WTorus_{2,(n,r)} &= \{S^m(\sqrt{\frac{m-2r}{n-4r}}) \times S^{n-m}(\sqrt{\frac{n-2r-m}{n-4r}}) \to S^{n+1}(1),\\
&\quad m \in C_2(n,r)\}\\
&= \{S^m(\sqrt{\frac{m-2r}{n-4r}}) \times S^{n-m}(\sqrt{\frac{n-2r-m}{n-4r}}) \to S^{n+1}(1),\\
&\quad m \in \mathbb{N}, 1 \leqslant m \leqslant n-1\},\\
WTorus_{2,\frac{1}{2},(n,r)} &= \{S^m(\sqrt{\frac{m-2r}{n-4r}}) \times S^{n-m}(\sqrt{\frac{n-2r-m}{n-4r}}) \to S^{n+1}(1),\\
&\quad m \in C_{2,\frac{1}{2}}(n,r)\}\\
&= \{S^m(\sqrt{\frac{m-2r}{n-4r}}) \times S^{n-m}(\sqrt{\frac{n-2r-m}{n-4r}}) \to S^{n+1}(1),
\end{aligned}$$

$$m \in \mathbb{N}, 1 \leqslant m \leqslant \frac{n}{2}\}.$$

- 当$(n,r) \in A_3 = A_3'$时

$$\begin{aligned}
A_3 &= A_3', \\
B_3(n,r) &= \{(m,x) : m \in \mathbb{N}, 1 \leqslant m \leqslant n-1, x = \sqrt{\frac{n-m}{m}}, \text{此处}(n,r) \in A_3\}, \\
C_3(n,r) &= \{m : m \in \mathbb{N}, \text{此处}(n,r) \in A_2\}, \\
D_3(n,r) &= \{x : m \in \mathbb{N}, 1 \leqslant m \leqslant n-1, x = \sqrt{\frac{n-m}{m}}, \text{此处}(n,r) \in A_3\}, \\
B_{3,\frac{1}{2}}(n,r) &= \{(m,x) : m \in \mathbb{N}, 1 \leqslant m \leqslant \frac{n}{2}, x = \sqrt{\frac{n-m}{m}}, \text{此处}(n,r) \in A_3\}, \\
C_{3,\frac{1}{2}}(n,r) &= \{m : m \in \mathbb{N}, 1 \leqslant m \leqslant \frac{n}{2}, \text{此处}(n,r) \in A_3\}, \\
D_{3,\frac{1}{2}}(n,r) &= \{x : m \in \mathbb{N}, 1 \leqslant m \leqslant \frac{n}{2}, x = \sqrt{\frac{n-m}{m}}, \text{此处}(n,r) \in A_3\}.
\end{aligned}$$

因此

$$\begin{aligned}
WTorus_{3,(n,0)} &= \{S^m(\sqrt{\frac{m}{n}}) \times S^{n-m}(\sqrt{\frac{n-m}{n}}) \to S^{n+1}(1), \\
&\quad m \in C_3(n,0)\} \\
&= \{S^m(\sqrt{\frac{m}{n}}) \times S^{n-m}(\sqrt{\frac{n-m}{n}}) \to S^{n+1}(1), \\
&\quad m \in \mathbb{N}, 1 \leqslant m \leqslant n-1\}, \\
WTorus_{3,\frac{1}{2},(n,0)} &= \{S^m(\sqrt{\frac{m}{n}}) \times S^{n-m}(\sqrt{\frac{n-m}{n}}) \to S^{n+1}(1), \\
&\quad m \in C_{3,\frac{1}{2}}(n,0)\} \\
&= \{S^m(\sqrt{\frac{m}{n}}) \times S^{n-m}(\sqrt{\frac{n-m}{n}}) \to S^{n+1}(1), \\
&\quad m \in \mathbb{N}, 1 \leqslant m \leqslant \frac{n}{2}\}.
\end{aligned}$$

上面集合$WTorus_{3,(n,0)}$或者$WTorus_{3,\frac{1}{2},(n,0)}$中的元素被称为经典Clifford环面.

- 当$(n,r) \in A_4 = A_4'$时

$$\begin{aligned}
A_4 &= A_4', \\
B_4(n,r) &= \{(m,x) : m \in \mathbb{N}\bigcap(2r, \frac{n}{2}]\text{或者}\mathbb{N}\bigcap(\frac{n}{2}, n-2r), x = \sqrt{\frac{n-2r-m}{m-2r}}\}, \\
C_4(n,r) &= \{m : m \in \mathbb{N}\bigcap(2r, \frac{n}{2}]\text{或者}\mathbb{N}\bigcap(\frac{n}{2}, n-2r)\}, \\
D_4(n,r) &= \{x : m \in \mathbb{N}\bigcap(2r, \frac{n}{2}]\text{或者}\mathbb{N}\bigcap(\frac{n}{2}, n-2r), x = \sqrt{\frac{n-2r-m}{m-2r}}\}, \\
B_{4,\frac{1}{2}}(n,r) &= \{(m,x) : m \in \mathbb{N}\bigcap(2r, \frac{n}{2}], x = \sqrt{\frac{n-2r-m}{m-2r}}\}, \\
C_{4,\frac{1}{2}}(n,r) &= \{m : m \in \mathbb{N}\bigcap(2r, \frac{n}{2}]\},
\end{aligned}$$

$$D_{4,\frac{1}{2}}(n,r) = \{x : m \in \mathbb{N}\bigcap(2r,\frac{n}{2}], x = \sqrt{\frac{n-2r-m}{m-2r}}\}.$$

因此

$$\begin{aligned}
WTorus_{4,(n,r)} &= \{S^m(\sqrt{\frac{m-2r}{n-4r}}) \times S^{n-m}(\sqrt{\frac{n-2r-m}{n-4r}}) \to S^{n+1}(1),\\
&\quad m \in C_4(n,r)\}\\
&= \{S^m(\sqrt{\frac{m-2r}{n-4r}}) \times S^{n-m}(\sqrt{\frac{n-2r-m}{n-4r}}) \to S^{n+1}(1),\\
&\quad m \in \mathbb{N}\bigcap(2r,\frac{n}{2}]\text{或者}\mathbb{N}\bigcap(\frac{n}{2},n-2r)\},\\
WTorus_{4,\frac{1}{2},(n,r)} &= \{S^m(\sqrt{\frac{m-2r}{n-4r}}) \times S^{n-m}(\sqrt{\frac{n-2r-m}{n-4r}}) \to S^{n+1}(1),\\
&\quad m \in C_{4,\frac{1}{2}}(n,r)\}\\
&= \{S^m(\sqrt{\frac{m-2r}{n-4r}}) \times S^{n-m}(\sqrt{\frac{n-2r-m}{n-4r}}) \to S^{n+1}(1),\\
&\quad m \in \mathbb{N}\bigcap(2r,\frac{n}{2}]\}.
\end{aligned}$$

- 当$(n,r) \in A_5 = A_5'$时

$$\begin{aligned}
A_5 &= A_5',\\
B_5(n,r) &= \{(m,x) : n \equiv 0(\text{mod}2), m = \frac{n}{2}, x > 0, \text{此处}(n,r) \in A_5\},\\
C_5(n,r) &= \{m : n \equiv 0(\text{mod}2), m = \frac{n}{2}, \text{此处}(n,r) \in A_5\},\\
D_5(n,r) &= \{x : n \equiv 0(\text{mod}2), m = \frac{n}{2}, \text{此处}(n,r) \in A_5\},\\
B_{5,\frac{1}{2}}(n,r) &= \{(m,x) : n \equiv 0(\text{mod}2), m = \frac{n}{2}, x > 0, \text{此处}(n,r) \in A_5\},\\
C_{5,\frac{1}{2}}(n,r) &= \{m : n \equiv 0(\text{mod}2), m = \frac{n}{2}, \text{此处}(n,r) \in A_5\},\\
D_{5,\frac{1}{2}}(n,r) &= \{x : n \equiv 0(\text{mod}2), m = \frac{n}{2}, x > 0, \text{此处}(n,r) \in A_5\}.
\end{aligned}$$

因此

$$\begin{aligned}
WTorus_{5,(n,r)} &= \{S^{\frac{n}{2}}(\lambda) \times S^{\frac{n}{2}}(\sqrt{1-\lambda^2}) \to S^{n+1}(1),\\
&\quad \forall 0 < \lambda < 1, m \in C_5(n,r)\}\\
&= \{S^{\frac{n}{2}}(\lambda) \times S^{\frac{n}{2}}(\sqrt{1-\lambda^2}) \to S^{n+1}(1),\\
&\quad \forall 0 < \lambda < 1, n \equiv 0(\text{mod}2), m = \frac{n}{2}\},\\
WTorus_{5,\frac{1}{2},(n,r)} &= \{S^{\frac{n}{2}}(\lambda) \times S^{\frac{n}{2}}(\sqrt{1-\lambda^2}) \to S^{n+1}(1),\\
&\quad \forall 0 < \lambda < 1, m \in C_{5,\frac{1}{2}}(n,r)\}\\
&= \{S^{\frac{n}{2}}(\lambda) \times S^{\frac{n}{2}}(\sqrt{1-\lambda^2}) \to S^{n+1}(1),
\end{aligned}$$

$$\forall 0<\lambda<1, n\equiv 0(\mathrm{mod}2), m=\frac{n}{2}\}.$$

- 当$(n,r)\in A_6=A_6^{'}$时

$$\begin{aligned}
A_6 &= A_6^{'},\\
B_6(n,r) &= \{(m,x):m\in\mathbb{N}\bigcap(n-2r,\frac{n}{2}]\text{或者}\mathbb{N}\bigcap(\frac{n}{2},2r),x=\sqrt{\frac{n-2r-m}{m-2r}}\},\\
C_6(n,r) &= \{m:m\in\mathbb{N}\bigcap(n-2r,\frac{n}{2}]\text{或者}\mathbb{N}\bigcap(\frac{n}{2},2r)\},\\
D_6(n,r) &= \{x:m\in\mathbb{N}\bigcap(n-2r,\frac{n}{2}]\text{或者}\mathbb{N}\bigcap(\frac{n}{2},2r),x=\sqrt{\frac{n-2r-m}{m-2r}}\},\\
B_{6,\frac{1}{2}}(n,r) &= \{(m,x):m\in\mathbb{N}\bigcap(n-2r,\frac{n}{2}],x=\sqrt{\frac{n-2r-m}{m-2r}}\},\\
C_{6,\frac{1}{2}}(n,r) &= \{m:m\in\mathbb{N}\bigcap(n-2r,\frac{n}{2}]\},\\
D_{6,\frac{1}{2}}(n,r) &= \{x:m\in\mathbb{N}\bigcap(n-2r,\frac{n}{2}],x=\sqrt{\frac{n-2r-m}{m-2r}}\}.
\end{aligned}$$

因此

$$\begin{aligned}
WTorus_{6,(n,r)} &= \{S^m(\sqrt{\frac{m-2r}{n-4r}})\times S^{n-m}(\sqrt{\frac{n-2r-m}{n-4r}})\to S^{n+1}(1),\\
&\quad m\in C_2(n,r)\}\\
&= \{S^m(\sqrt{\frac{m-2r}{n-4r}})\times S^{n-m}(\sqrt{\frac{n-2r-m}{n-4r}})\to S^{n+1}(1),\\
&\quad m\in\mathbb{N}\bigcap(n-2r,\frac{n}{2}]\text{或者}\mathbb{N}\bigcap(\frac{n}{2},2r)\},\\
WTorus_{6,\frac{1}{2},(n,r)} &= \{S^m(\sqrt{\frac{m-2r}{n-4r}})\times S^{n-m}(\sqrt{\frac{n-2r-m}{n-4r}})\to S^{n+1}(1),\\
&\quad m\in C_{2,\frac{1}{2}}(n,r)\}\\
&= \{S^m(\sqrt{\frac{m-2r}{n-4r}})\times S^{n-m}(\sqrt{\frac{n-2r-m}{n-4r}})\to S^{n+1}(1),\\
&\quad m\in\mathbb{N}\bigcap(n-2r,\frac{n}{2}]\}.
\end{aligned}$$

- 当$(n,r)\in A_7=A_7^{'}$时

$$\begin{aligned}
A_7 &= A_7^{'},\\
B_7(n,r) &= \{(m,x):m\in\mathbb{N},1\leqslant m\leqslant n-1,x=\sqrt{\frac{n-m}{m}},\text{此处}(n,r)\in A_7\},\\
C_7(n,r) &= \{m:m\in\mathbb{N},1\leqslant m\leqslant n-1,\text{此处}(n,r)\in A_7\},\\
D_7(n,r) &= \{x:m\in\mathbb{N},1\leqslant m\leqslant n-1,x=\sqrt{\frac{n-m}{m}},\text{此处}(n,r)\in A_7\},\\
B_{7,\frac{1}{2}}(n,r) &= \{(m,x):m\in\mathbb{N},1\leqslant m\leqslant\frac{n}{2},x=\sqrt{\frac{n-m}{m}},\text{此处}(n,r)\in A_7\},\\
C_{7,\frac{1}{2}}(n,r) &= \{m:m\in\mathbb{N},1\leqslant m\leqslant\frac{n}{2},\text{此处}(n,r)\in A_7\},
\end{aligned}$$

$$D_{7,\frac{1}{2}}(n,r) = \{x : m \in \mathbb{N}, 1 \leqslant m \leqslant \frac{n}{2}, x = \sqrt{\frac{n-m}{m}}, \text{此处}(n,r) \in A_7\}.$$

因此

$$\begin{aligned} WTorus_{7,(n,r)} &= \{S^m(\sqrt{\frac{n-m}{n}}) \times S^{n-m}(\sqrt{\frac{m}{n}}) \to S^{n+1}(1), \\ &\quad m \in C_2(n,r)\} \\ &= \{S^m(\sqrt{\frac{n-m}{n}}) \times S^{n-m}(\sqrt{\frac{m}{n}}) \to S^{n+1}(1), \\ &\quad m \in \mathbb{N}, 1 \leqslant m \leqslant n-1\}, \\ WTorus_{7,\frac{1}{2},(n,r)} &= \{S^m(\sqrt{\frac{n-m}{n}}) \times S^{n-m}(\sqrt{\frac{m}{n}}) \to S^{n+1}(1), \\ &\quad m \in C_{2,\frac{1}{2}}(n,r)\} \\ &= \{S^m(\sqrt{\frac{n-m}{n}}) \times S^{n-m}(\sqrt{\frac{m}{n}}) \to S^{n+1}(1), \\ &\quad m \in \mathbb{N}, 1 \leqslant m \leqslant \frac{n}{2}\}. \end{aligned}$$

上面集合$WTorus_{7,(n,r)}$或者$WTorus_{7,\frac{1}{2},(n,r)}$中的元素被称为经典Willmore环面.

- 当$(n,r) \in A_8 = A_8'$时

$$\begin{aligned} A_8 &= A_8', \\ B_8(n,r) &= \{(m,x) : m \in \mathbb{N}, 1 \leqslant m \leqslant n-1, x = \sqrt{\frac{n-2r-m}{m-2r}}, \text{此处}(n,r) \in A_8\}, \\ C_8(n,r) &= \{m : m \in \mathbb{N}, 1 \leqslant m \leqslant n-1, \text{此处}(n,r) \in A_8\}, \\ D_8(n,r) &= \{x : m \in \mathbb{N}, 1 \leqslant m \leqslant n-1, x = \sqrt{\frac{n-2r-m}{m-2r}}, \text{此处}(n,r) \in A_8\}, \\ B_{8,\frac{1}{2}}(n,r) &= \{(m,x) : m \in \mathbb{N}, 1 \leqslant m \leqslant \frac{n}{2}, x = \sqrt{\frac{n-2r-m}{m-2r}}, \text{此处}(n,r) \in A_8\}, \\ C_{8,\frac{1}{2}}(n,r) &= \{m : m \in \mathbb{N}, 1 \leqslant m \leqslant \frac{n}{2}, \text{此处}(n,r) \in A_8\}, \\ D_{8,\frac{1}{2}}(n,r) &= \{x : m \in \mathbb{N}, 1 \leqslant m \leqslant \frac{n}{2}, x = \sqrt{\frac{n-2r-m}{m-2r}}, \text{此处}(n,r) \in A_8\}. \end{aligned}$$

因此

$$\begin{aligned} WTorus_{8,(n,r)} &= \{S^m(\sqrt{\frac{2r-m}{4r-n}}) \times S^{n-m}(\sqrt{\frac{2r+m-n}{4r-n}}) \to S^{n+1}(1), \\ &\quad m \in C_2(n,r)\} \\ &= \{S^m(\sqrt{\frac{2r-m}{4r-n}}) \times S^{n-m}(\sqrt{\frac{2r+m-n}{4r-n}}) \to S^{n+1}(1), \\ &\quad m \in \mathbb{N}, 1 \leqslant m \leqslant n-1\}, \\ WTorus_{8,\frac{1}{2},(n,r)} &= \{S^m(\sqrt{\frac{2r-m}{4r-n}}) \times S^{n-m}(\sqrt{\frac{2r+m-n}{4r-n}}) \to S^{n+1}(1), \\ &\quad m \in C_{2,\frac{1}{2}}(n,r)\} \end{aligned}$$

$$= \{S^m(\sqrt{\frac{2r-m}{4r-n}}) \times S^{n-m}(\sqrt{\frac{2r+m-n}{4r-n}}) \to S^{n+1}(1), \quad m \in \mathbb{N}, 1 \leqslant m \leqslant \frac{n}{2}\}.$$

如果用符号$MTorus$表示单位球面$S^{n+1}(1)$之中的具有两个不同主曲率的等参极小超曲面，那么通过上面的计算可知如下的结论.

- $MTorus = WTorus_{3,(n,r)}$

  根据定义，$W_{(n,0)}$子流形就是极小子流形，于是通过方程可知

$$\begin{aligned} MTorus = WTorus_{3,(n,0)} &= \{S^m(\sqrt{\frac{m}{n}}) \times S^{n-m}(\sqrt{\frac{n-m}{n}}) \to S^{n+1}(1), \\ &\quad m \in C_3(n,0)\} \\ &= \{S^m(\sqrt{\frac{m}{n}}) \times S^{n-m}(\sqrt{\frac{n-m}{n}}) \to S^{n+1}(1), \\ &\quad m \in \mathbb{N}, 1 \leqslant m \leqslant n-1\}. \end{aligned}$$

- 如果$MTorus \bigcap WTorus_{2,(n,r)} \neq \varnothing$，那么有

$$n \equiv 0(\mathrm{mod} 2), m = \frac{n}{2}.$$

  并且

$$MTorus \bigcap WTorus_{2,(n,r)} = \{C_{\frac{n}{2},\frac{n}{2}} : S^{\frac{n}{2}}(\frac{1}{\sqrt{2}}) \times S^{\frac{n}{2}}(\frac{1}{\sqrt{2}}) \to S^{n+1}(1)\}.$$

- 如果$MTorus \bigcap WTorus_{4,(n,r)} \neq \varnothing$，那么有

$$n \equiv 0(\mathrm{mod} 2), m = \frac{n}{2}.$$

  并且

$$MTorus \bigcap WTorus_{4,(n,r)} = \{C_{\frac{n}{2},\frac{n}{2}} : S^{\frac{n}{2}}(\frac{1}{\sqrt{2}}) \times S^{\frac{n}{2}}(\frac{1}{\sqrt{2}}) \to S^{n+1}(1)\}.$$

- 如果$MTorus \bigcap WTorus_{5,(n,r)} \neq \varnothing$，那么有

$$n \equiv 0(\mathrm{mod} 2), m = \frac{n}{2}.$$

  并且

$$MTorus \bigcap WTorus_{5,(n,r)} = \{C_{\frac{n}{2},\frac{n}{2}} : S^{\frac{n}{2}}(\frac{1}{\sqrt{2}}) \times S^{\frac{n}{2}}(\frac{1}{\sqrt{2}}) \to S^{n+1}(1)\}.$$

- 如果$MTorus \bigcap WTorus_{6,(n,r)} \neq \varnothing$，那么有

$$n \equiv 0(\mathrm{mod} 2), m = \frac{n}{2}.$$

  并且

$$MTorus \bigcap WTorus_{6,(n,r)} = \{C_{\frac{n}{2},\frac{n}{2}} : S^{\frac{n}{2}}(\frac{1}{\sqrt{2}}) \times S^{\frac{n}{2}}(\frac{1}{\sqrt{2}}) \to S^{n+1}(1)\}.$$

- 如果$MTorus\bigcap WTorus_{7,(n,r)}\neq\varnothing$，那么有

$$n\equiv 0(\mathrm{mod}2), m=\frac{n}{2}.$$

并且

$$MTorus\bigcap WTorus_{7,(n,r)}=\{C_{\frac{n}{2},\frac{n}{2}}:S^{\frac{n}{2}}(\frac{1}{\sqrt{2}})\times S^{\frac{n}{2}}(\frac{1}{\sqrt{2}})\to S^{n+1}(1)\}.$$

- 如果$MTorus\bigcap WTorus_{8,(n,r)}\neq\varnothing$，那么有

$$n\equiv 0(\mathrm{mod}2), m=\frac{n}{2}.$$

并且

$$MTorus\bigcap WTorus_{8,(n,r)}=\{C_{\frac{n}{2},\frac{n}{2}}:S^{\frac{n}{2}}(\frac{1}{\sqrt{2}})\times S^{\frac{n}{2}}(\frac{1}{\sqrt{2}})\to S^{n+1}(1)\}.$$

9.4 指数型迹零全曲率泛函的变分与例子

当$F(u)=\mathrm{e}^u$时，泛函$W_{n,F}$变为

$$W_{(n,E)}=\int_M \mathrm{e}^\rho \mathrm{d}v.$$

针对此类重要的特殊情形的计算，可以直接利用上一节的定理得到，于是有如下定理群.

定理 9.17 设$x:M^n\to N^{n+p}$是子流形，那么M是一个$W_{(n,E)}$子流形当且仅当对任意的α,$n+1\leqslant\alpha\leqslant n+p$，有

$$\sum_{ij}(\mathrm{e}^\rho h_{ij}^\alpha)_{,ij}-\Delta(\mathrm{e}^\rho H^\alpha)+\sum_\beta \mathrm{e}^\rho(S_{\alpha\beta\beta}-S_{\alpha\beta}H^\beta)-\sum_{ij\beta}\mathrm{e}^\rho h_{ij}^\beta\bar{R}_{ij\alpha}^\beta-$$
$$\sum_\beta \mathrm{e}^\rho H^\beta\bar{R}_{\alpha\beta}^\top-\frac{n}{2}\mathrm{e}^\rho H^\alpha=0.$$

定理 9.18 设$x:M^n\to N^{n+1}$是超曲面，那么M是一个$W_{(n,E)}$超曲面当且仅当

$$\sum_{ij}(\mathrm{e}^\rho h_{ij})_{,ij}-\Delta(\mathrm{e}^\rho H)+\mathrm{e}^\rho(P_3-\frac{1}{n}P_2P_1)+\sum_{ij}\mathrm{e}^\rho h_{ij}\bar{R}_{i(n+1)(n+1)j}-$$
$$\mathrm{e}^\rho H\bar{R}_{(n+1)(n+1)}-\frac{n}{2}\mathrm{e}^\rho H=0.$$

定理 9.19 设$x:M^n\to N^{n+p}$是子流形并且$h_{ij}^\alpha=\mathrm{const},\forall i,j,\alpha$，那么$M$是一个$W_{(n,E)}$子流形当且仅当对任意的$\alpha$,$n+1\leqslant\alpha\leqslant n+p$，有

$$\sum_\beta \mathrm{e}^\rho(S_{\alpha\beta\beta}-S_{\alpha\beta}H^\beta)-\sum_{ij\beta}\mathrm{e}^\rho h_{ij}^\beta\bar{R}_{ij\alpha}^\beta-\sum_\beta \mathrm{e}^\rho H^\beta\bar{R}_{\alpha\beta}^\top-\frac{n}{2}\mathrm{e}^\rho H^\alpha=0.$$

定理 9.20 设$x:M^n\to N^{n+1}$是超曲面并且$h_{ij}=\mathrm{const},\forall i,j$，那么$M$是一个$W_{(n,E)}$超曲面当且仅当

$$\mathrm{e}^\rho(P_3-\frac{1}{n}P_2P_1)+\sum_{ij}\mathrm{e}^\rho h_{ij}\bar{R}_{i(n+1)(n+1)j}-\mathrm{e}^\rho H\bar{R}_{(n+1)(n+1)}-\frac{n}{2}\mathrm{e}^\rho H=0.$$

当流形N^{n+p}是空间形式$R^{n+p}(c)$时，其黎曼曲率张量可以表达为

$$\bar{R}_{ABCD} = -c(\delta_{AC}\delta_{BD} - \delta_{AD}\delta_{BC}), \bar{R}^{\beta}_{ij\alpha} = -c\delta_{ij}\delta_{\alpha\beta},$$

$$\bar{R}^{\top}_{AB} = \sum_i \bar{R}_{AiiB} = \sum_i -c(\delta_{Ai}\delta_{iB} - \delta_{AB}\delta_{ii}) = nc\delta_{AB} - c\sum_i \delta_{Ai}\delta_{iB},$$

$$\bar{R}^{\perp}_{AB} = \sum_\alpha \bar{R}_{A\alpha\alpha B} = \sum_\alpha -c(\delta_{A\alpha}\delta_{\alpha B} - \delta_{AB}\delta_{\alpha\alpha}) = pc\delta_{AB} - c\sum_\alpha \delta_{A\alpha}\delta_{B\alpha},$$

$$\bar{R}^{\top}_{\alpha\beta} = nc\delta_{\alpha\beta}, \bar{R}^{\perp}_{ij} = pc\delta_{ij}.$$

于是上面的定理在空间形式之中可以归结于比较简单的形式.

定理 9.21 设$x: M \to R^{n+p}(c)$是空间形式中的子流形，那么M是一个$W_{(n,E)}$子流形当且仅当对任意的$\alpha, n+1 \leqslant \alpha \leqslant n+p$，下式成立

$$\sum_{ij}(\mathrm{e}^{\rho}h^{\alpha}_{ij})_{,ji} - \Delta(\mathrm{e}^{\rho}H^{\alpha}) + \sum_\beta \mathrm{e}^{\rho}(S_{\alpha\beta\beta} - S_{\alpha\beta}H^{\beta}) - \frac{n}{2}\mathrm{e}^{\rho}H^{\alpha} = 0.$$

定理 9.22 设$x: M \to R^{n+1}(c)$是空间形式中的超曲面，那么M是一个$W_{(n,E)}$超曲面当且仅当

$$\sum_{ij}(\mathrm{e}^{\rho}h_{ij})_{,ji} - \Delta(\mathrm{e}^{\rho}H) + \mathrm{e}^{\rho}(P_3 - \frac{1}{n}P_2P_1) - \frac{n}{2}\mathrm{e}^{\rho}H = 0.$$

定理 9.23 设$x: M \to R^{n+p}(c)$是空间形式中的子流形并且$h^{\alpha}_{ij} = \mathrm{const}, \forall i, j, \alpha$，那么$M$是一个$W_{(n,E)}$子流形当且仅当对任意的$\alpha, n+1 \leqslant \alpha \leqslant n+p$，下式成立

$$\sum_\beta \mathrm{e}^{\rho}(S_{\alpha\beta\beta} - S_{\alpha\beta}H^{\beta}) - \frac{n}{2}\mathrm{e}^{\rho}H^{\alpha} = 0.$$

定理 9.24 设$x: M \to R^{n+1}(c)$是空间形式中的超曲面并且$h_{ij} = \mathrm{const}, \forall i, j$，那么$M$是一个$W_{(n,E)}$超曲面当且仅当

$$\mathrm{e}^{\rho}(P_3 - \frac{1}{n}P_2P_1) - \frac{n}{2}\mathrm{e}^{\rho}H = 0.$$

例 9.11 显然，所有$W_{(n,F)}$子流形都是$W_{(n,E)}$子流形，因$\exp(u)$是$F(u)$的特殊情形.

例 9.12 对于单位球面之中具有两个不同主曲率的等参超曲面，有

$$\lambda,\ \mu, 0 < \lambda, \mu < 1, \lambda^2 + \mu^2 = 1,$$

$$S^m(\lambda) \times S^{n-m}(\mu) \to S^{n+1}(1),\ 1 \leqslant m \leqslant n-1.$$

在上面的例子中决定所有的$W_{(n,E)}$超曲面.显然，所有的主曲率很容易计算为

$$k_1 = \cdots = k_m = \frac{\mu}{\lambda},\ k_{m+1} = \cdots = k_n = -\frac{\lambda}{\mu}.$$

于是，各个曲率函数P_1，P_2，P_3，ρ可以分别计算为

$$P_1 = m\frac{\mu}{\lambda} - (n-m)\frac{\lambda}{\mu},$$

$$P_2 = m\frac{\mu^2}{\lambda^2} + (n-m)\frac{\lambda^2}{\mu^2},$$

$$P_3 = m\frac{\mu^3}{\lambda^3} - (n-m)\frac{\lambda^3}{\mu^3},$$
$$\rho = \frac{m(n-m)}{n}[\frac{\mu^2}{\lambda^2} + \frac{\lambda^2}{\mu^2} + 2].$$

假设$\frac{\mu}{\lambda} = x > 0$，于是$W_{(n,E)}$超曲面方程变为

$$\beta_n(m,x) =: 2m(n-m)x^6 + m(n-2m)x^4 + (n-m)(n-2m)x^2 - 2m(n-m) = 0.$$

在此寻找$W_{(n,E)}$就是为了寻找(m,x)满足

$$m \in \mathbb{N}, 1 \leqslant m \leqslant n-1,$$
$$x \in \mathbb{R}, x > 0.$$

为了方便起见，定义

$$A(0) = \{(m,x) : m \in \mathbb{N}, 1 \leqslant m \leqslant n-1, x \in \mathbb{R}, x > 0\},$$
$$A(0,\frac{1}{2}) = \{(m,x) : m \in \mathbb{N}, 1 \leqslant m \leqslant \frac{n}{2}, x \in \mathbb{R}, x > 0\},$$
$$B(0) = \{m : m \in \mathbb{N}, 1 \leqslant m \leqslant n-1\},$$
$$B(0,\frac{1}{2}) = \{m : m \in \mathbb{N}, 1 \leqslant m \leqslant \frac{n}{2}\},$$
$$C(0) = \{x : x \in \mathbb{R}, x > 0\},$$
$$A(n) = \{(m,x) : m \in N, 1 \leqslant m \leqslant n-1, x > 0, (m,x)\text{是方程}\beta_n(m,x)\text{的根}\},$$
$$A(n,\frac{1}{2}) = \{(m,x) : m \in N, 1 \leqslant m \leqslant \frac{n}{2}, x > 0, (m,x)\text{是方程}\beta_n(m,x)\text{的根}\},$$
$$B(n) = \{m : \exists x > 0, \text{ s.t. } (m,x) \in A(n)\},$$
$$B(n,\frac{1}{2}) = \{m : \exists x > 0, \text{ s.t. } (m,x) \in A(n,\frac{1}{2})\},$$
$$C(n) = \{x : x > 0, \exists m \in B(n), \text{ s.t. } (m,x) \in A(n)\},$$
$$C(n,\frac{1}{2}) = \{x : x > 0, \exists m \in B(n,\frac{1}{2}), \text{ s.t. } (m,x) \in A(n,\frac{1}{2})\}.$$

进一步，用符号$W_{(n,E)}Torus$表示单位球面中具有两个不同主曲率的$W_{(n,E)}$等参超曲面. 在研究之前，先分析讨论上面集合的性质.

(1) $A(n)$的对称性，即如果$(m,x) \in A_n$，那么$(n-m,\frac{1}{x}) \in A(n)$.

$$\begin{aligned}
\beta_n(m,x) \quad &=: \quad 2m(n-m)x^6 + m(n-2m)x^4 + (n-m)(n-2m)x^2 - \\
&\quad\quad 2m(n-m) = 0, \\
\beta_n(n-m,\frac{1}{x}) \quad &=: \quad 2(n-m)m(\frac{1}{x})^6 + (n-m)(2m-n)(\frac{1}{x})^4 + m(2m-n)(\frac{1}{x})^2 - \\
&\quad\quad 2(n-m)m
\end{aligned}$$

$$\begin{aligned}
&= (\frac{1}{x})^6\{2(n-m)m+(n-m)(2m-n)(x)^2+m(2m-n)(x)^4-\\
&\quad 2(n-m)m(x)^6\}\\
&= -(\frac{1}{x})^6\{-2(n-m)m+(n-m)(n-2m)(x)^2+m(n-2m)(x)^4+\\
&\quad 2(n-m)m(x)^6\}\\
&= -(\frac{1}{x})^6\{2(n-m)mx^6+m(n-2m)x^4+(n-m)(n-2m)x^2-\\
&\quad 2(n-m)m\}\\
&= -(\frac{1}{x})^6\beta_n(m,x)=0.
\end{aligned}$$

这样，就证明了集合A_n具有某种对称性.

(2) $B(n)$的对称性，即如果$m\in B(n)$，那么$(n-m)\in B(n)$.关于集合$B(n)$的性质，通过上面集合$A(n)$的证明容易得到，在此不再赘述.

(3) $C(n)$的对称性，即如果$x\in C(n)$，那么$\frac{1}{x}\in C(n)$. 关于集合$C(n)$的性质，通过上面集合$A(n)$的证明容易得到，在此不再赘述.

情形1：$n=2$，首先考虑2维曲面的情形：

$\beta_2(m,x)=:2m(2-m)x^6+m(2-2m)x^4+(2-m)(2-2m)x^2-2m(2-m)=0.$

此时，显然m的取值范围只能为$m=1$，代入有

$$\beta_2(1,x)=:2x^6-2=0.$$

可以总结为

$$A(2)=\{(1,1)\},B(2)=\{1\},C(2)=\{1\},$$
$$A(2,\frac{1}{2})=\{(1,1)\},B(2,\frac{1}{2})=\{1\},C(2,\frac{1}{2})=\{1\}.$$

在此情形，可以总结为

$$W_{(2,E)}Torus=\{S^1(\frac{1}{\sqrt{2}})\times S^1(\frac{1}{\sqrt{2}})\to S^3(1)\}.$$

是唯一的2维$W_{(2,E)}$曲面.

情形2：$n\geqslant 3$，进一步分两种情形考虑.

情形2.1：$n\geqslant 3, n\equiv 1\ (\mathrm{mod}\ 2\ )$.显然，对于$1\leqslant m\leqslant\frac{n}{2}$，即$m\in B(0,\frac{1}{2})$，有

$$1\leqslant m<\frac{n}{2},\beta_n(m,0)=-2m(n-m)<0,\beta_n(m,1)=n(n-2m)>0.$$

利用函数$\beta_n(m,x)$的连续性，知道函数$\beta_n(m,x)$在$(0,1)$至少有一个根.定义$y=x^2>0$，于是上面的$W_{(n,E)}$方程转化为一个三阶的多项式方程

$$\gamma_n(m,y)=2m(n-m)y^3+m(n-2m)y^2+(n-m)(n-2m)y-2m(n-m)=0,$$

$$\gamma_n(m,x^2)=\beta_n(m,x),\beta_n(m,\sqrt{y})=\gamma_n(m,y).$$

根据三阶多项式的求解规则，需要考虑下面的三阶判别式

$$\Delta(\frac{n}{m})=(\frac{(\frac{n}{m}-2)^2}{24(\frac{n}{m}-1)}-\frac{(\frac{n}{m}-2)^3}{216(\frac{n}{m}-1)^3}+\frac{1}{2})^2+(\frac{1}{6}\frac{n}{m}-\frac{(\frac{n}{m}-2)^2}{36(\frac{n}{m}-1)^2}-\frac{1}{3})^3.$$

显然有关系式

$$2<\frac{n}{m}\leqslant n,\forall 1\leqslant m<\frac{n}{2}.$$

求解三阶多项式方程需要决定判别式$\Delta(\frac{n}{m})$的符号，为此考虑如下函数

$$\eta(x)=(\frac{(x-2)^2}{24(x-1)}-\frac{(x-2)^3}{216(x-1)^3}+\frac{1}{2})^2+(\frac{1}{6}x-\frac{(x-2)^2}{36(x-1)^2}-\frac{1}{3})^3,2<x\leqslant n.$$

假设$t=\frac{x-2}{x-1}$，于是$x=\frac{2-t}{1-t},0<t\leqslant\frac{n-2}{n-1}$，得到

$$\eta(t)=(\frac{t^2}{24(1-t)}-\frac{t^3}{216}+\frac{1}{2})^2+(\frac{1}{6}\frac{(2-t)}{(1-t)}-\frac{t^2}{36}-\frac{1}{3})^3,0<t\leqslant\frac{n-2}{n-1}.$$

估计

$$(\frac{t^2}{24(1-t)}-\frac{t^3}{216}+\frac{1}{2})^2=(\frac{t^2(t^2-t+9)}{216(1-t)}+\frac{1}{2})^2>\frac{1}{4},$$

$$(\frac{1}{6}\frac{(2-t)}{(1-t)}-\frac{t^2}{36}-\frac{1}{3})^3>(-\frac{1}{36}-\frac{1}{3})^3=(-\frac{13}{36})^3.$$

于是

$$\eta(t)>0,0<t\leqslant\frac{n-2}{n-1}.$$

意味着函数$\gamma_n(m,y)$对于任意的参数$m\in\mathbb{N},1\leqslant m<\frac{n}{2}$有且只有一个根.根据三阶多项式求解法则定义三个量：

$$\alpha=-\frac{1}{6}\frac{(\frac{n}{m}-2)}{(\frac{n}{m}-1)},$$

$$\beta=\frac{1}{24}\frac{(\frac{n}{m}-2)^2}{(\frac{n}{m}-1)}-\frac{1}{216}\frac{(\frac{n}{m}-2)^3}{(\frac{n}{m}-1)^3}+\frac{1}{2},$$

$$\gamma=\frac{1}{6}\frac{n}{m}-\frac{1}{36}\frac{(\frac{n}{m}-2)^2}{(\frac{n}{m}-1)^2}-\frac{1}{3}.$$

于是函数$\gamma_n(m,y)$对于任意的参数$m\in\mathbb{N},1\leqslant m<\frac{n}{2}$的唯一的正根为

$$y=\alpha+\sqrt[3]{\beta+\sqrt[2]{\beta^2+\gamma^3}}+\sqrt[3]{\beta-\sqrt[2]{\beta^2+\gamma^3}}.$$

立即得函数$\beta_n(m,x)$对于任意参数$m\in\mathbb{N},1\leqslant m<\frac{n}{2}$的唯一正根为

$$t_0(\frac{n}{m})=:x=\sqrt[2]{\alpha+\sqrt[3]{\beta+\sqrt[2]{\beta^2+\gamma^3}}+\sqrt[3]{\beta-\sqrt[2]{\beta^2+\gamma^3}}}.$$

并且根据上面的讨论有

$$0 < t_0 \leqslant 1.$$

情形2.2：$n \geqslant 3, n \equiv 0 \pmod 2$，显然，对于参数$1 \leqslant m \leqslant \frac{n}{2}$，同样需要讨论两种情形.

情形2.2.1：$m = \frac{n}{2}$，于是$W_{(n,E)}$超曲面方程变成

$$\beta_n(\frac{n}{2}, x) = \frac{n^2}{2}(x^6 - 1) = 0,$$

于是可得结论

$$(\frac{n}{2}, 1) \in A(n), \frac{n}{2} \in B(n), 1 \in C(n).$$

情形2.2.2：$1 \leqslant m < \frac{n}{2}$，于是$W_{(n,E)}$超曲面方程对于参数$m \in \mathbb{N}, 1 \leqslant m < \frac{n}{2}$为

$$\beta_n(m, x) =: 2m(n-m)x^6 + m(n-2m)x^4 + (n-m)(n-2m)x^2 - 2m(n-m) = 0.$$

通过与情形2.1同样的讨论，对于参数$m \in \mathbb{N}, 1 \leqslant m < \frac{n}{2}$，方程$\beta_n(m, x)$ 有且只有一个正根，记为

$$t_0(\frac{n}{m}) =: x = \sqrt[2]{\alpha + \sqrt[3]{\beta + \sqrt[2]{\beta^2 + \gamma^3}} + \sqrt[3]{\beta - \sqrt[2]{\beta^2 + \gamma^3}}}.$$

$$0 < t_0 \leqslant 1.$$

可以检验情形2.2.1和情形2.2.2是相容的.

最后可得结论：假设$x : M \to S^{n+1}(1)$是等参超曲面，具有两个不同的主曲率并且是W_E超曲面，那么有如下结论.

- $A(n), B(n), C(n)$的组成

$$A(n) = \{(m, x) : m \in \mathbb{N}, 1 \leqslant m \leqslant n-1, x = t_0(\frac{n}{m}), 0 < t_0 < 1\},$$

$$B(n) = \{m : m \in \mathbb{N}, 1 \leqslant m \leqslant n-1\},$$

$$C(n) = \{x : \forall m \in \mathbb{N}, 1 \leqslant m \leqslant n-1, x = t_0(\frac{n}{m})\},$$

$$A(n, \frac{1}{2}) = \{(m, x) : m \in \mathbb{N}, 1 \leqslant m \leqslant \frac{n}{2}, x = t_0(\frac{n}{m}), 0 < t_0 < 1\},$$

$$B(n, \frac{1}{2}) = \{m : m \in \mathbb{N}, 1 \leqslant m \leqslant \frac{n}{2}\},$$

$$C(n, \frac{1}{2}) = \{x : \forall m \in \mathbb{N}, 1 \leqslant m \leqslant \frac{n}{2}, x = t_0(\frac{n}{m})\}.$$

- $W_{(n,E)}Torus$的组成

$$n = 2, W_{(2,E)}Torus = \{S^1(\frac{1}{\sqrt{2}}) \times S^1(\frac{1}{\sqrt{2}}) \to S^3(1)\},$$

$$n \geqslant 3, W_{(n,E)}Torus = \{S^m(\frac{1}{\sqrt{t_0^2+1}}) \times S^{n-m}(\frac{t_0}{\sqrt{t_0^2+1}}) \to S^{n+1}(1), 1 \leqslant m \leqslant \frac{n}{2}\},$$

$$n \geqslant 2, C_{\frac{n}{2},\frac{n}{2}} : S^{\frac{n}{2}}(\sqrt{12}) \times S^{\frac{n}{2}}(\sqrt{12}) \to S^{n+1}(1) \in W_{(n,E)}Torus.$$

9.5 对数型迹零全曲率泛函的变分与例子

当$F(u)=\log u, u>0$时，泛函$W_{n,F}$变为

$$W_{(n,\log)}=\int_M \log\rho \mathrm{d}v,$$

对于泛函$W_{(n,\log)}$，显然要求其没有脐点.针对此类重要的特殊情形的计算，可以直接利用上一节的定理得到，于是有如下定理群.

定理 9.25 设$x: M^n\to N^{n+p}$是没有脐点的子流形，那么M是一个$W_{(n,\log)}$子流形当且仅当对任意的$\alpha,n+1\leqslant\alpha\leqslant n+p$，有

$$\sum_{ij}(\frac{1}{\rho}h_{ij}^{\alpha})_{,ij}-\Delta(\frac{1}{\rho}H^{\alpha})+\sum_{\beta}\frac{1}{\rho}(S_{\alpha\beta\beta}-S_{\alpha\beta}H^{\beta})-$$
$$\sum_{ij\beta}\frac{1}{\rho}h_{ij}^{\beta}\bar{R}_{ij\alpha}^{\beta}-\sum_{\beta}\frac{1}{\rho}H^{\beta}\bar{R}_{\alpha\beta}^{\top}-\frac{n}{2}\log(\rho)H^{\alpha}=0.$$

定理 9.26 设$x: M^n\to N^{n+1}$是没有脐点的超曲面，那么M是一个$W_{(n,\log)}$超曲面当且仅当

$$\sum_{ij}(\frac{1}{\rho}h_{ij})_{,ij}-\Delta(\frac{1}{\rho}H)+\frac{1}{\rho}(P_3-\frac{1}{n}P_2P_1)+\sum_{ij}\frac{1}{\rho}h_{ij}\bar{R}_{i(n+1)(n+1)j}-$$
$$\frac{1}{\rho}H\bar{R}_{(n+1)(n+1)}-\frac{n}{2}\log(\rho)H=0.$$

定理 9.27 设$x: M^n\to N^{n+p}$是没有脐点的子流形并且$h_{ij}^{\alpha}=\mathrm{const},\forall i,j,\alpha$，那么$M$是一个$W_{(n,\log)}$子流形当且仅当对任意的$\alpha,n+1\leqslant\alpha\leqslant n+p$，有

$$\sum_{\beta}\frac{1}{\rho}(S_{\alpha\beta\beta}-S_{\alpha\beta}H^{\beta})-\sum_{ij\beta}\frac{1}{\rho}h_{ij}^{\beta}\bar{R}_{ij\alpha}^{\beta}-\sum_{\beta}\frac{1}{\rho}H^{\beta}\bar{R}_{\alpha\beta}^{\top}-\frac{n}{2}\log(\rho)H^{\alpha}=0.$$

定理 9.28 设$x: M^n\to N^{n+1}$是没有脐点的超曲面并且$h_{ij}=\mathrm{const},\forall i,j$，那么$M$是一个$W_{(n,\log)}$超曲面当且仅当

$$\frac{1}{\rho}(P_3-\frac{1}{n}P_2P_1)+\sum_{ij}\frac{1}{\rho}h_{ij}\bar{R}_{i(n+1)(n+1)j}$$
$$-\frac{1}{\rho}H\bar{R}_{(n+1)(n+1)}-\frac{n}{2}\log(\rho)H=0.$$

当流形N^{n+p}是空间形式$R^{n+p}(c)$时，其黎曼曲率张量可以表达为

$$\bar{R}_{ABCD}=-c(\delta_{AC}\delta_{BD}-\delta_{AD}\delta_{BC}),\bar{R}_{ij\alpha}^{\beta}=-c\delta_{ij}\delta_{\alpha\beta},$$
$$\bar{R}_{AB}^{\top}=\sum_i\bar{R}_{AiiB}=\sum_i -c(\delta_{Ai}\delta_{iB}-\delta_{AB}\delta_{ii})=nc\delta_{AB}-c\sum_i\delta_{Ai}\delta_{iB},$$
$$\bar{R}_{AB}^{\perp}=\sum_{\alpha}\bar{R}_{A\alpha\alpha B}=\sum_{\alpha}-c(\delta_{A\alpha}\delta_{\alpha B}-\delta_{AB}\delta_{\alpha\alpha})=pc\delta_{AB}-c\sum_{\alpha}\delta_{A\alpha}\delta_{B\alpha},$$
$$\bar{R}_{\alpha\beta}^{\top}=nc\delta_{\alpha\beta},\bar{R}_{ij}^{\perp}=pc\delta_{ij}.$$

于是上面的定理在空间形式中可以归结为比较简单的形式.

定理 9.29 设$x:M\to R^{n+p}(c)$是空间形式中的没有脐点的子流形，那么M是一个$W_{(n,\log)}$子流形当且仅当对任意的$\alpha, n+1\leqslant\alpha\leqslant n+p$，下式成立

$$\sum_{ij}(\frac{1}{\rho}h^\alpha_{ij})_{,ji}-\Delta(\frac{1}{\rho}H^\alpha)+\sum_\beta\frac{1}{\rho}(S_{\alpha\beta\beta}-S_{\alpha\beta}H^\beta)-\frac{n}{2}\log(\rho)H^\alpha=0.$$

定理 9.30 设$x:M\to R^{n+1}(c)$是空间形式中的没有脐点的超曲面，那么M是一个$W_{(n,\log)}$超曲面当且仅当

$$\sum_{ij}(\frac{1}{\rho}h_{ij})_{,ji}-\Delta(\frac{1}{\rho}H)+\frac{1}{\rho}(P_3-\frac{1}{n}P_2P_1)-\frac{n}{2}\log(\rho)H=0.$$

定理 9.31 设$x:M\to R^{n+p}(c)$是空间形式中的没有脐点的子流形并且$h^\alpha_{ij}=\mathrm{const},\forall i,j,\alpha$，那么$M$是一个$W_{(n,\log)}$子流形当且仅当对任意的$\alpha, n+1\leqslant\alpha\leqslant n+p$，下式成立

$$\sum_\beta\frac{1}{\rho}(S_{\alpha\beta\beta}-S_{\alpha\beta}H^\beta)-\frac{n}{2}\log(\rho)H^\alpha=0.$$

定理 9.32 设$x:M\to R^{n+1}(c)$是空间形式中的没有脐点的超曲面并且$h_{ij}=\mathrm{const},\forall i,j$，那么$M$是一个$W_{(n,\log)}$超曲面当且仅当

$$\frac{1}{\rho}(P_3-\frac{1}{n}P_2P_1)-\frac{n}{2}\log(\rho)H=0.$$

例 9.13 所有的$W_{(n,F)}$子流形都是$W_{(n,\log)}$子流形，因为$\log(u)$是$F(u)$的特殊情形.

例 9.14 对于单位球面中具有两个不同主曲率的等参超曲面

$$\lambda,\ \mu, 0<\lambda,\mu<1, \lambda^2+\mu^2=1,$$

$$S^m(\lambda)\times S^{n-m}(\mu)\to S^{n+1}(1),\ 1\leqslant m\leqslant n-1.$$

需要决定$W_{(n,\log)}$超曲面.显然，所有的主曲率为

$$k_1=\cdots=k_m=\frac{\mu}{\lambda},\ k_{m+1}=\cdots=k_n=-\frac{\lambda}{\mu}.$$

于是曲率函数P_1, P_2, P_3, ρ可以计算为

$$P_1=m\frac{\mu}{\lambda}-(n-m)\frac{\lambda}{\mu},$$

$$P_2=m\frac{\mu^2}{\lambda^2}+(n-m)\frac{\lambda^2}{\mu^2},$$

$$P_3=m\frac{\mu^3}{\lambda^3}-(n-m)\frac{\lambda^3}{\mu^3},$$

$$\rho=\frac{m(n-m)}{n}[\frac{\mu^2}{\lambda^2}+\frac{\lambda^2}{\mu^2}+2].$$

假设$\frac{\mu}{\lambda}=x>0$，于是$W_{(n,\log)}$超曲面方程为

$$2m(n-m)x^6-[\,nm\rho\log\rho-2m(n-m)\,]x^4+$$

$$[\,(n-m)n\rho\log\rho-2m(n-m)\,]x^2-2m(n-m)=0,$$

此处$\rho=\dfrac{m(n-m)}{n}[x^2+\dfrac{1}{x^2}+2]$.

第10章　迹零全曲率泛函的间隙现象

本章对迹零全曲率模长泛函的临界点的几何量ρ做一些积分估计，运用精巧的不等式得出间隙现象，并运用结构方程得到间隙端点的特殊子流形的分类.

10.1 迹零全曲率模长的计算

为了推导临界点的间隙现象，需要选用合适的自伴算子，在这里选用拉普拉斯算子，同时需要设计恰当的试验函数，在此选用了迹零全曲率模长的抽象函数作为试验函数.

引理 10.1　假设$x: M^n \to N^{n+p}, p \geqslant 2$是一般流形中的子流形，那么其迹零全曲率模长有

$$\begin{aligned}\Delta\rho &= 2nh_{ij}^{\alpha}H_{,ij}^{\alpha} - 2nH^{\alpha}\Delta H^{\alpha} + 2|\nabla h|^2 - 2n|\nabla \boldsymbol{H}|^2 - 2h_{ij}^{\alpha}\bar{R}_{ijk,k}^{\alpha} + \\ &\quad 2h_{ij}^{\alpha}\bar{R}_{kki,j}^{\alpha} + 2h_{ij}^{\alpha}h_{pk}^{\alpha}\bar{R}_{ipjk} + 2h_{ij}^{\alpha}h_{ip}^{\alpha}\bar{R}_{kpjk} + 2h_{ij}^{\alpha}h_{ik}^{\beta}\bar{R}_{\alpha\beta jk} + \\ &\quad 2nS_{\alpha\alpha\beta}H^{\beta} - 2\left[\sum_{\alpha\neq\beta}N(A_{\alpha}A_{\beta} - A_{\beta}A_{\alpha}) + \sum_{\alpha\beta}(S_{\alpha\beta})^2\right].\end{aligned}$$

引理 10.2　假设$x: M^n \to N^{n+p}, p = 1$是一般流形中的超曲面，那么其迹零全曲率模长有

$$\begin{aligned}\Delta\rho &= 2nh_{ij}H_{,ij} - 2nH\Delta H + 2|\nabla h|^2 - 2n|\nabla H|^2 + \\ &\quad 2h_{ij}\bar{R}_{(n+1)ijk,k} - 2h_{ij}\bar{R}_{(n+1)kki,j} + \\ &\quad 2h_{ij}h_{kl}\bar{R}_{iljk} + 2h_{ij}h_{il}\bar{R}_{jkkl} - 2S^2 + 2nP_3H.\end{aligned}$$

引理 10.3　假设$x: M^n \to R^{n+p}(c), p \geqslant 2$是空间形式中的子流形，那么其迹零全曲率模长有

$$\begin{aligned}\Delta\rho &= 2nh_{ij}^{\alpha}H_{,ij}^{\alpha} - 2nH^{\alpha}\Delta H^{\alpha} + 2|\nabla h|^2 - 2n|\nabla \boldsymbol{H}|^2 + 2nc\rho + \\ &\quad 2nS_{\alpha\alpha\beta}H^{\beta} - 2\left[\sum_{\alpha\neq\beta}N(A_{\alpha}A_{\beta} - A_{\beta}A_{\alpha}) + \sum_{\alpha\beta}(S_{\alpha\beta})^2\right].\end{aligned}$$

为了估计$W_{(n,F)}$子流形的间隙，需要选定$F(\rho)$为实验函数，并且根据$W_{(n,F)}$子流形的欧拉-拉格朗日方程

$$\begin{aligned}&(h_{ij}^{\alpha}F'(\rho))_{,ij} - \Delta(H^{\alpha}F'(\rho)) + (S_{\alpha\beta\beta} - h_{ij}^{\beta}\bar{R}_{ij\alpha}^{\beta})F'(\rho) - \\ &(S_{\alpha\beta} + \bar{R}_{\alpha\beta}^{\top})H^{\beta}F'(\rho) - \frac{n}{2}H^{\alpha}F = 0, \forall\alpha \in [n+1, n+p].\end{aligned}$$

对$\Delta(F(\rho))$的计算进行耦合.

引理 10.4 假设$x : M^n \to N^{n+p}, p \geqslant 2$是一般流形中的子流形，那么其迹零全曲率模长的抽象函数$F(\rho)$有

$$\begin{aligned}
\Delta F(\rho) &= F''(\rho)|\nabla\rho|^2 + 2F'(\rho)(|\nabla h|^2 - n|\nabla \boldsymbol{H}|^2) + \\
&\quad 2n\Bigg[F'(\rho)h_{ij}^{\alpha}H_{,ij}^{\alpha} - F'(\rho)H^{\alpha}\Delta H^{\alpha} + F'(\rho)(S_{\alpha\beta\beta} - S_{\alpha\beta}H^{\beta})H^{\alpha} - \\
&\quad F'(\rho)(h_{ij}^{\beta}\bar{R}_{ij\alpha}^{\beta} + H^{\beta}\bar{R}_{\alpha\beta}^{\top})H^{\alpha} - \frac{n}{2}F(\rho)H^2\Bigg] + \\
&\quad 2F'(\rho)(\ h_{ij}^{\alpha}\bar{R}_{kki,j}^{\alpha} - h_{ij}^{\alpha}\bar{R}_{ijk,k}^{\alpha}\ ) + \\
&\quad 2nF'(\rho)(\ H^{\beta}H^{\alpha}\bar{R}_{\alpha\beta}^{\top} + h_{ij}^{\beta}\bar{R}_{ij\alpha}^{\beta}H^{\alpha}\ ) + \\
&\quad 2F'(\rho)(\ h_{ij}^{\alpha}h_{pk}^{\alpha}\bar{R}_{ipjk} + h_{ij}^{\alpha}h_{ip}^{\alpha}\bar{R}_{kpjk} + h_{ij}^{\alpha}h_{ik}^{\beta}\bar{R}_{\alpha\beta jk}\ ) - \\
&\quad 2F'(\rho)\Bigg[\sum_{\alpha\neq\beta}N(\hat{A}_{\alpha}\hat{A}_{\beta} - \hat{A}_{\beta}\hat{A}_{\alpha}) + \sum_{\alpha\beta}(\hat{S}_{\alpha\beta})^2\Bigg] + \\
&\quad n^2F(\rho)H^2 - 2nF'(\rho)\sum_{\alpha\beta}\hat{S}_{\alpha\beta}H^{\alpha}H^{\beta}.
\end{aligned}$$

引理 10.5 假设$x : M^n \to N^{n+p}, p = 1$是一般流形中的超曲面，那么其迹零全曲率模长的抽象函数$F(\rho)$ 有

$$\begin{aligned}
\Delta F(\rho) &= F''(\rho)|\nabla\rho|^2 + 2F'(\rho)(|\nabla h|^2 - n|\nabla H|^2) + \\
&\quad 2n\Bigg[F'(\rho)h_{ij}H_{,ij} - F'(\rho)H\Delta H + F'(\rho)(P_3 - SH)H + \\
&\quad F'(\rho)(h_{ij}\bar{R}_{i(n+1)(n+1)j} - H\bar{R}_{(n+1)(n+1)}\ )H - \frac{n}{2}F(\rho)H^2\Bigg] + \\
&\quad 2F'(\rho)(h_{ij}\bar{R}_{(n+1)ijk,k} - h_{ij}\bar{R}_{(n+1)kki,j}) + \\
&\quad 2nF'(\rho)(-Hh_{ij}\bar{R}_{i(n+1)(n+1)j} + H^2\bar{R}_{(n+1)(n+1)}) + \\
&\quad 2F'(\rho)(h_{ij}h_{kl}\bar{R}_{iljk} + h_{ij}h_{il}\bar{R}_{jkkl}) - \\
&\quad 2F'(\rho)\rho^2 + nH^2(nF(\rho) - 2\rho F'(\rho)).
\end{aligned}$$

引理 10.6 假设$x : M^n \to R^{n+p}(c), p \geqslant 2$是空间形式中的子流形，那么其迹零全曲率模长的抽象函数$F(\rho)$有

$$\begin{aligned}
\Delta F(\rho) &= F''(\rho)|\nabla\rho|^2 + 2F'(\rho)(|\nabla h|^2 - n|\nabla \boldsymbol{H}|^2) + \\
&\quad 2n\Bigg[F'(\rho)h_{ij}^{\alpha}H_{,ij}^{\alpha} - F'(\rho)H^{\alpha}\Delta H^{\alpha} + \\
&\quad F'(\rho)(S_{\alpha\beta\beta} - S_{\alpha\beta}H^{\beta})H^{\alpha} - \frac{n}{2}F(\rho)(H^{\alpha})^2\Bigg] -
\end{aligned}$$

$$2F'(\rho)\left[\sum_{\alpha\neq\beta}N(\hat{A}_\alpha\hat{A}_\beta-\hat{A}_\beta\hat{A}_\alpha)+\sum_{\alpha\beta}(\hat{S}_{\alpha\beta})^2\right]+$$
$$F'(\rho)2nc\rho+n^2F(\rho)H^2-2nF'(\rho)\sum_{\alpha\beta}\hat{S}_{\alpha\beta}H^\beta H^\alpha.$$

引理 10.7 假设$x:M^n\to R^{n+p}(c),p=1$是空间形式中的超曲面，那么其迹零全曲率模长的抽象函数$F(\rho)$有

$$\begin{aligned}\Delta F(\rho) &= F''(\rho)|\nabla\rho|^2+2F'(\rho)(|\nabla h|^2-n|\nabla H|^2)+\\ &\quad 2n\left[\sum_{ij}F'(\rho)h_{ij}H_{,ij}-F'(\rho)H\Delta H+\right.\\ &\quad \left.F'(\rho)(P_3-SH)H-\frac{n}{2}F(\rho)H^2\right]-\\ &\quad 2F'(\rho)\rho(\rho-nc)+nH^2(nF(\rho)-2\rho F'(\rho)).\end{aligned}$$

10.2 迹零全曲率模长的估计

借助于第10.1节的计算和第四章的陈省身不等式和李安民不等式，对一般子流形，与$W_{(n,F)}$有多类型的耦合估计.

定理 10.1 设$x:M^n\to N^{n+p},p\geqslant 2$是子流形，那么在某点$q\in M$有

$$\sum_{\alpha\neq\beta}N(\hat{\boldsymbol{A}}_\alpha\hat{\boldsymbol{A}}_\beta-\hat{\boldsymbol{A}}_\beta\hat{\boldsymbol{A}}_\alpha)+\sum_{\alpha\beta}(\hat{S}_{\alpha\beta})^2\leqslant(2-\frac{1}{p})\rho^2.$$

等式成立当且仅当两种情形：

情形1：$\hat{\boldsymbol{A}}_\alpha$全部为0.

情形2：余维数$p=2$，$\hat{\boldsymbol{A}}_{n+1}\neq 0,\hat{\boldsymbol{A}}_{n+2}\neq 0$，并且$\hat{\boldsymbol{A}}_\alpha,\hat{\boldsymbol{A}}_\beta$ 在点$q\in M$ 可以同时正交化为矩阵

$$\hat{\boldsymbol{A}}_{n+1}=\frac{\sqrt{\rho}}{2}\begin{pmatrix}1&0&0&\cdots\\0&-1&0&\cdots\\0&0&0&\cdots\\\vdots&\vdots&\vdots&\ddots\end{pmatrix},\hat{\boldsymbol{A}}_{n+2}=\frac{\sqrt{\rho}}{2}\begin{pmatrix}0&1&0&\cdots\\1&0&0&\cdots\\0&0&0&\cdots\\\vdots&\vdots&\vdots&\ddots\end{pmatrix}.$$

定理 10.2 设$x:M^n\to N^{n+p},p\geqslant 2$是子流形，那么在某点$q\in M$有

$$\sum_{\alpha\neq\beta}N(\hat{A}_\alpha\hat{A}_\beta-\hat{A}_\beta\hat{A}_\alpha)+\sum_{\alpha\beta}(\hat{S}_{\alpha\beta})^2\leqslant\frac{3}{2}\rho^2.$$

等式成立当且仅当下面的条件之一成立：

(1) $\hat{\boldsymbol{A}}_{n+1}=\hat{\boldsymbol{A}}_{n+2}=\cdots=\hat{\boldsymbol{A}}_{n+p}=0$;

(2) $\hat{\boldsymbol{A}}_{n+1}\neq 0,\hat{\boldsymbol{A}}_{n+2}\neq 0,\hat{\boldsymbol{A}}_{n+3}=\hat{\boldsymbol{A}}_{n+4}=\cdots=\hat{\boldsymbol{A}}_{n+p}=0,\hat{S}_{(n+1)(n+1)}=\hat{S}_{(n+2)(n+2)}.$

并且在情形(2)的条件之下，$\hat{\boldsymbol{A}}_1, \hat{\boldsymbol{A}}_2$可以同时正交化为矩阵

$$\hat{\boldsymbol{A}}_{n+1} = \frac{\sqrt{\rho}}{2}\begin{pmatrix} 1 & 0 & 0 & \dots \\ 0 & -1 & 0 & \dots \\ 0 & 0 & 0 & \dots \\ \vdots & \vdots & \vdots & \ddots \end{pmatrix}, \hat{\boldsymbol{A}}_{n+2} = \frac{\sqrt{\rho}}{2}\begin{pmatrix} 0 & 1 & 0 & \dots \\ 1 & 0 & 0 & \dots \\ 0 & 0 & 0 & \dots \\ \vdots & \vdots & \vdots & \ddots \end{pmatrix}.$$

定理 10.3 假设$\hat{S}_{\alpha\beta}, H^{\alpha}, H^{\beta}$是子流形$x: M^n \to N^{n+p}$的如第3章定义的几何量，那么一定有

$$\sum_{\alpha\beta} \hat{S}_{\alpha\beta} H^{\alpha} H^{\beta} \leqslant \rho H^2.$$

定理 10.4 对于子流形的第二基本型，有如下分解不等式.

(1) 当余维数为1时，有

$$|\nabla h|^2 \geqslant \frac{3n^2}{n+2}|\nabla H|^2 \geqslant n|\nabla H|^2,$$

并且$|\nabla h|^2 = n|\nabla H|^2$当且仅当$\nabla h = 0$.

(2) 当余维数大于等于2时，有

$$|\nabla h|^2 \geqslant \frac{3n^2}{n+2}|\nabla \boldsymbol{H}|^2 \geqslant n|\nabla \boldsymbol{H}|^2,$$

并且$|\nabla h|^2 = n|\nabla \boldsymbol{H}|^2$当且仅当$\nabla h = 0$.

10.2.1 幂函数型迹零全曲率泛函的耦合估计

引理 10.8 假设$x: M^n \to N^{n+p}, p \geqslant 2$是一般流形中的子流形，若$r > 0$，那么与$W_{(n,r)}$子流形的耦合有陈省身类型估计

$$\begin{aligned}
\Delta\rho^r \ =\ & r(r-1)\rho^{r-2}|\nabla\rho|^2 + 2r\rho^{r-1}(|\nabla h|^2 - n|\nabla \boldsymbol{H}|^2) + \\
& 2n\Bigg[r\rho^{r-1}h_{ij}^{\alpha}H_{,ij}^{\alpha} - r\rho^{r-1}H^{\alpha}\Delta H^{\alpha} + r\rho^{r-1}(S_{\alpha\beta\beta} - S_{\alpha\beta}H^{\beta})H^{\alpha} - \\
& \quad r\rho^{r-1}(h_{ij}^{\beta}\bar{R}_{ij\alpha}^{\beta} + H^{\beta}\bar{R}_{\alpha\beta}^{\top})H^{\alpha} - \frac{n}{2}\rho^r H^2\Bigg] + \\
& 2r\rho^{r-1}(\ h_{ij}^{\alpha}\bar{R}_{kki,j}^{\alpha} - h_{ij}^{\alpha}\bar{R}_{ijk,k}^{\alpha}\ ) + \\
& 2nr\rho^{r-1}(\ H^{\beta}H^{\alpha}\bar{R}_{\alpha\beta}^{\top} + h_{ij}^{\beta}\bar{R}_{ij\alpha}^{\beta}H^{\alpha}\ ) + \\
& 2r\rho^{r-1}(\ h_{ij}^{\alpha}h_{pk}^{\alpha}\bar{R}_{ipjk} + h_{ij}^{\alpha}h_{ip}^{\alpha}\bar{R}_{kpjk} + h_{ij}^{\alpha}h_{ik}^{\beta}\bar{R}_{\alpha\beta jk}\ ) - \\
& 2r\rho^{r-1}\Bigg[\sum_{\alpha\neq\beta} N(\hat{\boldsymbol{A}}_{\alpha}\hat{\boldsymbol{A}}_{\beta} - \hat{\boldsymbol{A}}_{\beta}\hat{\boldsymbol{A}}_{\alpha}) + \sum_{\alpha\beta}(\hat{S}_{\alpha\beta})^2\Bigg] + \\
& n^2\rho^r H^2 - 2nr\rho^{r-1}\sum_{\alpha\beta}\hat{S}_{\alpha\beta}H^{\alpha}H^{\beta} \\
\geqslant\ & r(r-1)\rho^{r-2}|\nabla\rho|^2 + 2r\rho^{r-1}(|\nabla h|^2 - n|\nabla \boldsymbol{H}|^2) +
\end{aligned}$$

$$
\begin{aligned}
&2n\left[r\rho^{r-1}h_{ij}^{\alpha}H_{,ij}^{\alpha}-r\rho^{r-1}H^{\alpha}\Delta H^{\alpha}+r\rho^{r-1}(S_{\alpha\beta\beta}-S_{\alpha\beta}H^{\beta})H^{\alpha}-\right.\\
&\left.\quad r\rho^{r-1}(h_{ij}^{\beta}\bar{R}_{ij\alpha}^{\beta}+H^{\beta}\bar{R}_{\alpha\beta}^{\top})H^{\alpha}-\frac{n}{2}\rho^{r}H^{2}\right]+\\
&2r\rho^{r-1}(\,h_{ij}^{\alpha}\bar{R}_{kki,j}^{\alpha}-h_{ij}^{\alpha}\bar{R}_{ijk,k}^{\alpha}\,)+\\
&2nr\rho^{r-1}(\,H^{\beta}H^{\alpha}\bar{R}_{\alpha\beta}^{\top}+h_{ij}^{\beta}\bar{R}_{ij\alpha}^{\beta}H^{\alpha}\,)+\\
&2r\rho^{r-1}(\,h_{ij}^{\alpha}h_{pk}^{\alpha}\bar{R}_{ipjk}+h_{ij}^{\alpha}h_{ip}^{\alpha}\bar{R}_{kpjk}+h_{ij}^{\alpha}h_{ik}^{\beta}\bar{R}_{\alpha\beta jk}\,)-\\
&2(2-\frac{1}{p})r\rho^{r+1}+(n^{2}-2nr)\rho^{r}H^{2}.
\end{aligned}
$$

引理 10.9 假设$x: M^n \to N^{n+p}, p \geqslant 2$是一般流形中的子流形，若$r>0$，那么与$W_{(n,r)}$子流形的耦合有李安民类型估计

$$
\begin{aligned}
\Delta\rho^{r} = \;& r(r-1)\rho^{r-2}|\nabla\rho|^{2}+2r\rho^{r-1}(|\nabla h|^{2}-n|\nabla \boldsymbol{H}|^{2})+\\
&2n\left[r\rho^{r-1}h_{ij}^{\alpha}H_{,ij}^{\alpha}-r\rho^{r-1}H^{\alpha}\Delta H^{\alpha}+r\rho^{r-1}(S_{\alpha\beta\beta}-S_{\alpha\beta}H^{\beta})H^{\alpha}-\right.\\
&\left.\quad r\rho^{r-1}(h_{ij}^{\beta}\bar{R}_{ij\alpha}^{\beta}+H^{\beta}\bar{R}_{\alpha\beta}^{\top})H^{\alpha}-\frac{n}{2}\rho^{r}H^{2}\right]+\\
&2r\rho^{r-1}(\,h_{ij}^{\alpha}\bar{R}_{kki,j}^{\alpha}-h_{ij}^{\alpha}\bar{R}_{ijk,k}^{\alpha}\,)+\\
&2nr\rho^{r-1}(\,H^{\beta}H^{\alpha}\bar{R}_{\alpha\beta}^{\top}+h_{ij}^{\beta}\bar{R}_{ij\alpha}^{\beta}H^{\alpha}\,)+\\
&2r\rho^{r-1}(\,h_{ij}^{\alpha}h_{pk}^{\alpha}\bar{R}_{ipjk}+h_{ij}^{\alpha}h_{ip}^{\alpha}\bar{R}_{kpjk}+h_{ij}^{\alpha}h_{ik}^{\beta}\bar{R}_{\alpha\beta jk}\,)-\\
&2r\rho^{r-1}\left[\sum_{\alpha\neq\beta}N(\hat{\boldsymbol{A}}_{\alpha}\hat{\boldsymbol{A}}_{\beta}-\hat{\boldsymbol{A}}_{\beta}\hat{\boldsymbol{A}}_{\alpha})+\sum_{\alpha\beta}(\hat{S}_{\alpha\beta})^{2}\right]+\\
&n^{2}\rho^{r}H^{2}-2nr\rho^{r-1}\sum_{\alpha\beta}\hat{S}_{\alpha\beta}H^{\alpha}H^{\beta}\\
\geqslant\;& r(r-1)\rho^{r-2}|\nabla\rho|^{2}+2r\rho^{r-1}(|\nabla h|^{2}-n|\nabla \boldsymbol{H}|^{2})+\\
&2n\left[r\rho^{r-1}h_{ij}^{\alpha}H_{,ij}^{\alpha}-r\rho^{r-1}H^{\alpha}\Delta H^{\alpha}+r\rho^{r-1}(S_{\alpha\beta\beta}-S_{\alpha\beta}H^{\beta})H^{\alpha}-\right.\\
&\left.\quad r\rho^{r-1}(h_{ij}^{\beta}\bar{R}_{ij\alpha}^{\beta}+H^{\beta}\bar{R}_{\alpha\beta}^{\top})H^{\alpha}-\frac{n}{2}\rho^{r}H^{2}\right]+\\
&2r\rho^{r-1}(\,h_{ij}^{\alpha}\bar{R}_{kki,j}^{\alpha}-h_{ij}^{\alpha}\bar{R}_{ijk,k}^{\alpha}\,)+\\
&2nr\rho^{r-1}(\,H^{\beta}H^{\alpha}\bar{R}_{\alpha\beta}^{\top}+h_{ij}^{\beta}\bar{R}_{ij\alpha}^{\beta}H^{\alpha}\,)+\\
&2r\rho^{r-1}(\,h_{ij}^{\alpha}h_{pk}^{\alpha}\bar{R}_{ipjk}+h_{ij}^{\alpha}h_{ip}^{\alpha}\bar{R}_{kpjk}+h_{ij}^{\alpha}h_{ik}^{\beta}\bar{R}_{\alpha\beta jk}\,)-\\
&3r\rho^{r+1}+(n^{2}-2nr)\rho^{r}H^{2}.
\end{aligned}
$$

引理 10.10 假设$x: M^n \to N^{n+p}, p=1$是一般流形中的超曲面，与$W_{(n,r)}$超曲面的耦合有等式

$$\begin{aligned}\Delta\rho^r &= r(r-1)\rho^{r-2}|\nabla\rho|^2+2r\rho^{r-1}(|\nabla h|^2-n|\nabla H|^2)+\\&2n\Bigg[r\rho^{r-1}h_{ij}H_{,ij}-r\rho^{r-1}H\Delta H+r\rho^{r-1}(P_3-SH)H+\\&r\rho^{r-1}(h_{ij}\bar{R}_{i(n+1)(n+1)j}-H\bar{R}_{(n+1)(n+1)})H-\frac{n}{2}\rho^r H^2\Bigg]+\\&2r\rho^{r-1}(h_{ij}\bar{R}_{(n+1)ijk,k}-h_{ij}\bar{R}_{(n+1)kki,j})+\\&2nr\rho^{r-1}(-Hh_{ij}\bar{R}_{i(n+1)(n+1)j}+H^2\bar{R}_{(n+1)(n+1)})+\\&2r\rho^{r-1}(h_{ij}h_{kl}\bar{R}_{iljk}+h_{ij}h_{il}\bar{R}_{jkkl})-\\&2r\rho^{r+1}+nH^2(n\rho^r-2r\rho^r).\end{aligned}$$

引理 10.11 假设$x: M^n \to R^{n+p}(c), p \geqslant 2$是空间形式中的子流形，若$r>0$，那么与$W_{(n,r)}$子流形的耦合有陈省身类型估计

$$\begin{aligned}\Delta\rho^r &= r(r-1)\rho^{r-2}|\nabla\rho|^2+2r\rho^{r-1}(|\nabla h|^2-n|\nabla \boldsymbol{H}|^2)+\\&2n\Bigg[r\rho^{r-1}h^\alpha_{ij}H^\alpha_{,ij}-r\rho^{r-1}H^\alpha\Delta H^\alpha+\\&r\rho^{r-1}(S_{\alpha\beta\beta}-S_{\alpha\beta}H^\beta)H^\alpha-\frac{n}{2}\rho^r(H^\alpha)^2\Bigg]-\\&2r\rho^{r-1}\Bigg[\sum_{\alpha\neq\beta}N(\hat{\boldsymbol{A}}_\alpha\hat{\boldsymbol{A}}_\beta-\hat{\boldsymbol{A}}_\beta\hat{\boldsymbol{A}}_\alpha)+\sum_{\alpha\beta}(\hat{S}_{\alpha\beta})^2\Bigg]+\\&2nrc\rho^r+n^2\rho^rH^2-2nr\rho^{r-1}\sum_{\alpha\beta}\hat{S}_{\alpha\beta}H^\beta H^\alpha\\&\geqslant r(r-1)\rho^{r-2}|\nabla\rho|^2+2r\rho^{r-1}(|\nabla h|^2-n|\nabla \boldsymbol{H}|^2)+\\&2n\Bigg[r\rho^{r-1}h^\alpha_{ij}H^\alpha_{,ij}-r\rho^{r-1}H^\alpha\Delta H^\alpha+\\&r\rho^{r-1}(S_{\alpha\beta\beta}-S_{\alpha\beta}H^\beta)H^\alpha-\frac{n}{2}\rho^r(H^\alpha)^2\Bigg]-\\&2(2-\frac{1}{p})r\rho^{r+1}+2nrc\rho^r+(n^2-2nr)\rho^rH^2.\end{aligned}$$

引理 10.12 假设$x: M^n \to R^{n+p}(c), p \geqslant 2$是空间形式中的子流形，若$r>0$，那么与$W_{(n,r)}$子流形的耦合有李安民类型估计

$$\begin{aligned}\Delta\rho^r &= r(r-1)\rho^{r-2}|\nabla\rho|^2+2r\rho^{r-1}(|\nabla h|^2-n|\nabla \boldsymbol{H}|^2)+\\&2n\Bigg[r\rho^{r-1}h^\alpha_{ij}H^\alpha_{,ij}-r\rho^{r-1}H^\alpha\Delta H^\alpha+\end{aligned}$$

$$
\begin{aligned}
&r\rho^{r-1}(S_{\alpha\beta\beta}-S_{\alpha\beta}H^{\beta})H^{\alpha}-\frac{n}{2}\rho^{r}(H^{\alpha})^{2}\Bigg]-\\
&2r\rho^{r-1}\left[\sum_{\alpha\neq\beta}N(\hat{\boldsymbol{A}}_{\alpha}\hat{\boldsymbol{A}}_{\beta}-\hat{\boldsymbol{A}}_{\beta}\hat{\boldsymbol{A}}_{\alpha})+\sum_{\alpha\beta}(\hat{S}_{\alpha\beta})^{2}\right]+\\
&2nrc\rho^{r}+n^{2}\rho^{r}H^{2}-2nr\rho^{r-1}\sum_{\alpha\beta}\hat{S}_{\alpha\beta}H^{\beta}H^{\alpha}\\
\geqslant\ &r(r-1)\rho^{r-2}|\nabla\rho|^{2}+2r\rho^{r-1}(|\nabla h|^{2}-n|\nabla\boldsymbol{H}|^{2})+\\
&2n\Bigg[r\rho^{r-1}h_{ij}^{\alpha}H_{,ij}^{\alpha}-r\rho^{r-1}H^{\alpha}\Delta H^{\alpha}+\\
&r\rho^{r-1}(S_{\alpha\beta\beta}-S_{\alpha\beta}H^{\beta})H^{\alpha}-\frac{n}{2}\rho^{r}(H^{\alpha})^{2}\Bigg]-\\
&3r\rho^{r+1}+2nrc\rho^{r}+(n^{2}-2nr)\rho^{r}H^{2}.
\end{aligned}
$$

引理 10.13 假设$x:M^{n}\to R^{n+p}(c),p=1$是空间形式中的超曲面，与$W_{(n,r)}$超曲面的耦合有等式

$$
\begin{aligned}
\Delta\rho^{r}\ =\ &r(r-1)\rho^{r-2}|\nabla\rho|^{2}+2r\rho^{r-1}(|\nabla h|^{2}-n|\nabla H|^{2})+\\
&2n\Bigg[\sum_{ij}r\rho^{r-1}h_{ij}H_{,ij}-r\rho^{r-1}H\Delta H+\\
&r\rho^{r-1}(P_{3}-SH)H-\frac{n}{2}\rho^{r}H^{2}\Bigg]-\\
&2r\rho^{r}(\rho-nc)+nH^{2}(n\rho^{r}-2r\rho^{r}).
\end{aligned}
$$

10.2.2 指数型迹零全曲率泛函的耦合估计

引理 10.14 假设$x:M^{n}\to N^{n+p},p\geqslant 2$是一般流形中的子流形，与$W_{(n,E)}$子流形的耦合有陈省身类型估计

$$
\begin{aligned}
\Delta\exp(\rho)\ =\ &\exp(\rho)|\nabla\rho|^{2}+2\exp(\rho)(|\nabla h|^{2}-n|\nabla\boldsymbol{H}|^{2})+\\
&2n\Bigg[\exp(\rho)h_{ij}^{\alpha}H_{,ij}^{\alpha}-\exp(\rho)H^{\alpha}\Delta H^{\alpha}+\exp(\rho)(S_{\alpha\beta\beta}-S_{\alpha\beta}H^{\beta})H^{\alpha}-\\
&\exp(\rho)(h_{ij}^{\beta}\bar{R}_{ij\alpha}^{\beta}+H^{\beta}\bar{R}_{\alpha\beta}^{\top})H^{\alpha}-\frac{n}{2}\exp(\rho)H^{2}\Bigg]+\\
&2\exp(\rho)(\,h_{ij}^{\alpha}\bar{R}_{kki,j}^{\alpha}-h_{ij}^{\alpha}\bar{R}_{ijk,k}^{\alpha}\,)+\\
&2n\exp(\rho)(\,H^{\beta}H^{\alpha}\bar{R}_{\alpha\beta}^{\top}+h_{ij}^{\beta}\bar{R}_{ij\alpha}^{\beta}H^{\alpha}\,)+\\
&2\exp(\rho)(\,h_{ij}^{\alpha}h_{pk}^{\alpha}\bar{R}_{ipjk}+h_{ij}^{\alpha}h_{ip}^{\alpha}\bar{R}_{kpjk}+h_{ij}^{\alpha}h_{ik}^{\beta}\bar{R}_{\alpha\beta jk}\,)-\\
&2\exp(\rho)\left[\sum_{\alpha\neq\beta}N(\hat{\boldsymbol{A}}_{\alpha}\hat{\boldsymbol{A}}_{\beta}-\hat{\boldsymbol{A}}_{\beta}\hat{\boldsymbol{A}}_{\alpha})+\sum_{\alpha\beta}(\hat{S}_{\alpha\beta})^{2}\right]+
\end{aligned}
$$

$$
\begin{aligned}
& n^2\exp(\rho)H^2 - 2n\exp(\rho)\sum_{\alpha\beta}\hat{S}_{\alpha\beta}H^\alpha H^\beta \\
\geqslant\ & \exp(\rho)|\nabla\rho|^2 + 2\exp(\rho)(|\nabla h|^2 - n|\nabla \boldsymbol{H}|^2) + \\
& 2n\Big[\exp(\rho)h_{ij}^\alpha H_{,ij}^\alpha - \exp(\rho)H^\alpha\Delta H^\alpha + \exp(\rho)(S_{\alpha\beta\beta} - S_{\alpha\beta}H^\beta)H^\alpha - \\
& \quad \exp(\rho)(h_{ij}^\beta\bar{R}_{ij\alpha}^\beta + H^\beta\bar{R}_{\alpha\beta}^\top)H^\alpha - \frac{n}{2}\exp(\rho)H^2\Big] + \\
& 2\exp(\rho)(\ h_{ij}^\alpha\bar{R}_{kki,j}^\alpha - h_{ij}^\alpha\bar{R}_{ijk,k}^\alpha\ ) + \\
& 2n\exp(\rho)(\ H^\beta H^\alpha\bar{R}_{\alpha\beta}^\top + h_{ij}^\beta\bar{R}_{ij\alpha}^\beta H^\alpha\ ) + \\
& 2\exp(\rho)(\ h_{ij}^\alpha h_{pk}^\alpha\bar{R}_{ipjk} + h_{ij}^\alpha h_{ip}^\alpha\bar{R}_{kpjk} + h_{ij}^\alpha h_{ik}^\beta\bar{R}_{\alpha\beta jk}\ ) - \\
& 2(2-\frac{1}{p})\exp(\rho)\rho^2 + n^2\exp(\rho)H^2 - 2n\exp(\rho)\rho H^2.
\end{aligned}
$$

引理 10.15 假设$x: M^n\to N^{n+p}, p\geqslant 2$是一般流形中的子流形，与$W_{(n,E)}$子流形的耦合有李安民类型估计

$$
\begin{aligned}
\Delta\exp(\rho)\ =\ & \exp(\rho)|\nabla\rho|^2 + 2\exp(\rho)(|\nabla h|^2 - n|\nabla \boldsymbol{H}|^2) + \\
& 2n\Big[\exp(\rho)h_{ij}^\alpha H_{,ij}^\alpha - \exp(\rho)H^\alpha\Delta H^\alpha + \exp(\rho)(S_{\alpha\beta\beta} - S_{\alpha\beta}H^\beta)H^\alpha - \\
& \quad \exp(\rho)(h_{ij}^\beta\bar{R}_{ij\alpha}^\beta + H^\beta\bar{R}_{\alpha\beta}^\top)H^\alpha - \frac{n}{2}\exp(\rho)H^2\Big] + \\
& 2\exp(\rho)(\ h_{ij}^\alpha\bar{R}_{kki,j}^\alpha - h_{ij}^\alpha\bar{R}_{ijk,k}^\alpha\ ) + \\
& 2n\exp(\rho)(\ H^\beta H^\alpha\bar{R}_{\alpha\beta}^\top + h_{ij}^\beta\bar{R}_{ij\alpha}^\beta H^\alpha\ ) + \\
& 2\exp(\rho)(\ h_{ij}^\alpha h_{pk}^\alpha\bar{R}_{ipjk} + h_{ij}^\alpha h_{ip}^\alpha\bar{R}_{kpjk} + h_{ij}^\alpha h_{ik}^\beta\bar{R}_{\alpha\beta jk}\ ) - \\
& 2\exp(\rho)\Big[\sum_{\alpha\neq\beta}N(\hat{\boldsymbol{A}}_\alpha\hat{\boldsymbol{A}}_\beta - \hat{\boldsymbol{A}}_\beta\hat{\boldsymbol{A}}_\alpha) + \sum_{\alpha\beta}(\hat{S}_{\alpha\beta})^2\Big] + \\
& n^2\exp(\rho)H^2 - 2n\exp(\rho)\sum_{\alpha\beta}\hat{S}_{\alpha\beta}H^\alpha H^\beta \\
\geqslant\ & \exp(\rho)|\nabla\rho|^2 + 2\exp(\rho)(|\nabla h|^2 - n|\nabla \boldsymbol{H}|^2) + \\
& 2n\Big[\exp(\rho)h_{ij}^\alpha H_{,ij}^\alpha - \exp(\rho)H^\alpha\Delta H^\alpha + \exp(\rho)(S_{\alpha\beta\beta} - S_{\alpha\beta}H^\beta)H^\alpha - \\
& \quad \exp(\rho)(h_{ij}^\beta\bar{R}_{ij\alpha}^\beta + H^\beta\bar{R}_{\alpha\beta}^\top)H^\alpha - \frac{n}{2}\exp(\rho)H^2\Big] + \\
& 2\exp(\rho)(\ h_{ij}^\alpha\bar{R}_{kki,j}^\alpha - h_{ij}^\alpha\bar{R}_{ijk,k}^\alpha\ ) + \\
& 2n\exp(\rho)(\ H^\beta H^\alpha\bar{R}_{\alpha\beta}^\top + h_{ij}^\beta\bar{R}_{ij\alpha}^\beta H^\alpha\ ) + \\
& 2\exp(\rho)(\ h_{ij}^\alpha h_{pk}^\alpha\bar{R}_{ipjk} + h_{ij}^\alpha h_{ip}^\alpha\bar{R}_{kpjk} + h_{ij}^\alpha h_{ik}^\beta\bar{R}_{\alpha\beta jk}\ ) -
\end{aligned}
$$

$$3\exp(\rho)\rho^2 + n^2\exp(\rho)H^2 - 2n\exp(\rho)\rho H^2.$$

引理 10.16 假设$x: M^n \to N^{n+p}, p = 1$是一般流形中的超曲面，与$W_{(n,E)}$超曲面的耦合有等式

$$\begin{aligned}\Delta\exp(\rho) &= \exp(\rho)|\nabla\rho|^2 + 2\exp(\rho)(|\nabla h|^2 - n|\nabla H|^2) + \\ &\quad 2n\Bigg[\exp(\rho)h_{ij}H_{,ij} - \exp(\rho)H\Delta H + \exp(\rho)(P_3 - SH)H + \\ &\quad \exp(\rho)(h_{ij}\bar{R}_{i(n+1)(n+1)j} - H\bar{R}_{(n+1)(n+1)})H - \frac{n}{2}\exp(\rho)H^2\Bigg] + \\ &\quad 2\exp(\rho)(h_{ij}\bar{R}_{(n+1)ijk,k} - h_{ij}\bar{R}_{(n+1)kki,j}) + \\ &\quad 2n\exp(\rho)(-Hh_{ij}\bar{R}_{i(n+1)(n+1)j} + H^2\bar{R}_{(n+1)(n+1)}) + \\ &\quad 2\exp(\rho)(h_{ij}h_{kl}\bar{R}_{iljk} + h_{ij}h_{il}\bar{R}_{jkkl}) - \\ &\quad 2\exp(\rho)\rho^2 + nH^2(n\exp(\rho) - 2\rho\exp(\rho)).\end{aligned}$$

引理 10.17 假设$x: M^n \to R^{n+p}(c), p \geqslant 2$是空间形式中的子流形，与$W_{(n,E)}$子流形的耦合有陈省身类型估计

$$\begin{aligned}\Delta\exp(\rho) &= \exp(\rho)|\nabla\rho|^2 + 2\exp(\rho)(|\nabla h|^2 - n|\nabla \boldsymbol{H}|^2) + \\ &\quad 2n\Bigg[\exp(\rho)h_{ij}^{\alpha}H_{,ij}^{\alpha} - \exp(\rho)H^{\alpha}\Delta H^{\alpha} + \\ &\quad \exp(\rho)(S_{\alpha\beta\beta} - S_{\alpha\beta}H^{\beta})H^{\alpha} - \frac{n}{2}\exp(\rho)(H^{\alpha})^2\Bigg] - \\ &\quad 2\exp(\rho)\Bigg[\sum_{\alpha\neq\beta}N(\hat{\boldsymbol{A}}_{\alpha}\hat{\boldsymbol{A}}_{\beta} - \hat{\boldsymbol{A}}_{\beta}\hat{\boldsymbol{A}}_{\alpha}) + \sum_{\alpha\beta}(\hat{S}_{\alpha\beta})^2\Bigg] + \\ &\quad \exp(\rho)2nc\rho + n^2\exp(\rho)H^2 - 2n\exp(\rho)\sum_{\alpha\beta}\hat{S}_{\alpha\beta}H^{\beta}H^{\alpha} \\ &\geqslant \exp(\rho)|\nabla\rho|^2 + 2\exp(\rho)(|\nabla h|^2 - n|\nabla \boldsymbol{H}|^2) + \\ &\quad 2n\Bigg[\exp(\rho)h_{ij}^{\alpha}H_{,ij}^{\alpha} - \exp(\rho)H^{\alpha}\Delta H^{\alpha} + \\ &\quad \exp(\rho)(S_{\alpha\beta\beta} - S_{\alpha\beta}H^{\beta})H^{\alpha} - \frac{n}{2}\exp(\rho)(H^{\alpha})^2\Bigg] - \\ &\quad 2(2 - \frac{1}{p})\exp(\rho)\rho^2 + \exp(\rho)2nc\rho + n^2\exp(\rho)H^2 - 2n\exp(\rho)\rho H^2.\end{aligned}$$

引理 10.18 假设$x: M^n \to R^{n+p}(c), p \geqslant 2$是空间形式中的子流形，与$W_{(n,E)}$子流形的耦合有李安民类型估计

$$\Delta\exp(\rho) = \exp(\rho)|\nabla\rho|^2 + 2\exp(\rho)(|\nabla h|^2 - n|\nabla \boldsymbol{H}|^2) +$$

$$
\begin{aligned}
&2n\left[\exp(\rho)h_{ij}^{\alpha}H_{,ij}^{\alpha}-\exp(\rho)H^{\alpha}\Delta H^{\alpha}+\right.\\
&\left.\exp(\rho)(S_{\alpha\beta\beta}-S_{\alpha\beta}H^{\beta})H^{\alpha}-\frac{n}{2}\exp(\rho)(H^{\alpha})^{2}\right]-\\
&2\exp(\rho)\left[\sum_{\alpha\neq\beta}N(\hat{\boldsymbol{A}}_{\alpha}\hat{\boldsymbol{A}}_{\beta}-\hat{\boldsymbol{A}}_{\beta}\hat{\boldsymbol{A}}_{\alpha})+\sum_{\alpha\beta}(\hat{S}_{\alpha\beta})^{2}\right]+\\
&\exp(\rho)2nc\rho+n^{2}\exp(\rho)H^{2}-2n\exp(\rho)\sum_{\alpha\beta}\hat{S}_{\alpha\beta}H^{\beta}H^{\alpha}\\
\geqslant\ &\exp(\rho)|\nabla\rho|^{2}+2\exp(\rho)(|\nabla h|^{2}-n|\nabla\boldsymbol{H}|^{2})+\\
&2n\left[\exp(\rho)h_{ij}^{\alpha}H_{,ij}^{\alpha}-\exp(\rho)H^{\alpha}\Delta H^{\alpha}+\right.\\
&\left.\exp(\rho)(S_{\alpha\beta\beta}-S_{\alpha\beta}H^{\beta})H^{\alpha}-\frac{n}{2}\exp(\rho)(H^{\alpha})^{2}\right]-\\
&3\exp(\rho)\rho^{2}+\exp(\rho)2nc\rho+n^{2}\exp(\rho)H^{2}-2n\exp(\rho)\rho H^{2}.
\end{aligned}
$$

引理 10.19 假设$x:M^n\to R^{n+p}(c),p=1$是空间形式中的超曲面，与$W_{(n,E)}$超曲面的耦合有等式

$$
\begin{aligned}
\Delta\exp(\rho)\ =\ &\exp(\rho)|\nabla\rho|^{2}+2\exp(\rho)(|\nabla h|^{2}-n|\nabla H|^{2})+\\
&2n\left[\sum_{ij}\exp(\rho)h_{ij}H_{,ij}-\exp(\rho)H\Delta H+\right.\\
&\left.\exp(\rho)(P_{3}-SH)H-\frac{n}{2}\exp(\rho)H^{2}\right]-\\
&2\exp(\rho)\rho(\rho-nc)+nH^{2}(n\exp(\rho)-2\rho\exp(\rho)).
\end{aligned}
$$

10.2.3 对数型迹零全曲率泛函的耦合估计

引理 10.20 假设$x:M^n\to N^{n+p},p\geqslant 2$是一般流形中的子流形，与$W_{(n,\log)}$子流形的耦合有陈省身类型估计

$$
\begin{aligned}
\Delta\log(\rho)\ =\ &-\rho^{-2}|\nabla\rho|^{2}+2\rho^{-1}(|\nabla h|^{2}-n|\nabla\boldsymbol{H}|^{2})+\\
&2n\left[\rho^{-1}h_{ij}^{\alpha}H_{,ij}^{\alpha}-\rho^{-1}H^{\alpha}\Delta H^{\alpha}+\rho^{-1}(S_{\alpha\beta\beta}-S_{\alpha\beta}H^{\beta})H^{\alpha}-\right.\\
&\left.\rho^{-1}(h_{ij}^{\beta}\bar{R}_{ij\alpha}^{\beta}+H^{\beta}\bar{R}_{\alpha\beta}^{\top})H^{\alpha}-\frac{n}{2}\log(\rho)H^{2}\right]+\\
&2\rho^{-1}(\,h_{ij}^{\alpha}\bar{R}_{kki,j}^{\alpha}-h_{ij}^{\alpha}\bar{R}_{ijk,k}^{\alpha}\,)+\\
&2n\rho^{-1}(\,H^{\beta}H^{\alpha}\bar{R}_{\alpha\beta}^{\top}+h_{ij}^{\beta}\bar{R}_{ij\alpha}^{\beta}H^{\alpha}\,)+\\
&2\rho^{-1}(\,h_{ij}^{\alpha}h_{pk}^{\alpha}\bar{R}_{ipjk}+h_{ij}^{\alpha}h_{ip}^{\alpha}\bar{R}_{kpjk}+h_{ij}^{\alpha}h_{ik}^{\beta}\bar{R}_{\alpha\beta jk}\,)-
\end{aligned}
$$

$$
\begin{aligned}
& 2\rho^{-1}\left[\sum_{\alpha\neq\beta}N(\hat{\boldsymbol{A}}_\alpha\hat{\boldsymbol{A}}_\beta-\hat{\boldsymbol{A}}_\beta\hat{\boldsymbol{A}}_\alpha)+\sum_{\alpha\beta}(\hat{S}_{\alpha\beta})^2\right]+\\
& n^2\log(\rho)H^2-2n\rho^{-1}\sum_{\alpha\beta}\hat{S}_{\alpha\beta}H^\alpha H^\beta\\
\geqslant\ & -\rho^{-2}|\nabla\rho|^2+2\rho^{-1}(|\nabla h|^2-n|\nabla \boldsymbol{H}|^2)+\\
& 2n\left[\rho^{-1}h^\alpha_{ij}H^\alpha_{,ij}-\rho^{-1}H^\alpha\Delta H^\alpha+\rho^{-1}(S_{\alpha\beta\beta}-S_{\alpha\beta}H^\beta)H^\alpha-\right.\\
& \left.\rho^{-1}(h^\beta_{ij}\bar{R}^\beta_{ij\alpha}+H^\beta\bar{R}^\top_{\alpha\beta})H^\alpha-\frac{n}{2}\log(\rho)H^2\right]+\\
& 2\rho^{-1}(\ h^\alpha_{ij}\bar{R}^\alpha_{kki,j}-h^\alpha_{ij}\bar{R}^\alpha_{ijk,k}\ )+\\
& 2n\rho^{-1}(\ H^\beta H^\alpha\bar{R}^\top_{\alpha\beta}+h^\beta_{ij}\bar{R}^\beta_{ij\alpha}H^\alpha\ )+\\
& 2\rho^{-1}(\ h^\alpha_{ij}h^\alpha_{pk}\bar{R}_{ipjk}+h^\alpha_{ij}h^\alpha_{ip}\bar{R}_{kpjk}+h^\alpha_{ij}h^\beta_{ik}\bar{R}_{\alpha\beta jk}\ )-\\
& 2(2-\frac{1}{p})\rho+n^2\log(\rho)H^2-2nH^2.
\end{aligned}
$$

引理 10.21 假设$x: M^n\to N^{n+p}, p\geqslant 2$是一般流形中的子流形，与$W_{(n,\log)}$子流形的耦合有李安民类型估计

$$
\begin{aligned}
\Delta\log(\rho)\ =\ & -\rho^{-2}|\nabla\rho|^2+2\rho^{-1}(|\nabla h|^2-n|\nabla \boldsymbol{H}|^2)+\\
& 2n\left[\rho^{-1}h^\alpha_{ij}H^\alpha_{,ij}-\rho^{-1}H^\alpha\Delta H^\alpha+\rho^{-1}(S_{\alpha\beta\beta}-S_{\alpha\beta}H^\beta)H^\alpha-\right.\\
& \left.\rho^{-1}(h^\beta_{ij}\bar{R}^\beta_{ij\alpha}+H^\beta\bar{R}^\top_{\alpha\beta})H^\alpha-\frac{n}{2}\log(\rho)H^2\right]+\\
& 2\rho^{-1}(\ h^\alpha_{ij}\bar{R}^\alpha_{kki,j}-h^\alpha_{ij}\bar{R}^\alpha_{ijk,k}\ )+\\
& 2n\rho^{-1}(\ H^\beta H^\alpha\bar{R}^\top_{\alpha\beta}+h^\beta_{ij}\bar{R}^\beta_{ij\alpha}H^\alpha\ )+\\
& 2\rho^{-1}(\ h^\alpha_{ij}h^\alpha_{pk}\bar{R}_{ipjk}+h^\alpha_{ij}h^\alpha_{ip}\bar{R}_{kpjk}+h^\alpha_{ij}h^\beta_{ik}\bar{R}_{\alpha\beta jk}\ )-\\
& 2\rho^{-1}\left[\sum_{\alpha\neq\beta}N(\hat{\boldsymbol{A}}_\alpha\hat{\boldsymbol{A}}_\beta-\hat{\boldsymbol{A}}_\beta\hat{\boldsymbol{A}}_\alpha)+\sum_{\alpha\beta}(\hat{S}_{\alpha\beta})^2\right]+\\
& n^2\log(\rho)H^2-2n\rho^{-1}\sum_{\alpha\beta}\hat{S}_{\alpha\beta}H^\alpha H^\beta\\
\geqslant\ & -\rho^{-2}|\nabla\rho|^2+2\rho^{-1}(|\nabla h|^2-n|\nabla \boldsymbol{H}|^2)+\\
& 2n\left[\rho^{-1}h^\alpha_{ij}H^\alpha_{,ij}-\rho^{-1}H^\alpha\Delta H^\alpha+\rho^{-1}(S_{\alpha\beta\beta}-S_{\alpha\beta}H^\beta)H^\alpha-\right.\\
& \left.\rho^{-1}(h^\beta_{ij}\bar{R}^\beta_{ij\alpha}+H^\beta\bar{R}^\top_{\alpha\beta})H^\alpha-\frac{n}{2}\log(\rho)H^2\right]+\\
& 2\rho^{-1}(\ h^\alpha_{ij}\bar{R}^\alpha_{kki,j}-h^\alpha_{ij}\bar{R}^\alpha_{ijk,k}\ )+
\end{aligned}
$$

$$2n\rho^{-1}(\ H^{\beta}H^{\alpha}\bar{R}^{\top}_{\alpha\beta}+h^{\beta}_{ij}\bar{R}^{\beta}_{ij\alpha}H^{\alpha}\ )+$$
$$2\rho^{-1}(\ h^{\alpha}_{ij}h^{\alpha}_{pk}\bar{R}_{ipjk}+h^{\alpha}_{ij}h^{\alpha}_{ip}\bar{R}_{kpjk}+h^{\alpha}_{ij}h^{\beta}_{ik}\bar{R}_{\alpha\beta jk}\ )-$$
$$3\rho+n^2\log(\rho)H^2-2nH^2.$$

引理 10.22 假设$x:M^n\to N^{n+p},p=1$是一般流形中的超曲面，与$W_{(n,\log)}$超曲面的耦合有等式

$$\begin{aligned}\Delta\log(\rho) &= -\rho^{-2}|\nabla\rho|^2+2\rho^{-1}(|\nabla h|^2-n|\nabla H|^2)+\\ &\quad 2n\Big[\rho^{-1}h_{ij}H_{,ij}-\rho^{-1}H\Delta H+\rho^{-1}(P_3-SH)H+\\ &\quad \rho^{-1}(h_{ij}\bar{R}_{i(n+1)(n+1)j}-H\bar{R}_{(n+1)(n+1)})H-\frac{n}{2}\log(\rho)H^2\Big]+\\ &\quad 2\rho^{-1}(h_{ij}\bar{R}_{(n+1)ijk,k}-h_{ij}\bar{R}_{(n+1)kki,j})+\\ &\quad 2n\rho^{-1}(-Hh_{ij}\bar{R}_{i(n+1)(n+1)j}+H^2\bar{R}_{(n+1)(n+1)})+\\ &\quad 2\rho^{-1}(h_{ij}h_{kl}\bar{R}_{iljk}+h_{ij}h_{il}\bar{R}_{jkkl})-\\ &\quad 2\rho+nH^2(n\log(\rho)-2).\end{aligned}$$

引理 10.23 假设$x:M^n\to R^{n+p}(c),p\geqslant 2$是空间形式中的子流形，与$W_{(n,\log)}$子流形的耦合有陈省身类型估计

$$\begin{aligned}\Delta\log(\rho) &= -\rho^{-2}|\nabla\rho|^2+2\rho^{-1}(|\nabla h|^2-n|\nabla \boldsymbol{H}|^2)+\\ &\quad 2n\Big[\rho^{-1}h^{\alpha}_{ij}H^{\alpha}_{,ij}-\rho^{-1}H^{\alpha}\Delta H^{\alpha}+\\ &\quad \rho^{-1}(S_{\alpha\beta\beta}-S_{\alpha\beta}H^{\beta})H^{\alpha}-\frac{n}{2}\log(\rho)(H^{\alpha})^2\Big]-\\ &\quad 2\rho^{-1}\Big[\sum_{\alpha\neq\beta}N(\hat{\boldsymbol{A}}_{\alpha}\hat{\boldsymbol{A}}_{\beta}-\hat{\boldsymbol{A}}_{\beta}\hat{\boldsymbol{A}}_{\alpha})+\sum_{\alpha\beta}(\hat{S}_{\alpha\beta})^2\Big]+\\ &\quad \rho^{-1}2nc\rho+n^2\log(\rho)H^2-2n\rho^{-1}\sum_{\alpha\beta}\hat{S}_{\alpha\beta}H^{\beta}H^{\alpha}\\ &\geqslant -\rho^{-2}|\nabla\rho|^2+2\rho^{-1}(|\nabla h|^2-n|\nabla \boldsymbol{H}|^2)+\\ &\quad 2n\Big[\rho^{-1}h^{\alpha}_{ij}H^{\alpha}_{,ij}-\rho^{-1}H^{\alpha}\Delta H^{\alpha}+\\ &\quad \rho^{-1}(S_{\alpha\beta\beta}-S_{\alpha\beta}H^{\beta})H^{\alpha}-\frac{n}{2}\log(\rho)(H^{\alpha})^2\Big]-\\ &\quad 2(2-\frac{1}{p})\rho+2nc+n^2\log(\rho)H^2-2nH^2.\end{aligned}$$

引理 10.24 假设$x:M^n\to R^{n+p}(c),p\geqslant 2$是空间形式中的子流形，与$W_{(n,\log)}$子流形的耦合有李安民类型估计

$$\begin{aligned}\Delta\log(\rho) &= -\rho^{-2}|\nabla\rho|^2+2\rho^{-1}(|\nabla h|^2-n|\nabla \boldsymbol{H}|^2)+\\&\quad 2n\Bigg[\rho^{-1}h^{\alpha}_{ij}H^{\alpha}_{,ij}-\rho^{-1}H^{\alpha}\Delta H^{\alpha}+\\&\quad \rho^{-1}(S_{\alpha\beta\beta}-S_{\alpha\beta}H^{\beta})H^{\alpha}-\frac{n}{2}\log(\rho)(H^{\alpha})^2\Bigg]-\\&\quad 2\rho^{-1}\Bigg[\sum_{\alpha\neq\beta}N(\hat{\boldsymbol{A}}_{\alpha}\hat{\boldsymbol{A}}_{\beta}-\hat{\boldsymbol{A}}_{\beta}\hat{\boldsymbol{A}}_{\alpha})+\sum_{\alpha\beta}(\hat{S}_{\alpha\beta})^2\Bigg]+\\&\quad \rho^{-1}2nc\rho+n^2\log(\rho)H^2-2n\rho^{-1}\sum_{\alpha\beta}\hat{S}_{\alpha\beta}H^{\beta}H^{\alpha}\\&\geqslant -\rho^{-2}|\nabla\rho|^2+2\rho^{-1}(|\nabla h|^2-n|\nabla \boldsymbol{H}|^2)+\\&\quad 2n\Bigg[\rho^{-1}h^{\alpha}_{ij}H^{\alpha}_{,ij}-\rho^{-1}H^{\alpha}\Delta H^{\alpha}+\\&\quad \rho^{-1}(S_{\alpha\beta\beta}-S_{\alpha\beta}H^{\beta})H^{\alpha}-\frac{n}{2}\log(\rho)(H^{\alpha})^2\Bigg]-\\&\quad 3\rho+2nc+n^2\log(\rho)H^2-2nH^2.\end{aligned}$$

引理 10.25 假设$x:M^n\to R^{n+p}(c),p=1$是空间形式中的超曲面，与$W_{(n,\log)}$超曲面的耦合有等式

$$\begin{aligned}\Delta\log(\rho) &= -\rho^{-2}|\nabla\rho|^2+2\rho^{-1}(|\nabla h|^2-n|\nabla H|^2)+\\&\quad 2n\Bigg[\sum_{ij}\rho^{-1}h_{ij}H_{,ij}-\rho^{-1}H\Delta H+\\&\quad \rho^{-1}(P_3-SH)H-\frac{n}{2}\log(\rho)H^2\Bigg]-\\&\quad 2\rho^{-1}\rho(\rho-nc)+nH^2(n\log(\rho)-2).\end{aligned}$$

10.2.4 抽象型迹零全曲率泛函的耦合估计

引理 10.26 假设$x:M^n\to N^{n+p},p\geqslant 2$是一般流形中的子流形，函数$F'(u)\geqslant 0$，那么与$W_{(n,F)}$子流形的耦合有陈省身类型估计

$$\begin{aligned}\Delta F(\rho) &= F''(\rho)|\nabla\rho|^2+2F'(\rho)(|\nabla h|^2-n|\nabla \boldsymbol{H}|^2)+\\&\quad 2n\Bigg[F'(\rho)h^{\alpha}_{ij}H^{\alpha}_{,ij}-F'(\rho)H^{\alpha}\Delta H^{\alpha}+F'(\rho)(S_{\alpha\beta\beta}-S_{\alpha\beta}H^{\beta})H^{\alpha}-\\&\quad F'(\rho)(h^{\beta}_{ij}\bar{R}^{\beta}_{ij\alpha}+H^{\beta}\bar{R}^{\top}_{\alpha\beta})H^{\alpha}-\frac{n}{2}F(\rho)H^2\Bigg]+\end{aligned}$$

$$\begin{aligned}
&2F'(\rho)(\,h_{ij}^{\alpha}\bar{R}_{kki,j}^{\alpha}-h_{ij}^{\alpha}\bar{R}_{ijk,k}^{\alpha}\,)+\\
&2nF'(\rho)(\,H^{\beta}H^{\alpha}\bar{R}_{\alpha\beta}^{\top}+h_{ij}^{\beta}\bar{R}_{ij\alpha}^{\beta}H^{\alpha}\,)+\\
&2F'(\rho)(\,h_{ij}^{\alpha}h_{pk}^{\alpha}\bar{R}_{ipjk}+h_{ij}^{\alpha}h_{ip}^{\alpha}\bar{R}_{kpjk}+h_{ij}^{\alpha}h_{ik}^{\beta}\bar{R}_{\alpha\beta jk}\,)-\\
&2F'(\rho)\left[\sum_{\alpha\neq\beta}N(\hat{\boldsymbol{A}}_{\alpha}\hat{\boldsymbol{A}}_{\beta}-\hat{\boldsymbol{A}}_{\beta}\hat{\boldsymbol{A}}_{\alpha})+\sum_{\alpha\beta}(\hat{S}_{\alpha\beta})^{2}\right]+\\
&n^{2}F(\rho)H^{2}-2nF'(\rho)\sum_{\alpha\beta}\hat{S}_{\alpha\beta}H^{\alpha}H^{\beta}\\
\geqslant\;&F''(\rho)|\nabla\rho|^{2}+2F'(\rho)(|\nabla h|^{2}-n|\nabla\boldsymbol{H}|^{2})+\\
&2n\Bigg[F'(\rho)h_{ij}^{\alpha}H_{,ij}^{\alpha}-F'(\rho)H^{\alpha}\Delta H^{\alpha}+F'(\rho)(S_{\alpha\beta\beta}-S_{\alpha\beta}H^{\beta})H^{\alpha}-\\
&\quad F'(\rho)(h_{ij}^{\beta}\bar{R}_{ij\alpha}^{\beta}+H^{\beta}\bar{R}_{\alpha\beta}^{\top})H^{\alpha}-\frac{n}{2}F(\rho)H^{2}\Bigg]+\\
&2F'(\rho)(\,h_{ij}^{\alpha}\bar{R}_{kki,j}^{\alpha}-h_{ij}^{\alpha}\bar{R}_{ijk,k}^{\alpha}\,)+\\
&2nF'(\rho)(\,H^{\beta}H^{\alpha}\bar{R}_{\alpha\beta}^{\top}+h_{ij}^{\beta}\bar{R}_{ij\alpha}^{\beta}H^{\alpha}\,)+\\
&2F'(\rho)(\,h_{ij}^{\alpha}h_{pk}^{\alpha}\bar{R}_{ipjk}+h_{ij}^{\alpha}h_{ip}^{\alpha}\bar{R}_{kpjk}+h_{ij}^{\alpha}h_{ik}^{\beta}\bar{R}_{\alpha\beta jk}\,)-\\
&2(2-\frac{1}{p})F'(\rho)\rho^{2}+n^{2}F(\rho)H^{2}-2nF'(\rho)\rho H^{2}.
\end{aligned}$$

引理 10.27 假设$x:M^n\to N^{n+p},p\geqslant 2$是一般流形中的子流形，函数$F'(u)\geqslant 0$，那么与$W_{(n,F)}$子流形的耦合有李安民类型估计

$$\begin{aligned}
\Delta F(\rho)\;=\;&F''(\rho)|\nabla\rho|^{2}+2F'(\rho)(|\nabla h|^{2}-n|\nabla\boldsymbol{H}|^{2})+\\
&2n\Bigg[F'(\rho)h_{ij}^{\alpha}H_{,ij}^{\alpha}-F'(\rho)H^{\alpha}\Delta H^{\alpha}+F'(\rho)(S_{\alpha\beta\beta}-S_{\alpha\beta}H^{\beta})H^{\alpha}-\\
&\quad F'(\rho)(h_{ij}^{\beta}\bar{R}_{ij\alpha}^{\beta}+H^{\beta}\bar{R}_{\alpha\beta}^{\top})H^{\alpha}-\frac{n}{2}F(\rho)H^{2}\Bigg]+\\
&2F'(\rho)(\,h_{ij}^{\alpha}\bar{R}_{kki,j}^{\alpha}-h_{ij}^{\alpha}\bar{R}_{ijk,k}^{\alpha}\,)+\\
&2nF'(\rho)(\,H^{\beta}H^{\alpha}\bar{R}_{\alpha\beta}^{\top}+h_{ij}^{\beta}\bar{R}_{ij\alpha}^{\beta}H^{\alpha}\,)+\\
&2F'(\rho)(\,h_{ij}^{\alpha}h_{pk}^{\alpha}\bar{R}_{ipjk}+h_{ij}^{\alpha}h_{ip}^{\alpha}\bar{R}_{kpjk}+h_{ij}^{\alpha}h_{ik}^{\beta}\bar{R}_{\alpha\beta jk}\,)-\\
&2F'(\rho)\left[\sum_{\alpha\neq\beta}N(\hat{\boldsymbol{A}}_{\alpha}\hat{\boldsymbol{A}}_{\beta}-\hat{\boldsymbol{A}}_{\beta}\hat{\boldsymbol{A}}_{\alpha})+\sum_{\alpha\beta}(\hat{S}_{\alpha\beta})^{2}\right]+\\
&n^{2}F(\rho)H^{2}-2nF'(\rho)\sum_{\alpha\beta}\hat{S}_{\alpha\beta}H^{\alpha}H^{\beta}\\
\geqslant\;&F''(\rho)|\nabla\rho|^{2}+2F'(\rho)(|\nabla h|^{2}-n|\nabla\boldsymbol{H}|^{2})+\\
&2n\Bigg[F'(\rho)h_{ij}^{\alpha}H_{,ij}^{\alpha}-F'(\rho)H^{\alpha}\Delta H^{\alpha}+F'(\rho)(S_{\alpha\beta\beta}-S_{\alpha\beta}H^{\beta})H^{\alpha}-
\end{aligned}$$

$$
\begin{aligned}
&F'(\rho)(h^{\beta}_{ij}\bar{R}^{\beta}_{ij\alpha}+H^{\beta}\bar{R}^{\top}_{\alpha\beta})H^{\alpha}-\frac{n}{2}F(\rho)H^{2}\Bigg]+\\
&2F'(\rho)(\ h^{\alpha}_{ij}\bar{R}^{\alpha}_{kki,j}-h^{\alpha}_{ij}\bar{R}^{\alpha}_{ijk,k}\ )+\\
&2nF'(\rho)(\ H^{\beta}H^{\alpha}\bar{R}^{\top}_{\alpha\beta}+h^{\beta}_{ij}\bar{R}^{\beta}_{ij\alpha}H^{\alpha}\ )+\\
&2F'(\rho)(\ h^{\alpha}_{ij}h^{\alpha}_{pk}\bar{R}_{ipjk}+h^{\alpha}_{ij}h^{\alpha}_{ip}\bar{R}_{kpjk}+h^{\alpha}_{ij}h^{\beta}_{ik}\bar{R}_{\alpha\beta jk}\ )-\\
&3F'(\rho)\rho^{2}+n^{2}F(\rho)H^{2}-2nF'(\rho)\rho H^{2}.
\end{aligned}
$$

引理 10.28 假设$x:M^n\to N^{n+p},p=1$是一般流形中的超曲面，与$W_{(n,F)}$超曲面的耦合有等式

$$
\begin{aligned}
\Delta F(\rho)\ =\ &F''(\rho)|\nabla\rho|^{2}+2F'(\rho)(|\nabla h|^{2}-n|\nabla H|^{2})+\\
&2n\Bigg[\ F'(\rho)h_{ij}H_{,ij}-F'(\rho)H\Delta H+F'(\rho)(P_{3}-SH)H+\\
&\quad F'(\rho)(h_{ij}\bar{R}_{i(n+1)(n+1)j}-H\bar{R}_{(n+1)(n+1)}\ )H-\frac{n}{2}F(\rho)H^{2}\Bigg]+\\
&2F'(\rho)(h_{ij}\bar{R}_{(n+1)ijk,k}-h_{ij}\bar{R}_{(n+1)kki,j})+\\
&2nF'(\rho)(-Hh_{ij}\bar{R}_{i(n+1)(n+1)j}+H^{2}\bar{R}_{(n+1)(n+1)})+\\
&2F'(\rho)(h_{ij}h_{kl}\bar{R}_{iljk}+h_{ij}h_{il}\bar{R}_{jkkl})-\\
&2F'(\rho)\rho^{2}+nH^{2}(nF(\rho)-2\rho F'(\rho)).
\end{aligned}
$$

引理 10.29 假设$x:M^n\to R^{n+p}(c),p\geqslant 2$是空间形式中的子流形，函数$F'(u)\geqslant 0$，那么与$W_{(n,F)}$子流形的耦合有陈省身类型估计

$$
\begin{aligned}
\Delta F(\rho)\ =\ &F''(\rho)|\nabla\rho|^{2}+2F'(\rho)(|\nabla h|^{2}-n|\nabla \boldsymbol{H}|^{2})+\\
&2n\Bigg[\ F'(\rho)h^{\alpha}_{ij}H^{\alpha}_{,ij}-F'(\rho)H^{\alpha}\Delta H^{\alpha}+\\
&\quad F'(\rho)(S_{\alpha\beta\beta}-S_{\alpha\beta}H^{\beta})H^{\alpha}-\frac{n}{2}F(\rho)(H^{\alpha})^{2}\Bigg]-\\
&2F'(\rho)\Bigg[\sum_{\alpha\neq\beta}N(\hat{\boldsymbol{A}}_{\alpha}\hat{\boldsymbol{A}}_{\beta}-\hat{\boldsymbol{A}}_{\beta}\hat{\boldsymbol{A}}_{\alpha})+\sum_{\alpha\beta}(\hat{S}_{\alpha\beta})^{2}\Bigg]+\\
&F'(\rho)2nc\rho+n^{2}F(\rho)H^{2}-2nF'(\rho)\sum_{\alpha\beta}\hat{S}_{\alpha\beta}H^{\beta}H^{\alpha}\\
\geqslant\ &F''(\rho)|\nabla\rho|^{2}+2F'(\rho)(|\nabla h|^{2}-n|\nabla \boldsymbol{H}|^{2})+\\
&2n\Bigg[\ F'(\rho)h^{\alpha}_{ij}H^{\alpha}_{,ij}-F'(\rho)H^{\alpha}\Delta H^{\alpha}+
\end{aligned}
$$

$$F'(\rho)(S_{\alpha\beta\beta}-S_{\alpha\beta}H^{\beta})H^{\alpha}-\frac{n}{2}F(\rho)(H^{\alpha})^2\Bigg]-$$
$$2(2-\frac{1}{p})F'(\rho)\rho^2+F'(\rho)2nc\rho+n^2F(\rho)H^2-2nF'(\rho)\rho H^2.$$

引理 10.30 假设$x:M^n\rightarrow R^{n+p}(c),p\geqslant 2$是空间形式中的子流形，函数$F'(u)\geqslant 0$，那么与$W_{(n,F)}$子流形的耦合有李安民类型估计

$$\begin{aligned}
\Delta F(\rho) &= F''(\rho)|\nabla\rho|^2+2F'(\rho)(|\nabla h|^2-n|\nabla \boldsymbol{H}|^2)+\\
&\quad 2n\Bigg[F'(\rho)h_{ij}^{\alpha}H_{,ij}^{\alpha}-F'(\rho)H^{\alpha}\Delta H^{\alpha}+\\
&\quad F'(\rho)(S_{\alpha\beta\beta}-S_{\alpha\beta}H^{\beta})H^{\alpha}-\frac{n}{2}F(\rho)(H^{\alpha})^2\Bigg]-\\
&\quad 2F'(\rho)\Bigg[\sum_{\alpha\neq\beta}N(\hat{\boldsymbol{A}}_{\alpha}\hat{\boldsymbol{A}}_{\beta}-\hat{\boldsymbol{A}}_{\beta}\hat{\boldsymbol{A}}_{\alpha})+\sum_{\alpha\beta}(\hat{S}_{\alpha\beta})^2\Bigg]+\\
&\quad F'(\rho)2nc\rho+n^2F(\rho)H^2-2nF'(\rho)\sum_{\alpha\beta}\hat{S}_{\alpha\beta}H^{\beta}H^{\alpha}\\
&\geqslant F''(\rho)|\nabla\rho|^2+2F'(\rho)(|\nabla h|^2-n|\nabla \boldsymbol{H}|^2)+\\
&\quad 2n\Bigg[F'(\rho)h_{ij}^{\alpha}H_{,ij}^{\alpha}-F'(\rho)H^{\alpha}\Delta H^{\alpha}+\\
&\quad F'(\rho)(S_{\alpha\beta\beta}-S_{\alpha\beta}H^{\beta})H^{\alpha}-\frac{n}{2}F(\rho)(H^{\alpha})^2\Bigg]-\\
&\quad 3F'(\rho)\rho^2+F'(\rho)2nc\rho+n^2F(\rho)H^2-2nF'(\rho)\rho H^2.
\end{aligned}$$

引理 10.31 假设$x:M^n\rightarrow R^{n+p}(c),p=1$是空间形式中的超曲面，与$W_{(n,F)}$超曲面的耦合有等式

$$\begin{aligned}
\Delta F(\rho) &= F''(\rho)|\nabla\rho|^2+2F'(\rho)(|\nabla h|^2-n|\nabla H|^2)+\\
&\quad 2n\Bigg[\sum_{ij}F'(\rho)h_{ij}H_{,ij}-F'(\rho)H\Delta H+\\
&\quad F'(\rho)(P_3-SH)H-\frac{n}{2}F(\rho)H^2\Bigg]-\\
&\quad 2F'(\rho)\rho(\rho-nc)+nH^2(nF(\rho)-2\rho F'(\rho)).
\end{aligned}$$

10.3 临界点Simons型积分不等式

必须注意的是，前面二阶的耦合计算虽然利用了$W_{(n,F)}$的欧拉-拉格朗日方程，但只是形式上放进了迹零全曲率模长的抽象函数的拉普拉斯计算之中.本节将从本质上利用$W_{(n,F)}$的欧拉-拉格朗日方程，并且运用Stokes定理积分消去耦合计算中的冗余项，得到比较干净的积分

等式和不等式.

10.3.1 幂函数型迹零全曲率泛函的Simons型积分不等式

定理 10.5 假设$x: M^n \to N^{n+p}, p \geqslant 2$是一般流形中的$W_{(n,r)}$子流形，若$r>0$，那么有陈省身类型估计

$$\begin{aligned}
0 \;=\; & \int_M r(r-1)\rho^{r-2}|\nabla\rho|^2 + 2r\rho^{r-1}(|\nabla h|^2 - n|\nabla \boldsymbol{H}|^2) + \\
& 2r\rho^{r-1}(\, h_{ij}^\alpha \bar{R}_{kki,j}^\alpha - h_{ij}^\alpha \bar{R}_{ijk,k}^\alpha \,) + \\
& 2nr\rho^{r-1}(\, H^\beta H^\alpha \bar{R}_{\alpha\beta}^\top + h_{ij}^\beta \bar{R}_{ij\alpha}^\beta H^\alpha \,) + \\
& 2r\rho^{r-1}(\, h_{ij}^\alpha h_{pk}^\alpha \bar{R}_{ipjk} + h_{ij}^\alpha h_{ip}^\alpha \bar{R}_{kpjk} + h_{ij}^\alpha h_{ik}^\beta \bar{R}_{\alpha\beta jk} \,) - \\
& 2r\rho^{r-1}\left[\sum_{\alpha\neq\beta} N(\hat{\boldsymbol{A}}_\alpha \hat{\boldsymbol{A}}_\beta - \hat{\boldsymbol{A}}_\beta \hat{\boldsymbol{A}}_\alpha) + \sum_{\alpha\beta}(\hat{S}_{\alpha\beta})^2\right] + \\
& n^2\rho^r H^2 - 2nr\rho^{r-1}\sum_{\alpha\beta}\hat{S}_{\alpha\beta}H^\alpha H^\beta \\
\geqslant\; & \int_M r(r-1)\rho^{r-2}|\nabla\rho|^2 + 2r\rho^{r-1}(|\nabla h|^2 - n|\nabla \boldsymbol{H}|^2) + \\
& 2r\rho^{r-1}(\, h_{ij}^\alpha \bar{R}_{kki,j}^\alpha - h_{ij}^\alpha \bar{R}_{ijk,k}^\alpha \,) + \\
& 2nr\rho^{r-1}(\, H^\beta H^\alpha \bar{R}_{\alpha\beta}^\top + h_{ij}^\beta \bar{R}_{ij\alpha}^\beta H^\alpha \,) + \\
& 2r\rho^{r-1}(\, h_{ij}^\alpha h_{pk}^\alpha \bar{R}_{ipjk} + h_{ij}^\alpha h_{ip}^\alpha \bar{R}_{kpjk} + h_{ij}^\alpha h_{ik}^\beta \bar{R}_{\alpha\beta jk} \,) - \\
& 2(2-\frac{1}{p})r\rho^{r+1} + (n^2 - 2nr)\rho^r H^2.
\end{aligned}$$

定理 10.6 假设$x: M^n \to N^{n+p}, p \geqslant 2$是一般流形中的$W_{(n,r)}$子流形，若$r>0$，那么有李安民类型估计

$$\begin{aligned}
0 \;=\; & \int_M r(r-1)\rho^{r-2}|\nabla\rho|^2 + 2r\rho^{r-1}(|\nabla h|^2 - n|\nabla \boldsymbol{H}|^2) + \\
& 2r\rho^{r-1}(\, h_{ij}^\alpha \bar{R}_{kki,j}^\alpha - h_{ij}^\alpha \bar{R}_{ijk,k}^\alpha \,) + \\
& 2nr\rho^{r-1}(\, H^\beta H^\alpha \bar{R}_{\alpha\beta}^\top + h_{ij}^\beta \bar{R}_{ij\alpha}^\beta H^\alpha \,) + \\
& 2r\rho^{r-1}(\, h_{ij}^\alpha h_{pk}^\alpha \bar{R}_{ipjk} + h_{ij}^\alpha h_{ip}^\alpha \bar{R}_{kpjk} + h_{ij}^\alpha h_{ik}^\beta \bar{R}_{\alpha\beta jk} \,) - \\
& 2r\rho^{r-1}\left[\sum_{\alpha\neq\beta} N(\hat{\boldsymbol{A}}_\alpha \hat{\boldsymbol{A}}_\beta - \hat{\boldsymbol{A}}_\beta \hat{\boldsymbol{A}}_\alpha) + \sum_{\alpha\beta}(\hat{S}_{\alpha\beta})^2\right] + \\
& n^2\rho^r H^2 - 2nr\rho^{r-1}\sum_{\alpha\beta}\hat{S}_{\alpha\beta}H^\alpha H^\beta \\
\geqslant\; & \int_M r(r-1)\rho^{r-2}|\nabla\rho|^2 + 2r\rho^{r-1}(|\nabla h|^2 - n|\nabla \boldsymbol{H}|^2) + \\
& 2r\rho^{r-1}(\, h_{ij}^\alpha \bar{R}_{kki,j}^\alpha - h_{ij}^\alpha \bar{R}_{ijk,k}^\alpha \,) +
\end{aligned}$$

$$2nr\rho^{r-1}(\ H^{\beta}H^{\alpha}\bar{R}^{\top}_{\alpha\beta}+h^{\beta}_{ij}\bar{R}^{\beta}_{ij\alpha}H^{\alpha}\ )+$$

$$2r\rho^{r-1}(\ h^{\alpha}_{ij}h^{\alpha}_{pk}\bar{R}_{ipjk}+h^{\alpha}_{ij}h^{\alpha}_{ip}\bar{R}_{kpjk}+h^{\alpha}_{ij}h^{\beta}_{ik}\bar{R}_{\alpha\beta jk}\ )-$$

$$3r\rho^{r+1}+(n^2-2nr)\rho^{r}H^2.$$

定理 10.7 假设$x:M^n\to N^{n+p},p=1$是一般流形中的$W_{(n,r)}$超曲面，有等式

$$\begin{aligned}0\ =\ &\int_M r(r-1)\rho^{r-2}|\nabla\rho|^2+2r\rho^{r-1}(|\nabla h|^2-n|\nabla H|^2)+\\&2r\rho^{r-1}(h_{ij}\bar{R}_{(n+1)ijk,k}-h_{ij}\bar{R}_{(n+1)kki,j})+\\&2nr\rho^{r-1}(-Hh_{ij}\bar{R}_{i(n+1)(n+1)j}+H^2\bar{R}_{(n+1)(n+1)})+\\&2r\rho^{r-1}(h_{ij}h_{kl}\bar{R}_{iljk}+h_{ij}h_{il}\bar{R}_{jkkl})-\\&2r\rho^{r+1}+n\rho^{r}H^2(n-2r).\end{aligned}$$

定理 10.8 假设$x:M^n\to R^{n+p}(c),p\geqslant 2$是空间形式中的$W_{(n,r)}$子流形，若$r>0$，那么有陈省身类型估计

$$\begin{aligned}0\ =\ &\int_M r(r-1)\rho^{r-2}|\nabla\rho|^2+2r\rho^{r-1}(|\nabla h|^2-n|\nabla \boldsymbol{H}|^2)-\\&2r\rho^{r-1}\left[\sum_{\alpha\neq\beta}N(\hat{\boldsymbol{A}}_{\alpha}\hat{\boldsymbol{A}}_{\beta}-\hat{\boldsymbol{A}}_{\beta}\hat{\boldsymbol{A}}_{\alpha})+\sum_{\alpha\beta}(\hat{S}_{\alpha\beta})^2\right]+\\&2nrc\rho^{r}+n^2\rho^{r}H^2-2nr\rho^{r-1}\sum_{\alpha\beta}\hat{S}_{\alpha\beta}H^{\beta}H^{\alpha}\\\geqslant\ &\int_M r(r-1)\rho^{r-2}|\nabla\rho|^2+2r\rho^{r-1}(|\nabla h|^2-n|\nabla \boldsymbol{H}|^2)-\\&2(2-\frac{1}{p})r\rho^{r+1}+2nrc\rho^{r}+n(n-2r)\rho^{r}H^2.\end{aligned}$$

定理 10.9 假设$x:M^n\to R^{n+p}(c),p\geqslant 2$是空间形式中的$W_{(n,r)}$子流形，若$r>0$，那么有李安民类型估计

$$\begin{aligned}0\ =\ &\int_M r(r-1)\rho^{r-2}|\nabla\rho|^2+2r\rho^{r-1}(|\nabla h|^2-n|\nabla \boldsymbol{H}|^2)-\\&2r\rho^{r-1}\left[\sum_{\alpha\neq\beta}N(\hat{\boldsymbol{A}}_{\alpha}\hat{\boldsymbol{A}}_{\beta}-\hat{\boldsymbol{A}}_{\beta}\hat{\boldsymbol{A}}_{\alpha})+\sum_{\alpha\beta}(\hat{S}_{\alpha\beta})^2\right]+\\&2nrc\rho^{r}+n^2\rho^{r}H^2-2nr\rho^{r-1}\sum_{\alpha\beta}\hat{S}_{\alpha\beta}H^{\beta}H^{\alpha}\\\geqslant\ &\int_M r(r-1)\rho^{r-2}|\nabla\rho|^2+2r\rho^{r-1}(|\nabla h|^2-n|\nabla \boldsymbol{H}|^2)-\\&3r\rho^{r+1}+2nrc\rho^{r}+n(n-2r)\rho^{r}H^2.\end{aligned}$$

定理 10.10 假设$x:M^n\to R^{n+p}(c),p=1$是空间形式中的$W_{(n,r)}$超曲面，有等式

$$0\ =\ \int_M r(r-1)\rho^{r-2}|\nabla\rho|^2+2r\rho^{r-1}(|\nabla h|^2-n|\nabla H|^2)-$$

$$2r\rho^r(\rho-nc)+n(n-2r)\rho^r H^2.$$

在幂函数中，有一类非常重要的幂函数，即$\rho^{\frac{n}{2}}$情形，此时对应的Simons积分不等式有非常重要的独特性.

定理 10.11 假设$x:M^n\to N^{n+p},p\geqslant 2$是一般流形中的$W_{(n,\frac{n}{2})}$子流形，那么有陈省身类型估计

$$\begin{aligned}
0 &= \int_M \frac{n}{2}(\frac{n}{2}-1)\rho^{\frac{n}{2}-2}|\nabla\rho|^2+n\rho^{\frac{n}{2}-1}(|\nabla h|^2-n|\nabla \boldsymbol{H}|^2)+\\
&\quad n\rho^{\frac{n}{2}-1}(\,h_{ij}^{\alpha}\bar{R}_{kki,j}^{\alpha}-h_{ij}^{\alpha}\bar{R}_{ijk,k}^{\alpha}\,)+\\
&\quad n^2\rho^{\frac{n}{2}-1}(\,H^{\beta}H^{\alpha}\bar{R}_{\alpha\beta}^{\top}+h_{ij}^{\beta}\bar{R}_{ij\alpha}^{\beta}H^{\alpha}\,)+\\
&\quad n\rho^{\frac{n}{2}-1}(\,h_{ij}^{\alpha}h_{pk}^{\alpha}\bar{R}_{ipjk}+h_{ij}^{\alpha}h_{ip}^{\alpha}\bar{R}_{kpjk}+h_{ij}^{\alpha}h_{ik}^{\beta}\bar{R}_{\alpha\beta jk}\,)-\\
&\quad n\rho^{\frac{n}{2}-1}\left[\sum_{\alpha\neq\beta}N(\hat{\boldsymbol{A}}_{\alpha}\hat{\boldsymbol{A}}_{\beta}-\hat{\boldsymbol{A}}_{\beta}\hat{\boldsymbol{A}}_{\alpha})+\sum_{\alpha\beta}(\hat{S}_{\alpha\beta})^2\right]+\\
&\quad n^2\rho^{\frac{n}{2}}H^2-n^2\rho^{\frac{n}{2}-1}\sum_{\alpha\beta}\hat{S}_{\alpha\beta}H^{\alpha}H^{\beta}\\
&\geqslant \int_M \frac{n}{2}(\frac{n}{2}-1)\rho^{\frac{n}{2}-2}|\nabla\rho|^2+n\rho^{\frac{n}{2}-1}(|\nabla h|^2-n|\nabla \boldsymbol{H}|^2)+\\
&\quad n\rho^{\frac{n}{2}-1}(\,h_{ij}^{\alpha}\bar{R}_{kki,j}^{\alpha}-h_{ij}^{\alpha}\bar{R}_{ijk,k}^{\alpha}\,)+\\
&\quad n^2\rho^{\frac{n}{2}-1}(\,H^{\beta}H^{\alpha}\bar{R}_{\alpha\beta}^{\top}+h_{ij}^{\beta}\bar{R}_{ij\alpha}^{\beta}H^{\alpha}\,)+\\
&\quad n\rho^{\frac{n}{2}-1}(\,h_{ij}^{\alpha}h_{pk}^{\alpha}\bar{R}_{ipjk}+h_{ij}^{\alpha}h_{ip}^{\alpha}\bar{R}_{kpjk}+h_{ij}^{\alpha}h_{ik}^{\beta}\bar{R}_{\alpha\beta jk}\,)-\\
&\quad (2-\frac{1}{p})n\rho^{\frac{n}{2}+1}.
\end{aligned}$$

定理 10.12 假设$x:M^n\to N^{n+p},p\geqslant 2$是一般流形中的$W_{(n,\frac{n}{2})}$子流形，那么有李安民类型估计

$$\begin{aligned}
0 &= \int_M \frac{n}{2}(\frac{n}{2}-1)\rho^{\frac{n}{2}-2}|\nabla\rho|^2+n\rho^{\frac{n}{2}-1}(|\nabla h|^2-n|\nabla \boldsymbol{H}|^2)+\\
&\quad n\rho^{\frac{n}{2}-1}(\,h_{ij}^{\alpha}\bar{R}_{kki,j}^{\alpha}-h_{ij}^{\alpha}\bar{R}_{ijk,k}^{\alpha}\,)+\\
&\quad n^2\rho^{\frac{n}{2}-1}(\,H^{\beta}H^{\alpha}\bar{R}_{\alpha\beta}^{\top}+h_{ij}^{\beta}\bar{R}_{ij\alpha}^{\beta}H^{\alpha}\,)+\\
&\quad n\rho^{\frac{n}{2}-1}(\,h_{ij}^{\alpha}h_{pk}^{\alpha}\bar{R}_{ipjk}+h_{ij}^{\alpha}h_{ip}^{\alpha}\bar{R}_{kpjk}+h_{ij}^{\alpha}h_{ik}^{\beta}\bar{R}_{\alpha\beta jk}\,)-\\
&\quad n\rho^{\frac{n}{2}-1}\left[\sum_{\alpha\neq\beta}N(\hat{\boldsymbol{A}}_{\alpha}\hat{\boldsymbol{A}}_{\beta}-\hat{\boldsymbol{A}}_{\beta}\hat{\boldsymbol{A}}_{\alpha})+\sum_{\alpha\beta}(\hat{S}_{\alpha\beta})^2\right]+\\
&\quad n^2\rho^{\frac{n}{2}}H^2-n^2\rho^{\frac{n}{2}-1}\sum_{\alpha\beta}\hat{S}_{\alpha\beta}H^{\alpha}H^{\beta}\\
&\geqslant \int_M \frac{n}{2}(\frac{n}{2}-1)\rho^{\frac{n}{2}-2}|\nabla\rho|^2+n\rho^{\frac{n}{2}-1}(|\nabla h|^2-n|\nabla \boldsymbol{H}|^2)+
\end{aligned}$$

$$
\begin{aligned}
& n\rho^{\frac{n}{2}-1}(\, h^{\alpha}_{ij}\bar{R}^{\alpha}_{kki,j} - h^{\alpha}_{ij}\bar{R}^{\alpha}_{ijk,k}\,) + \\
& n^2\rho^{\frac{n}{2}-1}(\, H^{\beta}H^{\alpha}\bar{R}^{\top}_{\alpha\beta} + h^{\beta}_{ij}\bar{R}^{\beta}_{ij\alpha}H^{\alpha}\,) + \\
& n\rho^{\frac{n}{2}-1}(\, h^{\alpha}_{ij}h^{\alpha}_{pk}\bar{R}_{ipjk} + h^{\alpha}_{ij}h^{\alpha}_{ip}\bar{R}_{kpjk} + h^{\alpha}_{ij}h^{\beta}_{ik}\bar{R}_{\alpha\beta jk}\,) - \frac{3n}{2}\rho^{\frac{n}{2}+1}.
\end{aligned}
$$

定理 10.13 假设$x: M^n \to N^{n+p}, p=1$是一般流形中的$W_{(n,\frac{n}{2})}$超曲面，有等式

$$
\begin{aligned}
0 \;=\; & \int_M \frac{n}{2}(\frac{n}{2}-1)\rho^{\frac{n}{2}-2}|\nabla\rho|^2 + n\rho^{\frac{n}{2}-1}(|\nabla h|^2 - n|\nabla H|^2) + \\
& n\rho^{\frac{n}{2}-1}(h_{ij}\bar{R}_{(n+1)ijk,k} - h_{ij}\bar{R}_{(n+1)kki,j}) + \\
& n^2\rho^{\frac{n}{2}-1}(-Hh_{ij}\bar{R}_{i(n+1)(n+1)j} + H^2\bar{R}_{(n+1)(n+1)}) + \\
& n\rho^{\frac{n}{2}-1}(h_{ij}h_{kl}\bar{R}_{iljk} + h_{ij}h_{il}\bar{R}_{jkkl}) - n\rho^{\frac{n}{2}+1}.
\end{aligned}
$$

定理 10.14 假设$x: M^n \to R^{n+p}(c), p \geqslant 2$是空间形式中的$W_{(n,\frac{n}{2})}$子流形，那么有陈省身类型估计

$$
\begin{aligned}
0 \;=\; & \int_M \frac{n}{2}(\frac{n}{2}-1)\rho^{\frac{n}{2}-2}|\nabla\rho|^2 + n\rho^{\frac{n}{2}-1}(|\nabla h|^2 - n|\nabla \boldsymbol{H}|^2) - \\
& n\rho^{\frac{n}{2}-1}\left[\sum_{\alpha\neq\beta} N(\hat{\boldsymbol{A}}_\alpha\hat{\boldsymbol{A}}_\beta - \hat{\boldsymbol{A}}_\beta\hat{\boldsymbol{A}}_\alpha) + \sum_{\alpha\beta}(\hat{S}_{\alpha\beta})^2\right] + \\
& n^2c\rho^{\frac{n}{2}} + n^2\rho^{\frac{n}{2}}H^2 - n^2\rho^{\frac{n}{2}-1}\sum_{\alpha\beta}\hat{S}_{\alpha\beta}H^{\beta}H^{\alpha} \\
\geqslant\; & \int_M \frac{n}{2}(\frac{n}{2}-1)\rho^{\frac{n}{2}-2}|\nabla\rho|^2 + n\rho^{\frac{n}{2}-1}(|\nabla h|^2 - n|\nabla \boldsymbol{H}|^2) - \\
& (2-\frac{1}{p})n\rho^{\frac{n}{2}+1} + n^2c\rho^{\frac{n}{2}}.
\end{aligned}
$$

定理 10.15 假设$x: M^n \to R^{n+p}(c), p \geqslant 2$是空间形式中的$W_{(n,\frac{n}{2})}$子流形，那么有李安民类型估计

$$
\begin{aligned}
0 \;=\; & \int_M \frac{n}{2}(\frac{n}{2}-1)\rho^{\frac{n}{2}-2}|\nabla\rho|^2 + n\rho^{\frac{n}{2}-1}(|\nabla h|^2 - n|\nabla \boldsymbol{H}|^2) - \\
& n\rho^{\frac{n}{2}-1}\left[\sum_{\alpha\neq\beta} N(\hat{\boldsymbol{A}}_\alpha\hat{\boldsymbol{A}}_\beta - \hat{\boldsymbol{A}}_\beta\hat{\boldsymbol{A}}_\alpha) + \sum_{\alpha\beta}(\hat{S}_{\alpha\beta})^2\right] + \\
& n^2c\rho^{\frac{n}{2}} + n^2\rho^{\frac{n}{2}}H^2 - n^2\rho^{\frac{n}{2}-1}\sum_{\alpha\beta}\hat{S}_{\alpha\beta}H^{\beta}H^{\alpha} \\
\geqslant\; & \int_M \frac{n}{2}(\frac{n}{2}-1)\rho^{\frac{n}{2}-2}|\nabla\rho|^2 + n\rho^{\frac{n}{2}-1}(|\nabla h|^2 - n|\nabla \boldsymbol{H}|^2) - \\
& \frac{3n}{2}\rho^{\frac{n}{2}+1} + n^2c\rho^{\frac{n}{2}}.
\end{aligned}
$$

定理 10.16 假设$x: M^n \to R^{n+p}(c), p=1$是空间形式中的$W_{(n,\frac{n}{2})}$超曲面，有等式

$$
0 = \int_M \frac{n}{2}(\frac{n}{2}-1)\rho^{\frac{n}{2}-2}|\nabla\rho|^2 + n\rho^{\frac{n}{2}-1}(|\nabla h|^2 - n|\nabla H|^2) - n\rho^{\frac{n}{2}}(\rho - nc).
$$

10.3.2 指数型迹零全曲率泛函的Simons型积分不等式

定理 10.17 假设$x: M^n \to N^{n+p}, p \geqslant 2$是一般流形中的$W_{(n,E)}$子流形，有陈省身类型估计

$$\begin{aligned}
0 &= \int_M \exp(\rho)|\nabla\rho|^2 + 2\exp(\rho)(|\nabla h|^2 - n|\nabla \boldsymbol{H}|^2) + \\
&\quad 2\exp(\rho)(\ h_{ij}^{\alpha}\bar{R}_{kki,j}^{\alpha} - h_{ij}^{\alpha}\bar{R}_{ijk,k}^{\alpha}\ ) + \\
&\quad 2n\exp(\rho)(\ H^{\beta}H^{\alpha}\bar{R}_{\alpha\beta}^{\top} + h_{ij}^{\beta}\bar{R}_{ij\alpha}^{\beta}H^{\alpha}\ ) + \\
&\quad 2\exp(\rho)(\ h_{ij}^{\alpha}h_{pk}^{\alpha}\bar{R}_{ipjk} + h_{ij}^{\alpha}h_{ip}^{\alpha}\bar{R}_{kpjk} + h_{ij}^{\alpha}h_{ik}^{\beta}\bar{R}_{\alpha\beta jk}\ ) - \\
&\quad 2\exp(\rho)\left[\sum_{\alpha\neq\beta} N(\hat{\boldsymbol{A}}_{\alpha}\hat{\boldsymbol{A}}_{\beta} - \hat{\boldsymbol{A}}_{\beta}\hat{\boldsymbol{A}}_{\alpha}) + \sum_{\alpha\beta}(\hat{S}_{\alpha\beta})^2\right] + \\
&\quad n^2\exp(\rho)H^2 - 2n\exp(\rho)\sum_{\alpha\beta}\hat{S}_{\alpha\beta}H^{\alpha}H^{\beta} \\
&\geqslant \int_M \exp(\rho)|\nabla\rho|^2 + 2\exp(\rho)(|\nabla h|^2 - n|\nabla \boldsymbol{H}|^2) + \\
&\quad 2\exp(\rho)(\ h_{ij}^{\alpha}\bar{R}_{kki,j}^{\alpha} - h_{ij}^{\alpha}\bar{R}_{ijk,k}^{\alpha}\ ) + \\
&\quad 2n\exp(\rho)(\ H^{\beta}H^{\alpha}\bar{R}_{\alpha\beta}^{\top} + h_{ij}^{\beta}\bar{R}_{ij\alpha}^{\beta}H^{\alpha}\ ) + \\
&\quad 2\exp(\rho)(\ h_{ij}^{\alpha}h_{pk}^{\alpha}\bar{R}_{ipjk} + h_{ij}^{\alpha}h_{ip}^{\alpha}\bar{R}_{kpjk} + h_{ij}^{\alpha}h_{ik}^{\beta}\bar{R}_{\alpha\beta jk}\ ) - \\
&\quad 2(2-\frac{1}{p})\exp(\rho)\rho^2 + n^2\exp(\rho)H^2 - 2n\exp(\rho)\rho H^2.
\end{aligned}$$

定理 10.18 假设$x: M^n \to N^{n+p}, p \geqslant 2$是一般流形中的$W_{(n,E)}$子流形，有李安民类型估计

$$\begin{aligned}
0 &= \int_M \exp(\rho)|\nabla\rho|^2 + 2\exp(\rho)(|\nabla h|^2 - n|\nabla \boldsymbol{H}|^2) + \\
&\quad 2\exp(\rho)(\ h_{ij}^{\alpha}\bar{R}_{kki,j}^{\alpha} - h_{ij}^{\alpha}\bar{R}_{ijk,k}^{\alpha}\ ) + \\
&\quad 2n\exp(\rho)(\ H^{\beta}H^{\alpha}\bar{R}_{\alpha\beta}^{\top} + h_{ij}^{\beta}\bar{R}_{ij\alpha}^{\beta}H^{\alpha}\ ) + \\
&\quad 2\exp(\rho)(\ h_{ij}^{\alpha}h_{pk}^{\alpha}\bar{R}_{ipjk} + h_{ij}^{\alpha}h_{ip}^{\alpha}\bar{R}_{kpjk} + h_{ij}^{\alpha}h_{ik}^{\beta}\bar{R}_{\alpha\beta jk}\ ) - \\
&\quad 2\exp(\rho)\left[\sum_{\alpha\neq\beta} N(\hat{\boldsymbol{A}}_{\alpha}\hat{\boldsymbol{A}}_{\beta} - \hat{\boldsymbol{A}}_{\beta}\hat{\boldsymbol{A}}_{\alpha}) + \sum_{\alpha\beta}(\hat{S}_{\alpha\beta})^2\right] + \\
&\quad n^2\exp(\rho)H^2 - 2n\exp(\rho)\sum_{\alpha\beta}\hat{S}_{\alpha\beta}H^{\alpha}H^{\beta} \\
&\geqslant \int_M \exp(\rho)|\nabla\rho|^2 + 2\exp(\rho)(|\nabla h|^2 - n|\nabla \boldsymbol{H}|^2) + \\
&\quad 2\exp(\rho)(\ h_{ij}^{\alpha}\bar{R}_{kki,j}^{\alpha} - h_{ij}^{\alpha}\bar{R}_{ijk,k}^{\alpha}\ ) + \\
&\quad 2n\exp(\rho)(\ H^{\beta}H^{\alpha}\bar{R}_{\alpha\beta}^{\top} + h_{ij}^{\beta}\bar{R}_{ij\alpha}^{\beta}H^{\alpha}\ ) +
\end{aligned}$$

$$2\exp(\rho)(\ h_{ij}^{\alpha}h_{pk}^{\alpha}\bar{R}_{ipjk}+h_{ij}^{\alpha}h_{ip}^{\alpha}\bar{R}_{kpjk}+h_{ij}^{\alpha}h_{ik}^{\beta}\bar{R}_{\alpha\beta jk}\ )-$$
$$3\exp(\rho)\rho^2+n^2\exp(\rho)H^2-2n\exp(\rho)\rho H^2.$$

定理 10.19 假设$x:M^n\to N^{n+p},p=1$是一般流形中的$W_{(n,E)}$超曲面，有等式

$$\begin{aligned}0 \ = \ & \int_M \exp(\rho)|\nabla\rho|^2+2\exp(\rho)(|\nabla h|^2-n|\nabla H|^2)+\\ & 2\exp(\rho)(h_{ij}\bar{R}_{(n+1)ijk,k}-h_{ij}\bar{R}_{(n+1)kki,j})+\\ & 2n\exp(\rho)(-Hh_{ij}\bar{R}_{i(n+1)(n+1)j}+H^2\bar{R}_{(n+1)(n+1)})+\\ & 2\exp(\rho)(h_{ij}h_{kl}\bar{R}_{iljk}+h_{ij}h_{il}\bar{R}_{jkkl})-\\ & 2\exp(\rho)\rho^2+nH^2(n\exp(\rho)-2\rho\exp(\rho)).\end{aligned}$$

定理 10.20 假设$x:M^n\to R^{n+p}(c),p\geqslant 2$是空间形式中的$W_{(n,E)}$子流形，有陈省身类型估计

$$\begin{aligned}0 \ = \ & \int_M \exp(\rho)|\nabla\rho|^2+2\exp(\rho)(|\nabla h|^2-n|\nabla \boldsymbol{H}|^2)-\\ & 2\exp(\rho)\left[\sum_{\alpha\neq\beta}N(\hat{\boldsymbol{A}}_{\alpha}\hat{\boldsymbol{A}}_{\beta}-\hat{\boldsymbol{A}}_{\beta}\hat{\boldsymbol{A}}_{\alpha})+\sum_{\alpha\beta}(\hat{S}_{\alpha\beta})^2\right]+\\ & \exp(\rho)2nc\rho+n^2\exp(\rho)H^2-2n\exp(\rho)\sum_{\alpha\beta}\hat{S}_{\alpha\beta}H^{\beta}H^{\alpha}\\ \geqslant \ & \int_M \exp(\rho)|\nabla\rho|^2+2\exp(\rho)(|\nabla h|^2-n|\nabla \boldsymbol{H}|^2)-\\ & 2(2-\frac{1}{p})\exp(\rho)\rho^2+\exp(\rho)2nc\rho+n^2\exp(\rho)H^2-2n\exp(\rho)\rho H^2.\end{aligned}$$

定理 10.21 假设$x:M^n\to R^{n+p}(c),p\geqslant 2$是空间形式中的$W_{(n,E)}$子流形，有李安民类型估计

$$\begin{aligned}0 \ = \ & \int_M \exp(\rho)|\nabla\rho|^2+2\exp(\rho)(|\nabla h|^2-n|\nabla \boldsymbol{H}|^2)-\\ & 2\exp(\rho)\left[\sum_{\alpha\neq\beta}N(\hat{\boldsymbol{A}}_{\alpha}\hat{\boldsymbol{A}}_{\beta}-\hat{\boldsymbol{A}}_{\beta}\hat{\boldsymbol{A}}_{\alpha})+\sum_{\alpha\beta}(\hat{S}_{\alpha\beta})^2\right]+\\ & \exp(\rho)2nc\rho+n^2\exp(\rho)H^2-2n\exp(\rho)\sum_{\alpha\beta}\hat{S}_{\alpha\beta}H^{\beta}H^{\alpha}\\ \geqslant \ & \int_M \exp(\rho)|\nabla\rho|^2+2\exp(\rho)(|\nabla h|^2-n|\nabla \boldsymbol{H}|^2)-\\ & 3\exp(\rho)\rho^2+\exp(\rho)2nc\rho+n^2\exp(\rho)H^2-2n\exp(\rho)\rho H^2.\end{aligned}$$

定理 10.22 假设$x:M^n\to R^{n+p}(c),p=1$是空间形式中的$W_{(n,E)}$超曲面，有等式

$$\begin{aligned}0 \ = \ & \int_M \exp(\rho)|\nabla\rho|^2+2\exp(\rho)(|\nabla h|^2-n|\nabla H|^2)-\\ & 2\exp(\rho)\rho(\rho-nc)+nH^2(n\exp(\rho)-2\rho\exp(\rho)).\end{aligned}$$

10.3.3 对数型迹零全曲率泛函的Simons型积分不等式

定理 10.23 假设$x: M^n \to N^{n+p}, p \geqslant 2$是一般流形中的$W_{(n,\log)}$子流形，有陈省身类型估计

$$\begin{aligned}
0 &= \int_M -\rho^{-2}|\nabla\rho|^2 + 2\rho^{-1}(|\nabla h|^2 - n|\nabla \boldsymbol{H}|^2) + \\
&\quad 2\rho^{-1}(\, h^\alpha_{ij}\bar{R}^\alpha_{kki,j} - h^\alpha_{ij}\bar{R}^\alpha_{ijk,k}\,) + \\
&\quad 2n\rho^{-1}(\, H^\beta H^\alpha \bar{R}^\top_{\alpha\beta} + h^\beta_{ij}\bar{R}^\beta_{ij\alpha}H^\alpha\,) + \\
&\quad 2\rho^{-1}(\, h^\alpha_{ij}h^\alpha_{pk}\bar{R}_{ipjk} + h^\alpha_{ij}h^\alpha_{ip}\bar{R}_{kpjk} + h^\alpha_{ij}h^\beta_{ik}\bar{R}_{\alpha\beta jk}\,) - \\
&\quad 2\rho^{-1}\left[\sum_{\alpha\neq\beta} N(\hat{\boldsymbol{A}}_\alpha\hat{\boldsymbol{A}}_\beta - \hat{\boldsymbol{A}}_\beta\hat{\boldsymbol{A}}_\alpha) + \sum_{\alpha\beta}(\hat{S}_{\alpha\beta})^2\right] + \\
&\quad n^2\log(\rho)H^2 - 2n\rho^{-1}\sum_{\alpha\beta}\hat{S}_{\alpha\beta}H^\alpha H^\beta \\
&\geqslant \int_M -\rho^{-2}|\nabla\rho|^2 + 2\rho^{-1}(|\nabla h|^2 - n|\nabla \boldsymbol{H}|^2) + \\
&\quad 2\rho^{-1}(\, h^\alpha_{ij}\bar{R}^\alpha_{kki,j} - h^\alpha_{ij}\bar{R}^\alpha_{ijk,k}\,) + \\
&\quad 2n\rho^{-1}(\, H^\beta H^\alpha \bar{R}^\top_{\alpha\beta} + h^\beta_{ij}\bar{R}^\beta_{ij\alpha}H^\alpha\,) + \\
&\quad 2\rho^{-1}(\, h^\alpha_{ij}h^\alpha_{pk}\bar{R}_{ipjk} + h^\alpha_{ij}h^\alpha_{ip}\bar{R}_{kpjk} + h^\alpha_{ij}h^\beta_{ik}\bar{R}_{\alpha\beta jk}\,) - \\
&\quad 2(2-\frac{1}{p})\rho + n^2\log(\rho)H^2 - 2nH^2.
\end{aligned}$$

定理 10.24 假设$x: M^n \to N^{n+p}, p \geqslant 2$是一般流形中的$W_{(n,\log)}$子流形，有李安民类型估计

$$\begin{aligned}
0 &= \int_M -\rho^{-2}|\nabla\rho|^2 + 2\rho^{-1}(|\nabla h|^2 - n|\nabla \boldsymbol{H}|^2) + \\
&\quad 2\rho^{-1}(\, h^\alpha_{ij}\bar{R}^\alpha_{kki,j} - h^\alpha_{ij}\bar{R}^\alpha_{ijk,k}\,) + \\
&\quad 2n\rho^{-1}(\, H^\beta H^\alpha \bar{R}^\top_{\alpha\beta} + h^\beta_{ij}\bar{R}^\beta_{ij\alpha}H^\alpha\,) + \\
&\quad 2\rho^{-1}(\, h^\alpha_{ij}h^\alpha_{pk}\bar{R}_{ipjk} + h^\alpha_{ij}h^\alpha_{ip}\bar{R}_{kpjk} + h^\alpha_{ij}h^\beta_{ik}\bar{R}_{\alpha\beta jk}\,) - \\
&\quad 2\rho^{-1}\left[\sum_{\alpha\neq\beta} N(\hat{\boldsymbol{A}}_\alpha\hat{\boldsymbol{A}}_\beta - \hat{\boldsymbol{A}}_\beta\hat{\boldsymbol{A}}_\alpha) + \sum_{\alpha\beta}(\hat{S}_{\alpha\beta})^2\right] + \\
&\quad n^2\log(\rho)H^2 - 2n\rho^{-1}\sum_{\alpha\beta}\hat{S}_{\alpha\beta}H^\alpha H^\beta \\
&\geqslant \int_M -\rho^{-2}|\nabla\rho|^2 + 2\rho^{-1}(|\nabla h|^2 - n|\nabla \boldsymbol{H}|^2) + \\
&\quad 2\rho^{-1}(\, h^\alpha_{ij}\bar{R}^\alpha_{kki,j} - h^\alpha_{ij}\bar{R}^\alpha_{ijk,k}\,) + \\
&\quad 2n\rho^{-1}(\, H^\beta H^\alpha \bar{R}^\top_{\alpha\beta} + h^\beta_{ij}\bar{R}^\beta_{ij\alpha}H^\alpha\,) +
\end{aligned}$$

$$2\rho^{-1}(\,h_{ij}^{\alpha}h_{pk}^{\alpha}\bar{R}_{ipjk}+h_{ij}^{\alpha}h_{ip}^{\alpha}\bar{R}_{kpjk}+h_{ij}^{\alpha}h_{ik}^{\beta}\bar{R}_{\alpha\beta jk}\,)-$$
$$3\rho+n^2\log(\rho)H^2-2nH^2.$$

定理 10.25 假设$x:M^n\to N^{n+p},p=1$是一般流形中的$W_{(n,\log)}$超曲面，有等式

$$\begin{aligned}0 &= \int_M -\rho^{-2}|\nabla\rho|^2+2\rho^{-1}(|\nabla h|^2-n|\nabla H|^2)+\\&\quad 2\rho^{-1}(h_{ij}\bar{R}_{(n+1)ijk,k}-h_{ij}\bar{R}_{(n+1)kki,j})+\\&\quad 2n\rho^{-1}(-Hh_{ij}\bar{R}_{i(n+1)(n+1)j}+H^2\bar{R}_{(n+1)(n+1)})+\\&\quad 2\rho^{-1}(h_{ij}h_{kl}\bar{R}_{iljk}+h_{ij}h_{il}\bar{R}_{jkkl})-\\&\quad 2\rho^{-1}\rho^2+nH^2(n\log(\rho)-2\rho\rho^{-1}).\end{aligned}$$

定理 10.26 假设$x:M^n\to R^{n+p}(c),p\geqslant 2$是空间形式中的$W_{(n,\log)}$子流形，有陈省身类型估计

$$\begin{aligned}0 &= \int_M -\rho^{-2}|\nabla\rho|^2+2\rho^{-1}(|\nabla h|^2-n|\nabla \boldsymbol{H}|^2)-\\&\quad 2\rho^{-1}\left[\sum_{\alpha\neq\beta}N(\hat{\boldsymbol{A}}_\alpha\hat{\boldsymbol{A}}_\beta-\hat{\boldsymbol{A}}_\beta\hat{\boldsymbol{A}}_\alpha)+\sum_{\alpha\beta}(\hat{S}_{\alpha\beta})^2\right]+\\&\quad \rho^{-1}2nc\rho+n^2\log(\rho)H^2-2n\rho^{-1}\sum_{\alpha\beta}\hat{S}_{\alpha\beta}H^\beta H^\alpha\\&\geqslant \int_M -\rho^{-2}|\nabla\rho|^2+2\rho^{-1}(|\nabla h|^2-n|\nabla \boldsymbol{H}|^2)-\\&\quad 2(2-\frac{1}{p})\rho+\rho^{-1}2nc\rho+n^2\log(\rho)H^2-2nH^2.\end{aligned}$$

定理 10.27 假设$x:M^n\to R^{n+p}(c),p\geqslant 2$是空间形式中的$W_{(n,\log)}$子流形，有李安民类型估计

$$\begin{aligned}0 &= \int_M -\rho^{-2}|\nabla\rho|^2+2\rho^{-1}(|\nabla h|^2-n|\nabla \boldsymbol{H}|^2)-\\&\quad 2\rho^{-1}\left[\sum_{\alpha\neq\beta}N(\hat{\boldsymbol{A}}_\alpha\hat{\boldsymbol{A}}_\beta-\hat{\boldsymbol{A}}_\beta\hat{\boldsymbol{A}}_\alpha)+\sum_{\alpha\beta}(\hat{S}_{\alpha\beta})^2\right]+\\&\quad \rho^{-1}2nc\rho+n^2\log(\rho)H^2-2n\rho^{-1}\sum_{\alpha\beta}\hat{S}_{\alpha\beta}H^\beta H^\alpha\\&\geqslant \int_M -\rho^{-2}|\nabla\rho|^2+2\rho^{-1}(|\nabla h|^2-n|\nabla \boldsymbol{H}|^2)-\\&\quad 3\rho+\rho^{-1}2nc\rho+n^2\log(\rho)H^2-2nH^2.\end{aligned}$$

定理 10.28 假设$x:M^n\to R^{n+p}(c),p=1$是空间形式中的$W_{(n,\log)}$超曲面，有等式

$$\begin{aligned}0 &= \int_M -\rho^{-2}|\nabla\rho|^2+2\rho^{-1}(|\nabla h|^2-n|\nabla H|^2)-\\&\quad 2\rho^{-1}\rho(\rho-nc)+nH^2(n\log(\rho)-2\rho\rho^{-1}).\end{aligned}$$

10.3.4 抽象型迹零全曲率泛函的Simons型积分不等式

定理 10.29 假设$x: M^n \to N^{n+p}, p \geqslant 2$是一般流形中的$W_{(n,F)}$子流形，函数$F'(u) \geqslant 0$，有陈省身类型估计

$$\begin{aligned} 0 \ = \ & \int_M F''(\rho)|\nabla \rho|^2 + 2F'(\rho)(|\nabla h|^2 - n|\nabla \boldsymbol{H}|^2) + \\ & 2F'(\rho)(\ h_{ij}^\alpha \bar{R}_{kki,j}^\alpha - h_{ij}^\alpha \bar{R}_{ijk,k}^\alpha\ ) + \\ & 2nF'(\rho)(\ H^\beta H^\alpha \bar{R}_{\alpha\beta}^\top + h_{ij}^\beta \bar{R}_{ij\alpha}^\beta H^\alpha\ ) + \\ & 2F'(\rho)(\ h_{ij}^\alpha h_{pk}^\alpha \bar{R}_{ipjk} + h_{ij}^\alpha h_{ip}^\alpha \bar{R}_{kpjk} + h_{ij}^\alpha h_{ik}^\beta \bar{R}_{\alpha\beta jk}\ ) - \\ & 2F'(\rho)\left[\sum_{\alpha\neq\beta} N(\hat{\boldsymbol{A}}_\alpha \hat{\boldsymbol{A}}_\beta - \hat{\boldsymbol{A}}_\beta \hat{\boldsymbol{A}}_\alpha) + \sum_{\alpha\beta}(\hat{S}_{\alpha\beta})^2\right] + \\ & n^2 F(\rho) H^2 - 2nF'(\rho)\sum_{\alpha\beta}\hat{S}_{\alpha\beta} H^\alpha H^\beta \\ \geqslant \ & \int_M F''(\rho)|\nabla \rho|^2 + 2F'(\rho)(|\nabla h|^2 - n|\nabla \boldsymbol{H}|^2) + \\ & 2F'(\rho)(\ h_{ij}^\alpha \bar{R}_{kki,j}^\alpha - h_{ij}^\alpha \bar{R}_{ijk,k}^\alpha\ ) + \\ & 2nF'(\rho)(\ H^\beta H^\alpha \bar{R}_{\alpha\beta}^\top + h_{ij}^\beta \bar{R}_{ij\alpha}^\beta H^\alpha\ ) + \\ & 2F'(\rho)(\ h_{ij}^\alpha h_{pk}^\alpha \bar{R}_{ipjk} + h_{ij}^\alpha h_{ip}^\alpha \bar{R}_{kpjk} + h_{ij}^\alpha h_{ik}^\beta \bar{R}_{\alpha\beta jk}\ ) - \\ & 2(2-\frac{1}{p})F'(\rho)\rho^2 + n^2 F(\rho) H^2 - 2nF'(\rho)\rho H^2. \end{aligned}$$

定理 10.30 假设$x: M^n \to N^{n+p}, p \geqslant 2$是一般流形中的$W_{(n,F)}$子流形，函数$F'(u) \geqslant 0$，有李安民类型估计

$$\begin{aligned} 0 \ = \ & \int_M F''(\rho)|\nabla \rho|^2 + 2F'(\rho)(|\nabla h|^2 - n|\nabla \boldsymbol{H}|^2) + \\ & 2F'(\rho)(\ h_{ij}^\alpha \bar{R}_{kki,j}^\alpha - h_{ij}^\alpha \bar{R}_{ijk,k}^\alpha\ ) + \\ & 2nF'(\rho)(\ H^\beta H^\alpha \bar{R}_{\alpha\beta}^\top + h_{ij}^\beta \bar{R}_{ij\alpha}^\beta H^\alpha\ ) + \\ & 2F'(\rho)(\ h_{ij}^\alpha h_{pk}^\alpha \bar{R}_{ipjk} + h_{ij}^\alpha h_{ip}^\alpha \bar{R}_{kpjk} + h_{ij}^\alpha h_{ik}^\beta \bar{R}_{\alpha\beta jk}\ ) - \\ & 2F'(\rho)\left[\sum_{\alpha\neq\beta} N(\hat{\boldsymbol{A}}_\alpha \hat{\boldsymbol{A}}_\beta - \hat{\boldsymbol{A}}_\beta \hat{\boldsymbol{A}}_\alpha) + \sum_{\alpha\beta}(\hat{S}_{\alpha\beta})^2\right] + \\ & n^2 F(\rho) H^2 - 2nF'(\rho)\sum_{\alpha\beta}\hat{S}_{\alpha\beta} H^\alpha H^\beta \\ \geqslant \ & \int_M F''(\rho)|\nabla \rho|^2 + 2F'(\rho)(|\nabla h|^2 - n|\nabla \boldsymbol{H}|^2) + \\ & 2F'(\rho)(\ h_{ij}^\alpha \bar{R}_{kki,j}^\alpha - h_{ij}^\alpha \bar{R}_{ijk,k}^\alpha\ ) + \\ & 2nF'(\rho)(\ H^\beta H^\alpha \bar{R}_{\alpha\beta}^\top + h_{ij}^\beta \bar{R}_{ij\alpha}^\beta H^\alpha\ ) + \end{aligned}$$

$$2F'(\rho)(\ h_{ij}^{\alpha}h_{pk}^{\alpha}\bar{R}_{ipjk}+h_{ij}^{\alpha}h_{ip}^{\alpha}\bar{R}_{kpjk}+h_{ij}^{\alpha}h_{ik}^{\beta}\bar{R}_{\alpha\beta jk}\ )-$$
$$3F'(\rho)\rho^2+n^2F(\rho)H^2-2nF'(\rho)\rho H^2.$$

定理 10.31 假设$x:M^n\to N^{n+p},p=1$是一般流形中的$W_{(n,F)}$超曲面，有等式

$$\begin{aligned}0 \;=\; & \int_M F''(\rho)|\nabla\rho|^2+2F'(\rho)(|\nabla h|^2-n|\nabla H|^2)+\\ & 2F'(\rho)(h_{ij}\bar{R}_{(n+1)ijk,k}-h_{ij}\bar{R}_{(n+1)kki,j})+\\ & 2nF'(\rho)(-Hh_{ij}\bar{R}_{i(n+1)(n+1)j}+H^2\bar{R}_{(n+1)(n+1)})+\\ & 2F'(\rho)(h_{ij}h_{kl}\bar{R}_{iljk}+h_{ij}h_{il}\bar{R}_{jkkl})-\\ & 2F'(\rho)\rho^2+nH^2(nF(\rho)-2\rho F'(\rho)).\end{aligned}$$

定理 10.32 假设$x:M^n\to R^{n+p}(c),p\geqslant 2$是空间形式中的$W_{(n,F)}$子流形，函数$F'(u)\geqslant 0$，有陈省身类型估计

$$\begin{aligned}0 \;=\; & \int_M F''(\rho)|\nabla\rho|^2+2F'(\rho)(|\nabla h|^2-n|\nabla \boldsymbol{H}|^2)-\\ & 2F'(\rho)\left[\sum_{\alpha\neq\beta}N(\hat{\boldsymbol{A}}_\alpha\hat{\boldsymbol{A}}_\beta-\hat{\boldsymbol{A}}_\beta\hat{\boldsymbol{A}}_\alpha)+\sum_{\alpha\beta}(\hat{S}_{\alpha\beta})^2\right]+\\ & F'(\rho)2nc\rho+n^2F(\rho)H^2-2nF'(\rho)\sum_{\alpha\beta}\hat{S}_{\alpha\beta}H^\beta H^\alpha\\ \geqslant\; & \int_M F''(\rho)|\nabla\rho|^2+2F'(\rho)(|\nabla h|^2-n|\nabla \boldsymbol{H}|^2)-\\ & 2(2-\frac{1}{p})F'(\rho)\rho^2+F'(\rho)2nc\rho+n^2F(\rho)H^2-2nF'(\rho)\rho H^2.\end{aligned}$$

定理 10.33 假设$x:M^n\to R^{n+p}(c),p\geqslant 2$是空间形式中的$W_{(n,F)}$子流形，函数$F'(u)\geqslant 0$，有李安民类型估计

$$\begin{aligned}0 \;=\; & \int_M F''(\rho)|\nabla\rho|^2+2F'(\rho)(|\nabla h|^2-n|\nabla \boldsymbol{H}|^2)-\\ & 2F'(\rho)\left[\sum_{\alpha\neq\beta}N(\hat{\boldsymbol{A}}_\alpha\hat{\boldsymbol{A}}_\beta-\hat{\boldsymbol{A}}_\beta\hat{\boldsymbol{A}}_\alpha)+\sum_{\alpha\beta}(\hat{S}_{\alpha\beta})^2\right]+\\ & F'(\rho)2nc\rho+n^2F(\rho)H^2-2nF'(\rho)\sum_{\alpha\beta}\hat{S}_{\alpha\beta}H^\beta H^\alpha\\ \geqslant\; & \int_M F''(\rho)|\nabla\rho|^2+2F'(\rho)(|\nabla h|^2-n|\nabla \boldsymbol{H}|^2)-\\ & 3F'(\rho)\rho^2+F'(\rho)2nc\rho+n^2F(\rho)H^2-2nF'(\rho)\rho H^2.\end{aligned}$$

定理 10.34 假设$x:M^n\to R^{n+p}(c),p=1$是空间形式中的$W_{(n,F)}$超曲面，有等式

$$\begin{aligned}0 \;=\; & \int_M F''(\rho)|\nabla\rho|^2+2F'(\rho)(|\nabla h|^2-n|\nabla H|^2)-\\ & 2F'(\rho)\rho(\rho-nc)+nH^2(nF(\rho)-2\rho F'(\rho)).\end{aligned}$$

10.4 单位球面中临界点的点态间隙

为了发展单位球面中$W_{(n,F)}$子流形的点态间隙定理，需要先了解以下九个例子.

例 10.1 全测地超曲面.按照其定义，所有的主曲率为

$$k_1 = k_2 = \cdots = 0.$$

于是，可以计算得

$$P_1 = 0, P_2 = 0, P_3 = 0, \rho = 0.$$

代入上面的方程，得到结论：对于任意的参数函数$F \in C^3[0, \infty)$，全测地超曲面M为$W_{(n,F)}$超曲面.

例 10.2 全脐非全测地超曲面.按照定义，所有的主曲率为

$$k_1 = k_2 = \cdots = k_n = \lambda \neq 0.$$

各种曲率函数的计算为

$$P_1 = n\lambda, P_2 = n\lambda^2, P_3 = n\lambda^3, \rho = 0.$$

代入方程，可得全脐非全测地超曲面对于满足条件$F(0) = 0$的函数$F \in C^3[0, \infty)$都是$W_{(n,F)}$超曲面.对于任何满足$F(0) \neq 0$的函数$F \in C^3[0, \infty)$都不是$W_{(n,F)}$超曲面.

例 10.3 维数为偶数$n \equiv 0(\mathrm{mod} 2)$的一个特殊超曲面定义如下:

$$C_{\frac{n}{2}, \frac{n}{2}} = S^{\frac{n}{2}}(\frac{1}{\sqrt{2}}) \times S^{\frac{n}{2}}(\frac{1}{\sqrt{2}}) \to S^{n+1}(1).$$

所有的主曲率为

$$k_1 = \cdots = k_{\frac{n}{2}} = 1, k_{\frac{n}{2}+1} = \cdots = k_n = -1.$$

简单计算可得$H = 0, S = n, P_3 = 0, \rho = S - nH^2 = n$.于是得到$C_{\frac{n}{2}, \frac{n}{2}}$对于任何函数$F \in C^3(0, \infty)$都是$W_{(n,F)}$超曲面.

例 10.4 对于单位球面中具有两个不同主曲率的超曲面，寻求满足$H = 0$的所有环面.已知

$$\lambda,\ \mu, 0 < \lambda, \mu < 1, \lambda^2 + \mu^2 = 1,$$

$$S^m(\lambda) \times S^{n-m}(\mu) \to S^{n+1}(1),\ 1 \leqslant m \leqslant n-1.$$

所有的主曲率为

$$k_1 = \cdots = k_m = \frac{\mu}{\lambda},\ k_{m+1} = \cdots = k_n = -\frac{\lambda}{\mu}.$$

简单计算可得

$$H=\frac{m\frac{\mu}{\lambda}-(n-m)\frac{\lambda}{\mu}}{n}.$$

设定$\frac{\mu}{\lambda}=x>0$, 那么

$$H=\frac{mx-(n-m)\frac{1}{x}}{n}.$$

如果$H=0$, 即

$$mx=(n-m)\frac{1}{x},$$

求解方程可得

$$x=\sqrt{\frac{n-m}{m}},1\leqslant m\leqslant n-1.$$

因此

$$C_{m,n-m}:S^m(\sqrt{\frac{m}{n}})\times S^{n-m}(\sqrt{\frac{n-m}{n}})\to S^{n+1}(1),1\leqslant m\leqslant n-1$$

是满足$H=0$的环面，称为Clifford环面.

例 10.5 对于单位球面之中的具有两个不同主曲率的超曲面，寻求满足$S=n$的所有环面.已知

$$\lambda,\ \mu,0<\lambda,\mu<1,\lambda^2+\mu^2=1,$$

$$S^m(\lambda)\times S^{n-m}(\mu)\to S^{n+1}(1),\ 1\leqslant m\leqslant n-1.$$

所有的主曲率为

$$k_1=\cdots=k_m=\frac{\mu}{\lambda},\ k_{m+1}=\cdots=k_n=-\frac{\lambda}{\mu}.$$

简单计算可得

$$S=m\frac{\mu^2}{\lambda^2}+(n-m)\frac{\lambda^2}{\mu^2}.$$

设定$\frac{\mu}{\lambda}=x>0$, 那么

$$S=\frac{m(n-m)}{n}[x^2+\frac{1}{x^2}+2].$$

如果$S=n$, 即

$$n=mx^2+(n-m)\frac{1}{x^2},$$

求解方程可得

$$x_1=\sqrt{\frac{n-m}{m}},x_2=1,1\leqslant m\leqslant n-1,$$

因此

$$C_{m,n-m}:S^m(\sqrt{\frac{m}{n}})\times S^{n-m}(\sqrt{\frac{n-m}{n}})\to S^{n+1}(1),1\leqslant m\leqslant n-1$$

和

$$S^m(\sqrt{\frac{1}{2}})\times S^{n-m}(\sqrt{\frac{1}{2}})\to S^{n+1}(1),1\leqslant m\leqslant n-1$$

都是满足$S=n$的环面.

例 10.6 对于单位球面之中的具有两个不同主曲率的超曲面，寻求满足$\rho=n$的所有环面.已知

$$\lambda,\ \mu,0<\lambda,\mu<1,\lambda^2+\mu^2=1,$$

$$S^m(\lambda)\times S^{n-m}(\mu)\to S^{n+1}(1),\ 1\leqslant m\leqslant n-1.$$

显然，所有的主曲率为

$$k_1=\cdots=k_m=\frac{\mu}{\lambda},\ k_{m+1}=\cdots=k_n=-\frac{\lambda}{\mu}.$$

于是曲率函数ρ 为

$$\rho=\frac{m(n-m)}{n}[\frac{\mu^2}{\lambda^2}+\frac{\lambda^2}{\mu^2}+2].$$

设定$\frac{\mu}{\lambda}=x>0$，于是

$$\rho=\frac{m(n-m)}{n}[x^2+\frac{1}{x^2}+2].$$

如果$\rho=n$，有方程

$$n=\frac{m(n-m)}{n}[x^2+\frac{1}{x^2}+2].$$

解这个方程得到

$$x_1=\sqrt{\frac{n-m}{m}},x_2=\sqrt{\frac{m}{n-m}},\forall m\in N,1\leqslant m\leqslant n-1.$$

所以

$$C_{m,n-m}:S^m(\sqrt{\frac{m}{n}})\times S^{n-m}(\sqrt{\frac{n-m}{n}})\to S^{n+1}(1),1\leqslant m\leqslant n-1$$

和

$$W_{m,n-m}:S^m(\sqrt{\frac{n-m}{n}})\times S^{n-m}(\sqrt{\frac{m}{n}})\to S^{n+1}(1),1\leqslant m\leqslant n-1$$

是满足$\rho=n$的所有环面.

例 10.7 当$F(\rho)=1$时，具有两个不同主曲率的$W_{(n,F)}$等参超曲面即为极小等参超曲面，即Clifford 环面.

$$C_{m,n-m}=S^m(\sqrt{\frac{m}{n}})\times S^{n-m}(\sqrt{\frac{n-m}{n}}),1\leqslant m\leqslant n-1$$

是极小超曲面，满足$H\equiv 0, S\equiv n, \rho\equiv n$.假设$F_1$ 是另外一个函数满足$F_1\in C^3(0,+\infty)$.如果某个$C_{m,n-m}$ 同时也是$W_{(n,F_1)}$超曲面，那么必须满足$F_1'(n)(\sqrt{\frac{(n-m)^3}{m}}-\sqrt{\frac{m^3}{n-m}})=0$.因此得到结论：如果$F_1'(n)=0$，那么所有的$C_{m,n-m}$ 都是$W_{(n,F_1)}$超曲面；如果$F_1'(n)\neq 0$，那么某个$C_{m,n-m}$ 是$W_{(n,F_1)}$ 超曲面当且仅当

$$n\equiv 0(\mathrm{mod}2), m=\frac{n}{2}, C_{m,n-m}=C_{\frac{n}{2},\frac{n}{2}}.$$

例 10.8 当$F(\rho)=\rho^{\frac{n}{2}}$时，具有两个不同主曲率的$W_{(n,F)}$等参超曲面即是最经典的$W_{(n,\frac{n}{2})}$等参超曲面，为区别起见，可以称为$W_{(n,\frac{n}{2})}$环面.其表达式为

$$W_{m,n-m}: S^m(\sqrt{\frac{n-m}{n}})\times S^{n-m}(\sqrt{\frac{m}{n}})\to S^{n+1}(1), 1\leqslant m\leqslant n-1.$$

是所有的$W_{(n,\frac{n}{2})}$环面并且满足$\rho=n$.当某个$W_{m,n-m}$为极小时，有

$$n\equiv 0(\mathrm{mod}2), m=\frac{n}{2}, W_{m,n-m}=C_{\frac{n}{2},\frac{n}{2}}.$$

对于满足$F_1\in C^3(0,+\infty)$的函数，如果某个$W_{m,n-m}$是$W_{(n,F_1)}$超曲面，那么函数F_1必须满足

$$\begin{aligned}&F_1'(n)(2m-n)(\sqrt{\frac{m}{n-m}}+\sqrt{\frac{(n-m)}{m}})-\\&\frac{1}{2}F_1(n)(m\sqrt{\frac{m}{n-m}}-(n-m)\sqrt{\frac{(n-m)}{m}})=0.\end{aligned}$$

特别地，如果函数满足$F_1'(n)\neq 0, F_1'(n)-\frac{1}{2}F_1(n)=0$，那么所有的$W_{m,n-m}$都是$W_{(n,F_1)}$超曲面.

例 10.9 Veronese曲面.假设(x,y,z)是$\mathbf{R}^3$的自然坐标, (u_1,u_2,u_3,u_4,u_5)是$\mathbf{R}^5$的自然坐标, 考察如下映射：

$$\begin{aligned}&u_1=\frac{1}{\sqrt{3}}yz, u_2=\frac{1}{\sqrt{3}}xz, u_3=\frac{1}{\sqrt{3}}xy,\\&u_4=\frac{1}{2\sqrt{3}}(x^2-y^2), u_5=\frac{1}{6}(x^2+y^2-2z^2),\\&x^2+y^2+z^2=3.\end{aligned}$$

这个映射定义了浸入$x: RP^2=S^2(\sqrt{3})/Z_2\to S^4(1)$, 称之为Veronese 曲面. 从文献[13]可知第二基本型为

$$\boldsymbol{A}_3=\begin{pmatrix}0&\frac{1}{\sqrt{3}}\\\frac{1}{\sqrt{3}}&0\end{pmatrix}, \boldsymbol{A}_4=\begin{pmatrix}-\frac{1}{\sqrt{3}}&0\\0&\frac{1}{\sqrt{3}}\end{pmatrix}.$$

经过简单计算可得

$$H^3=H^4=0, S_{333}=S_{344}=S_{433}=S_{444}=0.$$

间隙定理的证明依赖以上九个例子、陈省身不等式、李安民不等式、Huisken不等式以及如下的两个重要引理.

为了进一步讨论上面的Simons不等式的端点对应的超曲面和子流形，需要Chern、do Carmo、Kobayashi提出的两个重要结论，其中一个为引理，另一个称为主定理.为了表述方便，这里采用一些记号.对于一个超曲面，表示为

$$h_{ij} = h_{ij}^{n+1}.$$

选择局部正交标架，使得

$$h_{ij} = 0,\ \forall\, i \neq j; h_i = h_{ii}.$$

引理 10.32 (参见文献[3]).假设$x : M^n \to S^{n+1}(1)$ 是单位球面之中的紧致无边超曲面且满足$\nabla h \equiv 0$，那么有两种情形：

情形1：$h_1 = \cdots = h_n = \lambda = \text{const}$，并且$M$要么是全脐($\lambda > 0$)超曲面,要么是全测地($\lambda = 0$)超曲面.

情形2：$h_1 = \cdots = h_m = \lambda = \text{const} > 0, h_{m+1} = \cdots = h_n = -\dfrac{1}{\lambda},\ 1 \leqslant m \leqslant n-1$，并且$M$是两个子流形的黎曼乘积$M_1 \times M_2$，此处$M_1 = S^m(\dfrac{1}{\sqrt{1+\lambda^2}}), M_2 = S^{n-m}(\dfrac{\lambda}{\sqrt{1+\lambda^2}})$.不失一般性，可以假设$\lambda > 0$ 并且$1 \leqslant m \leqslant \dfrac{n}{2}$.

引理 10.33 (参见文献[3]).Clifford环面$C_{m,n-m}$ 和Veronese曲面是单位球面$S^{n+p}(1)$ 中唯一满足$S = \dfrac{n}{2-\dfrac{1}{p}}$ 的极小子流形($H = 0$).

在所有的$W_{(n,F)}$泛函中，$F(\rho) = \rho^{\frac{n}{2}}$处于最中心的位置，这是因为泛函$W_{(n,\frac{n}{2})} = \displaystyle\int_M \rho^{\frac{n}{2}}\,\mathrm{d}v$是共形不变的.

定理 10.35 假设$x : M^n \to S^{n+p}(1), p \geqslant 2$是单位球面中的$W_{(n,\frac{n}{2})}$子流形，那么有陈省身类型估计

$$\begin{aligned} 0 \ \geqslant\ & \int_M \frac{n}{2}(\frac{n}{2}-1)\rho^{\frac{n}{2}-2}|\nabla\rho|^2 + n\rho^{\frac{n}{2}-1}(|\nabla h|^2 - n|\nabla \boldsymbol{H}|^2) + \\ & (2-\frac{1}{p})n\rho^{\frac{n}{2}}\left(\frac{n}{2-\dfrac{1}{p}} - \rho\right). \end{aligned}$$

若$0 \leqslant \rho \leqslant \dfrac{n}{2-\dfrac{1}{p}}$，则必定有$\rho \equiv 0$或者$\rho = \dfrac{n}{2-\dfrac{1}{p}}$.对于前者是全脐子流形；对于后者是Veronese曲面.

定理 10.36 假设$x: M^n \to S^{n+p}(1), p \geqslant 2$是单位球面中的$W_{(n,\frac{n}{2})}$子流形，那么有李安民类型估计

$$\begin{aligned} 0 \geqslant & \int_M \frac{n}{2}(\frac{n}{2}-1)\rho^{\frac{n}{2}-2}|\nabla\rho|^2 + n\rho^{\frac{n}{2}-1}(|\nabla h|^2 - n|\nabla \boldsymbol{H}|^2) + \\ & \frac{3n}{2}\rho^{\frac{n}{2}}\left(\frac{2n}{3}-\rho\right). \end{aligned}$$

若$0 \leqslant \rho \leqslant \frac{2n}{3}$，则必定有$\rho \equiv 0$或者$\rho = \frac{2n}{3}$.对于前者是全脐子流形；对于后者是Veronese 曲面.

定理 10.37 假设$x: M^n \to S^{n+p}(1), p = 1$是单位球面中的$W_{(n,\frac{n}{2})}$超曲面，有等式

$$\begin{aligned} 0 = & \int_M \frac{n}{2}(\frac{n}{2}-1)\rho^{\frac{n}{2}-2}|\nabla\rho|^2 + n\rho^{\frac{n}{2}-1}(|\nabla h|^2 - n|\nabla H|^2) + \\ & n\rho^{\frac{n}{2}}(n-\rho). \end{aligned}$$

若$0 \leqslant \rho \leqslant n$，则必定有$\rho \equiv 0$或者$\rho = n$.对于前者是全脐子流形；对于后者是Willmore环面，即本节第6、8个例子.

定理 10.38 假设$x: M^n \to S^{n+p}(1), p \geqslant 2$是单位球面中的$W_{(n,r)}$子流形，若$2 < r \leqslant \frac{n}{2}$，那么有陈省身类型估计

$$\begin{aligned} 0 \geqslant & \int_M r(r-1)\rho^{r-2}|\nabla\rho|^2 + 2r\rho^{r-1}(|\nabla h|^2 - n|\nabla \boldsymbol{H}|^2) + \\ & 2r(2-\frac{1}{p})\rho^r(\frac{n}{2-\frac{1}{p}}-\rho) + n(n-2r)\rho^r H^2. \end{aligned}$$

若$0 \leqslant \rho \leqslant \frac{n}{2-\frac{1}{p}}$，则必定有$\rho \equiv 0$或者$\rho = \frac{n}{2-\frac{1}{p}}$.对于前者是全脐子流形；对于后者是Veronese曲面.

定理 10.39 假设$x: M^n \to S^{n+p}(1), p \geqslant 2$是单位球面中的$W_{(n,r)}$子流形，若$2 < r \leqslant \frac{n}{2}$，那么有李安民类型估计

$$\begin{aligned} 0 \geqslant & \int_M r(r-1)\rho^{r-2}|\nabla\rho|^2 + 2r\rho^{r-1}(|\nabla h|^2 - n|\nabla \boldsymbol{H}|^2) + \\ & 3r\rho^r(\frac{2n}{3}-\rho) + n(n-2r)\rho^r H^2. \end{aligned}$$

若$0 \leqslant \rho \leqslant \frac{2n}{3}$，则必定有$\rho \equiv 0$或者$\rho = \frac{2n}{3}$.对于前者是全脐子流形；对于后者是Veronese 曲面.

定理 10.40 假设$x: M^n \to S^{n+p}(1), p = 1$是单位球面中的$W_{(n,r)}$超曲面，若$2 < r \leqslant \frac{n}{2}$，有等式

$$0 = \int_M r(r-1)\rho^{r-2}|\nabla\rho|^2 + 2r\rho^{r-1}(|\nabla h|^2 - n|\nabla H|^2) +$$

$$2r\rho^r(n-\rho)+n(n-2r)\rho^r H^2.$$

若$0\leqslant\rho\leqslant n$，那么必定有$\rho\equiv 0$或者$\rho=n$.对于前者是全脐子流形；对于后者要么是Clifford环面，要么是Willmore环面，但是必须通过第6、7、8三个例子详细讨论.

定理 10.41　假设$x:M^n\to S^{n+p}(1),p\geqslant 2$是单位球面中的$W_{(n,E)}$子流形，有陈省身类型估计

$$\begin{aligned}0\ &\geqslant\ \int_M \exp(\rho)|\nabla\rho|^2+2\exp(\rho)(|\nabla h|^2-n|\nabla \boldsymbol{H}|^2)-\\&\quad 2(2-\frac{1}{p})\exp(\rho)\left(\rho^2+\frac{n(H^2-1)}{(2-\frac{1}{p})}\rho-\frac{n^2}{2(2-\frac{1}{p})}H^2\right).\end{aligned}$$

即

$$\begin{aligned}&\int_M 2(2-\frac{1}{p})\exp(\rho)\left[\rho+\frac{n}{2}\,(\frac{\sqrt{H^4+2(1-\frac{1}{p})H^2+1}+H^2-1}{2-\frac{1}{p}})\right]\times\\&\quad\left[\rho-\frac{n}{2}\,(\frac{\sqrt{H^4+2(1-\frac{1}{p})H^2+1}-H^2+1}{2-\frac{1}{p}})\right]\\&\geqslant\ \int_M \exp(\rho)|\nabla\rho|^2+2\exp(\rho)\left(|\nabla h|^2-n|\nabla \boldsymbol{H}|^2\right)\geqslant 0.\end{aligned}$$

定理 10.42　假设$x:M^n\to S^{n+p}(1),p\geqslant 2$是单位球面中的$W_{(n,E)}$子流形，有李安民类型估计

$$\begin{aligned}0\ &\geqslant\ \int_M \exp(\rho)|\nabla\rho|^2+2\exp(\rho)(|\nabla h|^2-n|\nabla \boldsymbol{H}|^2)-\\&\quad 3\exp(\rho)\left(\rho^2+\frac{2n(H^2-1)}{3}\rho-\frac{n^2}{3}H^2\right).\end{aligned}$$

即

$$\begin{aligned}&\int_M 3\exp(\rho)\left[\rho+\frac{n}{3}\,(\sqrt{H^4+H^2+1}+H^2-1)\right]\times\\&\quad\left[\rho-\frac{n}{3}\,(\sqrt{H^4+H^2+1}-H^2+1)\right]\\&\geqslant\ \int_M \exp(\rho)|\nabla\rho|^2+2\exp(\rho)(|\nabla h|^2-n|\nabla \boldsymbol{H}|^2)\geqslant 0.\end{aligned}$$

定理 10.43　假设$x:M^n\to S^{n+p}(1),p=1$是单位球面中的$W_{(n,E)}$超曲面，有等式

$$\begin{aligned}0\ &=\ \int_M \exp(\rho)|\nabla\rho|^2+2\exp(\rho)(|\nabla h|^2-n|\nabla H|^2)-\\&\quad 2\exp(\rho)\left(\rho^2+n(H^2-1)\rho-\frac{n^2}{2}H^2\right).\end{aligned}$$

即

$$\begin{aligned}&\int_M 2\exp(\rho)\left[\rho+\frac{n}{2}(\sqrt{H^4+1}+H^2-1)\right]\times\\&\left[\rho-\frac{n}{2}(\sqrt{H^4+1}-H^2+1)\right]\\=&\int_M \exp(\rho)|\nabla\rho|^2+2\exp(\rho)(|\nabla h|^2-n|\nabla \boldsymbol{H}|^2)\geqslant 0.\end{aligned}$$

定理 10.44 假设$x:M^n\to S^{n+p}(1),p\geqslant 2$是单位球面中的$W_{(n,F)}$子流形，函数$F'(u)\geqslant 0$，有陈省身类型估计

$$\begin{aligned}0\geqslant&\int_M F''(\rho)|\nabla\rho|^2+2F'(\rho)(|\nabla h|^2-n|\nabla \boldsymbol{H}|^2)+\\&2(2-\frac{1}{p})F'(\rho)\rho\left(\frac{n}{2-\frac{1}{p}}-\rho\right)+n(nF(\rho)-2\rho F'(\rho))H^2.\end{aligned}$$

如果函数进一步满足$F''\geqslant 0,F'>0,nF-2uF'\geqslant 0$，此时若$0\leqslant\rho\leqslant\frac{n}{2-\frac{1}{p}}$，则必定有$\rho\equiv 0$或者$\rho=\frac{n}{2-\frac{1}{p}}$.对于前者可能是全脐子流形(取决于$F(0)$是否等于0)；对于后者是Veronese曲面.

定理 10.45 假设$x:M^n\to S^{n+p}(1),p\geqslant 2$是单位球面中的$W_{(n,F)}$子流形，函数$F'(u)\geqslant 0$，有李安民类型估计

$$\begin{aligned}0\geqslant&\int_M F''(\rho)|\nabla\rho|^2+2F'(\rho)(|\nabla h|^2-n|\nabla \boldsymbol{H}|^2)+\\&3F'(\rho)\rho\left(\frac{2n}{3}-\rho\right)+n(nF(\rho)-2\rho F'(\rho))H^2.\end{aligned}$$

如果函数进一步满足$F''\geqslant 0,F'>0,nF-2uF'\geqslant 0$，此时若$0\leqslant\rho\leqslant\frac{n}{2-\frac{1}{p}}$，则必定有$\rho\equiv 0$或者$\rho=\frac{n}{2-\frac{1}{p}}$.对于前者可能是全脐子流形(取决于$F(0)$是否等于0)；对于后者是Veronese曲面.

定理 10.46 假设$x:M^n\to S^{n+p}(1),p=1$是单位球面中的$W_{(n,F)}$超曲面，有等式

$$\begin{aligned}0=&\int_M F''(\rho)|\nabla\rho|^2+2F'(\rho)(|\nabla h|^2-n|\nabla H|^2)+\\&2F'(\rho)\rho(n-\rho)+n(nF(\rho)-2\rho F'(\rho))H^2.\end{aligned}$$

如果函数进一步满足$F''\geqslant 0,F'>0,nF-2uF'\geqslant 0$，此时若$0\leqslant\rho\leqslant n$，则必定有$\rho\equiv 0$或者$\rho=n$.对于前者是全脐子流形(取决于$F(0)$是否等于0)；对于后者要么是Clifford环面，要么是Willmore环面，但是必须通过第6、7、8三个例子详细讨论.

10.5 单位球面中临界点的全局间隙

为了讨论单位球面中临界点的全局间隙，需要先了解如下两个不等式.

定理 10.47 假设$x: M^n \to N^{n+p}(1)$ 是一个子流形，有估计

$$|\nabla \hat{h}|^2 \geqslant |\nabla f_\epsilon|^2, \forall \epsilon > 0,$$

此处$|\nabla \hat{h}|^2 = \sum_{\alpha ijk}(\hat{h}^\alpha_{ij,k})^2$,函数$f_\epsilon = \sqrt{\rho + np\epsilon^2}$.

定理 10.48 假设$x: M^n \to S^{n+p}(1), n \geqslant 3$是紧致无边的子流形，那么对于任意函数$g \in C^1(M), g \geqslant 0$ 和参数$t > 0$,g满足不等式

$$\|\nabla g\|^2_{L^2} \geqslant k_1(n,t)\|g^2\|_{L^{\frac{n}{n-2}}} - k_2(n,t)\|(1+H^2)g^2\|_{L^1},$$

此处

$$k_1(n,t) = \frac{(n-2)^2}{4(n-1)^2c^2(n)}\frac{1}{t+1}, k_2(n,t) = \frac{(n-2)^2}{4(n-1)^2}\frac{1}{t},$$

并且$c(n)$是一个仅仅依赖n的正常数.

定理 10.49 假设$x: M^n \to S^{n+p}(1), n \geqslant 3$是单位球面中的$W_{(n,F)}$子流形，函数$F$满足

$$(C_1): F'(u) > 0, \forall u \in (0, +\infty);$$

$$(C_2): F''(u) \geqslant 0, \forall u \in [0, +\infty);$$

$$(C_3): uF''(u) \leqslant 2F'(u), \forall u \in [0, +\infty);$$

$$(C_4): \inf_{u>0} \frac{n^2F(u) - 2nuF'(u)}{uF'(u)} =: \alpha_0 > 0;$$

$$(C_5): F'(u)u = 0 \Leftrightarrow u = 0;$$

$$(C_6): F(0) = 0.$$

那么存在一个仅仅依赖n和α_0的常数$A(n,\alpha_0)$，如果满足

$$\|\rho\|_{L^{\frac{n}{2}}} < A(n,\alpha_0),$$

那么M一定是全脐子流形.

证明 设定

$$\eta = \max\{3, 2(2 - \frac{1}{p})\},$$

因为

$$F' \geqslant 0, |\nabla h|^2 - nH^2 = |\nabla \hat{h}|^2,$$

从上一节的Simons不等式可知

$$\int_M \Big[F''(\rho)|\nabla\rho|^2 + F'(\rho)|\nabla \hat{h}|^2 + H^2(n^2F(\rho) - 2n\rho F'(\rho)) -$$

$$\eta\rho^2F'(\rho)+2n\rho F'(\rho)\Big]\mathrm{d}v\leqslant 0.$$

因为$f_\epsilon=\sqrt{\rho+np\epsilon^2}$, 所以有

$$\lim_{\epsilon\downarrow 0}\int_M\Big[F''(f_\epsilon^2)|\nabla(f_\epsilon)^2|^2+F'(f_\epsilon^2)|\nabla\hat{h}|^2+H^2(n^2F(f_\epsilon^2)-2nf_\epsilon^2F'(f_\epsilon^2))-$$
$$\eta f_\epsilon^4F'(f_\epsilon^2)+2nf_\epsilon^2F'(f_\epsilon^2)\Big]\mathrm{d}v \tag{10.1}$$
$$=\int_M\Big[F''(\rho)|\nabla\rho|^2+F'(\rho)|\nabla\hat{h}|^2+H^2(n^2F(\rho)-2n\rho F'(\rho))-$$
$$\eta\rho^2F'(\rho)+2n\rho F'(\rho)\Big]\mathrm{d}v\leqslant 0.$$

根据本节第一个不等式

$$|\nabla\hat{h}|^2\geqslant|\nabla f_\epsilon|^2,$$

代入式(10.1)可得

$$\lim_{\epsilon\downarrow 0}\int_M\Big[F''(f_\epsilon^2)|\nabla(f_\epsilon)^2|^2+F'(f_\epsilon^2)|\nabla f_\epsilon|^2+H^2(n^2F(f_\epsilon^2)-2nf_\epsilon^2F'(f_\epsilon^2))-$$
$$\eta f_\epsilon^4F'(f_\epsilon^2)+2nf_\epsilon^2F'(f_\epsilon^2)\Big]\mathrm{d}v$$
$$=\lim_{\epsilon\downarrow 0}\int_M\Big[4F''(f_\epsilon^2)f_\epsilon^2|\nabla f_\epsilon|^2+F'(f_\epsilon^2)|\nabla f_\epsilon|^2+H^2(n^2F(f_\epsilon^2)-2nf_\epsilon^2F'(f_\epsilon^2))-$$
$$\eta f_\epsilon^4F'(f_\epsilon^2)+2nf_\epsilon^2F'(f_\epsilon^2)\Big]\mathrm{d}v. \tag{10.2}$$

设定

$$g_\epsilon=\sqrt{F'(f_\epsilon^2)}f_\epsilon,$$

直接计算得

$$\nabla g_\epsilon=\Big[\sqrt{F'(f_\epsilon^2)}+\frac{F''(f_\epsilon^2)f_\epsilon^2}{\sqrt{F'(f_\epsilon^2)}}\Big]\nabla f_\epsilon,$$
$$|\nabla g_\epsilon|^2=\Big[F'(f_\epsilon^2)|\nabla f_\epsilon|^2\Big]+\Big(\frac{1}{2}+\frac{F''(f_\epsilon^2)f_\epsilon^2}{4F'(f_\epsilon^2)}\Big)\Big[4F''(f_\epsilon^2)f_\epsilon^2|\nabla f_\epsilon|^2\Big].$$

由条件(C_2)和(C_3)得

$$|\nabla g_\epsilon|^2\leqslant\Big[F'(f_\epsilon^2)|\nabla f_\epsilon|^2\Big]+\Big[4F''(f_\epsilon^2)f_\epsilon^2|\nabla f_\epsilon|^2\Big].$$

因此从式(10.2)可得

$$\lim_{\epsilon\downarrow 0}\int_M\Big[|\nabla g_\epsilon|^2+H^2(n^2F(f_\epsilon^2)-2nf_\epsilon^2F'(f_\epsilon^2))-\eta f_\epsilon^2g_\epsilon^2+2ng_\epsilon^2\Big]\mathrm{d}v\leqslant 0,$$

即

$$\lim_{\epsilon\downarrow 0}\Big[\|\nabla g_\epsilon\|_{L^2}^2-\eta\|f_\epsilon^2 g_\epsilon^2\|_{L^1}+2n\|g_\epsilon^2\|_{L^1}+\int_M H^2(n^2F(f_\epsilon^2)-2nf_\epsilon^2F'(f_\epsilon^2))\mathrm{d}v\Big]\leqslant 0.$$

利用本节第二个不等式

$$\lim_{\epsilon\downarrow 0}\Big[k_1(n,t)\|g_\epsilon^2\|_{L^{\frac{n}{n-2}}}-k_2(n,t)\|(1+H^2)g_\epsilon^2\|_{L^1}-\eta\|f_\epsilon^2 g_\epsilon^2\|_{L^1}+2n\|g_\epsilon^2\|_{L^1}+$$
$$\int_M H^2(n^2F(f_\epsilon^2)-2nf_\epsilon^2F'(f_\epsilon^2))\mathrm{d}v\Big]\leqslant 0,$$

即

$$\lim_{\epsilon\downarrow 0}\Big[k_1(n,t)\|g_\epsilon^2\|_{L^{\frac{n}{n-2}}}-\eta\|f_\epsilon^2 g_\epsilon^2\|_{L^1}+(2n-k_2(n,t))\|g_\epsilon^2\|_{L^1}+$$
$$\int_M H^2(n^2F(f_\epsilon^2)-(2n+k_2(n,t))f_\epsilon^2F'(f_\epsilon^2))\mathrm{d}v\Big]\leqslant 0,$$

由条件(C_4)，如果

$$t\geqslant\frac{(n-2)^2}{4(n-1)^2\alpha_0},$$

那么

$$\int_M H^2(n^2F(f_\epsilon^2)-(2n+k_2(n,t))f_\epsilon^2F'(f_\epsilon^2))\mathrm{d}v\geqslant 0.$$

如果

$$t\geqslant\frac{(n-2)^2}{8n(n-1)^2},$$

那么

$$(2n-k_2(n,t))\|g_\epsilon^2\|_{L^1}\geqslant 0.$$

所以取

$$t^*=\max\Big\{\frac{(n-2)^2}{4(n-1)^2\alpha_0},\frac{(n-2)^2}{8n(n-1)^2}\Big\},$$

得到

$$\lim_{\epsilon\downarrow 0}\Big[k_1(n,t^*)\|g_\epsilon^2\|_{L^{\frac{n}{n-2}}}-\eta\|f_\epsilon^2 g_\epsilon^2\|_{L^1}\Big]\leqslant 0,$$

运用Hölder不等式

$$\lim_{\epsilon\downarrow 0}\Big[k_1(n,t^*)\|g_\epsilon^2\|_{L^{\frac{n}{n-2}}}-\eta\|f_\epsilon^2\|_{L^{\frac{n}{2}}}\|g_\epsilon^2\|_{L^{\frac{n}{n-2}}}\Big]\leqslant 0,$$

即

$$\|F'(\rho)\rho\|_{L^{\frac{n}{n-2}}}\Big[\frac{k_1(n,t^*)}{\eta}-\|\rho\|_{L^{\frac{n}{2}}}\Big]\leqslant 0.$$

因此

$$\|\rho\|_{L^{\frac{n}{2}}}<\frac{k_1(n,t^*)}{\eta},$$

即

$$\|F'(\rho)\rho\|_{L^{\frac{n}{n-2}}} = 0,$$

由(C_5)可得

$$\rho \equiv 0.$$

再由条件(C_6)可知全脐子流形一定是$W_{(n,F)}$子流形.这里

$$\begin{aligned}
& \frac{k_1(n,t^*)}{\eta} \\
= \ & \frac{(n-2)^2}{4\eta(n-1)^2c^2(n)}\frac{1}{t^*+1} \\
= \ & \min\{\frac{1}{2(1-\frac{1}{p})},\frac{1}{3}\}\frac{(n-2)^2}{4(n-1)^2c^2(n)}\frac{1}{t^*+1} \\
= \ & \alpha(n,p,\alpha_0),
\end{aligned}$$

固定函数F以后, 取定

$$A(n,\alpha_0) = \inf_{p\geqslant 1}\alpha(n,p,\alpha_0) > 0,$$

推论 10.1 假设$x: M^n \to S^{n+p}(1), n \geqslant 3$是单位球面中的$W_{(n,1)}$子流形，$F(u)=u$，那么存在仅依赖$n$的常数$A(n)$，使得如果

$$\|\rho\|_{L^{\frac{n}{2}}} < A(n),$$

那么M一定是全脐的.

推论 10.2 假设$x: M^n \to S^{n+p}(1), n \geqslant 3$是单位球面中的$W_{(n,r)}$子流形，$F(u) = u^r, r \in [1, \min\{3, \frac{n}{2}\})$，那么存在仅仅依赖$n$和$r$的常数$A(n,r)$，使得如果

$$\|\rho\|_{L^{\frac{n}{2}}} < A(n,r),$$

那么M一定是全脐的.

第11章　平均曲率模长泛函的变分与间隙

子流形的平均曲率模长泛函是指以子流形的平均曲率模长为自变量的各类函数积分得到的泛函，这是非常重要的一类泛函，刻画了当前子流形与极小子流形的差异，具有泛函表达式简洁、几何拓扑物理意义鲜明等特点.本章主要研究平均曲率模长泛函的构造、变分计算与例子的计算，特别是间隙现象的推导与讨论.

11.1 平均曲率模长泛函

平均曲率模长泛函是一种特殊的基本对称张量泛函.通过第二基本型可以构造一类重要的几何量，即平均曲率模长

$$H^2=\sum_{\alpha}(H^{\alpha})^2.$$

如前文所述，一个子流形被称为极小子流形当且仅当$H^2=0$. 显然，平均曲率模长H^2满足如下几条性质：(1)非负性：即$H^2(Q)\geqslant 0,\forall Q\in M$；(2)零点即极小点：即$H^2(Q)=0$当且仅当$Q$是$M$的极小点；(3)有界性：因为$M$是紧致无边流形，所以平均曲率模长$H^2$可被一个与流形$M$有关的正常数$C_1$ 控制，即$0\leqslant H^2\leqslant C_1$.

定义函数F满足

$$F:[0,\infty)\to \mathbf{R},u\to F(u),F\in C^3[0,\infty).$$

利用函数F来定义$MC_{(n,F)}$泛函为

$$MC_{(n,F)}(x)=\int_M F(H^2)\mathrm{d}v.$$

泛函的临界点称为$MC_{(n,F)}$子流形.

一般而言，抽象函数F有几类比较典型的特殊函数：

$$F(u)=u^r,r\in\mathbf{R};F(u)=(u+\epsilon)^r,\epsilon>0,r\in\mathbf{R};$$

$$F(u)=\exp(u);F(u)=\exp(-u);$$

$$F(u)=\log(u);F(u)=\log(u+\epsilon),\epsilon>0.$$

函数$F(u)=(u+\epsilon)^r,F(u)=\log(u+\epsilon)$中出现正参数$\epsilon>0$是为了避免平均曲率模长函数$H^2$的零点而导致运算规则失效.因此，对于这些特殊的函数F，可以定义特殊的平均曲率泛函：

$$MC_{(n,r)}(x)=\int_M (H^2)^r\mathrm{d}v,MC_{(n,r,\epsilon)}(x)=\int_M ((H^2)+\epsilon)^r\mathrm{d}v,\epsilon>0,r\in\mathbf{R};$$

$$MC_{(n,E,+)}(x)=\int_M \exp(H^2)\mathrm{d}v, MC_{(n,E,-)}(x)=\int_M \exp(-H^2)\mathrm{d}v;$$

$$MC_{(n,\log)}(x)=\int_M \log(H^2)\mathrm{d}v, MC_{(n,\log,\epsilon)}(x)=\int_M \log(H^2+\epsilon)\mathrm{d}v, \epsilon>0.$$

因有如下关系

$$H^2=\frac{1}{n^2}|\boldsymbol{S}_1|^2.$$

因此，平均曲率模长泛函

$$MC_{(n,F)}(x)=\int_M F(H^2)\mathrm{d}v$$

本质上是一种基本对称张量泛函

$$MC_{(n,F)}(x)=\int_M F(\frac{1}{n^2}|\boldsymbol{S}_1|^2)\mathrm{d}v.$$

11.2 抽象型平均曲率泛函的变分与例子

为了计算泛函$MC_{(n,F)}$的变分，需要如下几个引理.

引理 11.1 设$x:M\to N^{n+p}$是子流形，$\boldsymbol{V}=V^\alpha e_\alpha$是变分向量场，则

$$\frac{\partial \mathrm{d}v}{\partial t}=n\sum_\alpha H^\alpha V^\alpha \mathrm{d}v.$$

引理 11.2 设$x:M\to N^{n+p}$是子流形，$\boldsymbol{V}=V^\alpha e_\alpha$是变分向量场，则

$$\frac{\partial}{\partial t}H^\alpha=\frac{1}{n}\Delta V^\alpha-H^\beta L^\alpha_\beta+\frac{1}{n}S_{\alpha\beta}V^\beta+\frac{1}{n}\bar{R}^\top_{\alpha\beta}V^\beta.$$

引理 11.3 设$x:M\to N^{n+p}$是子流形，$\boldsymbol{V}=V^\alpha e_\alpha$是变分向量场，则

$$\frac{\partial}{\partial t}H^2=\frac{2}{n}H^\alpha\Delta V^\alpha+\frac{1}{n}S_{\alpha\beta}H^\beta V^\alpha+\frac{1}{n}\bar{R}^\top_{\alpha\beta}H^\beta V^\alpha.$$

以上引理的证明已经在第3章给出，在此不再赘述.下面进行变分公式的计算.

$$\begin{aligned}
\frac{\partial}{\partial t}MC_{(n,F)}(x_t) &= \int_{M_t} F'(H^2)\frac{\partial}{\partial t}(H^2)-nF(H^2)H^\alpha V^\alpha \mathrm{d}v\\
&= \int_{M_t} F'(H^2)(\ \frac{2}{n}H^\alpha\Delta V^\alpha+\frac{2}{n}(S_{\alpha\beta}+\bar{R}^\top_{\alpha\beta})H^\alpha V^\beta\ )-\\
&\quad nH^\alpha V^\alpha)\mathrm{d}v\\
&= \int_M \Delta(\ \frac{2}{n}F'(H^2)H^\alpha\ )V^\alpha+\frac{2}{n}F'(H^2)(S_{\alpha\beta}+\bar{R}^\top_{\alpha\beta})H^\beta V^\alpha-\\
&\quad nH^\alpha F(H^2)V^\alpha \mathrm{d}v\\
&= \frac{2}{n}\int_M [\ \Delta(\ F'(H^2)H^\alpha\ )+F'(H^2)(S_{\alpha\beta}+\bar{R}^\top_{\alpha\beta})H^\beta-\\
&\quad \frac{n^2}{2}H^\alpha F(H^2)\ ]V^\alpha \mathrm{d}v.
\end{aligned}$$

定理 11.1 设$x : M^n \to N^{n+p}$是子流形，那么M是一个$MC_{(n,F)}$子流形当且仅当对任意的α,$n+1 \leqslant \alpha \leqslant n+p$，有

$$\Delta(\ F'(H^2)H^\alpha\ ) + F'(H^2)(S_{\alpha\beta} + \bar{R}^\top_{\alpha\beta})H^\beta - \frac{n^2}{2}H^\alpha F(H^2) = 0.$$

定理 11.2 设$x : M^n \to N^{n+1}$是超曲面，那么M是一个$MC_{(n,F)}$超曲面当且仅当

$$\Delta(\ F'(H^2)H\ ) + F'(H^2)(S + \bar{R}^\top_{(n+1)(n+1)})H - \frac{n^2}{2}HF(H^2) = 0.$$

定理 11.3 设$x : M^n \to N^{n+p}$是子流形并且$h^\alpha_{ij} = \mathrm{const}, \forall i, j, \alpha$，那么$M$是一个$MC_{(n,F)}$子流形当且仅当对任意的$\alpha$,$n+1 \leqslant \alpha \leqslant n+p$，有

$$F'(H^2)(S_{\alpha\beta} + \bar{R}^\top_{\alpha\beta})H^\beta - \frac{n^2}{2}H^\alpha F(H^2) = 0.$$

定理 11.4 设$x : M^n \to N^{n+1}$是超曲面并且$h_{ij} = \mathrm{const}, \forall i, j$，那么$M$是一个$MC_{(n,F)}$超曲面当且仅当

$$F'(H^2)(S + \bar{R}^\top_{(n+1)(n+1)})H - \frac{n^2}{2}HF(H^2) = 0.$$

当流形N^{n+p}是空间形式$R^{n+p}(c)$时，其黎曼曲率张量可以表达为

$$\begin{aligned}
&\bar{R}_{ABCD} = -c(\delta_{AC}\delta_{BD} - \delta_{AD}\delta_{BC}), \bar{R}^\beta_{ij\alpha} = -c\delta_{ij}\delta_{\alpha\beta},\\
&\bar{R}^\top_{AB} = \sum_i \bar{R}_{AiiB} = \sum_i -c(\delta_{Ai}\delta_{iB} - \delta_{AB}\delta_{ii}) = nc\delta_{AB} - c\sum_i \delta_{Ai}\delta_{iB},\\
&\bar{R}^\perp_{AB} = \sum_\alpha \bar{R}_{A\alpha\alpha B} = \sum_\alpha -c(\delta_{A\alpha}\delta_{\alpha B} - \delta_{AB}\delta_{\alpha\alpha}) = pc\delta_{AB} - c\sum_\alpha \delta_{A\alpha}\delta_{B\alpha},\\
&\bar{R}^\top_{\alpha\beta} = nc\delta_{\alpha\beta}, \bar{R}^\perp_{ij} = pc\delta_{ij}.
\end{aligned}$$

于是上面的定理在空间形式可以表述为比较简单的形式.

定理 11.5 设$x : M \to R^{n+p}(c)$是空间形式中的子流形，那么M是一个$MC_{(n,F)}$子流形当且仅当对任意的$\alpha, n+1 \leqslant \alpha \leqslant n+p$，下式成立

$$\Delta(\ F'(H^2)H^\alpha\ ) + F'(H^2)(S_{\alpha\beta} + nc\delta_{\alpha\beta})H^\beta - \frac{n^2}{2}H^\alpha F(H^2) = 0.$$

定理 11.6 设$x : M \to R^{n+1}(c)$是空间形式中的超曲面，那么M是一个$MC_{(n,F)}$超曲面当且仅当

$$\Delta(\ F'(H^2)H\ ) + F'(H^2)(S + nc)H - \frac{n^2}{2}HF(H^2) = 0.$$

定理 11.7 设$x : M \to R^{n+p}(c)$是空间形式中的子流形并且$h^\alpha_{ij} = \mathrm{const}, \forall i, j, \alpha$，那么$M$是一个$MC_{(n,F)}$子流形当且仅当对任意的$\alpha, n+1 \leqslant \alpha \leqslant n+p$，下式成立

$$F'(H^2)(S_{\alpha\beta} + nc\delta_{\alpha\beta})H^\beta - \frac{n^2}{2}H^\alpha F(H^2) = 0.$$

定理 11.8 设$x: M \to R^{n+1}(c)$是空间形式中的超曲面并且$h_{ij} = \mathrm{const}, \forall i, j$，那么$M$是一个$MC_{(n,F)}$超曲面当且仅当

$$F'(H^2)(S+nc)H - \frac{n^2}{2}HF(H^2) = 0.$$

例 11.1 单位球面中的极小子流形对于任何的函数$F \in C^3[0,\infty)$都是$MC_{(n,F)}$ 子流形，因此$MC_{(n,F)}$子流形相较于极小子流形是一类范围更广的概念.

例 11.2 单位球面中的全脐非全测地超曲面.按照定义，可知所有的主曲率为

$$k_1 = k_2 = \cdots = k_n = \lambda \neq 0.$$

各种曲率函数的计算为

$$H = \lambda, S = n\lambda^2.$$

代入方程，可得全脐非全测地超曲面如果是$MC_{(n,F)}$曲面，则满足条件

$$F'(\lambda^2)(\lambda^2+1) - \frac{n}{2}F(\lambda^2) = 0.$$

解得函数$F(u)$为

$$F(u) = F(u_0)(\frac{u+1}{u_0+1})^{\frac{n}{2}}, u_0 \geqslant 0.$$

因此,全脐非全测地超曲面对于上面的函数$F(u)$是$MC_{(n,F)}$超曲面.

例 11.3 设$0 < r < 1$，$M: S^m(r) \times S^{n-m}(\sqrt{1-r^2}) \to S^{n+1}(1)$.计算如下：

$$S^m(r) = \{rx_1 : |x_1| = 1\} \hookrightarrow E^{m+1},$$

$$S^{n-m}(\sqrt{1-r^2}) = \{\sqrt{1-r^2}x_2 : |x_2| = 1\} \hookrightarrow E^{n-m+1},$$

$$M := \{x = (rx_1, \sqrt{1-r^2}x_2)\} \hookrightarrow S^{n+1}(1) \hookrightarrow E^{n+2},$$

$$\mathrm{d}s^2 = (r\mathrm{d}x_1)^2 + (\sqrt{1-r^2}\mathrm{d}x_2)^2, e_{n+1} = (-\sqrt{1-r^2}x_1, rx_2),$$

$$h_{ij}\theta^i \otimes \theta^j = -\langle \mathrm{d}x, \mathrm{d}e_{n+1}\rangle = \frac{\sqrt{1-r^2}}{r}(r\mathrm{d}x_1)^2 - \frac{r}{\sqrt{1-r^2}}(\sqrt{1-r^2}\mathrm{d}x_2)^2,$$

$$k_1 = \cdots = k_m = \frac{\sqrt{1-r^2}}{r}, k_{m+1} = \cdots = k_n = -\frac{r}{\sqrt{1-r^2}}.$$

这是环面的基本方程.

例 11.4 维数为偶数$n \equiv 0(\mathrm{mod}2)$的一个特殊超曲面定义如下:

$$C_{\frac{n}{2},\frac{n}{2}} = S^{\frac{n}{2}}(\frac{1}{\sqrt{2}}) \times S^{\frac{n}{2}}(\frac{1}{\sqrt{2}}) \to S^{n+1}(1).$$

所有的主曲率为

$$k_1 = \cdots = k_{\frac{n}{2}} = 1, k_{\frac{n}{2}+1} = \cdots = k_n = -1.$$

简单计算可得$H=0, S=n, P_3=0, \rho=S-nH^2=n$. 所以$C_{\frac{n}{2},\frac{n}{2}}$一定是极小子流形.因此对于任何$F$都是$MC_{(n,F)}$子流形.

例 11.5 对于单位球面之中的具有两个不同主曲率的超曲面，寻求满足$H=0$的所有环面.已知

$$\lambda,\ \mu, 0<\lambda,\mu<1, \lambda^2+\mu^2=1,$$

$$S^m(\lambda)\times S^{n-m}(\mu)\to S^{n+1}(1),\ 1\leqslant m\leqslant n-1.$$

所有的主曲率为

$$k_1=\cdots=k_m=\frac{\mu}{\lambda},\ k_{m+1}=\cdots=k_n=-\frac{\lambda}{\mu}.$$

简单计算可得

$$H=\frac{m\dfrac{\mu}{\lambda}-(n-m)\dfrac{\lambda}{\mu}}{n}.$$

设定$\dfrac{\mu}{\lambda}=x>0$, 那么

$$H=\frac{mx-(n-m)\dfrac{1}{x}}{n}.$$

如果$H=0$, 即

$$mx=(n-m)\frac{1}{x}.$$

求解方程可得

$$x=\sqrt{\frac{n-m}{m}}, 1\leqslant m\leqslant n-1.$$

因此

$$C_{m,n-m}:S^m(\sqrt{\frac{m}{n}})\times S^{n-m}(\sqrt{\frac{n-m}{n}})\to S^{n+1}(1), 1\leqslant m\leqslant n-1$$

是满足$H=0$的环面，都是极小子流形.因此，对于任何F都是$MC_{(n,F)}$子流形.

例 11.6 对于单位球面之中的具有两个不同主曲率的超曲面，有

$$\lambda,\ \mu, 0<\lambda,\mu<1, \lambda^2+\mu^2=1,$$

$$S^m(\lambda)\times S^{n-m}(\mu)\to S^{n+1}(1),\ 1\leqslant m\leqslant n-1.$$

需要在上面的超曲面之中决定出所有的$MC_{(n,F)}$超曲面.显然，通过计算有

$$k_1=\cdots=k_m=\frac{\mu}{\lambda},\ k_{m+1}=\cdots=k_n=-\frac{\lambda}{\mu}.$$

于是，曲率函数H, S 分别为

$$H=\frac{m}{n}\frac{\mu}{\lambda}-\frac{(n-m)}{n}\frac{\lambda}{\mu}, S=m\frac{\mu^2}{\lambda^2}+(n-m)\frac{\lambda^2}{\mu^2}.$$

假设$\frac{\mu}{\lambda}=x>0$，于是曲率函数可以表达为

$$
\begin{aligned}
H &= \frac{m}{n}x-\frac{(n-m)}{n}\frac{1}{x},\\
H^2 &= \frac{m^2}{n^2}x^2+\frac{(n-m)^2}{n^2}\frac{1}{x^2}-2\frac{m(n-m)}{n^2},\\
S &= mx^2+(n-m)\frac{1}{x^2}.
\end{aligned}
$$

于是$MC_{(n,F)}$超曲面方程变为

$$
\frac{m}{n}x-\frac{(n-m)}{n}\frac{1}{x}=0,
$$

或者

$$
\begin{aligned}
0 &= F'(H^2)\left[mx^2+(n-m)\frac{1}{x^2}+n\right]-\frac{n^2}{2}F(H^2)\\
&= F'\left(\frac{m^2}{n^2}x^2+\frac{(n-m)^2}{n^2}\frac{1}{x^2}-2\frac{m(n-m)}{n^2}\right)\left[mx^2+(n-m)\frac{1}{x^2}+n\right]-\\
&\quad \frac{n^2}{2}F\left(\frac{m^2}{n^2}x^2+\frac{(n-m)^2}{n^2}\frac{1}{x^2}-2\frac{m(n-m)}{n^2}\right).
\end{aligned}
$$

前一个方程对应极小的具有两个不同主曲率的等参超曲面，即Clifford环面$C_{m,n-m}=S^m(\sqrt{\frac{m}{n}})\times S^{n-m}(\sqrt{\frac{n-m}{n}})$；后一个方程对应着可能与极小子流形不同的$MC_{(n,F)}$子流形.

例 11.7 Veronese曲面是极小的，因此对于任意的函数$F\in C^3[0,\infty)$都是$MC_{(2,F)}$曲面.

例 11.8 Nomizu等参超曲面，令$S^{n+1}(1)=\{(x_1,\cdots,x_{2r+1},x_{2r+2})\in \mathbf{R}^{n+2}=\mathbf{R}^{2r+2}:|x|=1\}$，其中$n=2r\geqslant 4$.定义函数

$$
F(x)=(\sum_{i=1}^{r+1}(x_{2i-1}^2-x_{2i}^2))^2+4(\sum_{i=1}^{r+1}x_{2i-1}x_{2i})^2.
$$

考虑由函数$F(x)$定义的超曲面

$$
M_t^n=\{x\in S^{n+1}:F(x)=\cos^2(2t)\},\ 0<t<\frac{\pi}{4}.
$$

M_t^n对固定参数t的主曲率为

$$
\begin{aligned}
&k_1=\cdots=k_{r-1}=\cot(-t),k_r=\cot(\frac{\pi}{4}-t),\\
&k_{r+1}=\cdots=k_{n-1}=\cot(\frac{\pi}{2}-t),k_n=\cot(\frac{3\pi}{4}-t).
\end{aligned}
$$

由此可以根据上面的主曲率计算$MC_{(n,F)}$方程对应的参数t，即得到$MC_{(n,F)}$子流形.

例 11.9 假设

$$
S^m\left(\sqrt{\frac{2(m+1)}{m}}\right)=\left\{(x_0,x_1,\cdots,x_m)|\sum_{i=0}^m x_i^2=\frac{2(m+1)}{m}\right\},
$$

并且E是满足$\sum_{i=1}^m u_{ii}=0$的对称矩阵$(u_{ij})_{m\times m}$组成的空间, 显然E是维数为$\frac{1}{2}m(m+3)$的线性空间. 定义E中元素的模长为

$$\|(u_{ij})\|^2=\sum_{ij}u_{ij}^2.$$

假设$S^{m+p}(1), p=\frac{1}{2}(m-1)(m+2)$是$E$中的单位球面，定义$S^m\left(\sqrt{\frac{2(m+1)}{m}}\right)$到$S^{m+p}(1)$的映射

$$u_{ij}=\frac{1}{2}\sqrt{\frac{m}{m+1}}(x_ix_j-\frac{2}{m}\delta_{ij}),$$

这是一个极小的等距浸入.因此，对于任何F都是$MC_{(n,F)}$子流形.

例 11.10　假设$M=S^{n_1}(a_1)\times\cdots\times S^{n_p}(a_p)$是典范嵌入$S^{n+p-1}$中的子流形, 涉及的参数满足

$$\sum_{i=1}^p n_i=n, \sum_{i=1}^p a_i^2=1.$$

考虑

$$\mathbf{R}^{n+p}=\mathbf{R}^{n_i+1}\times\cdots\times\mathbf{R}^{n_p+1}, \sum_{i=1}^p n_i=n$$

和

$$S^{n_1}(a_1)\times\cdots\times S^{n_p}(a_p)=\{x=(a_1x_1,\cdots,a_px_p)|\ x_i\in\mathbf{R}^{n_i+1}, |x_i|=1, i=1,\cdots,p\},$$

其中

$$x=(a_1x_1,\cdots,a_px_p):S^{n_1}(a_1)\times\cdots\times S^{n_p}(a_p)\to S^{n+p-1}(1)$$

是典范嵌入. 假设M上的$p-1$个单位正交标架为

$$e_{m+\lambda}=(a_{\lambda 1}x_1,\cdots,a_{\lambda p}x_p), 1\leqslant\lambda\leqslant p-1,$$

此处$(a_{\lambda 1},\cdots,a_{\lambda p})$构成的$p\times p$矩阵

$$\boldsymbol{A}=\begin{pmatrix} a_1 & \cdots & a_p\\ a_{11} & \cdots & a_{1p}\\ \vdots & & \vdots\\ a_{(p-1)1} & \cdots & a_{(p-1)p}\end{pmatrix}$$

是正交方阵,因此

$$\sum_{\lambda=1}^{p-1}a_{\lambda i}a_{\lambda j}=\delta_{ij}-a_ia_j, \forall i,j=1,\cdots,p.$$

直接计算可得M的第一基本型和第二基本型分别为

$$I=\mathrm{d}x\cdot\mathrm{d}x=\sum_{i=1}^p a_i^2\mathrm{d}x_i\cdot\mathrm{d}x_i,$$

$$II = -\sum_{\lambda=1}^{p-1}[\sum_{i=1}^{p} a_i a_{\lambda i}\mathrm{d}x_i \cdot \mathrm{d}x_i]e_{n+\lambda}.$$

特别地, 第二基本型的分量为

$$(h_{ij}^{n+\lambda}) = \begin{pmatrix} -\frac{a_{\lambda 1}}{a_1}E_1 & & \\ & \ddots & \\ & & -\frac{a_{\lambda p}}{a_p}E_p \end{pmatrix}, \lambda = 1, \cdots, p-1,$$

其中，E_i表示$n_i \times n_i$的单位方阵, 通过直接计算可得

$$H^{m+\lambda} = \frac{1}{n}\sum_{i=1}^{p}\frac{a_{\lambda i}}{a_i}n_i, 1 \leqslant \lambda \leqslant p-1; S = \sum_{i=1}^{p} n_i \frac{1-a_i^2}{a_i^2},$$

$$\sum_{n+\mu} S_{(n+\lambda)(n+\mu)(n+\mu)} = -\sum_{i=1}^{p}\frac{n_i}{a_i^3}a_{\lambda i}(1-a_i^2), S_{(n+\lambda)(n+\mu)} = \sum_{i=1}^{p} n_i \frac{a_{\lambda i}a_{\mu i}}{a_i^2}.$$

只要通过上面的表达式求解$MC_{(n,F)}$方程对应的参数，即得到$MC_{(n,F)}$子流形.

11.3 幂函数型平均曲率泛函的变分与例子

当$F(u) = u^r$时，泛函$MC_{(n,r)}$为

$$MC_{(n,r)} = \int_M (H^2)^r \mathrm{d}v.$$

针对此类重要的特殊情形的计算，有以下几个定理.

定理 11.9 设$x : M^n \to N^{n+p}$是子流形，那么M是一个$MC_{(n,r)}$子流形当且仅当对任意的α,$n+1 \leqslant \alpha \leqslant n+p$，有

$$\Delta(\ r(H^2)^{r-1}H^\alpha\ ) + r(H^2)^{r-1}(S_{\alpha\beta} + \bar{R}_{\alpha\beta}^\top)H^\beta - \frac{n^2}{2}H^\alpha(H^2)^r = 0.$$

定理 11.10 设$x : M^n \to N^{n+1}$是超曲面，那么M是一个$MC_{(n,r)}$超曲面当且仅当

$$\Delta(\ r(H^2)^{r-1}H\ ) + r(H^2)^{r-1}(S + \bar{R}_{(n+1)(n+1)}^\top)H - \frac{n^2}{2}H(H^2)^r = 0.$$

定理 11.11 设$x : M^n \to N^{n+p}$是子流形并且$h_{ij}^\alpha = \mathrm{const}, \forall i, j, \alpha$，那么$M$是一个$MC_{(n,r)}$子流形当且仅当对任意的$\alpha$,$n+1 \leqslant \alpha \leqslant n+p$，有

$$r(H^2)^{r-1}(S_{\alpha\beta} + \bar{R}_{\alpha\beta}^\top)H^\beta - \frac{n^2}{2}H^\alpha(H^2)^r = 0.$$

定理 11.12 设$x : M^n \to N^{n+1}$是超曲面并且$h_{ij} = \mathrm{const}, \forall i, j$，那么$M$是一个$MC_{(n,r)}$超曲面当且仅当

$$r(H^2)^{r-1}(S + \bar{R}_{(n+1)(n+1)}^\top)H - \frac{n^2}{2}H(H^2)^r = 0.$$

当流形N^{n+p}是空间形式$R^{n+p}(c)$时，其黎曼曲率张量可以表达为

$$\bar{R}_{ABCD} = -c(\delta_{AC}\delta_{BD} - \delta_{AD}\delta_{BC}), \bar{R}_{ij\alpha}^\beta = -c\delta_{ij}\delta_{\alpha\beta},$$

$$\bar{R}_{AB}^\top = \sum_i \bar{R}_{AiiB} = \sum_i -c(\delta_{Ai}\delta_{iB} - \delta_{AB}\delta_{ii}) = nc\delta_{AB} - c\sum_i \delta_{Ai}\delta_{iB},$$

$$\bar{R}^{\perp}_{AB}=\sum_\alpha \bar{R}_{A\alpha\alpha B}=\sum_\alpha -c(\delta_{A\alpha}\delta_{\alpha B}-\delta_{AB}\delta_{\alpha\alpha})=pc\delta_{AB}-c\sum_\alpha \delta_{A\alpha}\delta_{B\alpha},$$
$$\bar{R}^{\top}_{\alpha\beta}=nc\delta_{\alpha\beta},\bar{R}^{\perp}_{ij}=pc\delta_{ij}.$$

于是上面的定理在空间形式可以表述为比较简单的形式.

定理 11.13 设$x:M\to R^{n+p}(c)$是空间形式中的子流形，那么M是一个$MC_{(n,r)}$子流形当且仅当对任意的$\alpha,n+1\leqslant\alpha\leqslant n+p$，下式成立

$$\Delta(\ r(H^2)^{r-1}H^\alpha\ )+r(H^2)^{r-1}(S_{\alpha\beta}+nc\delta_{\alpha\beta})H^\beta-\frac{n^2}{2}H^\alpha(H^2)^r=0.$$

定理 11.14 设$x:M\to R^{n+1}(c)$是空间形式中的超曲面，那么M是一个$MC_{(n,r)}$超曲面当且仅当

$$\Delta(\ r(H^2)^{r-1}H\ )+r(H^2)^{r-1}(S+nc)H-\frac{n^2}{2}H(H^2)^r=0.$$

定理 11.15 设$x:M\to R^{n+p}(c)$是空间形式中的子流形并且$h^\alpha_{ij}=\mathrm{const},\forall i,j,\alpha$，那么$M$是一个$MC_{(n,r)}$子流形当且仅当对任意的$\alpha,n+1\leqslant\alpha\leqslant n+p$，下式成立

$$r(H^2)^{r-1}(S_{\alpha\beta}+nc\delta_{\alpha\beta})H^\beta-\frac{n^2}{2}H^\alpha(H^2)^r=0.$$

定理 11.16 设$x:M\to R^{n+1}(c)$是空间形式中的超曲面并且$h_{ij}=\mathrm{const},\forall i,j$，那么$M$是一个$MC_{(n,r)}$超曲面当且仅当

$$r(H^2)^{r-1}(S+nc)H-\frac{n^2}{2}H(H^2)^r=0.$$

例 11.11 所有的$MC_{(n,F)}$子流形都是$MC_{(n,r)}$子流形，因为u^r是$F(u)$的特殊情形.

例 11.12 单位球面中的全脐非全测地超曲面.按照定义，可知所有的主曲率为

$$k_1=k_2=\cdots=k_n=\lambda\neq 0.$$

各种曲率函数的计算为

$$H=\lambda,S=n\lambda^2.$$

代入方程，可得全脐非全测地超曲面如果是$MC_{(n,F)}$曲面，则满足条件

$$r(\lambda^2+1)-\frac{n}{2}\lambda^2=0.$$

解得参数r为

$$r=\frac{n\lambda^2}{2(\lambda^2+1)}.$$

因此全脐非全测地超曲面对于上面的参数r是$MC_{(n,r)}$超曲面.

例 11.13 对于单位球面之中的具有两个不同主曲率的超曲面，有

$$\lambda,\ \mu,0<\lambda,\mu<1,\lambda^2+\mu^2=1,$$
$$S^m(\lambda)\times S^{n-m}(\mu)\to S^{n+1}(1),\ 1\leqslant m\leqslant n-1.$$

需要在上面的超曲面之中决定出所有的$MC_{(n,F)}$超曲面.显然，通过计算有

$$k_1=\cdots=k_m=\frac{\mu}{\lambda},\ k_{m+1}=\cdots=k_n=-\frac{\lambda}{\mu}.$$

于是，曲率函数H,S 分别为

$$H=\frac{m}{n}\frac{\mu}{\lambda}-\frac{(n-m)}{n}\frac{\lambda}{\mu}, S=m\frac{\mu^2}{\lambda^2}+(n-m)\frac{\lambda^2}{\mu^2}.$$

假设$\frac{\mu}{\lambda}=x>0$，于是曲率函数可以表示为

$$\begin{aligned}
H&=\frac{m}{n}x-\frac{(n-m)}{n}\frac{1}{x},\\
H^2&=\frac{m^2}{n^2}x^2+\frac{(n-m)^2}{n^2}\frac{1}{x^2}-2\frac{m(n-m)}{n^2},\\
S&=mx^2+(n-m)\frac{1}{x^2}.
\end{aligned}$$

于是$MC_{(n,F)}$超曲面方程变为

$$\frac{m}{n}x-\frac{(n-m)}{n}\frac{1}{x}=0,$$

或者

$$0=2r\left[mx^2+(n-m)\frac{1}{x^2}+n\right]-\left[m^2x^2+(n-m)^2\frac{1}{x^2}-2m(n-m)\right].$$

前一个方程对应极小的具有两个不同主曲率的等参超曲面，即Clifford环面：

$$C_{m,n-m}=S^m(\sqrt{\frac{m}{n}})\times S^{n-m}(\sqrt{\frac{n-m}{n}}).$$

后一个方程对应着可能与极小子流形不同的$MC_{(n,F)}$子流形.方程经过化简变为

$$m(2r-m)x^4+[2rn+2m(n-m)]x^2+(n-m)[2r-(n-m)]=0,\qquad E(n,r).$$

此方程的已知参数是(n,r)，需要求解的量为(m,x)，其中m是整数并且$1\leqslant m\leqslant n-1$，$x$是正数.

命题 11.1 对于给定的参数(n,r)，如果(m_0,x_0)是方程$E(n,r)$的解，那么$(n-m_0,\frac{1}{x_0})$也是方程$E(n,r)$的解.

证明 将$(n-m_0,\dfrac{1}{x_0})$代入表达式

$$m(2r-m)x^4+[2rn+2m(n-m)]x^2+(n-m)[2r-(n-m)]$$

得到

$$\begin{aligned}
&(n-m_0)(2r-(n-m_0))(\frac{1}{x_0})^4+[2rn+2(n-m_0)m_0](\frac{1}{x_0})^2+m_0[2r-m_0]\\
=\ &(\frac{1}{x_0})^4[(n-m_0)(2r-(n-m_0))+[2rn+2(n-m_0)m_0](x_0)^2+m_0(2r-m_0)(x_0)^4]\\
=\ &(\frac{1}{x_0})^4[m_0(2r-m_0)(x_0)^4+[2rn+2(n-m_0)m_0](x_0)^2+(n-m_0)(2r-(n-m_0))]\\
=\ &0
\end{aligned}$$

因此，如果(m_0, x_0)是方程$E(n,r)$的解，那么$(n-m_0, \dfrac{1}{x_0})$也是方程$E(n,r)$的解.

对于方程$E(n,r)$不同参数(n,r)时解的计算需要非常精细的讨论，在此留给读者作为一个练习.

11.4 指数型平均曲率泛函的变分与例子

当$F(u)=\mathrm{e}^u$时，泛函$MC_{n,E}$为

$$MC_{(n,E)}=\int_M \mathrm{e}^{H^2}\mathrm{d}v.$$

计算得到以下定理.

定理 11.17 设$x: M^n \to N^{n+p}$是子流形，那么M是一个$MC_{(n,E)}$子流形当且仅当对任意的α,$n+1\leqslant \alpha \leqslant n+p$，有

$$\Delta(\ \mathrm{e}^{H^2}H^\alpha\ )+\mathrm{e}^{H^2}(S_{\alpha\beta}+\bar{R}^{\top}_{\alpha\beta})H^\beta-\frac{n^2}{2}H^\alpha\mathrm{e}^{H^2}=0.$$

定理 11.18 设$x: M^n \to N^{n+1}$是超曲面，那么M是一个$MC_{(n,E)}$超曲面当且仅当

$$\Delta(\ \mathrm{e}^{H^2}H\ )+\mathrm{e}^{H^2}(S+\bar{R}^{\top}_{(n+1)(n+1)})H-\frac{n^2}{2}H\mathrm{e}^{H^2}=0.$$

定理 11.19 设$x: M^n \to N^{n+p}$是子流形并且$h^\alpha_{ij}=\mathrm{const}, \forall i,j,\alpha$，那么$M$是一个$MC_{(n,E)}$子流形当且仅当对任意的$\alpha$,$n+1\leqslant \alpha \leqslant n+p$，有

$$\mathrm{e}^{H^2}(S_{\alpha\beta}+\bar{R}^{\top}_{\alpha\beta})H^\beta-\frac{n^2}{2}H^\alpha\mathrm{e}^{H^2}=0.$$

定理 11.20 设$x: M^n \to N^{n+1}$是超曲面并且$h_{ij}=\mathrm{const}, \forall i,j$，那么$M$是一个$MC_{(n,E)}$超曲面当且仅当

$$\mathrm{e}^{H^2}(S+\bar{R}^{\top}_{(n+1)(n+1)})H-\frac{n^2}{2}H\mathrm{e}^{H^2}=0.$$

当流形N^{n+p}是空间形式$R^{n+p}(c)$时，其黎曼曲率张量可以表达为

$$\begin{aligned}
&\bar{R}_{ABCD}=-c(\delta_{AC}\delta_{BD}-\delta_{AD}\delta_{BC}), \bar{R}^{\beta}_{ij\alpha}=-c\delta_{ij}\delta_{\alpha\beta},\\
&\bar{R}^{\top}_{AB}=\sum_i \bar{R}_{AiiB}=\sum_i -c(\delta_{Ai}\delta_{iB}-\delta_{AB}\delta_{ii})=nc\delta_{AB}-c\sum_i \delta_{Ai}\delta_{iB},\\
&\bar{R}^{\perp}_{AB}=\sum_\alpha \bar{R}_{A\alpha\alpha B}=\sum_\alpha -c(\delta_{A\alpha}\delta_{\alpha B}-\delta_{AB}\delta_{\alpha\alpha})=pc\delta_{AB}-c\sum_\alpha \delta_{A\alpha}\delta_{B\alpha},\\
&\bar{R}^{\top}_{\alpha\beta}=nc\delta_{\alpha\beta}, \bar{R}^{\perp}_{ij}=pc\delta_{ij}.
\end{aligned}$$

于是上面的定理在空间形式可以表述为比较简单的形式.

定理 11.21 设$x: M \to R^{n+p}(c)$是空间形式中的子流形，那么M是一个$MC_{(n,E)}$子流形当且仅当对任意的$\alpha, n+1\leqslant \alpha \leqslant n+p$，下式成立

$$\Delta(\ \mathrm{e}^{H^2}H^\alpha\ )+\mathrm{e}^{H^2}(S_{\alpha\beta}+nc\delta_{\alpha\beta})H^\beta-\frac{n^2}{2}H^\alpha\mathrm{e}^{H^2}=0.$$

定理 11.22 设$x: M \to R^{n+1}(c)$是空间形式中的超曲面，那么M是一个$MC_{(n,E)}$超曲面当且仅当

$$\Delta(\mathrm{e}^{H^2}H) + \mathrm{e}^{H^2}(S+nc)H - \frac{n^2}{2}H\mathrm{e}^{H^2} = 0.$$

定理 11.23 设$x: M \to R^{n+p}(c)$是空间形式中的子流形并且$h^{\alpha}_{ij} = \mathrm{const}, \forall i,j,\alpha$，那么$M$是一个$MC_{(n,E)}$子流形当且仅当对任意的$\alpha, n+1 \leqslant \alpha \leqslant n+p$，下式成立

$$\mathrm{e}^{H^2}(S_{\alpha\beta} + nc\delta_{\alpha\beta})H^{\beta} - \frac{n^2}{2}H^{\alpha}\mathrm{e}^{H^2} = 0.$$

定理 11.24 设$x: M \to R^{n+1}(c)$是空间形式中的超曲面并且$h_{ij} = \mathrm{const}, \forall i,j$，那么$M$是一个$MC_{(n,E)}$超曲面当且仅当

$$\mathrm{e}^{H^2}(S+nc)H - \frac{n^2}{2}H\mathrm{e}^{H^2} = 0.$$

例 11.14 显然，所有的$MC_{(n,F)}$子流形都是$MC_{(n,E)}$子流形，因为$\exp(u)$是$F(u)$的特殊情形.

例 11.15 单位球面中的全脐非全测地的超曲面.按照定义，可知所有的主曲率为

$$k_1 = k_2 = \cdots = k_n = \lambda > 0.$$

各种曲率函数的计算为

$$H = \lambda, S = n\lambda^2.$$

代入方程，可得全脐非全测地超曲面如果是$MC_{(n,E)}$曲面，则满足条件

$$\lambda^2 + 1 - \frac{n}{2} = 0.$$

解得参数λ为

$$\lambda = \sqrt{\frac{n}{2} - 1}.$$

因此，全脐非全测地超曲面对于上面的参数λ是$MC_{(n,E)}$超曲面.

例 11.16 单位球面中的全脐非全测地高余维数子流形.按照定义，可知第二基本型满足

$$h^{\alpha}_{ij} = H^{\alpha}\delta_{ij}.$$

各种曲率的计算为

$$S_{\alpha\beta} = nH^{\alpha}H^{\beta}.$$

代入方程，可得全脐非全测地子流形如果是$MC_{(n,E)}$曲面，则满足条件

$$H^{\alpha}[H^2 + 1 - \frac{n}{2}] = 0.$$

解得函数H为

$$H = \sqrt{\frac{n}{2} - 1}.$$

因此，全脐非全测地子流形对于平均曲率模长$H=\sqrt{\frac{n}{2}-1}$是$MC_{(n,E)}$超曲面.

例 11.17　对于单位球面中具有两个不同主曲率的超曲面，有

$$\lambda,\ \mu, 0<\lambda, \mu<1, \lambda^2+\mu^2=1,$$

$$S^m(\lambda)\times S^{n-m}(\mu)\to S^{n+1}(1),\ 1\leqslant m\leqslant n-1.$$

需要在上面的超曲面中决定出所有的$MC_{(n,E)}$超曲面.显然，通过计算有

$$k_1=\cdots=k_m=\frac{\mu}{\lambda},\ k_{m+1}=\cdots=k_n=-\frac{\lambda}{\mu}.$$

于是，曲率函数H, S分别为

$$H=\frac{m}{n}\frac{\mu}{\lambda}-\frac{(n-m)}{n}\frac{\lambda}{\mu}, S=m\frac{\mu^2}{\lambda^2}+(n-m)\frac{\lambda^2}{\mu^2}.$$

假设$\frac{\mu}{\lambda}=x>0$，于是曲率函数可以表达为

$$\begin{aligned}&H=\frac{m}{n}x-\frac{(n-m)}{n}\frac{1}{x},\\&H^2=\frac{m^2}{n^2}x^2+\frac{(n-m)^2}{n^2}\frac{1}{x^2}-2\frac{m(n-m)}{n^2},\\&S=mx^2+(n-m)\frac{1}{x^2}.\end{aligned}$$

于是$MC_{(n,F)}$超曲面方程变为

$$\frac{m}{n}x-\frac{(n-m)}{n}\frac{1}{x}=0,$$

或者

$$0=mx^2+(n-m)\frac{1}{x^2}-\frac{n(n-2)}{2}.$$

前一个方程对应极小的具有两个不同主曲率的等参超曲面，即Clifford环面：$C_{m,n-m}=S^m(\sqrt{\frac{m}{n}})\times S^{n-m}(\sqrt{\frac{n-m}{n}})$；后一个方程对应可能与极小子流形不同的$MC_{(n,E)}$子流形.经过化简得到

$$2mx^4-n(n-2)x^2+2(n-m)=0.$$

当$n=2$时，m的取值只能为1，代入方程得到

$$2x^4+2=0.$$

方程无解，说明3维单位球面中具有两个不同主曲率的等参$MC_{(2,E)}$曲面必须是$C_{1,1}=S^1(\sqrt{\frac{1}{2}})\times S^1(\sqrt{\frac{1}{2}})$.

当$n=3$时，m的取值只能为1,2，代入方程分别得到

$$2x^4-3x^2+4=0, 4x^4-3x^2+2=0.$$

方程无解，说明4维单位球面中具有两个不同主曲率的等参$MC_{(3,E)}$曲面必须是$C_{1,2}=S^1(\sqrt{\frac{1}{3}})\times S^2(\sqrt{\frac{2}{3}})$.

当$n=4$时，m的取值只能为1,2,3，代入方程分别得到

$$x^4-4x^2+3=0, x^4-2x^2+1=0, 3x^4-4x^2+1=0$$

解方程得到

$$S^1(\sqrt{\frac{1}{2}})\times S^3(\sqrt{\frac{1}{2}}), S^1(\sqrt{\frac{1}{10}})\times S^3(\sqrt{\frac{9}{10}}).$$

是除了$C_{1,3},C_{2,2}$之外的$MC_{(4,E)}$超曲面。

当$n\geqslant 5$时，对于m的任何取值，方程

$$2mx^4-n(n-2)x^2+2(n-m)=0$$

的判别式为$\Delta=n^2(n-2)^2-16m(n-m)>0$.因此方程始终有两个正解，分别为

$$x_1=\sqrt{\frac{n(n-2)+\sqrt{n^2(n-2)^2-16m(n-m)}}{4m}},$$
$$x_2=\sqrt{\frac{n(n-2)-\sqrt{n^2(n-2)^2-16m(n-m)}}{4m}}.$$

因此

$$S^m\left(\sqrt{\frac{4m}{4m+n(n-2)+\sqrt{n^2(n-2)^2-16m(n-m)}}}\right)\times$$
$$S^{n-m}\left(\sqrt{\frac{n(n-2)+\sqrt{n^2(n-2)^2-16m(n-m)}}{4m+n(n-2)+\sqrt{n^2(n-2)^2-16m(n-m)}}}\right)$$

和

$$S^m\left(\sqrt{\frac{4m}{4m+n(n-2)-\sqrt{n^2(n-2)^2-16m(n-m)}}}\right)\times$$
$$S^{n-m}\left(\sqrt{\frac{n(n-2)-\sqrt{n^2(n-2)^2-16m(n-m)}}{4m+n(n-2)-\sqrt{n^2(n-2)^2-16m(n-m)}}}\right)$$

是除了$C_{m,n-m}$之外的$MC_{(n,E)}$超曲面.

11.5 对数型平均曲率泛函的变分与例子

当$F(u)=\log u, u>0$时，泛函$MC_{n,\log}$为

$$MC_{(n,\log)}=\int_M \log S dv.$$

对于$MC_{(n,\log)}$泛函，显然要求其没有极小点.针对此类重要的特殊情形的计算有以下定理.

定理 11.25 设$x: M^n \to N^{n+p}$是子流形，那么M是一个$MC_{(n,\log)}$子流形当且仅当对任意的α,$n+1 \leqslant \alpha \leqslant n+p$，有

$$\Delta\left(\frac{1}{H^2}H^\alpha\right)+\frac{1}{H^2}(S_{\alpha\beta}+\bar{R}^\top_{\alpha\beta})H^\beta-\frac{n^2}{2}H^\alpha\log(H^2)=0.$$

定理 11.26 设$x: M^n \to N^{n+1}$是超曲面，那么M是一个$MC_{(n,\log)}$超曲面当且仅当

$$\Delta\left(\frac{1}{H^2}H\right)+\frac{1}{H^2}(S+\bar{R}^\top_{(n+1)(n+1)})H-\frac{n^2}{2}H\log(H^2)=0.$$

定理 11.27 设$x: M^n \to N^{n+p}$是子流形并且$h^\alpha_{ij}=\mathrm{const}, \forall i,j,\alpha$，那么$M$是一个$MC_{(n,\log)}$子流形当且仅当对任意的$\alpha$,$n+1 \leqslant \alpha \leqslant n+p$，有

$$\frac{1}{H^2}(S_{\alpha\beta}+\bar{R}^\top_{\alpha\beta})H^\beta-\frac{n^2}{2}H^\alpha\log(H^2)=0.$$

定理 11.28 设$x: M^n \to N^{n+1}$是超曲面并且$h_{ij}=\mathrm{const}, \forall i,j$，那么$M$是一个$MC_{(n,\log)}$超曲面当且仅当

$$\frac{1}{H^2}(S+\bar{R}^\top_{(n+1)(n+1)})H-\frac{n^2}{2}H\log(H^2)=0.$$

当流形N^{n+p}是空间形式$R^{n+p}(c)$时，其黎曼曲率张量可以表达为

$$\begin{aligned}
&\bar{R}_{ABCD}=-c(\delta_{AC}\delta_{BD}-\delta_{AD}\delta_{BC}), \bar{R}^\beta_{ij\alpha}=-c\delta_{ij}\delta_{\alpha\beta},\\
&\bar{R}^\top_{AB}=\sum_i \bar{R}_{AiiB}=\sum_i -c(\delta_{Ai}\delta_{iB}-\delta_{AB}\delta_{ii})=nc\delta_{AB}-c\sum_i \delta_{Ai}\delta_{iB},\\
&\bar{R}^\perp_{AB}=\sum_\alpha \bar{R}_{A\alpha\alpha B}=\sum_\alpha -c(\delta_{A\alpha}\delta_{\alpha B}-\delta_{AB}\delta_{\alpha\alpha})=pc\delta_{AB}-c\sum_\alpha \delta_{A\alpha}\delta_{B\alpha},\\
&\bar{R}^\top_{\alpha\beta}=nc\delta_{\alpha\beta}, \bar{R}^\perp_{ij}=pc\delta_{ij}.
\end{aligned}$$

于是上面的定理在空间形式可以表述为比较简单的形式.

定理 11.29 设$x: M \to R^{n+p}(c)$是空间形式中的子流形，那么M是一个$MC_{(n,\log)}$子流形当且仅当对任意的$\alpha, n+1 \leqslant \alpha \leqslant n+p$，下式成立

$$\Delta\left(\frac{1}{H^2}H^\alpha\right)+\frac{1}{H^2}(S_{\alpha\beta}+nc\delta_{\alpha\beta})H^\beta-\frac{n^2}{2}H^\alpha\log(H^2)=0.$$

定理 11.30 设$x: M \to R^{n+1}(c)$是空间形式中的超曲面，那么M是一个$MC_{(n,\log)}$超曲面当且仅当

$$\Delta\left(\frac{1}{H^2}H\right)+\frac{1}{H^2}(S+nc)H-\frac{n^2}{2}H\log(H^2)=0.$$

定理 11.31 设$x: M \to R^{n+p}(c)$是空间形式中的子流形并且$h^\alpha_{ij}=\mathrm{const}, \forall i,j,\alpha$，那么$M$是一个$MC_{(n,\log)}$子流形当且仅当对任意的$\alpha, n+1 \leqslant \alpha \leqslant n+p$，下式成立

$$\frac{1}{H^2}(S_{\alpha\beta}+nc\delta_{\alpha\beta})H^\beta-\frac{n^2}{2}H^\alpha\log(H^2)=0.$$

定理 11.32 设$x: M \to R^{n+1}(c)$是空间形式中的超曲面并且$h_{ij} = \mathrm{const}, \forall i,j$，那么$M$是一个$MC_{(n,\log)}$超曲面当且仅当

$$\frac{1}{H^2}(S+nc)H - \frac{n^2}{2}H\log(H^2) = 0.$$

例 11.18 显然，所有的$MC_{(n,F)}$子流形都是$MC_{(n,\log)}$子流形，因为$\log(u)$是$F(u)$的特殊情形.

11.6 特殊平均曲率模长泛函的间隙

本节只考虑3维单位球面中的2维曲面$x: M^2 \to S^3(1)$的一类特殊的平均曲率模长泛函

$$MC_{(2,1)} = \int_M H^2 \mathrm{d}v.$$

这个泛函非常重要、非常有趣.

20世纪五六十年代，数学家Willmore寻求3维空间中紧致2维曲面的最优浸入，方法是通过极小化2 维紧致曲面的一类自然的能量泛函来获取.假设2 维紧致曲面在某点的主曲率分别为k_1和k_2，那么可以定义

$$\text{平均曲率：} H = \frac{k_1+k_2}{2}; \text{高斯曲率：} K = k_1k_2;$$
$$\text{模长曲率：} S = k_1^2+k_2^2; \text{迹零曲率：} \rho = \frac{(k_1-k_2)^2}{2}.$$

这些曲率之间存在如下的关系：

$$H^2 = \frac{S+2K}{4}; H^2 = \frac{\rho+2K}{2}.$$

Willmore对2 维紧致曲面M 定义的泛函是

$$W(M) = \int_M H^2 \mathrm{d}v,$$

现在称为Willmore泛函，此泛函有很好的对称性，即对于任何3维空间的共形变换T，泛函都保持不变$W(T(M)) = W(M)$.

Willmore能量泛函最初出现在应用科学中可以追溯到19世纪10年代，应用于薄板的震动性质或者弹性力学性质的研究，在现代科学中可应用于细胞膜的弹性性质和计算机图形处理中的曲面光顺等.Willmore能量泛函作为一种数学对象的雏形可以追溯到20世纪20年代的德国Blaschke学派，他们受到爱尔朗根纲领的影响，试图通过各种群的作用来理解曲面的一些不变量，Moebius群（特殊的共形不变群）作为一种特殊的群在曲面上的作用自然受到关注.对这个泛函做出全面系统研究的当属Willmore，因此，现在几何学界冠以Willmore能量泛函和Willmore猜想的名称以彰显其贡献.

利用Gauss-Bonnet公式，可知$\int_M K\mathrm{d}v = 2\pi\chi(M)$是一个拓扑不变量，因此

$$W(M) = \frac{1}{4}\int_M S\mathrm{d}v + \pi\chi(M) = \frac{1}{2}\int_M \rho\mathrm{d}v + 2\pi\chi(M)$$

因为曲率S, ρ非负，所以得出不等式$W(M) \geqslant 2\pi\chi(M)$，等号成立当且仅当$\rho \equiv 0$.

因此，3维球面中的2维曲面的多个泛函通过Gauss-Bonnet公式统一起来：

$$MC_{(2,1)}(x), W_{(2,1)}, GD_{(2,1)}.$$

这三个泛函本质上是同一个泛函，因此三者的欧拉-拉格朗日方程分别为

$$\Delta(H) + (S+n)H - \frac{n^2}{2}H^3 = 0,$$

$$\sum_{ij}(2h_{ij})_{,ij} + 2P_3 + 2nH - nSH = 0,$$

$$\sum_{ij}(h_{ij})_{,ji} - \Delta(H) + (P_3 - \frac{1}{n}P_2P_1) - \frac{n}{2}\rho H = 0.$$

它们本质上是一样的.同样，$MC_{(2,1)}$的间隙可以引用第8章和第10章的结果.

例 11.19 3维球面中的全测地曲面.按照其定义，可知所有的主曲率为

$$k_1 = k_2 = 0.$$

于是，可以计算为

$$P_1 = 0, P_2 = 0, P_3 = 0, \rho = 0.$$

代入上面的方程.

例 11.20 3维球面中全脐非全测地曲面.按照定义，可知所有的主曲率为

$$k_1 = k_2 = \lambda \neq 0.$$

各种曲率函数的计算为

$$P_1 = 2\lambda, P_2 = 2\lambda^2, P_3 = 2\lambda^3, \rho = 0.$$

例 11.21 一个特殊超曲面定义如下

$$C_{1,1} = S^1(\frac{1}{\sqrt{2}}) \times S^1(\frac{1}{\sqrt{2}}) \to S^3(1).$$

所有的主曲率为

$$k_1 = 1, k_2 = -1.$$

简单计算可得$H = 0, S = 2, P_3 = 0, \rho = S - 2H^2 = 2$.

为了进一步讨论上面的Simons不等式的端点对应的超曲面和子流形，需要Chern、do Carmo、Kobayashi提出的两个重要结论，其中一个为引理，另一个称为主定理.为了表述方

便，这里采用一些记号.对于一个超曲面，表示为

$$h_{ij} = h_{ij}^{n+1}.$$

选择局部正交标架，使得

$$h_{ij} = 0, \forall i \neq j; h_i = h_{ii}.$$

引理 11.4 (参见文献[3]).假设$x : M^n \to S^{n+1}(1)$ 是单位球面之中的紧致无边超曲面并且满足$\nabla h \equiv 0$，那么有两种情形：

情形1：$h_1 = \cdots = h_n = \lambda = \text{const}$，并且$M$要么是全脐$(\lambda > 0)$超曲面，要么是全测地$(\lambda = 0)$超曲面.

情形2：$h_1 = \cdots = h_m = \lambda = \text{const} > 0, h_{m+1} = \cdots = h_n = -\dfrac{1}{\lambda}$，$1 \leqslant m \leqslant n-1$，并且$M$是两个子流形的黎曼乘积$M_1 \times M_2$，此处$M_1 = S^m(\dfrac{1}{\sqrt{1+\lambda^2}}), M_2 = S^{n-m}(\dfrac{\lambda}{\sqrt{1+\lambda^2}})$.不失一般性，可以假设$\lambda > 0$ 并且$1 \leqslant m \leqslant \dfrac{n}{2}$.

引理 11.5 (参见文献[3]).Clifford环面$C_{m,n-m}$是单位球面$S^{n+1}(1)$ 中唯一满足$S = n$的极小子流形$(H = 0)$.

定理 11.33 假设$x : M^2 \to S^3(1)$是单位球面中的$MC_{(2,1)}$曲面，那么有等式

$$0 = \int_M -8H^2 + |\nabla h|^2 + 2S - S^2 + 2SH^2.$$

利用Gauss-Bonnet进一步可得

$$8\pi\chi(M) = \int_M |\nabla h|^2 - S^2 + 2SH^2.$$

定理 11.34 假设$x : M^2 \to S^3(1)$是单位球面中的$MC_{(2,1)}$曲面，那么有等式

$$0 = \int_M (|\nabla h|^2 - 2|\nabla H|^2) + \rho(2 - \rho).$$

若$0 \leqslant \rho \leqslant 2$，那么必定有$\rho \equiv 0$或者$\rho = 2$. 对于前者是全脐子流形；对于后者是$C_{1,1}$环面.

第12章 子流形泛函的总结与展望

本章对本书所研究的内容进行了总结和梳理，特别以低阶曲率泛函为例对泛函研究的一般方法论提出了建议，并展望了子流形研究的理论价值和应用价值.

12.1 子流形泛函研究的关键词

本书对子流形上的几类低阶曲率泛函的变分与间隙现象进行了研究.这里涉及几个重要的关键词：子流形、低阶曲率、泛函、变分、间隙.

子流形概念是对3维欧式空间中的1维曲线和2维曲面概念的推广和深化.从局部来看，n维子流形的邻域与n维欧式空间的开集可以建立微分同胚关系，称为坐标卡；但是从整体上来看，由于多个坐标卡之间的复杂关系，一般而言，n维子流形不能从整体上认知为n维欧式空间，因此，子流形局部与整体的关系一直是微分几何的核心课题，具有重要理论价值.

黎曼几何研究流形的第一基本型，子流形涉及流形的浸入、嵌入问题，所以子流形几何除了研究流形的第一基本型外，更重要的是研究浸入、嵌入方式所导致的第二基本型.从第二基本型出发，按照代数的方法，可以构造出很多具有几何、物理意义的曲率，其中，最为学者所关注的低阶曲率有三类：一是子流形的平均曲率，反映了子流形体积泛函的极小程度，当平均曲率恒等于零时，就是著名的极小子流形；二是子流形第二基本型模长的平方，反映了子流形浸入、嵌入方式的平直程度，当模长平方恒等于零时，就是著名的全测地子流形；三是子流形第二基本型经过迹零处理后得到的迹零第二基本型模长的平方，又称为迹零全曲率，反映了子流形浸入、嵌入的各向同性程度，当迹零全曲率恒等于零时，就是著名的全脐子流形.本书所关注的曲率即这三类低阶曲率：平均曲率、全曲率模长、迹零全曲率.

子流形上的泛函本质是子流形的浸入、嵌入方式所导致的第二基本型所产生的有明确几何、物理意义曲率函数的积分.最为著名的泛函当属体积泛函，简洁明确，产生了子流形几何中最重要的概念即极小子流形.本书利用平均曲率、全曲率模长和迹零全曲率构造形式简洁、意义明确的积分泛函，一方面推广经典的泛函；另一方面探索新型的泛函，为研究子流形的几何、拓扑性质提供重要的泛函样本.

所谓变分问题，指泛函的最优解的性质和计算问题，其根源来自一元微积分的最小值点的导数刻画，如费马定理，若一元可导函数的局部最小值点在区间内部，则该点的导数为零.利用二阶导数可以做进一步的刻画：若二阶可导函数的局部最小值点在区间内部，则该点的二阶导数大于等于零.泛函是定义在抽象函数空间上的映射，相较于一元函数，其复杂度大为提升，但是研究泛函的基本方法的思想并未脱离一元函数的范畴.泛函的第一变分公式就是在函数空间上计算泛函的临界点满足的方程，称为欧拉-拉格朗日方程，泛函的第二变分公式即在第一变分的基础上考察二阶导数是否满足大于等于零的条件，如果满足，则称临界点是稳定的；如果不满足，则称临界点是不稳定的，稳定的临界点是真正的局部极小点，不稳定的点一般而言不是局部极小点.

间隙现象是子流形几何中的一类重要现象，一般通过Simons型积分不等式进行讨论.子流形间隙现象的研究源于Simons的重要文章[1],后经过陈省身的Kansas 讲义[2]和Chern、do Carmo、Kobayashi的文章[3]得到充分发展，国内几个学术团体得到了很多有代表性的成果.白正国、沈一兵利用单位法从上二次型函数沿着特定的测地线方向的最大值估计得到了一组精密的点态估计，在子流形刚性定理的讨论中有显著作用；李安民、李济民基于Chern、do Carmo、Kobayashi矩阵不等式提出了更加精密的最优形式的不等式；许洪伟团队在两个方面发展了很多间隙定理，一方面是利用Sobolev 不等式发展了很多整体间隙定理，另一方面是针对常平均曲率子流形做了一些精密的估计和计算，发展了一些点态间隙定理；徐森林、陈卿团队在乘积子流形的间隙定理方面有独特的视角.

对于极小子流形，Simons 在文章[1]中导出了著名的Simons积分不等式，结合陈省身的Kansas讲义[2]以及Chern、do Carmo、Kobayashi 的著名论文[3]，进一步定出了间隙端点的特殊子流形.

定理： 假设$x: M^n \to S^{n+p}(1)$是单位球面中的极小子流形，那么有

$$\int_M S\left(\frac{n}{2-1/p} - S\right)\mathrm{d}v \leqslant 0.$$

因此，如果$0 \leqslant S \leqslant \dfrac{n}{2-1/p}$，必定有$S \equiv 0$或者$S \equiv \dfrac{n}{2-1/p}$，间隙端点对应的子流形要么是全测地子流形，要么是Clifford 环面，要么是Veronese曲面.

对于Willmore泛函及其变形$\int_M \rho^{\frac{n}{2}}\mathrm{d}v, \int_M \rho \mathrm{d}v, \int_M \rho^r \mathrm{d}v$的临界点类似于极小子流形，李海中、Udo Simon、郭震、吴岚等发现了Simons 类型积分不等式，结合陈省身的Kansas讲义[2]以及Chern、do Carmo、Kobayashi 的著名论文[3]，进一步定出了间隙端点的特殊子流形,参见文献[25~27,29~31,38,40~43].

定理： 假设$x: M^n \to S^{n+p}(1)$是单位球面中的Willmore 泛函$\int_M \rho^{\frac{n}{2}}\mathrm{d}v$的临界点，那么有

$$\int_M \rho^{\frac{n}{2}}\left(\frac{n}{2-1/p} - \rho\right)\mathrm{d}v \leqslant 0.$$

因此，如果$0 \leqslant \rho \leqslant \frac{n}{2-1/p}$，必定有$\rho \equiv 0$或者$\rho \equiv \frac{n}{2-1/p}$，间隙端点对应的子流形要么是全脐子流形，要么是Willmore环面，要么是Veronese曲面.

对于Simons型积分不等式和间隙现象，一般而言有几个典范步骤：第一步，利用郑绍远、丘成桐在文章[28]中提出的方法构造特殊的自伴算子；第二步，利用泛函的表达式，通过观察构造出特殊的实验函数；第三步，利用自伴算子作用实验函数，再利用临界点的欧拉-拉格朗日方程积分化简；第四步，利用精巧的不等式估计进一步化简积分不等式，考察等式成立的条件，结合子流形结构方程决定出端点对应的特殊子流形.本书沿用这样的步骤研究了几类低阶曲率泛函的间隙现象问题.

12.2 子流形泛函研究的中心点

本书研究几类低阶曲率泛函的原因除了泛函本身的意义之外，还在于它们与微分几何中著名的Willmore猜想有着直接的关系.

Willmore研究能量泛函的可能下界，他考虑一类很特殊的环面M_r：在平面上固定半径为R的圆，在圆上环绕生成半径为r的环面，要求$r < R$.当r很小时，M_r很薄，但是$W(M_r)$很大，持续增大半径r，环面中间的空洞变小，并且当半径r趋向R时，$W(M_r)$趋向无穷大，因此，函数$r \to W(M_r)$一定在区间$(0,R)$有最小值.Willmore 计算得到这个极小值为$2\pi^2$.因此，1965年，Willmore提出了如下猜测.

Willmore猜想： 3维欧式空间中亏格为1的紧致曲面必须满足

$$W(M) \geqslant 2\pi^2.$$

此猜想一提出就迅速成为微分几何研究的中心课题，而且长达近半个世纪都没有得到解决.直到2014年，Fernando C Marques和Andre Neves在*Annals of Mathematics*（《数学年刊》）上发表的近100 页的文章*Min-Max Theory and the Willmore Conjecture*中宣告了2维Willmore猜想的完全解决.在文中，Fernando C Marques和Andre Neves证明了如下重要结果.

定理： 3维欧式空间中的亏格为正的紧致嵌入曲面满足

$$W(M) \geqslant 2\pi^2,$$

在刚性不变意义下，等号成立当且仅当曲面为Clifford环面

$$M : S^1(\sqrt{\frac{1}{2}}) \times S^1(\sqrt{\frac{1}{2}}) \to \mathbf{R}^3.$$

受到Willmore曲面情形猜想的启发，1985－1986年，Kobayashi和Pinkall分别独立地提出了如下猜想.

高维Willmore猜想： 假设$G_k, 1 \leqslant k \leqslant n-1$是微分同胚于$S^k \times S^{n-k}$的$n$维流形，并

且$x: S^k \times S^{n-k} \to S^{n+1}$ 是一个嵌入，令

$$\tau_k(x) = (\frac{n}{n-1})^{\frac{n}{2}} \int_{G_k} \rho^{\frac{n}{2}} \mathrm{d}v,$$

那么一定有

$$\tau_k(x) \geqslant \frac{4\pi^{\frac{n+2}{2}}(n-k)^{\frac{k}{2}}(k)^{\frac{n-k}{2}}}{n^{\frac{n-2}{2}}(n-1)\Gamma(\frac{k+1}{2})\Gamma(\frac{n-k+1}{2})},$$

并且等号成立当且仅当G_k为如下流形：

$$S^k(\sqrt{\frac{n-k}{n}}) \times S^{n-k}(\sqrt{\frac{k}{n}}),$$

其中$\Gamma(\cdot)$表示通常的Gamma函数.

虽然2维Willmore猜想得到解决，但是高维情形仍然是个开放的问题，值得深入研究.通过2维Willmore猜想，可知曲面情形中三类低阶曲率H^2, S, ρ具有紧密的联系.高维Willmore猜想是用$\rho^{\frac{n}{2}}$定义的，可以想象在高维情形中三类曲率H^2, S, ρ仍然具有紧密联系.

12.3 子流形泛函研究的方法论

一个泛函的研究至少要回答如下四个问题：(1) 如何计算泛函的第一变分和构造临界点？(2) 如何计算泛函的第二变分和讨论临界点的稳定性？(3) 如何推导泛函的积分不等式和间隙现象？(4) 如何对泛函的最优上下界做出系统性估计猜测？本书在低阶曲率泛函情形对第一个和第三个问题进行了研究，没有涉及第二个和第四个问题，实际上第二个和第四个问题也是很重要的.

为了使读者更加容易理解子流形上泛函研究的一般思路，下面以本书中第7~14章中的三类低阶曲率泛函为例来说明泛函研究的路径.

12.3.1 三类低阶曲率泛函的第一变分与临界点构造

三类低阶曲率$H^2 = \sum_{\alpha}(H^{\alpha})^2, S = \sum_{\alpha ij}(h_{ij}^{\alpha})^2, \rho = S - nH^2$与第二基本型$h_{ij}^{\alpha}$密切相关，因此泛函的第一变分的计算问题归根结底是两类要素的计算问题：一是h_{ij}^{α}的变分计算；二是体积微元$\mathrm{d}v = \theta^1 \wedge \cdots \wedge \theta^n$的变分计算.

变分计算的主要思想来源于陈省身的Kansas讲义以及胡泽军、李海中教授关于经典Willmore泛函的变分研究.为了描述方便，先对变分向量场做一些说明，子流形$x: (M^n, \mathrm{d}s^2) \to (N^{n+p}, \mathrm{d}\bar{s}^2)$的一个映射

$$X: (M^n, \mathrm{d}s^2) \times (-\epsilon, \epsilon) \to (N^{n+p}, \mathrm{d}\bar{s}^2); x_t: (M^n, \mathrm{d}s^2) \times \{t\} \to (N^{n+p}, \mathrm{d}\bar{s}^2).$$

如果满足$x_0 = x$，每个$x_t, t \in (-\epsilon, \epsilon)$皆是等距浸入，则称为子流形$x$的变分.变分向量场可以

计算为

$$\frac{\partial}{\partial t}X = V^A e_A = V^i e_i + V^\alpha e_\alpha.$$

对偶地，在余标架场上可以推导出

$$X^*(\sigma) = \theta + \mathrm{d}tV, X^*(\sigma^i) = \theta^i + \mathrm{d}tV^i, X^*(\sigma^\alpha) = \mathrm{d}tV^\alpha.$$

进一步假设

$$X^*(\omega) = \phi + \mathrm{d}tL; X^*(\Omega) = \Phi + \mathrm{d}t \wedge P,$$

其中，P利用流形N的黎曼曲率张量和变分向量场有明确的表达式，L的$(\mathcal{I},\mathcal{A})$部分和$(\mathcal{A},\mathcal{I})$部分为张量，可用第二基本型张量和变分向量场表达出来，L的$(\mathcal{I},\mathcal{I})$部分和$(\mathcal{A},\mathcal{A})$部分不是张量，故一般不用符号表达出来，而力求在计算过程之中消掉相关项，特别地，在涉及张量的计算过程中，因其不是张量，可以直接去掉L的$(\mathcal{I},\mathcal{I})$部分和$(\mathcal{A},\mathcal{A})$ 部分.一个重要的事实是，流形$N, M, M\times(-\epsilon,\epsilon)$上微分算子$\mathrm{d}_N, \mathrm{d}_M, \mathrm{d}_{M\times(-\epsilon,\epsilon)}$ 有如下关系：

$$x^*(\mathrm{d}_N) = \mathrm{d}_M; X^*(\mathrm{d}_N) = \mathrm{d}_{M\times(-\epsilon,\epsilon)} = \mathrm{d}_M + \mathrm{d}t \wedge \frac{\partial}{\partial t}.$$

因此作用于流形N的运动方程与结构方程

$$\begin{aligned}
&\mathrm{d}_N\sigma - \sigma \wedge \omega = 0;\\
&\Omega = \mathrm{d}_N\omega - \omega \wedge \omega;\\
&\omega + \omega^T = 0; \Omega + \Omega^T = 0.
\end{aligned}$$

可以得到

$$\begin{aligned}
&(\mathrm{d}_M + \mathrm{d}t\frac{\partial}{\partial t})(\theta + \mathrm{d}tV) - (\theta + \mathrm{d}tV) \wedge (\phi + \mathrm{d}tL) = 0;\\
&\Phi + \mathrm{d}t \wedge P = (\mathrm{d}_M + \mathrm{d}t\frac{\partial}{\partial t})(\phi + \mathrm{d}tL) - (\phi + \mathrm{d}tL) \wedge (\phi + \mathrm{d}tL);\\
&(\phi + \mathrm{d}tL) + (\phi + \mathrm{d}tL)^T = 0; (\Phi + \mathrm{d}t \wedge P) + (\Phi + \mathrm{d}t \wedge P)^T = 0.
\end{aligned}$$

对比方程两边的项，可得

$$\begin{aligned}
&\mathrm{d}_M\theta - \theta \wedge \phi = 0, \frac{\partial\theta}{\partial t} = \mathrm{d}_MV + V\phi - \theta L;\\
&\Phi = \mathrm{d}_M\phi - \phi \wedge \phi, \frac{\partial\phi}{\partial t} = P + \mathrm{d}_ML + L\phi - \phi L;\\
&\phi + \phi^T = 0, L + L^T = 0, \Phi + \Phi^T = 0, P + P^T = 0.
\end{aligned}$$

通过上面的公式，可以很容易得到θ^i, h^α_{ij}的变分公式，进而可以推导出体积微元$\mathrm{d}v = \theta^1 \wedge \cdots \wedge \theta^n$和曲率$H^2, S, \rho$的变分公式.

在计算第一变分公式以后，泛函临界点方程一般而言是一个高度非线性的张量微分方程，要从方程本身得到有价值的信息困难较大，通常需要附加一些对称性条件将偏微分方程变成代数方程或者常微分方程加以研究，包括等参超曲面、旋转超曲面、曲线张量乘法、多空间多概念融合等方法.

方法一：等参超曲面.等参子流形的第二基本型各个分量为常数，在其中寻找临界点子流形，欧拉-拉格朗日方程会变成一个代数方程，因此，通过对代数方程的研究实现构造.南开大学唐梓洲，北京师范大学葛建全、闫文娇和北京理工大学钱超等人利用等参函数和Clifford代数的方法在等参Willmore子流形的构造方面发表了系列文章，实现了一大类重要例子.这些方法对本项目泛函临界点例子的构造具有强烈的启发.

方法二：旋转超曲面.假设M是单位球面中的旋转超曲面，即在单位球面的等距变换群$ISO(M)$的正交子群$O(n)$的作用之下保持不变.标准参数化2维球面$S^2(1)$上的曲线α 为α : $y_1 = y_1(s) \geqslant 0, y_{n+1} = y_{n+1}(s), y_{n+2} = y_{n+2}(s)$,要求$s$为单位参数.进一步，标准正交参数化$n-1$维单位球面$S^{n-1}(1)$为$\phi(t_1,\cdots,t_{n-1}) = (\phi_1(t_1,\cdots,t_{n-1}),\cdots,\phi_n(t_1,\cdots,t_{n-1}))$.于是，旋转超曲面的参数表达为

$$
\begin{aligned}
&x : M \to S^{n+1}(1) \subset \mathbb{R}^{n+1};\\
&(s,t_1,\cdots,t_{n-1}) \to (y_1(s)\phi_1(t),\cdots,y_1(s)\phi_n(t),y_{n+1}(s),y_{n+2}(s));\\
&\phi_i = \phi_i(t_1,\cdots,t_{n-1}), \sum \phi_i^2 = 1.
\end{aligned}
$$

巴西微分几何学派的领袖do Carmo和学者Dajczer计算了旋转超曲面的主曲率分别为（记$y_1(s) = f(s)$）

$$
\begin{aligned}
\lambda_i &= \lambda = -\frac{\sqrt{1-f^2-\dot{f}^2}}{f}, i = 1,\cdots,n-1;\\
\lambda_n &= \mu = \frac{\ddot{f}+f}{\sqrt{1-f^2-\dot{f}^2}}.
\end{aligned}
$$

利用上面的表达式构造临界子流形转化为常微分方程的研究.

方法三：曲线张量乘法.两条曲线的张量乘法产生一个曲面

$$
\begin{aligned}
&\alpha(s) : S \in \mathbb{R} \to (\alpha_1(s),\cdots,\alpha_{n_\alpha}(s)) \in \mathbb{R}^{n_\alpha};\\
&\beta(\tau) : \tau \in \mathbb{R} \to (\beta_1(\tau),\cdots,\beta_{n_\beta}(\tau)) \in \mathbb{R}^{n_\beta};\\
&(\alpha \otimes \beta)(s,\tau) : \mathbb{R}^2 \to \alpha^{\mathrm{T}}\beta \in \mathrm{M}_{n_\alpha \times n_\beta}(\mathbb{R}) =: R^{n_\alpha \times n_\beta}.
\end{aligned}
$$

通过直接计算亦可以转化为常微分方程用于临界子流形的构造.

方法四：多空间、多概念融合.除了上面的临界点子流形的构造方法，通过多类型空间、多类型概念的融合寻找临界子流形也是一种有效途径.空间：一般原流形、欧式

空间、单位球面、双曲空间、局部对称空间、对称空间、局部共形平坦流形、Kaehler流形、Hermite流形、复欧式空间、复射影空间、四元数空间等.概念：极小子流形、r极小子流形、Lagrange子流形、Special-Lagrange子流形、Totally-Real子流形等.如复欧式空间的Lagrange-Willmore子流形就是Lagrange子流形和Willmore子流形集合的交集.

12.3.2 三类低阶曲率泛函第二变分与临界点稳定性

对于一个确定的积分泛函，有了前面分析的基础，第一变分公式是容易计算的，只是要特别注意，不仅要对积分项进行变分计算，而且要对体积微元做变分计算，在计算过程中，要善于利用分部积分公式（Stokes定理）进行归类.第二变分的计算就复杂很多，即使在空间形式中也相当复杂，在一般流形中更加烦琐，特别是外围流形的曲率张量的计算很复杂.

对于流形N上的一般张量$\bar{T}^{A_1\cdots A_s}_{B_1\cdots B_r}$，其变分公式的计算需要通过其协变导数的定义来实现

$$\bar{T}^{A_1\cdots A_s}_{B_1\cdots B_r;E}\sigma^E = \mathrm{d}_N\bar{T}^{A_1\cdots A_s}_{B_1\cdots B_r} - \bar{T}^{A_1\cdots A_s}_{B_1\cdots E\cdots B_r}w^E_{B_p} + \bar{T}^{A_1\cdots E\cdots A_s}_{B_1\cdots B_r}w^{A_p}_E;$$

$$\bar{T}^{A_1\cdots A_s}_{B_1\cdots B_r;E}(\theta^E + \mathrm{d}tV^E) = (\mathrm{d}_M + \mathrm{d}t\wedge\frac{\partial}{\partial t})\bar{T}^{A_1\cdots A_s}_{B_1\cdots B_r} - \bar{T}^{A_1\cdots A_s}_{B_1\cdots E\cdots B_r}(\phi^E_{B_p} + \mathrm{d}tL^E_{B_p}) +$$

$$\bar{T}^{A_1\cdots E\cdots A_s}_{B_1\cdots B_r}(\phi^{A_p}_E + \mathrm{d}tL^{A_p}_E).$$

对比两边可得

$$\bar{T}^{A_1\cdots A_s}_{B_1\cdots B_r;E}\theta^E = \mathrm{d}_M\bar{T}^{A_1\cdots A_s}_{B_1\cdots B_r} - \bar{T}^{A_1\cdots A_s}_{B_1\cdots E\cdots B_r}\phi^E_{B_p} + \bar{T}^{A_1\cdots E\cdots A_s}_{B_1\cdots B_r}\phi^{A_p}_E;$$

$$\frac{\partial}{\partial t}\bar{T}^{A_1\cdots A_s}_{B_1\cdots B_r} = \bar{T}^{A_1\cdots A_s}_{B_1\cdots B_r;E}V^E + \bar{T}^{A_1\cdots A_s}_{B_1\cdots E\cdots B_r}L^E_{B_p} - \bar{T}^{A_1\cdots E\cdots A_s}_{B_1\cdots B_r}L^{A_p}_E.$$

有了上面的公式，就可以计算外围流形N上的曲率张量在子流形上的变分公式，此方法为三类低阶曲率泛函的变分计算奠定了坚实的基础.

在第二变分的基础上，可以讨论临界点子流形的稳定性问题.某些泛函的临界子流形可以通过恰当的微分算子作用做稳定性分析，著名的Takahashi引理指出，对于空间形式$R^{n+p}(c)$之中的位置向量$\boldsymbol{x}$，用拉普拉斯算子作用其上，可以得到

$$\Delta x = n\boldsymbol{H} - ncx$$

显然，对于欧式空间E^{n+p}，极小子流形当且仅当位置向量$\boldsymbol{x}$为调和函数；对于单位球面$S^{n+p}(1)$，极小子流形当且仅当位置向量$\boldsymbol{x}$是特征值为n的特征函数；对于双曲空间$H^{n+p}(-1)$，极小子流形当且仅当位置向量$\boldsymbol{x}$是特征值为$-n$的特征函数。对于r极小子流形，曹林芬、李海中利用如下的L_r算子作用于位置向量实现了类似刻画.

$$L_r = T_{(r)}{}^i_j D_j D_i, L_r x = (r+1)\boldsymbol{S}_{r+1} - c(n-r)S_r x.$$

其中，$\boldsymbol{S}_{r+1}, S_r$是由第二基本型构造出来的高阶曲率，类似于矩阵的第$r+1, r$个对称不变

量.张量$T_{(r)}{}_j^i$是$\boldsymbol{S}_{r+1}$或者S_r对应的牛顿张量，D_j, D_i是协变导数算子.

Simons不存在定理是：单位球面中不存在稳定的极小子流形.Alexandrov球面定理是：球面是欧式空间中的稳定极小子流形.二者的研究方式具有相同之处，借助于特殊的算子和选定的特殊变分向量场进行积分几何的讨论.特殊的变分向量场一般为欧式空间的典范标架在子流形上的投影

$$E_A, 1 \leqslant A \leqslant n+p, V_A = \langle E_A, e_i\rangle e_i + \langle E_A, e_\alpha\rangle e_\alpha.$$

通过代入第二变分公式实现对临界点子流形稳定性的讨论.

12.3.3 泛函临界点子流形的间隙现象

间隙现象是子流形理论中非常漂亮和奇异的几何性质，按照目前一般的研究思路，分为以下多个步骤：第一步，要选择比较好的自伴算子和实验函数，一般而言，Laplacian算子和Cheng-Yau算子是较好的算子选择，在实验函数选择方面，一般是第二基本型模长S或者经典的Willmore不变量ρ的函数；第二步，自伴算子作用于实验函数以后会产生大量的复杂的张量或者函数项，需要借助精巧的不等式进行估计，一般包括陈省身矩阵不等式、李安民矩阵不等式、Huisken 张量不等式、Okumura 不等式等；第三步，借助于不等式变等式的条件和子流形的结构方程以及Frobenius定理，可以实现对间隙端点的精确刻画.

Simons型积分不等式的推导需要构造特殊的自伴算子和实验函数，郑绍远和丘成桐在1978年指出，流形上的对称二阶微分算子$\sum_{ij}\phi_{ij}D_jD_i$在L_2 意义下是自伴随的当且仅当$\sum_j \phi_{ij,j}=0, \forall i$. 基于此，在一般抽象流形中的子流形上，下面的两个算子是典型的自伴算子：

$$\Delta = \delta_{ij}D_iD_j;\ \Box = (R_{ij} - \frac{1}{2}R\delta_{ij})D_jD_i,$$

其中，$R_{ij} = \sum_p R_{ippj}$是流形的Ricci曲率，$R = \sum_i R_{ii}$是流形的数量曲率.算子□之所以是自伴算子，是因为第三Bianchi恒等式：

$$\sum_j R_{ij,j} = \frac{1}{2}R_{,i}, \forall i.$$

而在空间形式中的子流形上，下面的算子是重要的自伴随算子：

$$L_r = T_{(r)}{}_j^i D_jD_i, p=1, r\in\{0,1,\cdots,n-1\},$$

$$L_r = T_{(r)}{}_j^i D_jD_i, p\geqslant 2, r\equiv 0(\mathrm{mod}2), r\in\{0,1,\cdots,n-1\},$$

其中，$T_{(r)}{}_j^i$是$\boldsymbol{S}_{r+1}$或者S_r对应的牛顿张量，D_j, D_i是协变导数算子.

实验函数的构造也是重要的.例如：体积泛函$\int_M \mathrm{d}v$的实验函数是S，经典Willmore泛

函$\int_M \rho^{\frac{n}{2}}\,\mathrm{d}v$的实验函数是积分项$\rho^{\frac{n}{2}}$.一般而言，低阶曲率函数的变分问题推导Simons 型积分不等式时，实验函数的选取具有抽象的如下形式：$G(H^2, S, |\nabla h|^2)$.通过与临界点方程的某种耦合实现恰当选取.

自伴算子与实验函数构造好后，自伴算子作用于实验函数在流形上积分，利用分部积分公式和临界点子流形的欧拉-拉格朗日方程简化，得到的积分各项需要通过精密的不等式分析才能导出Simons型积分不等式.

为了精密分析间隙现象和决定出间隙端点对应的特殊子流形，需要利用很多常用的精巧不等式，如陈省身矩阵不等式、李安民矩阵不等式、Huisken不等式、Okumura 不等式、Sobolev不等式等.除此之外，还需要结合具体问题发展新型不等式.

不等式一：陈省身矩阵不等式。第二基本型对应的矩阵$\boldsymbol{A}_\alpha = (h_{ij}^\alpha)_{n\times n}, \alpha = n+1,\cdots,n+p$如前所述，总是成立估计：

$$N(\boldsymbol{A}_\alpha\boldsymbol{A}_\beta - \boldsymbol{A}_\beta\boldsymbol{A}_\alpha) \leqslant 2N(\boldsymbol{A}_\alpha)N(\boldsymbol{A}_\beta).$$

等号成立当且仅当以下两种情形之一成立：

情形1：矩阵$\boldsymbol{A}_\alpha, \boldsymbol{A}_\beta$至少有一个为0.

情形2：矩阵$\boldsymbol{A}_\alpha, \boldsymbol{A}_\beta$都不为0.此时，矩阵$\boldsymbol{A}_\alpha, \boldsymbol{A}_\beta$ 可以同时正交对角化为

$$\boldsymbol{A}_\alpha = \lambda\begin{pmatrix} 1 & 0 & \cdots \\ 0 & -1 & \vdots \\ 0 & \cdots & 0 \end{pmatrix}, \boldsymbol{A}_\beta = \mu\begin{pmatrix} 0 & 1 & \cdots \\ 1 & 0 & \vdots \\ 0 & \cdots & 0 \end{pmatrix}, \lambda, \mu \in \mathbf{R}.$$

如果三个矩阵$\boldsymbol{A}_\alpha, \boldsymbol{A}_\beta, \boldsymbol{A}_\gamma$满足

$$N(\boldsymbol{A}_\alpha\boldsymbol{A}_\beta - \boldsymbol{A}_\beta\boldsymbol{A}_\alpha) = 2N(\boldsymbol{A}_\alpha)N(\boldsymbol{A}_\beta);$$

$$N(\boldsymbol{A}_\alpha\boldsymbol{A}_\gamma - \boldsymbol{A}_\gamma\boldsymbol{A}_\alpha) = 2N(\boldsymbol{A}_\alpha)N(\boldsymbol{A}_\gamma);$$

$$N(\boldsymbol{A}_\gamma\boldsymbol{A}_\beta - \boldsymbol{A}_\beta\boldsymbol{A}_\gamma) = 2N(\boldsymbol{A}_\gamma)N(\boldsymbol{A}_\beta).$$

那么三个矩阵之中至少有一个矩阵为0.

不等式二：李安民矩阵不等式.第二基本型对应的矩阵$\boldsymbol{A}_\alpha = (h_{ij}^\alpha)_{n\times n}, \alpha = n+1,\cdots,n+p$如前所述，成立估计：

$$\sum_{\alpha\neq\beta} N(\boldsymbol{A}_\alpha\boldsymbol{A}_\beta - \boldsymbol{A}_\beta\boldsymbol{A}_\alpha) + \sum_{\alpha\beta}(S_{\alpha\beta})^2 \leqslant \frac{3}{2}S^2.$$

等号成立当且仅当以下两种情形之一成立：

情形一：矩阵$\boldsymbol{A}_\alpha, \alpha = n+1,\cdots,n+p$都为0.

情形二：矩阵$\boldsymbol{A}_{n+1}, \boldsymbol{A}_{n+2}$都不为0，其余$\boldsymbol{A}_\alpha, n+3 \leqslant \alpha \leqslant n+p$为0.此时，矩阵$\boldsymbol{A}_{n+1}, \boldsymbol{A}_{n+2}$可

以同时正交对角化为

$$\boldsymbol{A}_{n+1}=\lambda\begin{pmatrix}1 & 0 & \cdots\\ 0 & -1 & \vdots\\ 0 & \cdots & 0\end{pmatrix};\boldsymbol{A}_{n+2}=\mu\begin{pmatrix}0 & 1 & \cdots\\ 1 & 0 & \vdots\\ 0 & \cdots & 0\end{pmatrix},\lambda,\mu\in\mathbf{R}.$$

不等式三：Huisken不等式.假设$h^{\alpha}_{ij,k}$为第二基本型张量分量h^{α}_{ij}的协变导数，Huisken对其进行了分解，并利用三角不等式发现Huisken不等式，具有重要作用.其中$h^{\alpha}_{ij,k},H^{\alpha}_{,i}$ 定义如下：

$$Dh^{\alpha}_{ij}=h^{\alpha}_{ij,k}\theta^k=\mathrm{d}_M h^{\alpha}_{ij}-h^{\alpha}_{pj}\phi^p_i-h^{\alpha}_{ip}\phi^p_j+h^{\beta}_{ij}\phi^{\alpha}_{\beta};$$

$$DH^{\alpha}=H^{\alpha}_{,i}\theta^i=\mathrm{d}_M H^{\alpha}+H^{\beta}\phi^{\alpha}_{\beta}.$$

对上面的$h^{\alpha}_{ij,k}$进行分解，可以得到

$$h^{\alpha}_{ij,k}=E^{\alpha}_{ijk}+F^{\alpha}_{ijk},E^{\alpha}_{ijk}=\frac{n}{n+2}(H^{\alpha}_{,i}\delta_{jk}+H^{\alpha}_{,j}\delta_{ik}+H^{\alpha}_{,k}\delta_{ij});$$

$$F^{\alpha}_{ijk}=h^{\alpha}_{ij,k}-E^{\alpha}_{ijk},\langle E,F\rangle=0,|E|^2=\frac{3n^2}{n+2}|\nabla\boldsymbol{H}|^2;$$

$$|\nabla h|^2=:\sum_{ijk\alpha}(h^{\alpha}_{ij,k})^2=|E|^2+|F|^2\geqslant\frac{3n^2}{n+2}|\nabla\boldsymbol{H}|^2\geqslant n|\nabla\boldsymbol{H}|^2;$$

$$|\nabla h|^2=n|\nabla\boldsymbol{H}|^2\Leftrightarrow\nabla h=0.$$

不等式四：Okumura不等式.假设$\mu_i(i=1,\cdots,n)$是n个实数，满足$\sum_i\mu_i=0,\sum_i\mu_i^2=\beta^2,\beta\geqslant 0$，那么有估计:

$$-\frac{n-2}{\sqrt{n(n-1)}}\beta^3\leqslant\sum_i\mu_i^3\leqslant\frac{n-2}{\sqrt{n(n-1)}}\beta^3.$$

等号成立当且仅当其中的$n-1$个μ_i是相等的.

不等式五：Sobolev不等式.假设$x:M^n\to S^{n+p}(1),n\geqslant 3$是紧致无边的子流形，那么对于任意函数$g\in C^1(M),g\geqslant 0$ 和参数$t>0$,g满足

$$\|\nabla g\|^2_{L^2}\geqslant k_1(n,t)\|g^2\|_{L^{\frac{n}{n-2}}}-k_2(n,t)\|(1+H^2)g^2\|_{L^1},$$

其中

$$k_1(n,t)=\frac{(n-2)^2}{4(n-1)^2c^2(n)}\frac{1}{t+1},k_2(n,t)=\frac{(n-2)^2}{4(n-1)^2}\frac{1}{t},$$

并且$c(n)$是一个仅仅依赖n的正常数.

上面的不等式是子流形间隙现象和刚性定理讨论用得较多的不等式.利用这些不等式，可以建立临界子流形的Simons型积分不等式.但决定Simons型积分不等式的端点所对应的特殊子流形是困难的，需要通过不等式等号成立的条件结合子流形的结构方程进行推导，推导的方向是契合典范子流形的结构方程或者适用于运用Frobenius定理进行流形的可积分解.

12.3.4 三类低阶曲率泛函的上下界估计系统性猜测

著名的Willmore猜想是对Willmore泛函的下界的精确估计，并对等号成立的流形做了预测.本书研究的三类低阶曲率泛函与高维的Willmore猜想有着密切的联系，可以参考Willmore,Kobayashi,Pinkall的方法和思路对这些泛函的上下界做出系统性估计和猜想.

以上通过等参超曲面、旋转超曲面、曲线张量曲面、多空间多概念融合的方法预期可以构造出低阶曲率泛函的较多类型的例子，这些例子的曲率要素比较容易计算，可以直接代入泛函的表达式，结合张量不等式或者利用某些整体微分几何的例子实现估计，并依据某种规律系统性猜测共形不变泛函的最优下界，并发掘这些常数在分析、几何、拓扑中的重要意义.

参考Willmore在1965年发掘Willmore猜想的思路，抓住子流形最重要的参数(Willmore是抓住了环面的内半径)，将子流形的曲率要素用这个参数表达，代入泛函，将特殊泛函转化为这个参数的单变量函数，考察此函数在参数端点的极端行为并计算其最值，这种方法得到的上下界估计相较于第一种方法具有更加精确的优点.

12.4 子流形泛函研究的价值

在理论价值层面，子流形几何一直以来都是数学领域的中心课题，受到国内外数学家的普遍关注，从事此领域的数学家数量众多，四大权威数学杂志*Annals of Mathematics*（《数学年刊》）、*Journal of the American Mathematical Society*（《美国数学会杂志》）、*Acta Mathematics*（《数学学报》）、*Invention Mathematics*（《数学发明》）每年有数量众多的子流形方面的论文发表.同时子流形几何与其他学科也具有紧密联系.从数学的角度而言，子流形几何需要综合运用包括微分方程、泛函分析、变分法、代数拓扑等多种数学工具，是一个综合集成的领域；从物理的角度而言，子流形几何是认识宇宙时空的有力工具，爱因斯坦相对论的数学表达需要依靠黎曼几何和子流形几何；从图形图像处理的角度而言，子流形几何是突破传统样条函数方法局限性，实现高维光顺的潜在理论突破口；等等.本书对于子流形三类低阶曲率泛函的变分研究是具有科学意义的课题，可以丰富子流形研究的内涵，加深对特殊泛函与子流形几何拓扑内在关系的认识，同时为其他学科应用提供合适的理论基础.

在应用价值层面，以大数据处理为例.大数据集合嵌入到高维欧式空间使之成为子流形，大数据子流形的形态不仅由其内蕴的第一基本形式决定，也和嵌入方式也就是外蕴的第二基本型有密切关系，因此，通过设计精巧的嵌入方式可以实现大数据子流形以较小的维度呈现，从而降低计算复杂度，同时通过研究大数据子流形本身，可以实现对大数据的分类、模式识别等.在大数据时代，结合微分几何中的子流形理论实现机器的流形学习，可以产生极富生命力的交叉研究课题.当前，人工智能是我国经济发展的核心战略之一，人工智能必须和数学实现紧密联系，流形学习作为机器学习的一个重要分支具有重要应用，本书的研究可为流形学习提供有力的数学基础，为我国人工智能战略提供恰当的应用基石.

参考文献

[1] Simons J. Minimal Varieties in Riemannian Manifolds[J].Ann of Math, 1968,88(1).

[2] Chern S S. Minimal submanifolds in a Riemannian manifold[M]. University of Kansas Lawrence, Kansas, 1968.

[3] Chern S S. Carmo M. D., Kobayashi S., Minimal Submanifolds of a Sphere with Second Fundamental Form of Constant Length[M]. Springer Berlin Heidelberg, 1970.

[4] Reilly R C. Variational properties of functions of the mean curvatures for hypersurfaces in space forms[J].Journal of Differential Geometry, 1973,8(3):465-477.

[5] Cao L, Li H. r-Minimal submanifolds in space forms[J]. Annals of Global Analysis and Geometry, 2007,32(4):311-341.

[6] Pedit F J，Willmore T J. Conformal geometry[J]. Atti Sem.mat.fis.univ.modena, 1988(2):237-245.

[7] Willmore T J. Note on embedded surfaces[J]. Cuza. Iasi. Sect. I a Mat. (N.S.) 11B, 1965.

[8] Willmore T J. Total Curvature in Riemannian Geometry[J]. Ellis Horwood Ltd., Chichester and Halsted Press, New York, 1982.

[9] Willmore T J. Riemannian geometry[M]. 1993, Clarendon Press, Oxford.

[10] Chen B Y. Conformal Invariants and Their Applications[J]. Bollettino UMI, 1974,4(10):380-385.

[11] Wang C. Moebius geometry of submanifolds in S^n[J]. manuscripta mathematica, 1998,96(4):517-534.

[12] Li H Z, Wang C P. Surfaces with vanishing Moebius form in S^n[J]. Acta Mathematica Sinica, 2003,19(4):671-678.

[13] Nie C, Li T, He Y, et al. Conformal isoparametric hypersurfaces with two distinct conformal principal curvatures in conformal space[J]. Science China Mathematics, 2010,53(4):953-965.

[14] Nie C, Ma X, Wang C. Conformal CMC-Surfaces in Lorentzian Space Forms[J]. Chinese Annals of Mathematics, Series B, 2007,28(3):299-310.

[15] Nie C, Wu C, Wu C. Space-Like Hyperspaces with Parallel Conformal Second Fundamental Forms in the Conformal Space[J]. Acta Mathematica Sinica, 2008,51(4):685-692.

[16] Nie C X, Wu C X. Classification of type I time-like hyperspaces with parallel conformal second fundamental forms in the conformal space[J]. Acta Math. Sinica, 2011,54(1):685-692.

[17] Wang C P. Surfaces in Moebius geometry[J]. Nagoya Mathematical Journal, 1992,125:53-72.

[18] Wang P. On the Willmore functional of 2-tori in some product Riemannian manifolds[J]. Glasgow Mathematical Journal, 2012,54(03):517-528.

[19] Wang P. Generalized polar transforms of spacelike isothermic surfaces[J]. Journal of Geometry and Physics, 2012,62(2):403-411.

[20] Ma X. Isothermic and S-Willmore surfaces as solutions to a problem of Blaschke[J]. Results in Mathematics, 2005,48(3-4):301-309.

[21] Ma X. Adjoint transform of Willmore surfaces in[J]. manuscripta mathematica, 2006,120(2):163-179.

[22] Ma X, Wang P. Spacelike Willmore surfaces in 4-dimensional Lorentzian space forms[J]. Science in China Series A: Mathematics, 2008,51(9):1561-1576.

[23] Ma X, Wang P. Polar transform of Spacelike isothermic surfaces in 4-dimensional Lorentzian space forms[J]. Results in Mathematics, 2008,52(3-4):347-358.

[24] Pinkall U. Inequalities of Willmore type for submanifolds[J]. Mathematische Zeitschrift, 1986,193(2):241-246.

[25] Li H. Willmore hypersurfaces in a sphere[J]. Asian Journal of Mathematics, 2001,5:365-378.

[26] Li H. Willmore surfaces in S^n[J]. Annals of Global Analysis and Geometry, 2002,21(2):203-213.

[27] Li H. Willmore submanifolds in a sphere [J]. Math. Research Letters, 2002, 9: 771-790.

[28] Cheng S, Yau S. Hypersurfaces with constant scalar curvature[J]. Mathematische Annalen, 1977,225(3):195-204.

[29] Li H, Simon U. Quantization of curvature for compact surfaces in S^n[J]. Mathematische Zeitschrift, 2003,245(2):201-216.

[30] Li H, Vrancken L. New examples of Willmore surfaces in S^n[J]. Annals of Global Analysis and Geometry, 2003,23(3):205-225.

[31] Hu Z, Li H. Willmore Lagrangian Spheres in the Complex Euclidean Space C^n[J]. Annals of Global Analysis and Geometry, 2004,25(1):73-98.

[32] Tang Z, Yan W. New examples of Willmore submanifolds in the unit sphere via isoparametric functions[J]. Annals of Global Analysis and Geometry, 2012,42(3):403-410.

[33] Qian C, Tang Z, Yan W. New examples of Willmore submanifolds in the unit sphere via isoparametric functions, II[J]. Annals of Global Analysis and Geometry, 2013,43(1):47-62.

[34] Li H, Wei G. Compact embedded rotation hypersurfaces of S^{n+1}[J]. Bulletin of the Brazilian Mathematical Society, New Series, 2007,38(1):81-99.

[35] Wei G, Cheng Q, Li H. Embedded hypersurfaces with constant mth mean curvature in a unit sphere[J]. Communications in Contemporary Mathematics, 2010,12(06):997-1013.

[36] Palmer B. The conformal Gauss map and the stability of Willmore surfaces[J]. Annals of Global Analysis and Geometry, 1991,9(3):305-317.

[37] Palmer B. Second variation formulas for Willmore surface[M]. World Scientific, 1992.

[38] Guo Z, Wang C, Li H. The second variational formula for Willmore submanifolds in S^n[J]. Results in Mathematics, 2001,40(1-4):205-225.

[39] Cai M.L^p Willmore functionals[J]. Proceedings of the American Mathematical Society, 1999:569-575.

[40] Guo Z, Li H. A variational problem for submanifolds in a sphere[J]. Monatshefte fuer Mathematik, 2007,152(4):295-302.

[41] Wu L. A class of variational problems for submanifolds in a space form[J]. Houston Journal of Mathematics, 2009,35(2):435-450.

[42] Hu Z, Li H. Willmore submanifolds in a Riemannian manifold[J].Contemporary Geometry and Related Topics, 2004:251-275.

[43] Guo Z. Generalized Willmore functionals and related variational problems[J]. Differential Geometry and its Applications, 2007,25(5):543-551.

[44] Zhou J. On the Willmore deficit of convex surfaces[J]. Lectures in Applied Mathematics of Amer. Math. Soc, 1994,30:279-287.

[45] Zhou J. The Willmore functional and the containment problem in R^4[J]. Science in China Series A: Mathematics, 2007,50:325-333.

[46] Zhou J. On Willmore's Inequality for Submanifolds[J]. Canadian Mathematical Bulletin, 2007,50(3):474-480.

[47] Zhou J Z, Jiang D S, Li M. Ros' theorem for hypersurfaces[J]. Acta Math Sinica, 2009(6):1075-1084.

[48] Wu L, Li H. An inequality between Willmore functional and Weyl functional for submanifolds in space forms[J]. Monatshefte fuer Mathematik, 2009,158(4):403-411.

[49] 马志圣. 一组Willmore型泛函通过系统形的Betti数的下界估计[J]. 四川师范大学学报(自然科学版), 2000,23(4):329-331.

[50] 马志圣. 欧氏空间中子流形上的管状超曲面的Willmore型不等式[J]. 四川师范大学学报(自然科学版), 2000,23(5):455-457.

[51] 马志圣. 关于高维Willmore问题[J]. 数学学报, 1999(06).

[52] 马志圣. 关于Willmore 猜测的推广[J]. 数学年刊：A辑, 1992.

[53] Li H, Wei G. Classification of lagrangian willmore submanifolds of the nearly kaehler 6-sphere $S^6(1)$ with constant scalar curvature[J]. Glasgow Mathematical Journal, 2006,48(01):53-64.

[54] Luo Y. Contact stationary Legendrian surfaces and Legendrian Willmore surfaces in S^5[J]. preprint arXiv:1211.4227, 2012.

[55] Kobayashi O. A Willmore type problem for $S^2 \times S^2$[J]. Lecture Notes in Mathematics, 1987:67-72.

[56] Castro I, Urbano F. Willmore Surfaces of R^4 and the Whitney Sphere[J]. Annals of Global Analysis and Geometry, 2001,19(2):153-175.

[57] Ejiri N. Willmore surfaces with a duality in $S^n(1)$[J]. Proceedings of the London Mathematical Society, 1988,3(2):383-416.

[58] Minicozzi W P. The Willmore functional on Lagrangian tori: its relation to area and existence of smooth minimizers[J]. Journal of the American Mathematical Society, 1995,8(4):761-791.

[59] Montiel S. Willmore two-spheres in the four-sphere[J]. Transactions of the American Mathematical Society, 2000,352(10):4469-4486.

[60] Musso E. Willmore surfaces in the four-sphere[J]. Annals of Global Analysis and Geometry, 1990,8(1):21-41.

[61] Montiel S A N, Urbano F. A Willmore functional for compact surfaces in the complex projective plane[J]. Journal fur die Reine und Angewandte Mathematik, 2002:139-154.

[62] Ros A. The Willmore conjecture in the real projective space[J]. Mathematical Research Letters, 1999,6(5/6):487-494.

[63] Arroyo J, Barros M, Garay O J. Willmore–Chen tubes on homogeneous spaces in warped product spaces[J]. Pacific journal of mathematics, 1999,188(2):201-207.

[64] Barros M. Free elasticae and Willmore tori in warped product spaces[J]. Glasgow Mathematical Journal, 1998,40(02):265-272.

[65] Barros M. Willmore tori in non-standard 3-spheres[M]. Cambridge Univ Press,1997.

[66] Bryant R L. A duality theorem for Willmore surfaces[J]. Journal of differential geometry, 1984,20(1):23-53.

[67] Kusner R. Comparison surfaces for the Willmore problem[J]. Pacific Journal of Mathematics, 1989,138(2):317-345.

[68] Li P, Yau S. A new conformal invariant and its applications to the Willmore conjecture and the first eigenvalue of compact surfaces[J]. Inventiones mathematicae, 1982,69(2):269-291.

[69] Rigoli M. The conformal Gauss map of Submanifolds of the Moebius Space[J]. Annals of Global Analysis and Geometry, 1987,5(2):97-116.

[70] Rigoli M, Salavessa I M. Willmore submanifolds of the Moebius space and a Bernstein-type theorem[J]. manuscripta mathematica, 1993,81(1):203-222.

[71] Topping P. Towards the Willmore conjecture[J]. Calculus of Variations and Partial Differential Equations, 2000,11(4):361-393.

[72] Berdinsky D A, Taimanov I A. Surfaces of revolution in the Heisenberg group and the spectral generalization of the Willmore functional[J]. Siberian Mathematical Journal, 2007,48(3):395-407.

[73] Masnou S, Nardi G. Gradient Young measures, varifolds, and a generalized Willmore functional[J].preprint arXiv:1112.2091, 2011.

[74] Simon L. Existence of surfaces minimizing the Willmore functional[J]. Comm. Anal. Geom, 1993,1(2):281-326.

[75] Bauer, Matthias, Kuwert, et al. Existence of Minimizing Willmore Surfaces of Prescribed Genus[J]. International Mathematics Research Notices, 2013,2013(10):553-576.

[76] Schatzle R, Kuwert E. Removability of point singularities of Willmore surfaces[J]. Annals of Mathematics, 2004,160:315-357.

[77] Kuwert E, Schatzler. Branch points of Willmore surfaces[J]. Duke Mathematical Journal, 2007,138(2):179-201.

[78] Kuwert E, Lorenz J. On the stability of the CMC Clifford Tori as constrained Willmore surfaces[J]. Annals of Global Analysis and Geometry, 2013,44(1):23-42.

[79] Marques F C, Neves A E. Min-Max theory and the Willmore conjecture[J]. preprint arXiv:1202.6036, 2012.

[80] Abresch U. Isoparametric hypersurfaces with four or six distinct principal curvatures[J]. Mathematische Annalen, 1983,264(3):283-302.

[81] Cartan E. Sur des familles remarquables d'hypersurfaces isoparametriques dans les espaces spheriques[J]. Mathematische Zeitschrift, 1939,45(1):335-367.

[82] Cartan E L. Familles de surfaces isoparametriques dans les espacesa courbure constante[J]. Annali di Matematica Pura ed Applicata, 1938,17(1):177-191.

[83] Miinzner H F. Isoparametrische Hyperflachen in Spharen, I[J]. Math. Ann, 1980,251:57-71.

[84] Nomizu K. Some results in E. Cartan's theory of isoparametric families of hypersurfaces[J]. Bulletin of the American Mathematical Society, 1973,79(6):1184-1188.

[85] Ge J, Tang Z. Isoparametric functions and exotic spheres[J]. Journal fuer die reine und angewandte Mathematik (Crelles Journal), 2013,2013(683):161-180.

[86] Ge J, Tang Z. Geometry of isoparametric hypersurfaces in Riemannian manifolds[J].preprint arXiv:1006.2577, 2010.

[87] Ge J, Tang Z. Chern conjecture and isoparametric hypersurfaces[J].preprint arXiv:1008.3683, 2010.

[88] Ge J, Xie Y. Gradient map of isoparametric polynomial and its application to Ginzburg–Landau system[J]. Journal of Functional Analysis, 2010,258(5):1682-1691.

[89] Peng J, Tang Z. Brouwer degrees of gradient maps of isoparametric functions[J]. Science in China: Series a Mathematicsy, 1996,39:1131-1139.

[90] Stolz S. Multiplicities of Dupin hypersurfaces[J]. Inventiones mathematicae, 1999,138(2):253-279.

[91] 唐梓洲. Isoparametric Hypersurfaces with Four Distinct Principal Curvatures[J]. 中国科学通报(英文版), 1991:1237-1240.

[92] Tang, Zhi-zhou. Multiplicities of equifocal hypersurfaces in symmetric spaces[J]. The Asian Journal of Mathematics, 1998,2:181.

[93] Huisken G, Others. Flow by mean curvature of convex surfaces into spheres[M]. Australian National University, Centre for Mathematical Analysis, 1984.

[94] An-min L, Jimin L. An intrinsic rigidity theorem for minimal submanifolds in a sphere[J]. Archiv der Mathematik, 1992,58(6):582-594.

[95] Sakaki M. Remarks on the rigidity and stability of minimal submanifolds[J]. Proceedings of the American Mathematical Society, 1989:793-795.

[96] Yi-bing Shen. On intrinsic rigidity for minimal submanifolds in a sphere[J]. Science China Mathematics, 1989,32(7):769-781.

[97] Chen Q, Xu S. Rigidity of compact minimal submanifolds in a unit sphere[J]. Geometriae Dedicata, 1993,45(1):83-88.

[98] Liu J, Jian H. F-Willmore submanifold in space forms[J]. Frontiers of Mathematics in China, 2011,6(5):871-886.

[99] Liu J, Jian H. The hyper-surfaces with two linear dependent mean curvature functions in space forms[J]. Science China Mathematics, 2011,54(12):2635-2650.

[100] 刘进, 简怀玉. 空间形式中具有两个线性相关平均曲率函数的超曲面[J]. 中国科学：数学, 2011,41(7):651-668.

[101] 刘进. 子流形平均曲率向量场的线性相关性[J]. 数学学报, 2013,56(5):669-686.

[102] 刘进. F-Willmore曲面的间隙现象[J]. 中国数学年刊, 2014,35(3):333-350.

[103] 刘进,子流形变分理论[D]. 北京：清华大学, 2011.

[104] 刘进,单位球面中子流形的一类抽象Willmore泛函的变分问题 [J].中国科学：数学, 2015,45(3):255-272.

[105] Liu Jin（刘进）.Variation of power type functionals about mean curvature of submanifolds [J].Pure and Applied Mathematics, Volume 34,Number 3,221-236,2018.09.

[106] Liu Jin（刘进）. Variational Problem of One Power Type Functional about Second Fudamantal Form [J]. Mathematical Theory and Applications, Vol.39, No.1, 31-61,2019.03.

[107] Hongwei Xu,Denyun Yang.The gap phenomenon for extremal submnaifolds in a sphere [J].Differential geometry and its aplications,2011,29:26-34.

[108] Hongwei Xu.$L^{\frac{n}{2}}$-pinching theorems for submanifolds with parallel mean cuvature in a sphere [J]. Journal of Mathematical Society of Japan, 1994,46:503-515.

[109] D.Hoffman,J. Spruck.Sobolev and isoperimetric inequalities in Riemannian submanifolds [J]. Communication on Pure and Applied Mathematics, 1974,27:715-727.

[110] 陈省身,陈维桓. 微分几何讲义[M].第二版.北京：北京大学出版社,2001.

[111] 丘成桐,孙理察. 微分几何讲义[M].北京：高等教育出版社,2004.